楔子

關內稱雄

不平則鳴！自古以來，當一個國家由盛轉衰，行將沒落之時，常常會有憂國憂民的文人墨客將滿腔不平的情緒訴諸辭賦，由此產生了不少膾炙人口的經典著作。例如，春秋戰國時期的楚國貴族屈原，面對黑暗的政治現實和個人的坎坷遭遇，創作出《離騷》等感時傷懷的不朽篇章，被後人千古傳誦；唐代詩人杜甫經歷過安史之亂的慘烈浩劫，為此而撰寫了《三吏》等深刻反映民間疾苦的作品，獲得了「詩史」的崇高榮譽。江山代有才人出，各領風騷數百年。到了滄桑世變的明代，儘管沒有出現可以與屈原、杜甫比肩的詩人，但隨著通俗文學的興起，自然有傑出的小說家針砭時弊，發出那個時代獨有的聲音。其中最令人注目的是在明代中後期面世的現實主義巨著《金瓶梅》，這本書的作者託名「蘭陵笑笑生」，其真實身份一直是個謎，因而也失去了與屈原、杜甫一樣在文學史上留名的機會。然而《金瓶梅》卻在文學史上擁有極為重要的地位。書中雖然有淫穢情節而屢受世人非議，但瑕不掩瑜。它透過假託北宋舊事的方式，無情地揭露明代中葉以後社會上的黑暗和腐敗，描述了貪贓枉法的官府權臣顯貴與窮奢極欲的富賈豪紳互相勾結，肆無忌憚地魚肉鄉里。作者對這個無可救藥的社會進行了深刻的剖析之後，最終作出了明朝必將滅亡的預言。書中最後一回記述了來自關外白山黑水地區的金國人馬「搶了東京汴梁（北宋首都）」，把北宋的太上皇帝與靖康皇帝「虜上北地去了」，在這場浩劫中，連《金瓶梅》這本書中一系列故事的發生地點山東清河縣也未能倖免，而北宋就此覆沒。這些內容顯示，作者含沙射影地認為無比腐朽的明朝將會亡於異族手上。

真是無巧不成書，《金瓶梅》記述北宋亡於來自關外的金國軍隊。明朝的滅亡也與一個叫做「後金」的國家有很大的關係，後金是努爾哈赤在一六一六年（明萬曆四十四年，後金天命元年）建立的，而努爾哈赤恰好曾經自稱為金國的後裔。這個同樣起源於白山黑水地區的國家剛建立不久就入侵明朝的遼東，

吞併了關外的大部分土地。努爾哈赤親手締造的精銳部隊八旗軍，多次重創了明軍的精銳部隊，他的繼任者皇太極，更將戰火引入關內，多次出兵擄掠明朝的京畿地區與冀、晉、魯等省份，有效地撼動了明朝的統治根基。

立國近三百年的大明王朝終於在一六四四年（明崇禎十七年，清順治元年）滅亡了，但並非被先後與之作戰了二十多年的八旗軍所滅，而是被在關內叱吒風雲的農民起義軍顛覆了。與《金瓶梅》作者相類似的是，明末千千萬萬有切膚之痛的人都希望這個朝廷快點壽終正寢，特別是受到官紳地主殘酷壓迫的廣大貧苦農民，長期處於飢寒交迫的狀態，正掙扎在死亡線上，故這種願望尤其強烈。可與《金瓶梅》作者不同的是，他們沒有企圖憑藉異族之手改朝換代，而是挺身而出、揭竿而起，力求依靠自身的力量埋葬這個黑暗和腐敗的王朝。

自從一六二七年（明天啟七年，後金天聰元年）爆發農民大起義以來，經過大浪淘沙般的反覆篩選，李自成與張獻忠兩人最終在殘酷的鬥爭中脫穎而出，成為起義軍中實力超群的兩大首領。而最能打仗的正是李自成。

李自成於一六〇六年（萬曆三十四年）八月二十一日出生在陝西米脂縣繼遷寨的一個農民家庭，年幼時當過和尚，放過羊，成年之後到本縣的圁川驛當了一名驛卒，後來，由於朝廷削減驛卒經費，他被迫下了崗，生活一下子變得全無著落，而官府與劣紳的聯手欺壓，又加速了他鋌而走險的步伐。據《明季北略》等史籍的記載，李自成自幼「不喜讀書，酷嗜拳勇」，長大後「多力善射」，具有一身好武藝。他青年時代就與鐵匠劉宗敏、衙卒李過（李自成的侄子）意氣相投，橫行鄉里。三人曾相聚於關帝廟「祀神盟誓」，

▲《三國演義》中的桃園結義。

效仿三國時劉備、關羽、張飛「桃園結義」的故事，立志要橫行天下，做一番事業。在明末天下大亂之際，李自成終於得遂生平所願，在家鄉與志同道合之輩嘯集在一起，在一六三〇年（明崇禎三年，後金天聰四年）投入到明末如火如荼的農民起義浪潮當中。

這場農民大起義首先在一六二七年（明天啟七年，後金天聰元年）爆發於陝西地區，起因是自然災害頻繁，致使「連年赤字，斗米千錢」，而腐敗透頂的官府不顧老百姓的死活，仍然橫徵暴斂，從而把越來越多的飢民逼上了揭竿而起的道路。「星星之火」在陝西四處蔓延，各地的流民、飢軍與驛卒互相聯絡，前呼後應，而此起彼伏的暴動浪潮逐漸向四周省份擴展，終於醞成了難以撲滅的燎原大火。山西、河南、四川等地紛紛告急，連京畿地區也受到波及。沒過多久，參與起義的人數達到了二、三十萬之多。

李自成先後跟隨過王自用、高迎祥等著名的義軍領袖，由於他既勇猛、又有膽量，很早就在軍中揚名立萬，成為一名新晉的頭目。他的部屬編為「八隊」，以號令一致，軍紀嚴明而著稱，甚至連他的敵人也認為這支部隊的戰鬥力「雄於諸寇」，在各路起義軍中的表現首屈一指。從一六三〇年（明崇禎三年，後金天聰四年）到一六三八年（明崇禎十一年，清崇德三年）的八年時間裡，李自成率部轉戰於陝西、山西、河南、漢中、陝北、寧夏、甘肅、四川與潼關等處，攻克過延川、綏德、米脂、寧羌、廣元、昭化、劍州、梓潼、江油、黎雅、青川等一批州縣，殲滅了大量官軍，所部的勢力也從小到大，發展到三、四萬人。在此期間，王自用於一六三三年（明崇禎六年，後金天聰七年）春在山西被川將鄧玘射殺，高迎祥於一六三六年（明崇禎九年，清崇德元年）七月在陝西被總督洪承疇俘殺，使得李自成在義軍中的地位後來居上，成為了「闖王」。此後，西北的起義軍逐漸形成了李自成與張獻忠兩大勢力。

由於官軍調來重兵圍追堵截，各路起義軍在流動

▲明軍對義軍「圍追堵截」。

作戰的過程中損失慘重。特別是作為朝廷重點打擊對象的李自成，他在一六三八年（明崇禎十一年，清崇德三年）遭受到洪承疇與孫傳庭等明朝封疆大臣的合擊而幾乎全軍盡沒，僅與劉宗敏、田見秀等十八騎潰圍而出，四處躲避，潛伏於商、洛山中的茂密森林裡面，不敢隨便露面，異常狼狽。由於處境不利，另一位義軍領袖張獻忠於一六三八年（明崇禎十一年，清崇德三年）春在湖北谷城接受了朝廷的招撫，其後，羅汝才等十多位名噪一時的義軍頭目先後俱降。這一場轟轟烈烈的大起義暫時轉入了低潮。

然而很快又高潮迭起。與明朝貌合神離的張獻忠在一六三九年（明崇禎十二年，清崇德四年）五月初九重新豎起反旗，會合羅汝才等部轉戰於湖廣、四川，將大量官軍主力部隊吸引過來，無意中讓顛沛流離的李自成有機會東山再起。蟄伏已久的李自成所部果斷把握時機，於一六四〇年（明崇禎十三年，清崇德五年）六、七月間放火焚燒輜重，輕裝前進，從湖北房縣地區經陝西平利、洵陽、商丘等地出其不意地突入河南。這次至關重要的軍事行動讓屢受挫折的義軍絕處逢生，並帶來一石擊起千層浪的奇效，由此在往後短短三年多的時間裡催生了幾次舉世矚目的大決戰，一下子扭轉了歷史的進程。

當時河南的形勢已對明帝國非常不利，這個地方由於連年遭受旱、蝗等災害，已是哀鴻遍野，而官府加緊搜刮，籌集軍餉的行為讓局勢如火上澆油，動盪不安。越來越多的良民為了活命而幹起了打家劫舍的勾當，致使號稱「天下心腹」的中原地區到處都是「土賊」，史載「鼠竊狗盜，千百為群者，不可勝數」。根據《國榷》等書的記載，明朝在河南的防務異常薄弱，官軍的總兵力尚未滿萬。這是因為河南周圍的省份恰巧在此前後相繼發生激戰，牽制了關內明軍的大部分主力。特別是湖廣、四川等地，硝煙始終未息，楊嗣昌率領的十多萬人正四處奔波，追剿著張獻忠與羅汝才。此外，關外的清兵也步步進逼，使得明朝不得不分兵應付，命令在關內鎮壓起義軍時立下顯赫功勳的洪承疇為薊遼總督，帶兵十三

萬出關防禦。適逢其時的李自成來到河南之後簡直是如魚得水，接納了一批又一批前來歸附的飢民與「土賊」，到了一六四〇年（明崇禎十三年，清崇德五年）十月，他的部屬已由最初的千餘人迅速提升至數萬人，還吸收了牛金星、宋獻策等知識份子做謀士。針對當時激烈的社會矛盾，李自成等人及時發出了「均田免糧」的號召，主張讓貧困農民有田可耕以及減去強加於他們身上的苛捐雜稅，由此受到災區百姓的熱烈歡迎。這支今非昔比的隊伍連續攻陷了宜陽、永寧、偃師、靈寶、新安、新豐等地，並於一六四一年（明崇禎十四年，清崇德六年）正月二十一日攻克豫西重鎮洛陽，擒殺了福王朱常洵與南京兵部尚書呂維祺，一時聲勢浩大、如日中天。李自成對外高調宣佈：「『王侯貴人』削剝窮人，任由窮人『凍餒』而無動於衷，因而死有餘辜。」同時，還將沒收自福王王府的財貨物資賑災，以爭取人心。時人撰寫的《豫變紀略》生動地描述：「遠近飢民荷旗而往應之者如流水，日夜不絕，一呼百萬，而其勢燎原不可撲。」李自成乘攻克洛陽之威於二月十二日襲擊河南省會開封，他在激戰時左眼被箭射中，從此失明，持續數天的攻城行動也因遭受守軍的頑強抵抗而被迫停止。這支部隊撤圍後向西轉移，伺機捲土重來。不久，羅汝才因與張獻忠不和，主動率部前來河南浙川，配合李自成作戰，使戰局更加有利於義軍。

河南的局面讓明朝統治者如坐針氈，不得不從周圍省份調集主力臨時救急，圍剿李自成。敵對雙方決戰的序幕即將展開。一六四一年（明崇禎十四年，清崇德六年）九月，大規模的較量在河南項城一帶發生了，陝西三邊總督傅宗龍、總兵賀人龍、副總兵李國奇率四萬人出潼關與保定總督楊文岳、總兵虎大威帶領的兩萬人在河南新蔡會師，準備進攻義軍。事先得到消息的義軍取消了進軍湖廣的計劃，假裝撤向汝南，但將主力埋伏於孟家莊附近的松林裡面，等到尾隨而來的明軍進入埋伏圈，再在初六這一天

發起突襲，打得賀人龍、虎大威、李國奇與楊文岳等人落荒而逃，俘殺了傅宗龍。李自成重創明軍「關中精銳」部隊後，在數月之間連下商水、洧川、長葛、葉縣、南陽、鄧州、襄城、鎮州、新野、唐縣、泌陽、舞陽等一大批州縣，於十二月二十三日第二次兵臨開封，但一直打到次年正月中旬，仍被阻於堅城之外，只得解圍而去。一六四二年（明崇禎十五年，清崇德七年）二月，接替傅宗龍為陝西三邊總督的汪喬年率兵三萬經潼關抵達洛陽，企圖襲擊正在圍攻郾城的義軍。李自成及時得到情報，主動把包圍郾城的部隊調往襄城阻擊官軍，於二月十七日攻克襄城，捕獲並處死了汪喬年。隨著傅宗龍與汪喬年這兩支陝西部隊的慘敗，大批散兵游勇被義軍收編。以致時任兵部右侍郎的侯恂在給皇帝的奏書中憂心忡忡地說道：「天下之強兵勁馬，皆為賊有！」

在河南縱橫馳騁的李自成連克豫東大批州縣，掃清開封的週邊障礙，以號稱「百萬」的兵力於五月初二第三次包圍了這個軍事要地。這次，義軍一改前兩次速戰速決的戰法，轉而採取長期圍困之策，耐心等待時機破城。遠在北京的明思宗急令督師丁啟睿、保定總督楊文岳，總兵左良玉、虎大威、楊德政、方國安率十八萬兵救援（對外號稱「四十萬」），這支臨時湊合的部隊以左良玉所部的十萬人為主力，於五月十三日會師於開封以南的朱仙鎮，威脅義軍的側翼。李自成與羅汝才暫時將主力調離開封，南下迎戰。義軍先掘壕截斷敵退路，再築起炮臺，猛烈轟擊，激戰至五月二十三日，打得官軍全線潰散，而追擊的騎兵四處攔截殺戮，斬獲良多。左良玉逃往襄陽，丁啟睿經許州、光州逃往固始，楊文岳、虎大威、楊德政逃往歸德、汝寧等地，苟延殘喘。決戰獲勝的義軍收編了數萬降卒之後，於二十五日重圍開封。到了九月中旬，內無糧草、外無救兵的守軍狗急跳牆，竟然掘開黃河大堤的朱家寨口，放水淹城，企圖死中求生。《明史》記載當時義軍亦欲掘開馬家口河灌城，一時之間「二口並決，聲如雷……城中百萬

戶皆沒」。在茫茫洪水中，唯有明朝的部分宗室貴族、文武官員以及兩萬殘餘軍隊得以逃生，而溺死萬餘人的義軍立即拔營，向西南方向撤離。李自成雖然沒有拿下開封，但開封城也因此而毀於水災，無數人葬身魚腹。

明朝為了拯救開封，曾經於一六四二年（明崇禎十五年，清崇德七年）九月底令陝西三邊總督孫傳庭與總兵高傑、左勷、白廣恩、鄭嘉棟、牛成虎率兵兩萬經潼關進入河南，但在行軍途中，已經傳來開封毀於水災的消息，可這支部隊沒有退回陝西，而是繼續向南陽進發。義軍主力向西迎戰，於十月初一在郟縣與對手碰個正著。大戰就此爆發，李自成佯敗後退數十里，丟棄了大量輜重物資，等到官軍紛紛爭奪財物而亂成一團時，馬上抓住時機反擊，殺獲數千人，迫使陝西軍殘部退入潼關。陝西軍之敗與後勤保障不力有關，由於糧食供應不足，很多官軍士卒採摘未成熟的「青柿」充飢，在「凍且餒」的情況下，終於大敗。史稱此戰為「柿園之役」。其後，李自成乘勢奪取河南未下州縣，於閏十一月強攻汝寧，俘殺楊文岳，徹底殲滅了滯留在這裡的保定援軍，控制了河南的大部分土地。明朝在河南的統治也隨之基本處於分崩離析的狀態。

這時，處於兩線作戰狀態的明朝，整個軍事形勢江河日下，不但在中原損兵折將，在關外也屢受挫折，其中，洪承疇轄下軍事集團的十多萬軍隊與清軍在松山、錦州一帶決戰時一敗塗地，就連洪承疇本人也成為了俘虜。至此，明朝剩餘的精銳部隊主要還有三大軍事集團，即是繼續在關外抵禦清軍的吳三桂集團；活動於湖廣地區的左良玉集團，與陝西地區的孫傳庭集團。吳三桂集團是阻止清軍入關的主要力量，難以調入關內救急。左良玉集團在朱仙鎮一戰中受到沉重的打擊後，便萎靡不振（史稱左良玉的「親軍愛將」大半戰死，就連母親與妻子也被李自成所俘，但左良玉突出重圍逃到襄樊地區後，到處抓

壯丁與招降納叛，甚至驅趕「襄陽一郡人」以充實軍營，似乎在表面上又恢復了元氣，號稱「二十萬」。然而，新收編入伍的烏合之眾經常不受軍紀的約束，而左良玉亦「漸衰多病」，故此，這支軍隊已不復當年之勇）。孫傳庭集團自從郟縣失敗後返回陝西重新招募勇士，屯田積粟，仍然擁有一定的實力。另外，與武將左良玉相比，作為文官的孫傳庭，更服從朝廷的指揮，儼然成為了統治階級處於滅頂之災時的救命稻草。

在朝廷的嚴令之下，孫傳庭於一六四三年（明崇禎十六年，清崇德八年）八月初一攜同總兵白廣恩、高傑、牛成虎等，率十萬人再出潼關，企圖在洛陽與河南總兵陳永福會師，然後配合湖廣的左良玉集團夾攻義軍。此前，義軍已由河南移師湖廣，逼退左良玉所部，順利佔領襄陽、荊州、棗陽、宜城、谷城、光化、承天等地，一度打到漢陽附近，控制了湖廣北部地方，並於一六四三年（明崇禎十六年，清崇德八年）初將襄陽改為襄京，正式建立起中央政權。李自成自稱「奉天倡義大元帥」，以牛金星為丞相，設立吏、戶、禮、兵、工等六部。為了集中軍權，李自成先後殺死了賀一龍、羅汝才、袁時中等歸附的義軍領袖，兼併他們的大多數部屬，牢固地確立了自身獨一無二的地位。當孫傳庭大舉進犯的消息傳來，早有準備的義軍主力回師河南迎戰，採取誘敵深入的戰法，派出羸弱的部隊稍加阻擊即後退，有意放棄了閿鄉、洛陽、汝州等地。孫傳庭一路告捷，連克寶豐、唐縣，孤軍深入到了郟縣這個小縣城，很快就出現了糧餉不繼的問題。官軍在河南這個受災嚴重、赤地千里的省份根本徵不到足夠的軍需品，只能依靠從後方運送來的給養，可天下大雨，道路泥濘，糧餉遲遲未至。李自成乘機派大將劉宗敏率一萬騎兵秘密繞道抄了官軍的後路，掐斷了對手的供應線。進退失據的孫傳庭在九月中旬慌忙回師，企圖打通供應線，但軍心已亂，竟被全線反攻的義軍在南陽追上。經過一番生死搏鬥，官軍兵敗如山倒，僅僅死亡

人數就超過了四萬。李自成全力進行追擊，史載「一日夜逾四百里」，繳獲「甲仗馬騾數萬」，給予陝西兵毀滅性的重擊。孫傳庭、高傑、白廣恩等人雖然僥倖逃回，但從此一蹶不振。讓人難以置信的是，在不到一年的時間裡，孫傳庭前後兩次在郟縣、南陽一帶被李自成用「誘敵深入」之策擊敗，反映出明軍前線文官統帥所固有的志大才疏的通病，也與那些在京城裡遙控指揮的紙上談兵之輩不顧戰場實際情況、胡亂催促進軍有關。

李自成所部在短暫的兩年多時間裡，先後在河南的項城、襄城、朱仙鎮與郟縣、南陽等地進行了五次大戰役，殲滅了二十餘萬官軍，既重創了左良玉集團，也摧毀了孫傳庭集團，致使朝廷再也糾集不了一支能與之抗衡的部隊，在此後不足一年的時間裡，便迎來了改朝換代的歷史時刻。早在一六四三年（明崇禎十六年，清崇德八年）五月，李自成就打算採納謀士顧君恩的主張，企圖進軍關中、消滅明朝佈置在北部邊境的部隊，再取道山西，向北京發起最後的一擊，而孫傳庭集團的慘敗加速了這一戰略計劃的實施。同年十月，乘勝進攻潼關的李自成擊斃了孫傳庭，打通進軍陝西之路，接著摧枯拉朽般殺入西安，分兵攻取了陝西三邊等地，所向披靡。到了一六四四年（明崇禎十七年，清順治元年）正月初一，他雄心勃勃地在西安正式立國，國號「大順」，年號「永昌」，實行了封官定爵等一系列完善政權的措施。在一片告捷聲中，義軍主力渡過黃河，席捲山西，於二月初八攻下太原之後兵分兩路，主力由代州、寧武、大同、陽和、宣化、居庸關、昌平向北京挺進；另一路偏師東出固關，取道真定、保定，以牽制京城附近的官軍。李自成、劉宗敏率領人馬在進軍途中，打死明總兵周遇吉，招降鎮守太監杜勳與總兵姜鑲、王承胤、唐通等一批地方大員，而明巡撫衛景瑗、朱之馮，總兵李守榮等拒不投降者先後自殺。當昌平於三月十六日失守時，北京已經藩籬盡失，岌岌可危。三月十七日，義軍正式圍城，士氣低落的京軍不

堪一擊而紛紛投降，僅一天工夫，外城已經失陷。四面楚歌的明思宗將所有的責任推卸給屬下，哀嚎：「內外諸臣誤我，誤我！」在走投無路的情況下，他帶著一名叫做王承恩的親信太監登上煤山上吊自縊而亡。三月十九日，義軍各部從正陽門、崇文門、宣武門等處進入內城，終於完全佔領了北京。在此期間，南線的劉芳亮所部亦於蒲板渡河，拿下了懷慶、長治、彰德、大名、磁州、廣平與真定，順利到北京與主力會師。而東出固關的偏師亦成功奪取保定，有力地配合李自成攻克北京的軍事行動。統治中國長達二百七十六年的明朝在各路義軍齊心協力的打擊下終於滅亡了。

▲明思宗與王承恩。

與李自成齊名的另一位義軍領袖張獻忠也沒有虛擲光陰，他轉戰於湖廣、四川、安徽等處，乘李自成在河南得勢之機，南下攻克無為、蘄州、黃州、羅田、漢陽、武昌等地，並在武昌建立政權，號稱「大西王」，當李自成殺死賀一龍、羅汝才等人，吞併異己的消息傳來，張獻忠自知無力與之抗衡，遂離開武昌，進軍岳州、長沙，向江西發展，最後轉入四川，佔領了重慶等地，作為駐軍地點。這時，張獻忠不得不承認李自成的大順政權為正統，採用了永昌年號。此舉顯示李自成的聲望在關內無人能及，已成了收拾殘局，完成統一大業的最佳人選。

經過十四年艱苦卓絕的奮鬥，李自成攀上了軍事生涯的頂峰。他的成功雖然與明軍自身的腐敗無能

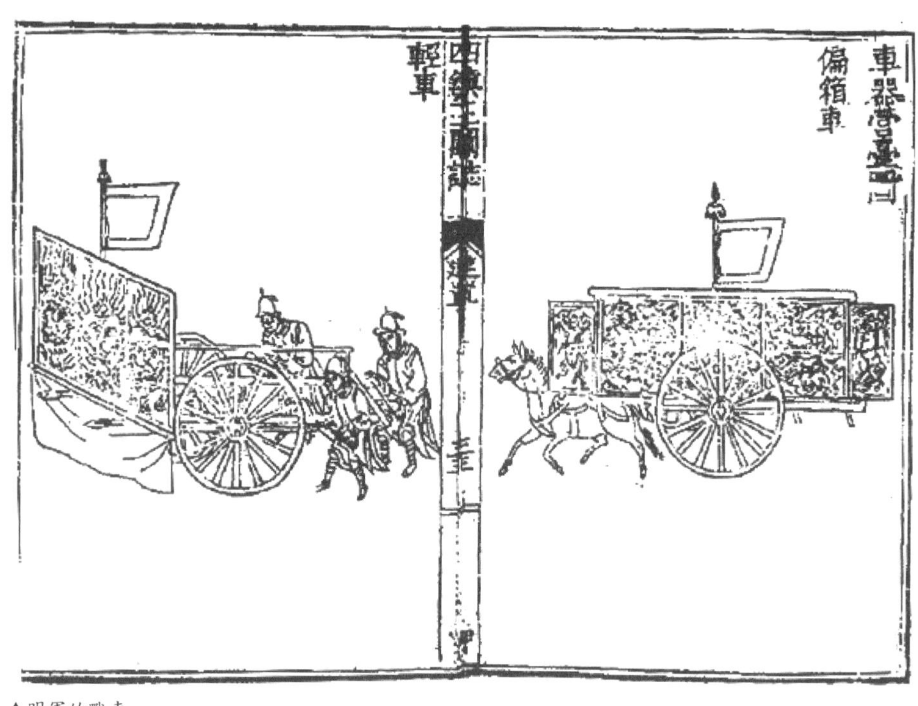

▲明軍的戰車。

脫離不了關係，但起義隊伍在長期的武裝鬥爭中形成了一整套行之有效的戰法，也發揮了很大的作用。其中最著名的是「三堵牆」戰術。所謂「三堵牆」，顧名思義是將騎兵排列成三隊（分別是紅隊、白隊與黑隊。每隊的人數從七千二百人到一萬人不等）打仗。根據《綏寇紀略》、《國榷》等史籍的記載，義軍在臨陣時經常首先派出騎兵做前鋒，以這樣的陣勢迎戰，然後採取佯敗的戰術，引誘明軍追擊，伺機在其他兵種的配合下反擊，奪取最後勝利。典型的戰例是在郟縣大決戰中，義軍前鋒騎兵用「三堵牆」戰術，將孫傳庭集團引入預先佈置的埋伏圈中，令敵人陷入被動狀態。史載當時義軍布下的陣營從外到內共有五重，第一重是飢民，第二重是步兵，第三重是騎兵，第四重是精銳的「驍騎」，第五重是「老營」（義軍的總部，裡面有不少隨軍的家屬）。雖然追擊的明軍已連破三重陣營，但卻受到驍騎異常

頑強的阻擊，而殘酷的搏鬥使得一些官兵出現怯戰情緒，擾亂了軍心。特別是孫傳庭臨時招募的一些新兵，他們在牽拉裝載火器的戰車時，看見衝在前頭的士卒受挫，無不驚惶失措，叫嚷：「敗了、敗了！」紛紛棄車而逃，致使橫七豎八的戰車堵塞了道路，讓前方的明軍騎兵因退不下來而亂成一團，局面就這樣徹底失控。義軍及時發起總攻，「鐵騎」淩空騰起，閃電般向前突擊，步兵手執白檣亂打，凡被擊中者，腦袋與兜鍪皆碎，從而風捲殘雲般地取得了決戰的勝利。

正所謂「魔高一尺，道高一丈」，義軍的兵種與裝備具有很強的針對性，都是與明軍長期作戰的經驗教訓的結晶。眾所周知，明代中後期的明軍裝備了大量火器（某些精銳部隊的火器裝備率達到了百分之六十以上），而銃、炮等管形火器更是當中的佼佼者，在戰時不但首當其衝，而且全程使用，給對手造成了莫大的困擾。就拿在河南發生的朱仙鎮與郟縣這兩次大決戰為例，在朱仙鎮之役中，楊文岳統領的一萬名保定車營將士，素來憑著火器稱強；而孫傳庭在郟縣大決戰之前仿照傳統的偏廂車與武剛車，製造了萬輛以上的火車，車上可以裝載火炮，也非常厲害。然而，明軍引以為傲的火器部隊無不一一失敗，因為他們戰時的表現遠遠比不上李自成的騎兵。

《平寇志》記載：李自成所部「以馬為家，大頭領有六、七十騎，或百騎，小頭領亦有二、三十騎」。他們雖然擁有眾多的馬匹，可平時所乘的是騾，從不輕易騎馬，以免戰馬疲憊，以致影響作戰。基於同一理由，隨軍婦女以及輜重，也各自用驢運載。相反，與之對敵的官軍多數「一人一騎」，馬匹的數量處於劣勢。據說，義軍騎兵「馬大肥捷」，必要時一晝夜可行三百里，完全能夠起到兵貴神速的作用，而戰時「壯賊人夾兩騎，去來如飄風」，距離官軍三、四十步時，則「駐兵不動」，只是弓弩齊發，等到官軍稍有退卻的跡象，遂出動精銳騎兵從正面突擊，或者出其不意地伏擊其側翼，直至將官軍的戰陣

截斷，再逐一擊破。

從上述義軍慣用的戰法之中，可以看出他們的騎兵隊伍比較注意輕、重騎兵配合作戰。按照現代學者的觀點，輕裝騎兵多數採用靈活機動的方式出擊，他們一般披掛輕甲（甚至不披甲），以弓弩等遠距離作戰的兵器為主。重裝騎兵適合強行突陣，他們的身體披掛著重甲，以刀槍劍戟等近距離作戰的兵器為主。在戰場上，由於輕裝騎兵的弓弩，其射程遠遠比不上明軍的銃炮，再加上騎手要分心駕馭馬匹，難以頻繁發射，因而在與明軍正面對抗時占不了什麼便宜，故常常做餌，採取佯敗的方式，以誘敵深入。一旦明軍中計進入埋伏圈裡面，義軍的重裝騎兵便如天降神兵般現身，以「狹路相逢勇者勝」的氣勢衝鋒陷陣，用貼身近戰的方式破敵。由此可知，重裝騎兵對明軍的威脅最大，他們也就是史籍所說的「驍騎」、「鐵騎」，是義軍騎兵中的精銳。就像朝廷的兵科給事中常自裕在一六三六年（明崇禎九年，清崇德元年）二月的奏報所指出的那樣：「義軍裡面身穿『明盔堅甲』的重裝騎兵皆『鐵騎利刃』，『其鋒不可當也』！」

值得一提的是，義軍的步兵也對明軍構成很大的威脅。《綏寇紀略》記載明軍在追擊佯敗的義軍騎兵時，曾經遭遇到數以萬計的義軍「伉健」步兵，這些人以長槍迎戰，「擊刺如飛」，配合自己隊伍裡的騎兵去奪取勝利。而在郟縣大決戰中，手執白檣亂打的義軍步兵，給人留下了深刻印象，為最後的勝利立下了大功。不過，李自成所部特別倚重騎兵，史稱他在西安時制定兵籍，據說有「步兵四十萬，騎兵六十萬」。這個資料雖然誇張，但也反映出他的部隊裡面，騎兵的人數比步兵多，這有利於在流動作戰中快速行軍。

除了野戰之外，義軍也積累了豐富的攻堅經驗。李自成所部在河南攻城時，放棄了傳統的依靠雲梯

攀援而上的戰術，而是採取鑿城之法，下令攻城的士卒每人必須鑿取城牆上的一塊磚，才算完成任務。這樣做會讓城牆上的窟窿越來越大，從初時的僅可容一人，慢慢變得可容十人、百人。那些專門深入窟窿裡面挖掘的人們為了避免出現塌方，故意在窟窿當中留下一條足以起到支撐作用的「土柱」，以保護自身安全。當窟窿挖得足夠大、足夠深，他們便只將一條繩索的一端捆綁在「土柱」上，然後帶著繩索的另一端撤回來。當大批人在遠離城牆的地方用力拉扯著這條長長的繩索時，不一會兒，部分城牆便因「土柱」折斷而崩塌了。由於鑿城之法需要耗費大量時間，而且冒著矢石的威脅在城下進行土方工作，容易出現重大傷亡，故善於流動作戰的義軍每當打下一座城後，在離開時往往將城牆「夷為平地」，以免資敵。到了一六四二年（明崇禎十五年，清崇德七年）與一六四三年（明崇禎十六年，清崇德八年）之後，當義軍在戰場上繳獲了大量明軍的火器，就逐漸改用新的攻城辦法了。例如他們可以把火藥裝於甕中，將之透過挖地道的方式埋藏於城牆底下，再引爆，而預先佈置在附近的數千精銳騎兵等到城牆崩塌的那一刻立即千方百計地從缺口一擁而入，力圖打對手一個猝不及防。他們還可以用大炮攻城，將牆上的城堞盡數摧毀，令守軍因失去掩體而變得難以立足，然後強行登城。

總之，久經沙場的李自成所部已經建立了與其戰法相適應的軍事編制。當一六四三年（明崇禎十六年，清崇德八年）在襄陽成立起中央政權時，這支部隊便分為兩大部分，即是負責野戰攻城的主力部隊與負責鎮守的地方軍。而主力劃分為中權親軍、左營、右營、前營、後營等「五營」。營中完全沒有受人詬病的「以文馭武」的現象，所有的軍事主官全部由作戰經驗豐富的武將出任。而軍職分為權將軍、制將軍、果毅將軍、威武將軍、都尉、掌旅、部總、哨總等級別，其中田見秀、劉宗敏為權將軍，劉芳亮、袁宗第、李過、賀錦、劉希堯為制將軍，谷可成、任繼榮、吳汝義、馬世耀、白鳴鶴、

劉體純、謝君友、田虎、張能、馬重信為果毅將軍，張鼐、党守素、辛思忠、李友、劉汝魁為威武將軍，他們被時人譽為「二十二將」，是軍中的頂樑柱。到了一六四四年（明崇禎十七年，清順治元年）初在西安建國後，李自成按功勞的大小封授諸將以侯、伯、子、男等爵位，並對軍制加以完善。例如將五營的名稱定為中吉、左輻、右翼、前鋒與後勁，規定前營、後營、左營、右營、中營分別用黑色、黃色、白色、紅色、青色等旗纛。這支軍隊實行平均主義的供給制，將士們要把「金帛、米粟、珠貝」等戰利品全部上繳，每個人都不能私藏在戰場上獲得的金錢財物，違者處死。最高統帥李自成以身作則，過著儉樸的生活，他不好酒色，平素只食粗糧，與部屬同甘共苦。並三令五申地要求麾下兵馬不得妄自騷擾與殺害無辜百姓，有時還發帑賑災，力求塑造出「紀律嚴明」的形象。特別是他針對官兵普遍擾民，軍紀不佳的現象，高調宣佈要「剿兵安民」，反客為主地占據了道德優勢，因而在無數貧民的眼中成了不折不扣的仁義之師。一個不可否認的事實是，在大順政權控制的黃河南北與長江部分流域的廣闊天地中，從未發生過一次農民反抗的事，這與明朝滅亡之前烽火連天的情形恍若隔世。可見，大順軍這支屢仆屢起的百戰雄師不但打擊明軍的戰法有效，而且爭取貧困農民的政策對頭，難怪會橫掃中原，威震河朔，在關內處於無敵狀態。

第一章
鹿死誰手

一六四四年（明崇禎十七年，清順治元年）是天翻地覆的一年，內外交困的明朝在這一年的三月滅亡後，關內局勢劍拔弩張。攻下北京的李自成尚未能控制全國，他的實際統治區域除了京師之外，還有河南、陝西、山西、山東等數省與長江流域的部分地區。另一位義軍領袖張獻忠在稍後的時間裡控制了四川的大半土地。由此可知，關內大部分地區仍在明朝殘餘勢力的掌握之下。特別是在長江以南的南京，這個歷史悠久的名城裡面聚集了大批前朝的遺民，他們正緊鑼密鼓地醞釀著推選新君，意圖在偏安一隅的基礎上伺機北伐，恢復失地。

關外的局勢也非常微妙，自從清太祖努爾哈赤於一五八三年（萬曆十一年）從建州地區起兵以來，經過幾代人長達六十餘年的奮戰，已經打下了大片的領地，正如清朝統治者自詡的那樣，其統治區域從「東北海濱（指鄂霍次克海）」起，至「西北海濱（指貝加爾湖）」以及「斡難河（指鄂嫩河）源」為止，生活在這些地方的女真與蒙古諸部，全部臣服。而努爾哈赤從一六一八年（明萬曆四十六年，後金天命三年）發兵征明，到如今已二十六年，清朝成功用武力吞併了遼東的大部分地方，兵鋒直指關外與關內的戰略樞紐地點山海關，迫使關外的明軍困守在寧遠等地，苦苦支撐。這個土地遼闊，人口眾多的新興國家，其社會的主要組織形式是八旗制度（八旗是由四旗擴編而成。最先成立的四旗以黃、白、藍、紅四種顏色做旗幟，分別叫做正黃、正白、正藍、正紅四旗。後來又增加了鑲黃、鑲白、鑲藍與鑲紅等四旗，它們的旗幟也使用原來的四種顏色，區別是這些旗幟的周圍全部鑲上邊）。這種軍政合一的制度管轄著境內的所有人口，用來進行軍事鬥爭與經濟生產。根據歷史學者王鍾翰先生的統計，努爾哈赤在進入遼沈以前，轄下的人丁總數為四、五十萬。到了努爾哈赤的繼承者皇太極統治期間，日趨完善的八旗制度已由八旗滿洲、八旗蒙古與八旗漢軍三大部分組成，人丁的總數升至八十至一百萬。如果加上歸附的漠南蒙古封建主與叛明

而來的「三王一公」（指恭順王孔有德、懷順王耿仲明、智順王尚可喜和續順公沈志祥，他們降清之前都曾經是明朝將領，並在遼東地區作戰過多年，具有豐富的戰鬥經驗）所部，絕對是東亞大陸一股不容忽視的力量。

與強大的清軍在關外對峙的是吳三桂集團，這個集團曾經在明朝滅亡前夕成為明思宗倚為股肱的三大主力之一。可是，當左良玉集團受到重創、孫傳庭集團覆沒之後，吳三桂集團便成為碩果僅存的王牌了。這支王牌軍到明朝滅亡為止都沒有機會與李自成的主力交過手，一直抵禦著清軍。

吳三桂是遼東中後所人，出生於一六一二年（萬曆四十年），他年輕時曾經中過武舉，並憑著父親吳襄（曾任總兵）的庇蔭得到都督指揮一職，開始在軍中嶄露頭角，到了明思宗在位年間，已官至錦州總兵。在著名的松錦大決戰中，他是總督洪承疇麾下的得力將領，戰鬥力名列前茅。可惜明軍在這場決戰中一敗塗地，洪承疇被俘降清，而拼命突出重圍的吳三桂返回後方積極收集殘餘兵丁，整頓部隊，使得自身的實力一舉而躍居關外諸將之首，號稱「北門鎖鑰」，故被朝廷委予重任，扼守重鎮寧遠，與清軍對峙於關外的最前線。

▲瀋陽故宮崇政殿的清朝皇帝寶座（老照片）。

吳三桂擁有四萬精兵與七、八萬遼民，其中「數千夷丁突騎（指蒙古籍騎兵）」，尤其剽悍善戰，因而在這個改朝換代的時刻成了各方爭取的人物，特別是清朝，三番五次勸其投誠，甚至動員了降將祖大壽（吳三桂的舅父）進行規勸。然而，吳三桂一直到明朝滅亡為止都沒有打算降清，反而繼續與清軍在關外展開多次戰鬥。當努爾哈赤的繼承者皇太極於一六四三年（明崇禎十六年，清崇德八年）八月上旬死亡的消息傳來，吳三桂為了打探敵情，於九月十四日派數百名士卒前往三岔河偵察，於次日擊敗一股八旗軍，俘獲一名名叫「大什力」的正紅旗「固山額真（旗主）」，從而證實了皇太極病死的確切資訊。吳三桂判斷清朝內部各種勢力將要陷入爭奪皇位的旋渦中，一度樂觀地認為可以憑此而坐收漁人之利，可惜事與願違。清朝統治階級經過權衡利弊之後，各種勢力互相妥協，僅僅在短短一個月的時間內便達成一致，選出了皇太極年僅六歲的第三子福臨作為繼位者（由三十一歲的和碩睿親王多爾袞與三十四歲的和碩鄭親王濟爾哈朗兩人輔政，實權掌握在多爾袞手中），不但迅速穩定了國內的局勢，反而主動發起了新一輪的攻勢，給吳三桂施加了巨大的壓力。

來勢洶洶的清軍針對的目標是處於寧遠與山海關之間的中後所、中右所、中前所、前屯衛等四城，因為奪取上述地方具有戰略上的重要意義，正如降將祖大壽在數月之前向清朝統治者所建議的那樣，只要取得中後所這個吳三桂家屬的居住點，必將令對方軍心動搖，從而一鼓作氣，蕩平中右所、中前所、前屯衛等三城，以達到要脅吳三桂的目的。

一六四三年（明崇禎十六年，清崇德八年）九月初九，濟爾哈朗與多羅武英郡王阿濟格帶著一班宗室貴族出征，下令在滿、蒙、漢八旗之中的每個牛錄（牛錄是八旗的基本單位，管轄的人數在不同時期有所變化，努爾哈赤時代每個牛錄平均有三百人，當時則減至二百人左右，但這些都是紙面上的

規定，在現實中各個牛錄的人數有多有少，參差不一）抽出披甲兵二十人隨行，而「三王一公」的部屬由於擅長使用紅衣大炮等火器，也陪同出發。

九月二十三日，清軍到達中後所，於次日薄暮時分移師於城北，填平壕塹，以雲梯、挨牌與紅衣大炮等武器助攻，一直打到二十五日，城牆終於在猛烈的炮火下崩塌了一部分。守軍再也堅持不下去，遂四散奔潰，豎梯而上的清軍控制了全城。《清實錄》記載的戰績是打死遊擊吳良弼、都司王國安等二十餘人，而與之作戰的四千五百名守軍，其中有四千人成為俘虜。另外，城中大量百姓以及駝、馬、牛、羊等牲畜也通通成為了戰利品。四天之後，清軍攻擊了前屯衛，於十月初一午時攻克這座城，「斬明總兵李輔明、袁尚仁及副將、參將等三十員」，殲滅守軍四千，俘獲二千餘人。其後，八旗軍護軍統領阿濟格尼堪、布善率部分人馬殺向中前所。據說明總兵黃色棄城而跑，但在逃亡的途中遭到清軍的「追襲」而損失了不少兵馬，還有一千多守軍因突圍不出而束手就擒。

《清實錄》這類清朝官書的記載肯定難免會對清軍的勝利大加渲染，可是當時留在清都盛京（今瀋陽）的朝鮮外交使臣卻有另一種說法，至今仍然收錄在朝鮮文獻《沈館錄》中，書裡面描述了中後所、前屯衛兩城軍民捨生取義的英勇行為，他們在城池將要失陷之際，將城中的「公私家舍，一齊放火」，「勿論男女，各自燒死」，而剩餘的物資、糧食與軍械，亦企圖「燒盡」，儘量不使之落入敵手。這在某種程度上反映了關外遼軍視死如歸的氣概與同仇敵愾的精神，這種無畏的行為在關內那些與農民起義軍作戰的明軍之中較為罕見。

連連得手的清軍欲乘勝拿下寧遠，故意派遣一路偏師佯攻山海關，意圖引誘吳三桂分兵赴援。吳三桂沒有中計，將主力屯於寧遠巋然不動，等到濟爾哈朗率數萬主力於十月初九直撲過來時，便毫不

畏懼地帶兵出城迎戰，令炮手猛烈開火轟擊洶湧而來的八旗軍騎兵。同時，城上守軍以居高臨下之勢連放大炮，有力地進行配合，終於擊退了來犯之敵，迫使對手「拉屍踉蹌向老營奔回」。經過一夜的嚎哭，到了次日破曉時分，清軍拔營向東北方向撤走了。

朝鮮史料記載清軍之所以沒有留兵踞守新得的三城，那是因為明軍預先做好了準備，將關外的沙河衛、中前所等路段的人畜財貨分別收入寧遠衛以及山海關，力圖使寧遠與山海關之間「空城清野」，令「欲進、欲留」的清軍難以因糧於敵，處於困境，而參戰的孔有德、耿仲明兩將，又以前鋒傷亡的人數「倍於」八旗軍，請求回師休整，故濟爾哈朗與阿濟格決定全部撤退。根據朝鮮人的觀察，人困馬乏的清軍在二十五日返回盛京時，或四、五人一夥，或六、七、八、九人一夥，靜悄悄「各自做伴而歸」，由於搶掠不到什麼物資，顯得無精打采……。

清朝捕捉吳三桂家屬的意圖卻落了空。因為吳三桂已搶先一步將親人搬入了寧遠，並在戰事結束後按朝廷的要求將父親吳襄等人遷入了北京，以防萬一。

誰知人算不如天算，明朝在北方的統治很快便土崩瓦解，當李自成的大軍在一六四四年（明崇禎十七年，清順治元年）年初渡過黃河北上，浩浩蕩蕩向北京進發時，居住在危城之內的吳三桂家屬又一次面臨著成為人質的危險。

不甘束手就擒的明朝君臣終於下定決心，要把吳三桂集團從孤懸關外二百里的寧遠撤回來，保衛京師，以救燃眉之急。按常理而言，吳三桂應當盼望早日進入關內，與家屬團圓，可他在一六四四年三月初四被朝廷封為西平伯，並接到入援京師的急旨之後，卻遷延稽留在關外，沒有急如星火地立即發兵。主要原因是他不太願意一下子放棄寧遠這個百戰封疆之地，同時又有保存實力的思想，避免與李自成硬

拚，故暗中採取觀望的態度。表面上，寧遠守軍從初六、初七日開始搬遷，但並非兵貴神速地退回山海關，而是扶老攜幼，帶著當地的大批百姓一起緩慢地往後撤。這支人數多達五十萬的搬遷隊伍每天行進數十里，經過十餘天的行軍，直到十六日才到達山海關，與山海關總兵高第轄下約一萬兵馬會師。

在遼東這個屍山血海之地倖存下來的明軍當時統一由總兵吳三桂、高第與巡撫黎玉田領導，由於吳三桂的實力強於高第，故以吳三桂為首。傳統的「以文馭武」之策逐漸失靈，黎玉田作為文官，已經不能再對武將頤指氣使了。何況洪承疇在數年前的松錦大戰期間已經規定，巡撫在軍事問題上要聽總兵號令。此後，關內外總兵的權力就越來越大。

剛剛入關的吳三桂用了五天時間將隨軍的家眷與遷民安置在山海關附近的昌黎、樂亭、灤州、開平等地，才率主力進京勤王。這支姍姍來遲的軍隊來到遵化玉田（或稱豐潤）一帶時，雖然擊敗降將唐通、白廣恩所轄的數千人，但已經收到了北京失守的確切消息。在這種進退維谷的情況下，吳三桂不敢貿然前進，而是選擇了重返山海關，再作打算。

身在北京的吳襄投降了李自成，並寫信勸告兒子吳三桂歸附大順政權，主要理由是吳三桂所部過去與義軍無仇無怨，相反的是，「他與北兵（指清兵）結仇深，勢難降北」。吳三桂在回信中表示願意遵從父命，他說：「本來『國破君亡，兒當以死報』，可如今在父親的諄諄教導之下，只能做遵父命做個『孝子』。」試圖為自己的變節行為找下臺階，與此同時，李自成也實行懷柔之策，不斷動員京畿的降官寫信遊說吳三桂前來歸附。他封吳襄為侯爵，承諾賞賜吳三桂一家，並讓降將唐通率本部兵馬與兵政府侍郎左懋泰一起攜帶四萬兩白銀，前去犒勞吳三桂與高第。其中勸降書特別針對吳三桂稱：「吾君已逝，爾父倖存。」勸吳三桂識時務儘早投降，才「不失通侯之賞」與「猶全孝子之名」，

否則不但逃脫不了被殲滅的命運，而且波及家屬，「使爾父無辜，並受屠戮」，這樣一來，吳三桂便會「身名俱喪」，既不是忠臣，又做不了孝子，空餘遺憾。思前想後的吳三桂終於決定投靠李自成，他取得眾將領的支持後啟程赴京，將山海關防務移交給了唐通。這支重新向北京前進的隊伍於三月二十四日來到永平府（今河北省盧龍縣）張貼告示，宣言：「本鎮率所部朝見新主，所過秋毫無犯，爾民不必驚恐。」等，似乎歸順已成了無可置疑的事實。誰知次日行到玉田縣時，橫生波折，吳三桂得知自己的家屬在北京受了虐待，竟在一怒之下改變了態度，帶著部隊匆忙折返山海關。原來，他聽說父親在京城被李自成的得力助手劉宗敏嚴刑拷問，「索餉二十萬」，甚至連自己的愛妾陳圓圓也被劉宗敏搶走，導致自尊受到傷害，便反戈一擊。也有的史料將吳三桂的變卦歸於偶然因素，例如《流寇志》稱他在途中巧遇家中一奴僕攜同父親之妾騎馬往東而行，當即驚問其故，這對男女危言聳聽地說：「『老將軍（指吳襄）』被拘，一門人已成階下囚，唯有我倆逃脫，尋找『將軍（指吳三桂）』報信，以作防備。」其實這對狗男女是趁亂私奔，誰知與吳三桂狹路相逢，遂用謊言來掩飾，想不到吳三桂信以為真，竟不由分說地與李自成反目成仇。然而事實的真相是，李自成的的確確在京城之內對很多前朝的宗室貴族以及勳戚、官紳進行拷掠，以繼續貫徹「追贓助餉」的政策。

所謂「追贓助餉」，是指義軍把一些達官貴人的家產視為貪贓枉法所斂的不義之財，而根據不同的情況作出不同的處理，或者按比例追討一部分錢財，或者乾脆全部沒收，以充作大順政權的經費與軍餉。這個政策在西安建國時期已經實行，它繼承了起義初期的「劫富」思想，並將之執行到底。同時，「追贓助餉」又是對老百姓實行「均田免糧」的結果，特別是一六四三年（明崇禎十六年，清崇德八年），義軍在湖廣提出了「三年免徵」的政策，一直到佔領北京仍然初衷未改，因而這個政權的

所有經費與軍餉不可能透過徵收賦稅來獲得，必須從追贓物件中榨取。這反映制定政策的義軍領袖們仍然是土裡土氣的草莽英雄，而沒有順應潮流，真正進入命運賦予他們的「帝王將相」的角色中去，從而及時完成從義軍到「官軍」的蛻變過程。因而大順政權本質上仍然是一個砸爛舊世界的農民政權，而沒有考慮實行輕徭薄賦，保護「官紳（有時又稱縉紳、搢紳、紳衿或士紳）地主階級」的財產，以便儘快穩定國內的政治與經濟秩序。

「官紳地主階級」主要由文官以及曾經擔任過文官的人組成，他們的後備力量是舉人、監生、生員等隨時可能步入仕途者。明代中後期，科舉制度成了讀書人入仕的最重要途徑，州縣以上的正官，大部分為科舉出身。只有少數人出身於學校的貢選，但一般只能做一些低級別的官職，而且晉升的空間有限。至於「恩蔭（憑著祖、父的功勞與地位而使子孫後輩在入仕時享受特殊待遇）」等變相世襲的選官制度，已經受到很大的限制。由此可知，科舉制度對於「官紳地主階級」的形成有莫大的關係。就像俗語所說的「書中自有黃金屋」，明代中後期由於學風的敗壞，讀書人普遍視科舉制度為致富的捷徑，一旦得以成為官紳便可以利用種種特權中飽私囊。其中尤其值得關注的是「優免權」，即官員可以按級別免掉一定的賦稅與徭役，後來連監生與生員等官紳的後備勢力都享受了這一待遇。

設立這一制度的本意是減輕為官者的一部分經濟負擔，然而那些貪得無厭的官員們卻憑著參政的便利不斷要求朝廷修改優免條例，放寬限額，以便儘量少交賦稅，甚至鑽法律空子不用納糧。到後來，很多老百姓為了逃避官方沉重的賦役，自願將田產寄於官員的名下，讓各級官員能夠利用這一特權參與兼併土地與隱占人口，致使當中一些人僅當官兩、三年，就成為了巨富。故此，優免制度促使大量官紳成為富有的地主，是「官紳地主階級」形成的重要因素。此外，隨著商品經濟的發達，越來越多

的官紳涉足工商業，動用手中的權力來謀取暴利，至於貪污受賄等不法行為，更是屢禁不止。即使是監生與生員，也可以憑自身的文化水準以及出入衙門接觸官吏的便利，打著替人辦事，調解糾紛的幌子來謀利，其中的不肖者幹了不少勾結官府殘害百姓的事。根據學者的統計，明代中期以後，文官的數量為三萬人以上，監生、生員則有四、五十萬人（他們當中有一半以上的人涉嫌兼併土地與隱占人口），形成了一個與科舉制度息息相關的既得利益集團，基本把持著各級政府機構的行政權，也在名義上掌握了從中央到地方的軍權。

明代中後期全國各地的宗族組織已成為基層社會中最重要的民間組織，而那些閒賦鄉居的官僚士人們（有時又稱「鄉紳」）利用血緣關係成了宗族的支配者，他們獲取過功名，當仁不讓地肩負著用儒家理論指導鄉里民眾的責任，參與維護地方秩序，成為溝通官府與地方鄉里的核心力量，發揮著廣泛的影響。就像學者們所認為的那樣：在當時的社會條件之下，「只有他們才有可能利用各種社會聯繫、習慣勢力把當地的人力、物力調動起來」。義軍由於自身的局限性，不可能創造出更加有效的組織形式，唯有爭取官紳地主階級及其後備力量的配合與支持，才有可能讓國家走上正軌，長治久安。

遺憾的是，自幼不愛讀書的李自成對依賴科舉制度而發展壯大的官紳地主階級極為蔑視，這種思想在一六四三年（明崇禎十六年，清崇德八年）發佈的《剿兵安民檄》中有所表現，他當時在檄文裡指責道：「明朝昏主不仁，寵宦官，重科第……。」把科舉出身的文官與太監相提並論，同視為殘害百姓的渣滓。又自稱：「本營（指李自成本人）十世務農良善，急興仁義之師，拯民塗炭。」毫無掩飾地流露出對農民的好感。難怪他在一年後攻下北京時仍舊以農民利益的維護者自居，繼續執行打擊官紳地主的政策。

京城裡面官員的表現也令人不齒，《石匱書後集》記載：「闖賊（指李自成）陷京師，百官報名投順者四千餘人；而『損軀殉節』者『不及三十』。」大量京官爭先恐後地投靠大順政權，企圖在新朝中謀個一官半職，以便庇護於義軍的羽翼之下，重複過去那種錦衣玉食的好生活。誰知現實讓他們大失所望，義軍雖然發出告示命令所有的前朝文武官員都要自行前來報到，如有膽敢隱匿之人，一旦查出將於軍前「正法」，可是，大順政權的領導人又決定對於明朝三品以上的官員，一般不錄用。這表明，李自成等人對這些變節者並不是很重視，例如《燕都日記》記載李自成說過以下的話：「『各官於城破之日，能死便是忠臣』，那些『不忠不孝』者，『留之何用』。」更有甚者，這些不被錄用的高官成為「追贓助餉」的對象，其中有人為此而受到拷掠。就連那些四品以下受到錄用的官員，也需要自動捐出定額的錢財助餉。《甲申核真略》記錄了大順政權勒令各級京官的輸餉之數，分別為「中堂十萬，部院、京堂、錦衣七萬，或五萬、三萬，科道、吏部五萬、三萬，翰林三萬、二萬、一萬」，部屬以下則「各以千計」。而對於明朝宗室與勳戚的財產，多數全部沒收，讓其「人財兩盡而後矣」。

義軍專門設立了稽查隊，調查京官的家產。對於那些不按數額輸餉者，則嚴刑拷問，為此而製造了數十副刑具，放置在劉宗敏與李過這兩位將軍的府中（劉宗敏住進了前朝都督田弘遇的府中，李過住進了前朝都督袁祐的府中，其他起義軍將領也占據了不少豪門巨宅），對前朝大學士魏藻德等數百名京官進行拷打，把不少人打得血肉模糊，透過這種方式成功地奪取了一批金銀財寶。追贓助餉出現了過火的苗頭，包括軍營、普通官員的官邸在內的很多地方都成為了刑訊場所，後來連一些小吏、富戶與雜役都成為追討的對象，據說因此而斃命者超過千人。與此同時，在大順政權控制的各省府縣，亦不同程度地推進「追贓助餉」政策，使得社會上人心惶惶。

對京官的追贓開始於三月二十七日，一直實行到四月份。李自成於本月七日在劉宗敏的府中親眼目睹一些前朝官員在酷刑之下哀號不已的慘狀，察覺到問題的嚴重性，遂以「天象示警」為由，要求劉宗敏放人，第二天正式下令在京城停止執行這個政策。儘管大順政策入京後曾經在一段時間內約束過軍紀，實行過「平買平賣」等有利於穩定社會秩序的政策，但因「追贓助餉」造成的負面影響過於惡劣，將要自食其果。由於追贓助餉的擴大化，連關寧守將吳三桂的父親吳襄也受到波及，被劉宗敏「索餉二十萬」，還受到拷打，後來據說交出五千兩銀，才得以苟延殘喘。李自成瞭解吳襄的處境後，馬上將之釋放，並進行宴請，以作撫慰。最離譜的是，連吳三桂的愛妾陳圓圓也在這場混亂中被奪走了，原來，入住田弘遇府第的劉宗敏雖然占有了這座府中的很多女眷，但還不滿足，當他得知聲色俱絕的江南名妓陳圓圓如今身在京師已成為吳三桂的妾侍時，竟然橫刀奪愛，掠為己有。像劉宗敏這種行為在義軍駐京部隊中發生了不少，因為一些泥腳子進入繁華之地後難免把持不住，產生享樂的思想，這種風氣一旦在軍中蔓延，會消磨戰鬥意志。由此可知，被勝利衝昏頭腦的大順政權領導層缺乏高瞻遠矚的能力，既漠視了關寧勁旅在防禦清軍時所發揮的不可或缺的作用，也未能充分地估計到清朝潛在的重大威脅。

吳三桂出生於官宦之家，也中過武舉，與官紳地主勢力存在密切的關係。根據學者們的估計，吳三桂家族在距離山海關一百二十里的中後所擁有成千上萬畝的土地，是名符其實的大地主家庭。吳三桂忍痛放棄祖業而遷入關內，完全是形勢所迫，他當初選擇投降李自成的原因之一可能是認為李自成所建立的政權以漢人為主，比起「非我族類，其心必異」的清廷貴族更加容易溝通，後來，他知道大順政權沒有因勢利導地改變對官紳地主的打擊政策，難免產生兔死狐悲的感觸，肯定會對李自成、劉宗敏等草莽英雄的執政能力產生懷疑。當他得知自己的父親也成為勒索的對象，而愛妾遭到強行擄掠

時，終於按捺不住而「衝冠一怒」，正式與大順政權分道揚鑣，返回山海關，並中止了放棄祖業而遷入關內的戰略意圖。

殺個回馬槍的吳三桂將猝不及防的唐通所部驅逐出去，於四月初四重占山海關。唐通轄下的八千人與協守的大順軍損失慘重，剩餘的部分殘兵屯於山海關西北方向的一片石，同時十萬火急地派人回北京向李自成告變。

當時親眼目睹這場變故的鄉紳以詩敘事，其中寫道：「吳帥旋關日，文武盡辭行。士女爭駭竄，農商互震驚。二三紳儒輩，早晚共趨迎……。」所謂「二三紳儒輩，早晚共趨迎」，表明吳三桂正在努力爭取官紳的支持，他在十天之後召來關城一帶的「紳衿大老」於城南的演武場與手下將士一起「歃血同盟」，號稱要「興復明室」，以爭取這些人的同情。在聲討大順政權的檄文中，又不忘說道：「『刑我士紳……掠我財富』，也是基於同一理由。」

吳三桂在備戰期間收編了唐通的部分潰散人馬，另外還進行募兵，再加上原有的人馬，總兵力已達五萬，號稱「十五萬」。這點兵力要想與大順政權抗衡，談何容易。為此，他企圖聯繫南方的明朝勢力，以互相聲援，並寫信給身在江淮的總兵劉澤清，提出「合兵滅闖」的要求，但對方虛以委蛇，不肯出力；而稍有實力的左良玉集團遠處江漢一帶，相隔千山萬水，一時難以聯絡；在這種情況下，與清朝議和，借清軍之力對抗大順政權就成了有現實意義的策略。況且，關寧軍局促於山海關一地，夾在大順政權與清朝之間，前後都是勁敵，吳三桂既與關內的李自成反目，轉而投靠關外的滿洲貴族統治者，從而擺脫兩線作戰的劣境，在戰略上也是順理成章的。

不過，主動投靠異族畢竟不太光彩，故吳三桂在其部屬胡亮等人的建議下打出了「借兵」的幌子，揚言要向清朝借兵十萬，「以圖恢復」。歷史上並不缺乏向異族借兵以恢復國土的例子，比如在唐代的安史之亂中，唐政府向塞外的回紇借兵，得以收復長安、洛陽等失地，為最終平息國內的叛亂打下了良好的基礎。不過，此一時，彼一時，吳三桂如今想向與明朝打了幾十年仗的清朝借兵，誰知道會引來什麼不測的後果呢？難怪滯留在山海關一帶的前明薊遼總督王永吉得知這個借兵計劃後，不久以到江南「協應」為由，率領三十餘騎南下，離開了這個是非之地。

在這個天翻地覆的歷史轉折時刻，清朝的應付措施格外引人注目。毋庸諱言的是，這個關外異族政權的歷屆統治者一向雄心勃勃，清太祖努爾哈赤曾經說過：「南京、北京、汴京（指開封）本非一人所居之地，乃女真（據稱為滿族的祖先）、漢人輪流居住之地。」清太宗皇太極也說過：「自古天下非一姓所常有。」的話，為取替朱明王朝大造輿論。皇太極死後，掌握清朝實權的多爾袞仍然對關內虎視眈眈，從沒有放棄逐鹿中原的意圖。身處抗清前線的明朝遼東巡撫黎玉田在明朝滅亡前夕憂心忡忡地說：「過去清人的實力不如我國的一個大縣，可當時今非昔比，清軍『鑄炮造藥，十倍於我之神器（指大炮等火器）矣；搶奪馬匹器械，百倍於我之馬匹器械矣；虜掠丁壯兵民，又不啻十數萬生聚矣；捆載輜重金帛，又不止百千萬財寶矣』，完全具備向明朝發起戰略進攻的條件，向山海關方向進軍已成『必然之勢』。」

那時候，具有戰略眼光的人都已看出，明朝的滅亡已成定局，而最有可能取而代之的除了關內的義軍，就是關外的清朝了。清朝統治階級對義軍的重視程度非常高。在李自成所部於一六四四年（明崇禎十七年，清順治元年）初席捲陝西，攻取三邊之時，多爾袞收到西北邊外蒙古鄂爾多斯部落首領的報告

後，以清帝的名義寫了一封號為《大清國皇帝致書於西據明地之諸帥》的信（信中之所以稱義軍領導者為「諸帥」，是因為清朝統治者由於「山河遠隔」，不能悉知義軍領導者名號的緣故），裡面的內容稱：「欲與諸公協謀同力，並取中原，倘混一區宇，富貴共之矣。不知尊意何如耳？」這封信於三月初二遞給義軍的榆林守將後，李自成沒有回覆。因此多爾袞試圖與義軍共滅明朝，並取中原的計謀也落了空。到了三月中旬，鎮守寧遠的吳三桂撤兵入關時，清朝已知關內的政局發生了大變動，著名謀臣范文程在四月初四上書多爾袞，分析當時的形勢，深刻地指出明朝病入膏肓，沒有治癒的希望，黃河以北地區淪陷已成定局，清朝應該把握時機，以分一杯羹，他認為：「明之勁敵，惟我國與流寇（指義軍）耳。如秦失其鹿，楚漢逐之，是我非與明朝爭，實與『流寇』爭也。」預言清朝為了完成進取中原的大業，將要與義軍發生衝突，故需要早作準備，為此，他提出了幾點重要的建議，摘要如下：

一、應當選拔賢良的人做官，既能取悅於國內的老百姓，又可以吸引更多的明朝臣民前來歸附。如果明朝知道我國的政策有變，可能會打消收復遼東失地的念頭，轉而與我國議和。否則，便是將老百姓驅向「流寇」一邊，讓「流寇」贏得民心。

二、過去我軍多次入關作戰，不管深入到多遠，最終都全部撤回，沒有永久性地占據關內的任何一座城鎮，給關內的明朝官員與老百姓造成一種錯誤的印象，認為我國沒有奪取中原的「大志」，即使那些前來歸附之人，也會誤以為不會得到我國妥當的撫恤，因而不少人懷有貳心。然而，不管這些人已經服從我國，還是未服從我國，當務之急者都是要向他們申明我軍今後作戰將嚴守紀律，秋毫無犯，向他們解釋清楚往昔為何不守關內之地的理由以及如今奪取中原之意。並且，應該讓來降的明朝官員仍兼舊職，讓來歸的老百姓仍得以操其舊業，同時選拔賢良的人做官，撫恤那些

有疾苦而無處訴說人。這樣一來，黃河以北，可「傳檄而定」。

三、只要河北一平定，就以「避患」的名義命令各座城市裡面的官員將其妻兒子女送至我軍營，作為人質。又提拔那些有道德，聲譽好的官員進入中樞機構，讓他們出謀劃策做輔助，攝政王（指多爾袞）只需於這些官員所獻的策略中，擇其善者酌情而行即可，既能增廣見聞，又對政事有益。

四、這次出兵，既可以直奔燕京（指北京），也可以相機而行，但要在進入關內之後，於山海關一線以西選擇一座堅城駐紮軍隊，「以為門戶」，方便「我師往來」。

范文程的一番政論中，最值得注意的是「讓來降的明朝官員仍兼舊職」這一條，也就是說，明朝官員降清之後原則上仍可以官居原職，這與大順政權入京後對於明朝三品以上的官員一般不錄用的政策有著重大區別。在爭取關內官紳地主階級的支持方面，誰的條件更加慷慨大方，不言而喻。

范文程上書時，清朝還沒有得到北京易手的情報。時間僅過了一兩天，已傳來關內形勢發生劇變的消息，身在盛京的多爾袞一面召集宗室大臣開會，一面將已到蓋州溫泉養病的范文程召回來問策。范文程又再為之出謀劃策，指出「闖賊（指李自成）」雖「擁眾百萬」，表面上很強大，但有三個必敗的理由：其一是逼死其主（指明帝），會遭到上天的譴責；其二是用嚴刑拷打的方式來侮辱「搢紳（指官紳地主）」，劫掠「財貨」，讓讀書人感到忿忿不平；其三是掠奪民間的資產，姦淫民間婦女，放火焚燒民居，會引起民憤。此外，李自成所部近年來屢獲勝利，已成驕兵，正好乘機擊敗他們。這位深謀遠慮的漢臣認為：「『我國』應上下同心，選出兵丁加強訓練，以伐罪弔民的名義出征，進入明境之後，既撫恤其士大夫，又拯救其黎民百姓，這樣的軍事行動處處標榜一個『義』字，何患不能成功？」他又說道：「上天有好生之德，自古以來未聞有嗜殺而得天下者。我國僅想在山海關以東的

一隅之地稱霸，那就罷了，若有統一華夏的大志，非使百姓安居樂業不可。」

范文程的這篇對策是對他四月初四上書的補充意見，他知道清軍過去與明朝為敵時，在不同程度上做過劫掠官紳財富以及屠戮平民的事，因而當時建議滿洲貴族統治者改轅易轍，逐鹿中原時要注意撫恤漢人士大夫以及黎民百姓，以便和打擊官紳地主勢力的義軍劃清界線，自然會吸引那些對義軍恨之入骨的士大夫前來歸附。范文程本是明朝遼東地區的秀才，屬於官紳地主階級的後備力量，他後來在努爾哈赤征明時歸降，又得以成為清朝的文臣，基於讀書人的立場，他對明朝官紳地主在大順政權統治下所受的屈辱感同身受，體會最深，故此，他涉及這方面的建議也具有強烈的針對性。

多爾袞對范文程的意見言聽計從，並準備不失其時地抓住吳三桂棄地之機，「乘虛直搗」明朝腹地。四月七日這一天，清軍出師之前祭告太廟，提到攻佔中後所、前屯衛等城，並稱寧遠、沙後所兩地守軍棄城而走，「山海關外地方盡為我有」，在這種有利的形勢下，多爾袞將「統大軍前往伐明」。次日，清廷在篤恭殿舉行了任命多爾袞為奉命大將軍的儀式，讓他「代統大軍，往定中原」，「一切賞罰、俱便宜從事」，賜文中還用順治帝的口吻寫道：「諸王、貝勒、貝子、公、大臣等事大將軍（指多爾袞），當如事朕。同心協力，以圖進取。」這有力地表明多爾袞如日中天的權勢，雖然這時他與濟爾哈朗並稱攝政王，但他是努爾哈赤的親生子，與濟爾哈朗的親侄身份相比，更具號召力。朝鮮人在早些時候評論說：「清朝的『刑政拜除，大小國事』由多爾袞專掌，出征之事則由濟爾哈朗指揮，然而，當時多爾袞既以代帝親征的形式親自出馬征明，濟爾哈朗更不能與之平起平坐。」

清朝在短短的數日之間進行了總動員，令國中「七十以下，十歲以上」的男丁「無不從軍」，可說是傾巢而出了。那麼，可以出動多少人呢？就以八旗軍為例，在清太宗皇太極生前，八旗的牛錄數目已

由原有的四百個增加到五百九十七個，如果按照每一牛錄平均兩百人來計算，即有十一萬九千四百人。根據學者的研究，入關前夕的八旗滿洲、蒙古與漢軍共有十四萬六千餘人。此外，恭順王孔有德、懷順王耿仲明、智順王尚可喜和續順公沈志祥等人所率領的天佑兵與天助兵也有數以萬計的隊伍，加上隨征的奴僕與歸清的蒙古諸部、朝鮮兵丁，所能動員的兵力可達二十萬之眾。史載這次出征的滿洲、蒙古兵為總數的三分之二，一同前行的還有漢軍與天助兵、天佑兵，人數為十三、四萬人。伴隨多爾袞的宗室有多羅豫郡王多鐸、多羅武英郡王阿濟格，多羅衍禧郡王羅洛渾，多羅貝勒羅洛宏，固山貝子尼堪、博洛，輔國公博和託、滿達海、瓦克達、鞏阿岱，奉國將軍巴布泰、巴穆布林善、漢岱，輔國將軍務達海，鎮國將軍屯齊、額克親、和託等十餘人，固山額真（都統）有李國翰、阿山、杜雷、恩格圖、譚泰、胡沙、譚拜、古魯格楚瑚爾、何洛會、准塔、瑪喇希、石廷柱，梅勒章京（副都統）有李率泰、藍拜、庫爾闡、濟什哈、喀喀穆、車爾格、希特庫、武拜、明安達禮、康喀拉、務達海等，隨軍的前鋒統領、護軍參領、牛錄章京（佐領）等各級武官還有一百八十餘人。這支遠征軍可說是將帥如雲。協同八旗軍作戰的天助兵與天佑兵，則由孔有德、耿仲明、尚可喜、沈志祥親自帶隊。而在盛京為質的朝鮮世子也在軍中。

四月九日，清軍從盛京出發，以每日大約六十里的速度前進，於十三日駐營於遼河以西。在此前後，多爾袞獲得李自成佔領北京的確切情報，便召來曾經與李自成交過手的前明降官洪承疇進行諮詢。洪承疇給多爾袞

▲范文程之像。

打氣，聲稱清軍之強，天下無敵，「將帥同心，步伍整肅，流寇（指義軍）可一戰而除，宇內可計日而定」。他首先提出進入敵境後需要注意的事項，具體是應該先派遣官員宣佈清朝的命令，表示清軍此行是要「掃除亂逆」與「滅賊」，凡是抗拒者，「必加誅戮」。對於平民則採取「不屠殺，不燒房屋，不劫掠財富」的政策。此外，對於敵境內的各府州縣也要加以告示，勸其開門投降，並作出秋毫無犯的承諾，而歸附的官員可馬上得到晉升，對於那些拒不投降的城池，攻克後要全部殺死裡面的官吏，但仍保證百姓的人身安全。對於那些立有大功的內應，要破格封賞。接著，他憑著自己過去在明軍服役時與農民軍多年作戰的經驗，對即將來臨的戰事擬定出針對性的建議，認為「流寇」初起時「遇弱則戰，遇強則遁」，是一支慣於流竄的隊伍，進入京城後搜刮到足夠的財富，已經志驕意滿，無心固守。一旦知道「我軍」來到，必定焚燒「宮殿府庫」，向西逃遁。「流寇」擁有的騾馬不少於三十餘萬，晝夜兼程可走二、三百里，等到我軍抵達京城時賊已遠去，不但因「財物悉空」而致使「士卒無所獲」，而且「逆惡不得除」，留有後患。為此，我軍應預早計算路程的遠近，儘量在規定的時間內到達目的地。行軍時「精兵在前，輜重在後」，採取出其不意的辦法，從薊州、密雲等接近京城的處所突入關內，「疾行而前」。

如果「流寇」逃走，就立即追剿，倘若他們仍占據京城抗拒到底，那麼討伐起來更加容易，如此「逆賊」既可滅，又可「收其財畜、以賞士卒」。洪承疇又提醒多爾袞要注意「流寇」與明軍的區別，過去清軍入關搶掠時面對的是明朝「兵弱馬疲」的邊境防禦部隊，故可輕易突入，當時惟恐賊人派出精銳部隊埋伏於山谷的狹窄之處，以步兵扼定入關之路。「我國（指清朝）」的騎兵不能履險，難以突破，因而最好是在騎兵之內選出步兵，先從山谷的高處偵察查明敵人埋伏的地點，再讓步兵在前，騎兵在後突

進，等到殺入關內時，我軍的步兵又可全部變回騎兵，到那時誰能抵抗？若沿邊的關卡仍然空虛，無強敵防守，我軍只需迅速進軍即可，不必再費力氣於騎兵之內選出步兵做前鋒。抵京之日，我軍宜暫且連營城外，多派偵探，查明敵情，視情況而截斷陝西、宣府、大同、真定、保定方向的入援之路，以提防敵人的援兵。」最後，洪承疇說道：「『流寇』用兵的時間已久達十餘年，雖然『不能與大軍（指清軍）相拒』，但絕不可以將之輕視為昔日無能的明軍。」

直到此時，多爾袞與洪承疇仍不清楚吳三桂向清朝借兵的意圖，故沒有討論向山海關方向進軍的問題，洪承疇按照以往繞道入關的慣性思維，只是建議從薊州、密雲方向前進。最值得注意的是洪承疇認為「流寇」的特點是騾馬眾多，而清軍的主力也是騎兵，他斷言清軍將會在華北平原的騎兵大決戰中獲勝。歷史是否按洪承疇所預言的那樣發展？在即將到來的決戰中，就快有結果了。

那麼，李自成面對雲譎波詭的政局，又採取怎麼樣的應變措施呢？當他得知吳三桂叛變後，加強了京城的防禦，打算興師問罪。大順軍隊有三千人馬在通州巡邏時，遭到吳三桂所部三百哨兵的突襲，僅剩數人逃回，加劇了緊張的形勢。可是，軍中一些人反對討伐吳三桂，宋獻策明言：「皇爺（指李自成）去，皇爺不利；三桂來，三桂不利。」而劉宗敏、李過等將領的表現也不太積極。無奈之下，李自成決定親征，他經過準備後，與劉宗敏一起於四月十三日率主力東出長安門，踏上了征程。隨行的除了前明太子朱慈烺、定王朱慈炯、永王朱慈炤等一批成為俘虜的宗室貴族之外，還有吳襄。為了讓吳三桂能回心轉意，又派遣兵部尚書王則堯前往山海關進行遊說。此前一晚，大順政權已將前明大臣陳演等六十餘人斬於東華門外，以防患於未然，解決後顧之憂。

李自成轄下兵馬號稱「百萬」，但隊伍裡面除了堪戰的「正兵（正規軍）」外，還有大量的養子

或廝役（一名正兵可帶領六至十名養子或廝役作戰，由此可知，在這支軍隊裡面，正兵的數量並不佔優勢），實力沒有像對外宣傳的那樣強大。這支軍隊隨著攻佔的城鎮越來越多，也將大量的兵力分散佈置在襄陽、陝西、山西與河北等廣大區域中，真正向北京進軍的大約為總數的一半人，攻克北京後，一方面由於糧餉不足，另一方面為了攻取更多地方，又陸續分批派出數萬之眾到三屯營、喜峰口、宿遷、青州、德州、臨清、鹽城、武定、濱州、濟寧、登州、萊州等處，甚至還讓部分人馬前往經略四川，使屯於京城的主力進一步減少。如今為了東征吳三桂，共出動了馬步兵六萬餘人，如果加上養子與廝役，則號稱十萬之眾。此外，留守北京的有萬餘人。

東征的大順軍離京後，卻沒有經通州、三河，走捷徑前往山海關，而是於十五日北上密雲，兜了個圈回來，於十六日才到達三河，浪費了一天工夫。顯然，李自成不會無緣無故走這樣的冤枉路，他極有可能是為了提防清軍從密雲方向入關，企圖預先進行堵截，當到達密雲後不見敵人影蹤，才又折返三河。如果說李自成對清軍準備入關一事毫無思想準備，那是不太符合事實的。其實，早在義軍於前一年冬季進軍陝北攻打邊塞重鎮榆林時，就已經和入塞的異族軍隊交過手了。根據《明史‧尤世威傳》記載，當時守衛榆林的明軍參將劉廷傑向遊牧在河套地區的蒙古部落「乞師」。然而，南下至榆林附近的蒙古部落卻被義軍打退了，為此，義軍在克城後將被俘的劉廷傑淩遲處死，以儆效尤。必須指出的是，活動於河套地區的蒙古部落早已降清，義軍與之交手，可視為即將與清軍作戰的前奏（不久後，多爾袞得到河套地區蒙古部落的報告，曾寫信給起義軍，要求與之同滅明朝，「並取中原」，李自成沒有理睬。這在某種程度上促使多爾袞把李自成當作敵人來看待）。

本來，洪承疇已經在稍早之前建議駐軍遼河以西的多爾袞從薊州、密雲方向入關，如果真能按照

這一路線進軍，那麼必將與李自成在密雲一帶狹路相逢，展開一番龍虎鬥。可是世事無常，多爾袞在十六日突然改變了進軍方向，轉而全速撲向山海關。原因是吳三桂派遣副將楊坤、遊擊郭雲龍、孫文煥三人來與清朝談判。這些人到達距離盛京三百多裡的翁後（今阜新）一帶，正巧遇上清軍主力，便於十五日向多爾袞遞交了吳三桂的信，正是這封信使得多爾袞改變了原先的進軍方向。信的內容除了談論當時政治局勢以及說了一些客套話之外，還對大順政權進行了嚴詞譴責，說李自成「僭稱尊號」與「擄掠婦女財帛」，實屬罪大惡極，與歷史上「赤眉、綠林」等起義者無甚差別，屬於黃巢、安祿山之類的亂臣賊子，「天人共憤」。接著，吳三桂自稱欲對李自成興師問罪，無奈自己的地盤小、兵力少，特向清朝「泣血求助」，他開出的酬勞是讓「流寇」所擁有的「不可勝數」的「金帛子女」全部送給多爾袞。他請求多爾袞「速選精兵」，殺向「中協、西協（指山海關以西的喜峰口、龍井口、牆子嶺等處）」，然後與自己的部屬會師，再直抵北京，「滅『流寇』於宮廷」，到那時，給清朝的報酬就不止「財帛」，還將「裂地以酬」。

吳三桂要求清軍從西協與中協入關，顯示他不想將山海關拱手讓人。多爾袞收到老對手的這封信後，不禁心存疑慮。《明季北略》後來記載他與阿濟格、多鐸兩王商議時說道：「難道是吳三桂知我南來，故意設置圈套來引誘我？況且我軍曾經三次圍困明朝首都，都不能拿下來，李自成一舉破之，其智勇必有過人之處，如今此人親自領軍而來，難道企圖攻遼嗎？」上述言論表明多爾袞對李自成異乎尋常的重視程度，他擔心李自成乘勝反攻遼東，收復漢人的失地，尤其不想照吳三桂的指揮棒進軍，惟恐遭到吳三桂與李自成的夾擊，這反映了清朝貴族統治者不太信任吳三桂這位漢人軍閥。多爾袞採取了一個不尋常的舉動，他派遣學士詹霸、來袞前往錦州，命令駐紮於當地的漢軍立刻攜帶紅衣大炮向山海關進發。

紅衣大炮作為攻堅利器，一向用於對付森嚴壁壘的軍事據點。清軍緊急抽調紅衣大炮支援前線的行為，實際已經在為強攻山海關做準備。如果吳三桂真的投靠了李自成，正好師出有名。即使吳三桂沒有投靠李自成，清軍兵臨山海關也有助於迫其投降。總之，吳三桂的來信促使清軍改變了進軍路線，多爾袞一面讓其妻弟拜然隨郭雲龍去山海關，以打探吳三桂的虛實，一方面讓大軍於四月十六日撲向山海關。

途經西拉塔拉這個地方時，經過深思熟慮之後的多爾袞回覆了一封信，信中首先將明清戰爭的責任推給了明朝一方，認為過去是明朝皇帝不願意與清朝「通好」，才導致兩國關係遲遲未能改善，接著，他明確說出由於形勢的變化，如今清朝已不打算再執行兩國議和的舊政策，實際上等於委婉含蓄地拒絕了吳三桂的通好的請求。那麼，清朝的新政策是什麼呢？多爾袞在回信中含糊其詞地說：「惟有底定國家與民休息而已。」但這絕非偃甲息兵的意思，而是要繼續打下去，只是新的敵人變成了「流寇」。多爾袞自稱當一聽到「流寇」攻陷京師，「明主慘亡」的消息後，感到「不勝髮指」，於是「率仁義之師」討伐，以「沉舟破釜」之勢，不馬到成功「誓不返旌」，期待滅「賊」而拯救百姓於水火之中。正巧此時，「伯（指西平伯吳三桂）遣使致書」，他自己「深為喜悅」，「遂統兵前進」。信的最後，多爾袞終於亮出了底牌，他表示吳三桂「思報主恩，與『流賊』不共戴天」，所履行的是「忠臣之義」，雖然彼此過去曾經在遼東為敵，但可既往不咎，只要吳三桂肯「率眾來歸」，清朝「必封以故土」，並將其「晉為藩王」，這樣一來，吳三桂不但「國仇得報」，而且「身家可保」，在清朝的羽翼之下將「世世子孫長享富貴，如河山之永」。

最值得注意的是，多爾袞根本沒有理睬吳三桂以明朝遺臣身份提出的「借兵」請求，而直截了當地要吳三桂降清，作出了將之「封以故土」，「晉為藩王」的承諾。不管吳三桂的最終態度如何，多

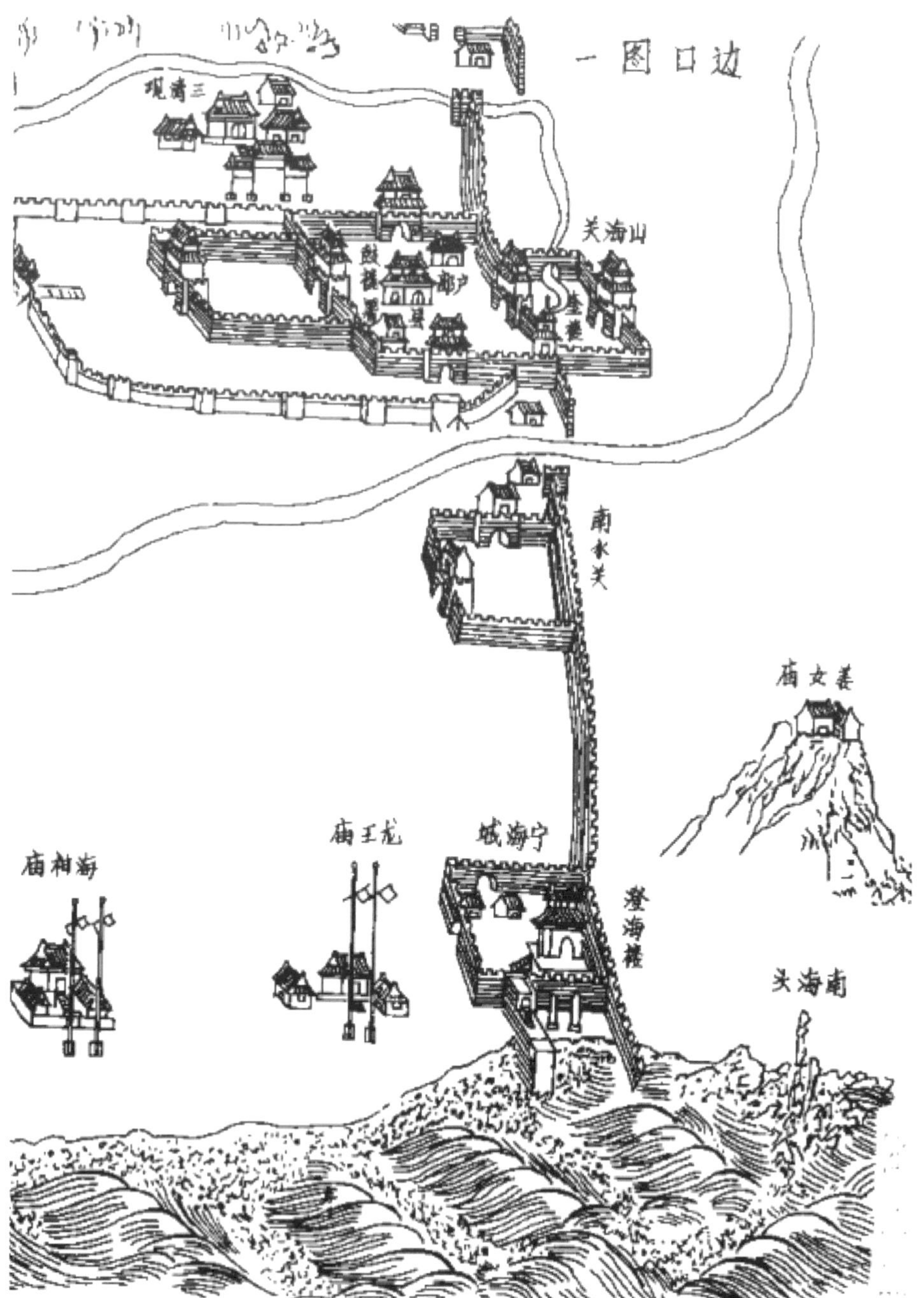

▲光緒《永平府志》中的山海關。

爾袞只是指揮大軍一味地向著吳三桂的老巢疾進，無形中使山海關這個一隅之地同時受到大順軍與清軍的雙重威脅。然而，首先到達山海關的並非多爾袞，而是李自成。

李自成離京後北上密雲兜了個圈子才於十六日折返三河，白白走了一天的冤枉路。他在三河遇到了吳三桂派出的六位代表，雙方可能在軍營進行過談判。吳三桂的代表是高選、李友松、譚邃環、劉泰臨這四名庠生與劉臺山、董鎮庵這兩名鄉耆，根據光緒年間編撰的《臨榆縣誌》的記載，高選、李友松、譚邃環、劉泰臨等四人屬於山海關地區「八大家（八位豪強地主）」之一，他們與劉臺山一起參加過吳三桂在山海關舉行的「歃血同盟」儀式，號稱要「興復明室」，可見這些人和官紳地主階級有千絲萬縷的聯繫，本質上與崛起於草莽的大順政權勢不兩立，他們執行吳三桂的緩兵之計，嘗試以詐降的手段阻撓李自成前進。李自成將此六人羈於軍營之中，由於對吳三桂仍抱有不切實際的期望，真的如敵人所願的那樣放緩了進軍的步伐。在途中的永平等地方，又遭到吳三桂部分軍隊的騷擾，接近山海關時已經是二十日了。從北京到山海關約七百里，如果大順軍晝夜兼程，以每天二、三百里的速度趕路，三四日即可趕到，就算按每天一百二十里的正常行軍速度，也不過需用五天左右，而大順軍由於種種原因，竟然慢吞吞地走了八天。儘管如此，大順軍還是比清軍提早到達了山海關。

可是這個要塞並非唾手可得，當李自成在山海關之外發現迎接他的不是負荊請罪的吳三桂，而是排兵佈陣的軍營，終於醒悟過來，下令處死詐降的高選等六人，其中一人在拼死逃走時以身中三箭的代價僥倖撿回一條命。形勢發展至此，李自成能夠用於攻關的時間已經不多了，因為關外的多爾袞正帶著清軍主力快速進逼。李自成必須搶在多爾袞到來之前拿下山海關，才能更有效地與佔優勢的清軍對抗。

吳三桂在李自成到來之前已經做了充足的準備，他在當地官紳的幫助下徵召三萬餘鄉勇以作輔助，

還得到當地人捐獻的七千餘兩白銀等一批物資。不少讀書人加入了鄉勇之中，準備與大順軍決一死戰。

山海關位於臨榆縣東南方向十里，它南臨渤海，北面與蜿蜒在山峰之上的長城沿線連為一體，是關外進入關內的咽喉要地，被譽為「兩京鎖鑰無雙地，萬里長城第一關」。自從遼東戰事爆發以來，明朝對這個樞紐地帶的防務格外重視，不但長期駐紮重兵，而且將關城修得特別堅固。山海關以鎮城為主。據專家考證，鎮城的周長為八里一百三十七步四尺，並輔以寬五丈，深二丈五尺的護城河。鎮城的東西兩個城門分別擁有兩座羅城，叫做「東羅城」與「西羅城」。面向關外的東羅城高約二丈三尺四寸，周長為五百四十二丈四尺，門外環繞著護城河。面向關內的西羅城在明朝滅亡的前一年才動工修建，當時仍未全部完工，堅固程度比東羅城要差一些。在鎮城的南北方向還各自設立了關門，叫做「南水關」與「北水關」，以便讓流經此地的河道透過。南北兩座水關也建有堅固的城防，分別叫做「南翼城」與「北翼城」。南、北翼城的大小差不多，城牆都是高約二丈餘，周長約三百七十七丈四尺九寸。其中，鎮城、東羅城、西羅城、南翼城、北翼城都是吳三桂的重點防禦所在。李自成採取三面包圍之勢，從西、北、東三個方向攻打山海關的西羅城、北翼城與東羅城，由於南翼城面向無路可退的大海，故暫時沒有受到攻擊。西羅城前面有一條石河，歷史上赫赫有名的山海關之戰於四月十一日首先在這裡開始。吳三桂為了擾亂李自成，事先將當地的一些百姓偽裝成正規軍，讓他們「多置旗鼓」，佈置「虛營」於城外，以吸引大順軍的注意，使之分散兵力。李自成分兵搗毀了這些「虛營」，然後正式攻城。

守軍出城列陣於石河以西盡力抵抗大順軍的攻擊，戰鬥從上午打到中午，雙方相持不下。突然，大順軍數千名飛奔而來的騎兵直闖守軍的陣營，一直來到西羅城以北，因遭到守軍火炮的轟擊而不能

進入城中，直至被吳三桂派遣的一路偏師殲滅為止。為什麼李自成會讓少數騎兵孤軍直入敵後呢？原來是中了吳三桂的計。曾經親歷戰事的鄉紳佘一元，後來吟詩一首為證：「逾日敵兵至，接戰西石河。偽降誘賊帥，游騎連北坡。將令屬偏裨，盡殲副城阿。遙望各喪膽，逡巡返巢窠。我兵亦退保，竟夜嚴巡呵。」主要的意思是守軍詐降誘騙李自成，然後殲滅了輕入敵陣的部分大順軍騎兵。最後，激戰於西羅城外的兩軍勝負難分，暫且休戰。

參戰的鄉紳有賣力的表現，一些人後來紛紛邀功。例如山海關儒學訓導郭應龍在回顧這一戰時自述道：「當時『逆賊』蜂擁而至，『諸生糾率鄉勇數萬，前赴西河搭營助敵』，自早晨打到黃昏，以致生員李松、譚有養、劉以禎等戰死於『賊營』，還有人傷於陣前。」此外，山海關統領鄉勇都司臧國詔、吳自得、解國本也自詡「奮勇損軀」，他們協同佟副將「列營排陣，自龍王廟起，至譚家頗羅止」，分批配合「中營參謀寧弘猷、千總侯天祿、把總吳成功、任進忠，左營參謀冷如蘭、千總李通、把總張存仁、張得盛，左營參謀童宗聖、千總李本植、把總馬成功、陳得功，督陣廩生孔啟秀、張大道、趙廷臣」等人作戰，糾集起三萬餘人的兵力，跟隨吳三桂的官兵「協力夾剿」，「連殺數十陣，斬獲賊級無數」。戰鬥中，據說大順軍一再向佟副將的陣營發起突襲，由於臧國詔臣等人的及時反擊，終於「大獲奇捷」。由此可見，官紳地主階級這個既得利益集團的不少成員對大順政權充滿了不共戴天的仇恨，他們脫下了身上的峨冠博帶，披上戰袍，誓與之作戰到底。

在此期間，北翼城與東羅城也戰火連天。北翼城的守將是山海關副總兵冷允登，他指揮部下從白天打到夜晚，抵擋那些搶佔北翼城附近山峰後再絡繹不絕地衝下來的大順軍。由於兵力不足，守衛東羅城的是鄉紳馬維熙、呂鳴章等十人，他們以「總理」、「協理」的名義率領鄉勇竭盡全力阻擊對手。

據馬維熙事後的回憶，當時情況「危急勞瘁」，戰事的激烈程度比其他地方有過之而無不及。也就是說，西羅城外雖然休戰，可北翼城與東羅城的戰鬥徹夜未停，特別是由鄉勇把守的東羅城，已是危機四伏。然而，經過一整天激戰的大順軍始終未能突破守軍苦苦支撐的防線。在這個關鍵時候，清軍終於搶在山海關失守之前趕到了。

清軍統帥多爾袞當時完完全全站在吳三桂這一邊，因為在此前一天，吳三桂已經同意接納不請自來的清軍。那是李自成逼近山海關的四月二十日，多爾袞所率的清軍還遠在寧遠以北的連山驛，四面楚歌的吳三桂急忙派郭雲龍與孫文煥面見多爾袞，並遞交了第二封信，懇求多爾袞「速整虎旅，直入山海」，以「首尾夾攻」大順軍。信中稱：「一旦獲勝，可兵不血刃地得到京畿地區。」吳三桂還奉承清軍是「仁義之師」，建議多爾袞要發佈安民告示，命「大軍秋毫無犯」以爭取民心，「民心服」之後，財富與土地亦隨之到手，做到這一點，「何事不成？」吳三桂雖然在這封信中沒有明確表示投降，並且老調重彈，要用「財富與土地」酬謝清軍，可是他身為前線將領，向清朝作出的承諾是沒有什麼法律效力的，也不太可能被關內的明朝殘餘勢力認可。對於這些毫無條理的高談闊論，多爾袞一如既往地不加理會，但這位攝政王在吳三桂的信中得知大順軍已接近山海關，因而決定加快進軍的速度，看清楚那裡到底發生什麼事，再決定下一步何去何從。

清軍奉命「星夜進發」，以一晝夜奔馳兩百里的速度經寧遠、沙河所、中前所、前屯衛、中後所，到十一日傍晚，抵達了山海關外十五里的地方，對此地發生的戰事稍有瞭解。至此，多爾袞開始相信吳三桂與李自成確實處於敵對狀態。這時，吳三桂主動派哨騎來向清軍報告李自成的軍隊已出關立營。多爾袞為了進一步查明情況，把唐通轄下數百名從一片石出關的騎兵作為襲擊目標，命諸王率領精兵

出擊，一舉將之擊潰，殺死百餘人，生擒二人而還。吳三桂繼續向清軍示好，先後八次派人敦促清軍助戰。謹慎的多爾袞於十一日下半夜推進至關外四、五里的歡喜嶺，以此作為駐紮地，他與諸王高踞嶺上的威遠台，聆聽山海關方向傳來的隆隆炮聲，繼續觀形察勢。吳三桂動員地方鄉紳前來遊說，馮祥聘、呂鳴章、曹時敏、程邱古、佘一元五人以民意代表的身份，在范文程的引見下，於清營內拜見了多爾袞，經過會面，有效地增加了彼此之間的信任。隨後，范文程奉命跟隨佘一元五人回去與吳三桂進一步商談，以取得更多的共識。天亮後，毫無退路的吳三桂決定搶在大順軍陷城之前與多爾袞達成最終的協定，他與呂鳴章一起，攜同十餘名將領與數百名騎兵突圍出城，成功潛入清軍營中。多爾袞大喜，以「設儀仗」、「吹螺」的方式歡迎。正在此時，山海關再度告急，駐紮在北翼城的部分守軍在大順軍的壓力之下叛降了，吳三桂得報後益加著急。

多爾袞經過這段時間的細心觀察，對吳三桂的處境已了然於胸，他在接見時對吳三桂等人說了一些安撫的話，其中提到：「你們『願為故主復仇，大義可嘉』，我領兵來『成全其美』，先帝（指崇禎）時事，在今日不必言，亦不忍言，『但昔為敵國，今為一家』，『我兵進關，若動人一株草、一顆粒，定以軍法處死』，你們可以通告百姓『勿得驚慌』。」雙方用「向天行禮」等形式進行盟誓，共同對付李自成。清方事實上是將吳三桂視為降將，並讓其按照滿人的風俗習慣薙髮易服，以示順從，吳三桂以俯首稱臣的姿勢一一照辦。其後，多爾袞對吳三桂面授機宜，說：「你回去後可令你的士兵『各以白布繫肩為號』，避免和同屬漢人的李自成所部混淆，否則恐怕會被我軍誤殺。」語畢，令吳三桂返回山海關指揮部屬作戰。

出關作戰的唐通所部因遭到清軍的襲擊而退回關內，故李自成顯然知道清軍的不請自來，但是已

經騎虎難下，只能孤注一擲了。他鑒於形勢的突變而採取收縮兵力的做法，將主力集中在石河以西。吳三桂返回山海關後下令打開城門，分為三路的清軍浩浩蕩蕩湧了進來。透過北水門的是由阿濟格率領的萬餘騎兵，透過關中門的是多爾袞率領的三萬騎兵，透過南水門的是多鐸率領的萬餘騎兵，隨行的宿將祖大壽率部分人馬仍駐於歡喜嶺，舉起旗幟聲援。

▲唐通之像。

與此同時，吳三桂所部進至石河以西，與「北至山、南至海」，排成一字長蛇陣的大順軍交戰。入城後的清軍豎起白旗於城上，「蓄勢不發」，只是等坐收漁人之利。而城外的戰事異常激烈，一直打得天昏地暗，戰場「亂射」的彈丸甚至散落到城內數裡許的廟堂一帶。由於大順軍的人數佔優勢，致使吳三桂所部三面受敵。《庭聞錄》記載儘管吳三桂指揮部下拼命「東西馳突」，可經過數十次交鋒，始終改變不了劣勢。只見大順軍「圍開複合」，時而向左迎擊，時而向右堵截，處處壓制著對手，似乎勝利在望。

觀戰的多爾袞在耐心等候著時機，他召集諸王、貝勒、貝子、公、固山額真、護軍統領等軍中高級將領，告誡他們在即將發起的進攻中不要「越伍躁進」，因為大順軍不可輕視，並勉勵他們「須各努力，破此則大業可成」。他指出大順軍雖然自「北山橫亙至海列陣」，而清軍佈陣時不能依樣畫葫蘆，採取「橫列至海」的方式與之對抗，而是應該向著大海的方向「鱗次佈陣」，把大順軍的陣尾當作攻擊目標，吳三桂的部隊可分列清軍的「右翼之末」，配合作戰。當吳三桂就快支持不住時，多爾袞覺

得介入的時機已經成熟，一聲令下，清軍各就各位整齊地列起陣來。在此前後，戰場上刮起了大風，黃色的塵埃四處蔓延，遮蔽天空，咫尺不見，對軍隊的集結與佈陣起到了有效的掩護作用。這些久經沙場的八旗將士不管石河西正處於「炮聲如雷、矢集如雨」的鏖戰狀態，躍躍欲試準備出擊。

經過三次吹角與三聲吶喊，清軍出其不意地從吳三桂的陣右衝出，分左右兩翼，撲向大順軍。《明史》記載一剎那間，「萬馬奔躍，飛矢雨墮」，而風中的沙石亂飛，「擊賊如雹」。朝鮮世子的隨從後來在《沈館錄》中留下了他當時目睹的印象，清軍首先「發矢三巡」後，接著強行突陣，在「劍光閃爍」之中，又出動步兵配合騎兵作戰（例如《八旗滿洲氏族通譜》記載正黃旗將領譚泰與圖賴在「步戰」中有出色的表現，攻破李自成之營。兩人為此而被授予三等公的爵位），隨著風沙自近至遠飄去，塵埃終於落定，僅僅一頓飯的工夫，關外無敵的清軍與關內稱雄的大順軍終於分出了勝負，大順軍以敗北告終，清軍則緊追不捨。風止之後，在石河以西這個舊戰場上，此前還是殺聲震天，到處人潮洶湧，如今卻變得寂靜空曠起來，只剩餘「積屍相枕」。

大順軍未敗之前已損失慘重，大將劉宗敏在戰鬥中被箭射中，負了重傷。當立馬在石河以西一座小山崗上觀戰的李自成看到自己的軍隊打不過對方新投入戰場的生力軍時，準確地判斷「彼騎兵非關寧兵，必滿洲兵也」，並作出「宜避之」的決定，他帶著部隊緊急撤向永平，以儘量保存有生力量。大順軍在撤退的過程中非常狼狽，拋棄了大量的輜重與軍械。而一部分人倉促之間退到城東海口處，被追兵盡數斬殺，另外還有許多人投海淹死。清軍與吳三桂所部一直追擊四十里，贏得了山海關決戰的最後勝利。

山海關大決戰中傷亡最慘重的是大順軍與吳三桂所部。關於大順軍的損失資料，後來的各種史籍記載不一，有的說損失了六、七萬人，有的說李自成只剩六十騎兵返回北京，這類言論難免有臆測成

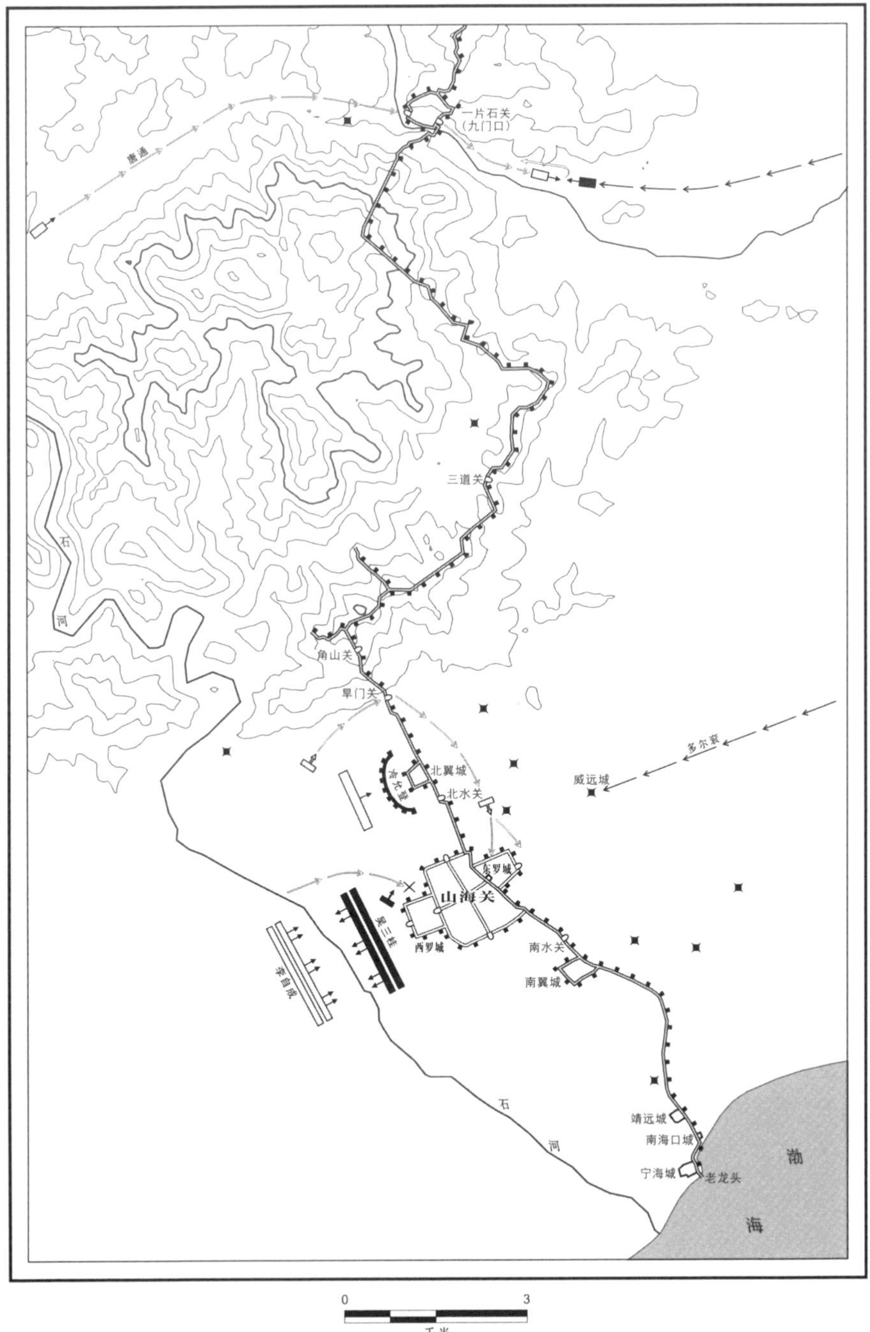
比例尺 十萬分之一
一片石关
（九门口）
唐通
三道关
石
河
角山关
旱门关
北翼城
北水关
威远城
多尔衮
东罗城
山海关
西罗城
吴三桂
李自成
南水关
南翼城
石
河
靖远城
南海口城
宁海城
老龙头
渤
海
0
3
千米

▲山海關作戰經過圖（一）。

分。當然也有比較可靠的說法，例如親歷這場大決戰的鄉紳佘一元，多年以後在《山海關石河西義塚記》這篇文章中記敘，清軍與「流寇」戰於石河以西「二、三十里間」，「凡殺數萬人……然所殺間多協從，以及近鄉驅迫芻糧之民」，可見，很多為大順軍運糧的老百姓成了清軍刀下的冤死鬼。而《沈館錄》也稱「流寇」在此戰後還有六、七萬人。證實虎口逃生的李自成保存了一定的實力。

吳三桂所部戰死的有蘇尚義、鄭輔、蔣守廉、王士華等十六位都司、守備級別的軍官。而吳三桂轄下的遼軍原有四萬之眾，在此戰之後接受清朝的改編時，僅剩下「馬、步兵一萬」，故有學者認為遼軍在兩天的激戰中損失了三萬人。

《欽定八旗通志》等清代官修史書記載，八旗軍戰死於山海關的有牛錄章京阿喇穆、圖薩、恩克伊，護軍校馬納海，四等侍衛鄂哈，拖沙喇哈番（雲騎尉）拖紐、薩蘇喀等。這個傷亡資料似乎並不完整，因為根據《八旗滿洲氏族通譜》之類後來編撰的史籍的記錄，有不少參戰的八旗軍將領在戰事結束後就莫名其妙地離開人世，其中包括正黃旗的拜他喇布勒哈番（騎都尉）、拉達密（蘇完地方瓜爾佳氏）、阿哈連（庫爾赫地方舒穆祿氏納木泰之子），正紅旗的楊霍（蘇完地方瓜爾佳氏那蘭的後裔）等等，這些人究竟是病死還是受傷而卒，由於史無明載，難以確定，可就其死亡時間的巧合程度而言，足以耐人尋味。不過，也不排除這些八旗軍是受到瘟疫感染而死的可能性。正如俗語所說「大災之後必有大疫」，在明朝滅亡前夕，北方的山西、陝西、河南、山東都爆發過瘟疫，就連京城也不例外，在明亡前一年「瘟疫大作」，出現了「死亡枕藉，十室九空，甚至戶丁盡絕，無人收殮」的慘況。這場瘟疫一直蔓延到天津等地，明亡之後仍肆虐異常。以致有人認為大順軍在山海關的失敗與其在戰前遭到瘟疫的侵襲有關。入關的清軍也難免受到傳染病的困擾，這類疾病除了天花，可能還有鼠疫。

前後歷時兩天的山海關大決戰匆匆發生，又匆匆結束了。參戰的各方在事前都沒有做好充分準備，也註定了此役不可能持續太久。由於長期的災荒與戰亂，不論是關內的黃河南北地區還是關外遼東的清朝統治區域，都普遍遇到嚴重的糧荒。例如，大順軍攻下京城後便受到糧草不足的影響，不得不將部分人馬遣散到外地就食。而占據山海關的吳三桂處境也不妙，陷入缺糧缺餉的困境（在鄉紳佘一元寫的一首詩中，對當時的情況有著真實的記錄：「倉府淨如洗，室家奔匿多。關遼五萬眾，庚癸呼如何……。」）至於向關內進軍的清軍，也沒法保證充足的糧草供應，根據朝鮮史書《燕行錄》的記載，即使貴如朝鮮世子，在跟隨清軍行軍時也常常受到飢餓的困擾。這場影響歷史走向的決戰就這樣鬼使神差地發生了，可能有不少士兵忍著飢餓在戰場上廝殺，他們也許不一定知道這場決戰竟然會改變幾代人的命運。

大順軍的失敗似乎充滿了偶然，無可否認的是，如果李自成的警惕性更高一點，指揮部隊行軍的速度再快一點，趕在清軍來到山海關之前奪取這個地方，那麼歷史可能會改寫，因為大順軍即使在野戰中打不贏八旗的滿蒙騎兵，也能憑堅城固守一段時間。

然而，偶然之中也有必然，清軍的取勝與其領導人的正確決策有莫大的關係，與過於輕敵的李自成相反，多爾袞始終對關內的「流寇」異常重視，他曾經親自寫信試圖與對方聯繫，在毫無回音的情況下將之視為對手；在調集重兵進關途中得知李自成已攻破北京，認為其智勇必有過人之處，需謹慎對待，故用兵更加小心，帶領主力到達山海關之後，沒有輕率地與大順軍決戰，而是先讓吳三桂出馬消耗對手的兵力，終於成功以「螳螂捕蟬，黃雀在後」之策，坐享其成。清軍在戰術運用方面也極為老練，由於多爾袞得以在關城觀戰，故有機會根據大順軍的特點，針對性地制定出相應的戰法，從而起到後發制人的作用。當他觀察到大順軍自「北山橫亙至海」布下了「一字長蛇陣」，極為明智地選

擇大順軍的陣尾作為突破口，意圖讓清軍在大順軍陣尾附近的區域集結優勢兵力，逐一擊破首尾難顧的大順軍。因為清軍將要動用騎兵打頭陣，而騎兵在突破與穿過對方的陣營後常常會進行迂回包抄，故此可知戰場上敵對雙方的陣營將很快形成「T」字形的態勢（清軍陣營相當於「T」字上面的一横，大順軍陣營相當於「T」字下面的一豎），使處處被動的大順軍擺脫不了遭到圍攻而全線崩潰的厄運。總而言之，清軍與吳三桂集團不但總兵力超過大順軍，而且在局部的交戰區域也形成了人數上的優勢，這給身臨其境的一位朝鮮使臣留下了深刻的印象，《李朝實錄》記下了此人的回憶，就是：「胡兵（指清軍）似倍於『流賊』。」

山海關之戰作戰經過圖（西元 1644 年 4 月 22 日）

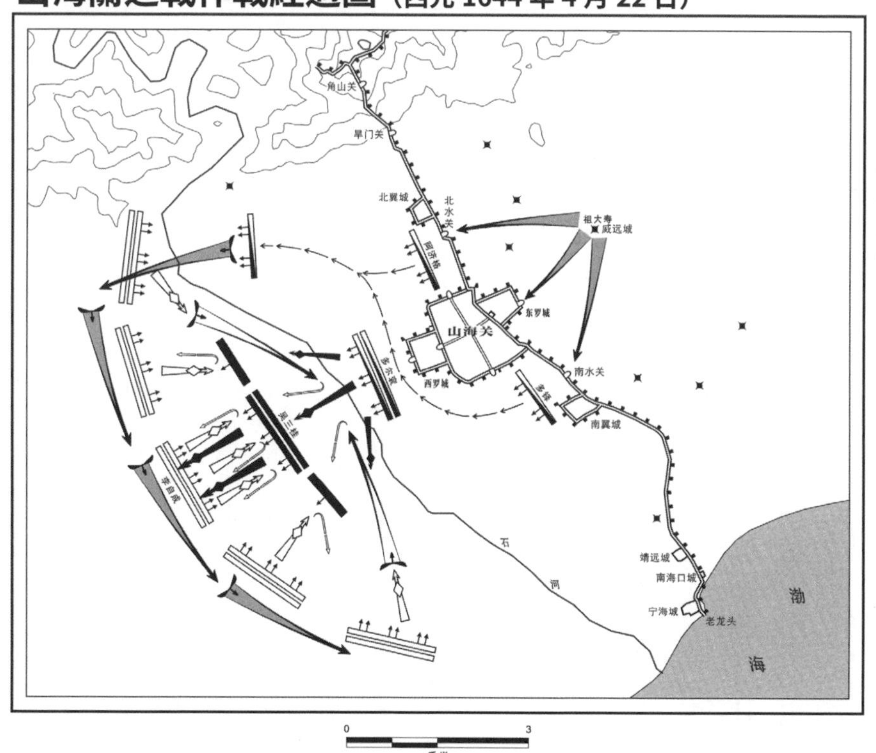

▲山海關作戰經過圖（二）。

在諸兵種與兵器的運用方面，清軍也可圈可點，這支軍隊往日在關外的平原上與明軍交戰時，衝鋒陷陣的常常是手持刀槍劍戟的重裝騎兵，如今面對大順軍時，竟一反常態，採用輕裝騎兵的打法，先用一陣陣的箭雨開路，然後再撲上去短兵相接。因為在這支以滿人、蒙古人為主的騎兵之中，絕大多數的士卒都有狩獵與遊牧的經歷，他們騎馬射箭的技巧不但超過大順軍中的同類騎兵，而且能有效克制大順軍深為倚重的重裝騎兵（在古代戰爭中，輕裝騎兵往往是重裝騎兵的剋星，前者雖然不像後者那樣披掛著沉重的盔甲，貼身肉搏的突陣能力亦稍遜，但卻能利用自身機動能力強的特點儘量避免與後者近戰，並不斷以遠距離射箭的方式巧妙取勝）。過去，清軍在關外平原作戰時極少出動輕裝騎兵強行突陣，那是因為明軍以步兵為主，並擁有大量射程更遠的火器（步兵由於不用分心駕馭馬匹，因此他們在使用火器與弓弩等遠距離作戰的武器時，可以比輕裝騎兵更專注，打得更遠，射速也更快），如今，當清軍面對以騎兵為主的、而且火器裝備率遠遠比不上明軍的大順軍時，滿蒙的輕裝騎兵正好派上用場。這反映戰爭經驗豐富的多爾袞對步騎兵諸兵種的作用有深刻的瞭解，他能隨機應變，恰到好處地將「好鋼用在刀刃上」。

清軍之中起主要作用的是八旗軍，八旗軍中起主要作用的是滿蒙騎兵，這支虎狼之師的介入，使李自成一統天下的宏偉願望成為了泡影。山海關決戰只是一系列決戰的序幕，此後戰爭曠日經年，更加殘酷。

▲清代演義小說中的李自成與吳三桂。

第二章

一再較量

大順軍在山海關決戰中受到了重大挫折。時人總結教訓時，將之當咎於這支隊伍裡面的不少士卒在京城「恣意淫掠」，各自身懷「重貲」，以致失去鬥志而大敗，造成了「屍橫八十餘里，馬無置足處」的慘痛後果。這種看法雖然不全面，但也從獨特的視角揭示了歷史的其他面相。據說部分大順軍將士在戰場上所棄的輜重，達到「不可勝計」的程度，使追兵撿了不少便宜。就以吳三桂所部的士卒為例，他們搜索對方遺棄在戰場上的屍體時，如果發現藏有「數十金」，就有中飽私囊的機會，若數目達到「百金」以上，則必須上繳。之所以有這樣的規定，那是唯恐普通士卒一旦私吞的錢財過多，「則不肯力戰，而思逃也」。

當晚，敗至永平的李自成收攏了數萬潰散的將士。他為了爭取時間休整，讓明降官張若麒赴吳三桂軍中講和。吳三桂提出罷兵的先決條件是要李自成交出明太子與定、永二王，同時大順軍立即退出北京。據說李自成交出了明太子，並表示願意離開北京。吳三桂果然率部返回了山海關。

也許李自成自以為手中掌握著吳襄等做人質，吳三桂必會投鼠忌器，不敢再輕舉妄動。可事實證明，吳三桂自迎接清軍入關後，已經唯多爾袞馬首是瞻，失去了自作主張的權力。根據《明史紀事本末》、《明季北略》等史籍記載，多爾袞後來強烈反對重新扶持明太子登基，無可奈何的吳三桂只好將太子藏於民間「避居窮壤，養晦待時」。由此不難推斷，多爾袞隨時會下令部隊發動追擊，以達成問鼎中原的夙願，哪裡會顧及吳襄的死活。

不過，多爾袞表面上還是對吳三桂勖勉有加。首戰獲捷後，他在論功行賞時封吳三桂為平西王，賜予玉帶、蟒袍、貂裘、鞍馬、玲瓏、撒袋、弓矢等物。接著，才下達向北京進軍的命令。決心對大順軍窮追猛打的清朝統治者在關內廣發告示，儼然以主人自居，重申「此次出師」的目的是「除暴救

民」，「滅流寇以安天下」，自我標榜入關西征的清軍是仁義之師，承諾「勿殺無辜，勿掠財物，勿焚廬舍」，還命令山海關一帶歸順的軍民「薙髮迎降」。所謂「薙髮」，就是讓漢人仿照滿人的樣子把腦袋四周的頭髮剃光，以示忠誠，如果不遵守這一制度，則是心存狐疑觀望之意，可能會遭到武力的鎮壓。過去，清軍每當佔領明朝的一個地方，都強令當地的居民薙髮，如今也不例外。

四月二十三日，多爾袞令多鐸、阿濟格與吳三桂等人率軍展開追擊，迫近永平。大順軍抵擋不住，繼續後撤。李自成知道再難以與吳三桂講和，便於永平以西二十里的范家莊將吳襄處死，用高杆懸首，以泄心頭之憤。據說吳三桂得報後，「披髮墜鞍」而哭於地上，他的手下全都作出憤怒之狀，「拔刀斬地誓殺賊」。

大順軍一路馬不停蹄地於二十六日撤回京城，曾經一度企圖堅守北京，並緊急組織人力拆除城外的羊馬牆與護城河畔的房屋，以免被尾隨而來的清兵利用。可是，這時城內謠言四起，人心惶惶，而軍隊內部也士氣低落，缺乏堅守下去的信心。李自成思前想後，產生了退志，他認為若論險固，十個北京也比不上一個「秦中（指陝西中部地區）」，為了避開強敵，不如退回關西堅守。牛金星贊成撤軍，並建議將皇宮付之一炬，以免留給敵人，他用西楚霸王項羽焚燒咸陽的故事來做攀比，認為此舉足以讓後世之人將「我輩」等同於西楚霸王，雖敗猶榮。

李自成尚未來得及撤離，吳三桂已急如星火地趕到了。這位遼東軍閥在向北京進軍途中，以清朝封授的「平西親王」的名義四處發佈通告，其中指責李自成犯下了罄竹難書的滔天罪惡，而清朝念及與明朝的「曆世舊好」，已命「攝政王殿下（指多爾袞）大興問罪之師」，並選「虎賁（指軍隊）數十萬」，「絡繹南下」，他特別提到清軍擁有「西洋大炮數百位」，具有很強的攻城能力，如果有人「執

拗迷謬」，不迅速投誠，難免遭到「玉石俱焚」的慘禍。沿途不少州縣的官員聞訊之後選擇了投降。當他於二十八日來到京郊時，又一次遭受喪失親人的痛楚，因為他留於北京的三十四口家屬在前一日全部被大順軍處死，懸首示眾。為此，吳三桂和李自成結下血海深仇。

兩軍於二十八日在京郊發生了戰鬥。劉宗敏、李過、李岩所部出城連營十八座，阻擊來犯之敵，可作戰不利，損失了八座營壘，不得不退入城中。

儘管強敵已兵臨城下，但李自成為了凝聚人心，還是於二十九日在武英殿匆匆舉行登基典禮，即了皇帝之位。然而，他早已作出棄城的準備。到了三十日，這位新皇帝帶著大量繳獲的財物出城，往西撤退，文武諸臣尾隨其後。其中劉宗敏因在山海關決戰中受了箭傷，走動不便，故躺臥在長桌之上，被手下抬出。而殿後的是谷英與左光先兩員將領。

在大順軍撤退的同時，無數老百姓也出城避禍，可是在流離轉徙中，有不少人遭到亂兵的殺掠。當晚，大順軍滯留於城中的部隊在皇宮之中放火，隨後，城中的私寓也受到波及。此時此刻，部隊已出現軍紀渙散的跡象，零零星星的兵丁騎馬在城中亂奔亂跑，動輒殺人。一些留在城中的百姓以床、桌等傢俱堵塞巷口，還有人拿武器自衛。須臾之間，九樓城外皆是烈火，個別兵丁躲避不及，反而被困於火中一命嗚呼。甚至連城外的草場也燃燒起來，與宮中之火互相映照，夜如白日。

然而，到達京郊的清軍人數有限，只能騷擾一下撤退的大順軍而已，無力進行大規模的圍攻。多爾袞率主力正快馬加鞭地趕來，於二十四日到達新河驛，此後，經撫寧、昌黎、灤州、開平衛、玉田，於三十日到達薊州，一路如入無人之境，所過之處，官民紛紛歸附。

清朝之中的漢人謀臣也有機會大顯身手了，隨軍的范文程早就起草好了自署官階與姓名的檄文，

稱「義師（指清軍）」入關是為明朝的「吏民」報君父之仇，所欲誅殺的惟有「闖賊」，而不是百姓，他老調重彈，呼籲明朝的官吏前來歸順，凡是歸順者必官復原職，而歸順的平民則可恢復舊業。

洪承疇也以「軍門」的名義向山西、陝西兩省發送檄文，自稱為了替明復仇以及報大清皇帝之恩，前來幫助攝政王殲滅「賊兵」。他宣佈清軍已在山海關大敗「流賊」，「殺賊無算」，正欲追擊已逃往北京的李自成，故奉勸「山、陝兩省諸將士」不要跟隨李自成，切勿惹禍上身，而那些「有識之士」，理當攔截「流賊」的逃路，伺機「斬之」。

值得注意的是，范文程與洪承疇等人在檄文中提出替明朝復仇的口號，意在收買人心。特別是那些曾經受過大順政權打擊的官紳地主們，這個口號能激起他們同仇敵愾的氣概，起到應有的宣傳效果。

到達薊州時，多爾袞從降人那裡得知李自成已放棄北京，馬上下令大軍急追，經通州於五月初二到達北京城郊，與先頭部隊會合了。

北京即將變換主人已是不可更改的事實了。大順軍點燃的火焰已被一場大雨撲滅，皇宮中的武英殿與宮外的大明門、正陽門等建築倖存了下來。那些倖存的明朝官僚們在李自成離開後如釋重負，有人在城隍廟中設立了明思宗的靈位，以方便同僚哭祭，連曾經歸附大順政權的前明官員王鰲永、沈惟炳、駱養性等人也見風使舵，紛紛參與發喪。一些官紳在城中四處巡視，維持秩序，準備迎接吳三桂。由於當時傳說吳三桂已奪回明太子，就快回京即位，駱養性等人趕快準備好皇帝的鹵簿法駕齊集於朝陽門外翹首以待。出乎意料之外的是，趾高氣揚到來的竟然是清朝攝政王多爾袞，而吳三桂絲毫不見蹤影。據說多爾袞刻意不讓吳三桂入城，甚至不惜與之爭吵，之所以會這樣，可能是多爾袞想讓清朝的嫡系部隊享有佔領北京這個歷史性的榮譽，至於新近歸附的吳三桂及其部隊，則被強令繞城而過，

繼續追擊西奔的大順軍。

當多爾袞於五月二日突然現身時，北京的官紳們面面相覷，有些人很快明白過來，悄悄地溜走了，但有不少人乾脆將錯就錯，拜倒在多爾袞的腳下，請其乘坐皇帝專用的輦車進城。多爾袞推辭道：「我效法周公輔助幼主，不應乘輦。」無奈在眾人紛紛叩頭的一再堅請之下，只好順從這些人的意見行了入城之禮，乘坐輦車進入了武英殿，接受前明眾官的朝拜。頓時，皇宮之內響起了一陣陣的「萬歲」呼聲。

從北京撤退的大順軍帶著大批繳獲的戰利品，史稱「馬騾俱重載，日行數十里」。這些罈罈罐罐拖慢了行軍的步伐。而尾隨在後的敵人已越來越近。照這樣發展下去，這支軍隊很可能尚未走出京畿地區，就已陷入重重圍困之中。由於形勢日漸危急，將士們不得不在盧溝橋至固安這段長達百里的路中，拋棄大量財物與婦女，致使道路為之阻塞，也令執行追擊任務的清軍頗有收穫。五月一日，李自成途經涿州時遭到前明官員馮銓等人率領的地主武裝的阻擊，激戰半日後被迫停止攻城而繼續南撤，為此耽誤了不少時間。而輕騎急追的吳三桂所部終於在五月初一於保定府與大順軍的殿後部隊發生了斷斷續續的交戰。二日，晝夜行軍的大順軍撤至保定地區時已是隊伍散亂，騎兵不成序列了，那些飢腸轆轆的士卒還能夠用錢財與百姓交換食物，這反映大順軍的主力仍能遵守紀律。不久，吳三桂的追兵又趕上來了。大順軍的殿後部隊把在京城繳獲的「大內錦綺」掛在樹上，又把金器拋棄在路旁，企圖引誘追兵搶奪財物，以達到爭取時間離開的目的。

兩軍你追我趕，從慶都一直廝殺到定州以北十里的清水鋪一帶。初三這一天的作戰尤其激烈，很多且戰且退的大順軍士卒由於疲憊不堪而「不戰自亂」，督戰的蘄侯谷英連斬數人，也不能阻止。吳

三桂乘勢猛攻，當場殺死谷英等數千人，奪得大順軍隨軍婦女二千。另一位大順將領左光先回師來救時因遭到清軍的阻擊而致使坐騎的腳部被砍斷，竟墜於馬下，幸而得到護衛的救援，才得以撤離戰場。戰後，吳三桂駐於定州，以谷英的首級祭亡父，他還如願以償地從奪回的婦女之中找到了愛妾陳圓圓。

李自成在初四日退到真定時為了挽回頹勢，召集精騎北上還擊，但被張開左右翼迎擊的吳三桂擊敗，又退了回來。次日，戰火重燃，吳三桂與固山額真（旗主）譚泰、准塔、護軍統領德爾得赫、哈寧噶等八旗將領聯手殺過來，又勝了一陣。李自成在混戰時被流矢射中而墜馬，後被手下救回營。其後，大順軍終於痛下決心，主動焚毀多餘的輜重，才得以迅速拔營西走，從固關返回山西。同時留下精兵守衛固關，阻止清軍入晉。

在清軍展開的這一系列的追擊行動中，吳三桂最為賣力，相反，多爾袞的弟弟多鐸的表現就遜色多了，《清世祖實錄》記載此公後來被人指責為「征流寇至慶都，而潛身於僻地」，意思是諷刺其畏敵避戰。儘管清軍一路告捷，但所擄獲的戰利品以金錢、絲織物與婦女為主，至於最為急需的糧食，則始終未能從大順軍中大量奪取，正是因為不能「因糧於敵」，才使「人馬困瘦」的清軍不得不中止了追擊行動，返回北京。

北京地區長期需要依靠運河從江南運來糧食，可是受到戰亂與災荒的影響，很多船隻停泊於運河沿線的通州等處，實際上停止了向京城輸入糧食。京城四周地區的「遠近田疇」，盡被兵馬蹂躪，竟在數百里的範圍內，達到「野

▲陳圓圓之像。

無青草」的地步。城中的糧食大部分已被大順軍運走，剩下的都是些「陳腐」的老米，這些東西「糠土居半」，用來糊口則「腹痛輒作」，不少人為此而病倒了。佔領北京後的下一步應該何去何從，清朝統治階級內部曾經就這個問題發生過爭論。例如把北京看作負擔的阿濟格向多爾袞建議乘著入關後屢戰屢捷的「兵威」，「大肆屠戮」一番，然後再回師山海關或盛京，但這種做法過於偏激而沒有得到採用。多爾袞的目光看得更遠，他打算長期經營北京，作為進一步擴張的據點。出於穩定局勢的需要，他下令軍隊主力駐於城外，嚴禁擅自出入百姓之家，又讓前來助戰的蒙古諸部返回塞外，以便節省糧食。最初，清軍強令北京居民薙髮，後因引起百姓的不滿而作了讓步。清廷為此發下了一道敕諭，稱：「天下臣民照舊束髮，悉從其便。」其後，多爾袞還採取了減輕百姓負擔的一些措施（比如他告諭全國，自順治元年起一律免徵明朝末亡時加派的遼餉、剿餉與練餉等三餉），雖然這些措施沒有在各地得到嚴格的落實，但無疑在某種程度上起到了安撫人心的作用。

為了最大限度地爭取官紳地主勢力的支持，滿洲貴族統治者聽從范文程、洪承疇等漢人官僚的建議，在五月初四公開宣佈「流賊李自成原系故明百姓」，卻做出「弒主暴屍」這種「天人共憤」的事，就連曾經是敵人的滿洲貴族對此亦感到「憫傷」，故在入京後要「官民人等為崇禎帝（即明思宗）服喪三日，以展輿情」，並讓禮部、太常寺等機構禮葬明思宗。這道諭旨生動地表明瞭明清之交政治局勢所起的天翻地覆的變化，過去，民族矛盾是促使清朝向明朝發動戰爭的主要因素之一，當時的階級矛盾則取代了民族矛盾，成為清朝討伐大順政權的一個主要因素。滿洲貴族統治者在潛意識中把自己與明朝的統治者劃分為同一個階級，流露出對李自成這類崛起於草莽的低下層人士的輕蔑情緒，這種態度最容易引起關內官紳地主勢力的共鳴。甚至某些在大順政權入京期間死去的前明南方籍官員，也

被清朝所利用，滿洲貴族統治者特別允許他們的家屬扶柩南歸。這類加意撫綏的舉動果然在官紳地主之中收到了顯著的效果，連遠處南方的明朝官員也公開讚頌，例如在南京任職的馬紹愉後來在致吳三桂的書信中說道：「清軍殺退逆賊，恢復燕京，又發喪安葬先帝，舉國感清朝之情可以垂史書，傳不朽矣。」

清朝優待來歸的明朝宗室貴族，並讓其維持原有的爵位，而那些前朝勳戚的田地與產業也被准許「俱各照舊」。至於那些被大順軍奪走的官紳地主的財產與土地，明確規定要一律「歸還本主」。這與大順政權的「追贓助餉」形成了鮮明的對照。顯示在經濟政策上，清朝也將要取得官紳地主勢力的支持，使彼此之間更容易摒棄前嫌，維護共同的利益。

本來，在清朝佔領北京之初，一些故明官紳對來自關外的異族政權不太瞭解，不願與之合作，如今卻有越來越多的人對滿洲貴族統治者寄予厚望。鑒於很多滯留在北京的明朝官員曾經投降過大順政權，為了消除這部分人的疑慮，清朝「大張榜示」，宣佈要「與諸朝紳蕩滌前穢」，公開聲明只要他們肯來歸附，就可做清朝的官。還反覆曉諭：「各衙門官員俱照舊錄用。」至於那些「避賊回籍隱居山林者」，亦准以「原官錄作」。又規定新降官員的制服，仍照明朝樣式。就算是在官場上聲譽不佳的閹黨人士馮銓（此人曾經依附太監魏忠賢而官至大學士，後被明思宗免職），也被多爾袞重新起用，官復原職。此外，舊官也得到升遷，在寧錦決戰中被俘的洪承疇，以前一直沒有受到重用。他在隨同多爾袞入關期間多次出謀劃策，作了不少貢獻。當時被命為「太子太保兵部尚書兼都察院右副都御史」，「同內院佐理機務」，不久「遂為秘書院大學士」。就這樣，大批漢人官員與滿洲官員在各個官衙之內濟濟一堂，一起處理政事。由於清朝在入關之初的各項政策與措施得當，逐漸在佔領區內站

穩了腳跟。

大順軍主力退回山西後，河北、河南、山東的大批官紳地主紛紛自發起來發動叛亂。據學者統計，在山海關決戰後三個月裡，包括河間、大名府、德州、濟南、東昌、青州等地在內的七十多個府、州、縣的大順地方政權，接二連三地被推翻，很多大順政權的文武官僚遭到殺害。這些改旗易幟的地方政權被前明官員所控制，還有部分地方歸附了清朝。面對急轉直下的政治形勢，李自成雖然對河北與山東的叛亂鞭長莫及，但在山西與河南兩省的控制區內採取了雷厲風行的應變措施，從六月份起將這些地方的官紳大規模遷往陝西，安置在邊遠地區的州縣，目的是讓這些離開老巢的地頭蛇不能再興風作浪。大量官紳被迫攜帶著家屬一起西行，由於離鄉背井，顛沛流離，不少人陷入了「求生不得，求死不能」的困境。這樣做的後果令整個北方的官紳地主階級更加惶恐不安，從而將之徹底推向對立面。

退回山西的李自成使用武力平息了平定州、榆次縣、太谷縣、定襄等處由當地官紳發起的叛亂。然而在此前後，塞外的蒙古部落開始騷擾西北的臨洮、甘肅等處，也許是為了保證陝西這個大後方的安全，李自成決定率領主力退回陝西，而留下馬重禧、張天琳、劉忠、袁宗第等將領在山西的固關、大同、陽和、長治、臨汾等處繼續堅守下去，並讓明朝降將陳永福、唐退等人駐紮於太原與保德等處。在此期間，迫於無奈的大順政權不得不改轅易轍，停止了「追贓助餉」之策，從六月起開始嘗試在各地徵收賦稅，不再履行當初許下的「三年免徵」的承諾。據說每畝徵銀五分，又按畝徵布。此外，為了製造盔甲、弓與箭翎等武器，還向老百姓加派鋼鐵、牛角、魚膠、雕翎等物。假以時日，這些新的財政政策必會帶來好的效果，可惜，李自成改正弊政的時間太遲了。

總之，大順軍主力敗回山西、陝北之後，在河北、山東、河南等省很多地方的統治因叛亂頻繁，

已呈現土崩瓦解之勢。剛剛入關的清軍一時未能建立起有效的統治，甚至連三河、昌平、良鄉、宛平、天津等北京附近的州縣也處於無政府狀態，致使盜賊成群，幾成化外之地。滿洲貴族統治者除了派固山額真巴顏、石廷柱、金礪與梅勒章京李率泰等人掃蕩京畿地區，又把矛頭對準了山東與山西。因為大運河途經山東，要想打開通往北京的糧道，必須控制此地。而山西由於與塞外的蒙古諸部接壤，歷來是邊貿重地，奪取這個地方可招徠商賈做買賣，對恢復經濟與增加國家的財政收入有利。從五月起，清廷先後派前明降臣方大猷、王鰲永前往招撫山東與河南，到了六月初十，多爾袞決定抽兵南下，讓固山額真覺羅巴哈納、石廷柱率領部屬進軍山東，四天之後，又令固山額真葉臣與祖澤潤、巴顏、李國翰、劉之源、佟圖賴、吳守進、金礪等四百多員滿、蒙、漢將領率部平定山西。

覺羅巴哈納、石廷柱進入德州，給背叛大順政權的前明官紳造成很大的壓力，這些盤據山東各地的地頭蛇原本奉明朝的宗室為主，可是由於遲遲得不到南方明朝勢力的接應，當時不得不腆顏歸降了清軍。覺羅巴哈納、石廷柱如入無人之境，平定了霸州、滄州、德州、臨清等地，接著奉命轉往山西與葉臣會師，準備進攻太原。清朝由於兵力不足，只能讓方大猷、王鰲永帶著數千烏合之眾在山東濫竽充數，繼續招撫當地未下的府州縣，這些狐假虎威的傢伙先後接管了恩縣、曆城、禹城、濟南、東昌、青州等處，然而，包括新泰等地在內的一些州縣仍然拒絕投降，而不少地方的老百姓亦公開豎起了反清的義旗。到了九月下旬，王鰲永在青州被一支與主力失去聯繫的大順軍殺死。待在省會濟南的方大猷慌忙向北京求救。多爾袞聞訊只得抽調梅勒章京和託、李率泰率部前往青州，設計殲滅了這支與清朝作對的武裝勢力。

清朝平定山東沒有打過什麼激烈的戰鬥，但在平定山西時卻打了不少的仗。西進的葉臣首先圍剿

了河北饒陽、束鹿一帶的地方武裝，然後在七月間與增援的覺羅巴哈納以及石廷柱會師。由於戰局的發展對大順軍不利，留在山西的前明諸降將相繼產生異心，蠢蠢欲動。前明大同總兵姜鑲於五月初十發動叛亂，突然殺死了駐紮在陽和的張天琳，佔領了大同，不久即接受清朝的招降。奉多爾袞之命於六月前往山西招撫的前明官員吳惟華，先後招納了代州、繁峙、崞縣、五台等處的前明文武官員，攻取了靜樂、定襄等處，使得清朝在山西北部統治了越來越多的地方。葉臣乘機沿彰德而進，取道山西南部攻打澤州、潞州一帶，企圖與山西北部的清軍一起對省內的大順軍形成夾攻之勢。

然而到了七月初，突然傳出大順軍分兵數路反攻的消息，根據姜鑲等降清將領得來的情報，大順軍已從西安、綏德、漢中等地調來的三十萬「夷、漢、番、回」步騎兵，並在高、趙兩姓將領的統率下從西河驛過河；而另一位姓劉的權將軍統兵十萬也渡過了黃河，從平陽北上；至於李自成本人，據說將於七月初二率領「三百五十萬軍」從西安出發，分作三路「指日前來」，準備先攻取寧武、代州、大同、宣府等處，然後再進攻北京、山海關與遼左，要把所有的「叛逆官兵」盡行殲滅。這類報告對大順軍的兵力過於誇大，使其可信性大打折扣。此時，山西降清諸將的處境不妙，以姜鑲為例，他的部隊缺乏糧餉的情況非常嚴重。因為大同這個邊防重鎮位於「地瘠民貧」的塞上，一向需要從內地運送糧餉進行接濟，可自從明朝滅亡後，餉路已經斷絕，而大順軍在早些時候又將部分庫存運往陝西，使得糧荒的危機進一步加劇。姜鑲自稱已將家中的資產全部捐助出來，仍入不敷出，不得已，只好將一些在戰亂中被遺棄的房屋地產，充為軍需，希望能渡過難關，並乞求清朝能及時伸出援手。多爾袞雖然表態願意想辦法補發姜鑲透支的銀兩，但由於山西仍未平定，不可能在短期間徹底解決大同的缺糧問題。以管窺豹，可知投靠清朝的這些前明軍人實是飽受內憂外患的困擾，他們的戰鬥力已遭到削

弱，由於身處敵我勢力犬牙交錯的前線，難免會對大順軍特別敏感，稍有風吹草動便感到不安。

從七月起，河北與河南各處忠於清朝的地方官還是不斷向北京告急，據說在彰德、磁州、武安以及襄縣、南陽、襄陽、河南府（洛陽）等地都發現了大順軍的蹤跡，諸如此類的消息經常傳來，讓多爾袞不敢掉以輕心，而籌備攻打山西的戰事亦緊鑼密鼓地進行著。

在此前後，有人開始出謀劃策。順天巡撫柳寅東已在六月提出了征伐李自成的建議，認為：「欲圖西賊（指李自成），必須調蒙古以入三邊（指延綏、寧夏、甘肅地區）。舉大兵以收晉、豫。使賊腹背受敵。又須先計扼蜀、漢之路。次第定東南之局。」這個計劃的要點是多路出擊，使對手顧此失彼。多爾袞對此表示讚賞。

剛剛在山西北部立功的吳惟華於八月初向多爾袞獻策，毛遂自薦地要率三千多名部屬進取忻、定地區，但恐孤軍難勝，請清廷速發重兵出關，則山西「指日可平」，他建議多爾袞派一路軍直趨蒲津，與敵軍相持，而另外再派一路軍從保德渡河經延安、澄城、郃陽等處直搗大順政權的腹心地區。等到大順軍全線崩潰時，清軍即可飛渡蒲津，長驅直入。兩路軍渡河之後，再發精兵數萬、聯合河套地區的蒙古諸部，自延、寧地區的接界之處入塞，從西安的西路截擊，與正面進攻的軍隊會師於關中，則不但可震撼整個陝西，而且還可截斷大順軍西奔之路。從上述獻策看出，吳惟華對如何殲滅大順軍是下過一番研究功夫的，他還向多爾袞指出大順軍的長技在於「依山傍險」，用「埋伏」與「詐誘」的辦法作戰，又慣於乘夜「劫寨」與「偷營」。因而建議清軍各將領凡遇「山林險隘」之處，必細加搜索，以防有埋伏，而傍晚安營之時，則要讓士卒輪流當值，讓敵軍無計可施。多爾袞對吳惟華的建議非常讚賞，準備加以採納，打算讓多鐸率前營兵於九月十一日出京，與奉調而來的宣府、大同駐軍以及塞

外的蒙古諸部會合，由潼關、固關等處分道並進。恰巧在此期間大順軍發生了嚴重的內亂，鎮駐在保德、偏關地區的前明降將唐通判斷日趨沒落的大順政權很難東山再起，遂於八月下旬正式與李自成決裂，控制了山西北部的一些地方後，接著襲擊了守衛府谷縣的李過，佔領了陝西境內的府谷、黃甫川、清水營等處，然後於九月十五日將降表送到北京，被多爾袞封為定西侯。為此，李自成殺死了唐通留在軍中做人質的母親與兒子。唐通則攻入李自成的家鄉米脂，大肆殺掠與破壞。

大順軍馬上向府谷與保德增兵，逼得唐通緊急向多爾袞求援。此時，清朝任命的山西總兵高勳也聲稱寧武所轄的「靜、樂、偏、老、河、保之間，俱有賊孽」，懇請朝廷發兵。多爾袞早在十三日令前鋒統領席特庫開往山西，進一步增強葉臣的兵力。這位頗具戰略眼光的攝政王在山西多處地方告急的情況下，沒有將葉臣率領的清軍主力分散開來四處赴援，而是毫不動搖地直取太原，事後證明確屬棋高一著。在九月二十日之前，葉臣已經統率清軍拿下了澤州、潞州與河南北部的懷慶，收服了附近的府、州、縣，招降了曾經投靠李自成的前明將領董學禮等人，然後殺入固關抵達太原城下，從而給大順政權在山西的統治造成致命的威脅。

降清的前明文武官員也參加了圍攻太原，例如吳惟華於九月二十三日帶領二千餘名步騎兵來到前線，聽候葉臣的調遣。而大順政權山西節度使韓文銓、制將軍陳永福與巡撫李若星等人則堅守太原，一度讓圍城的清軍束手無策。直至十月初三，清軍從後方運來紅衣大炮才重新獲得主動。根據吳惟華給清廷上奏的題本，他轄下的總兵張致雍、補國忠、張鳳鳴與中軍副總兵賈廷諫、監軍道遊擊張台等人指揮步騎兵分路前進，參與了圍攻城北的戰事，其中都司金梁等七員將領與七百名步兵直接參與了攻城，北面的城牆在紅衣大炮的轟擊下毀損嚴重，各路攻城部隊得以從坍塌之處衝入城中，控制了整

座城池。

守城的大順軍損失慘重，韓文銓陣亡，李若星投降。部分人馬突圍而出時在城東南一帶遭到吳惟華手下九百餘名官兵的伏擊，戰死一千多人，即使是僥倖突圍而出的陳永福，後來也投降了清朝。葉臣所部先後平定九府、二十七州、一百四十一縣，奪得山西大部分地區。而大順政權僅掌握該省的西南一隅，基本喪失了山西的統治權。

清軍入關之後勢如破竹，在短短的時間裡佔領了京畿地區，並縱橫山東、河南、山西等數省。這個讓世人瞠目結舌的戰績給了滿洲貴族統治者極大的自信，到了這年的六月間，多爾袞已經和諸王、貝勒、大臣們決定將清朝的首都從關外的盛京遷入關內的北京。此舉反映了滿洲貴族統治者全力以赴，爭霸天下的決心，而問鼎中原一直以來也是清太祖努爾哈赤與清太宗皇太極的宏偉願望。

根據多爾袞的安排，順治帝與隨行的宮中眷屬在一大批貴族官僚以及八旗人員的前呼後擁之下，選擇八月二十日離開了盛京，經過差不多一個月的長途跋涉，在九月十九日到達北京。接著，順治帝於十月初一正式舉行了登基典禮，北京從此成為了清朝的新首都。

雄心勃勃的清朝統治階級征服全國的計劃已經箭在弦上，不得不發！當時，關內各地與清朝分庭抗禮的政治勢力主要有三：其一是稱雄西北地方以及控制河南、湖廣兩省部分區域的大順政權；其二是割據四川的大西政權，其最高領導人是另一位義軍將領張獻忠；其三是盤據在長江以南以及江北部分地區的南明政權，這個偏安政權以繼承明朝的正統而自居，其成立於一六四四年（明崇禎十七年，清順治元年）五月五日，為首的是原明朝的宗室貴族——福王朱由崧。

照應「遠交近攻」的政治原則，清軍應當首先消滅近在咫尺的大順政權。可是多爾袞經過與李自

成的幾番較量，以為大順軍不足為患，沒有竭盡全力對付的必要，於是制定了一個兵分兩路，企圖同時摧毀大順政權與南明的計劃。他在十月十九日正式令阿濟格為靖遠大將軍，與吳三桂、尚可喜等從北京起程，率領北路軍出征李自成，隨征的還有宣府、大同兩地的降兵，總兵力達到八萬餘人。六天之後，多鐸受命為定國大將軍，與孔有德、耿仲明等人一起率領南路軍出征江南的南明政權，這支軍隊的兵力史無明載。有意思的是，清廷在給阿濟格與多鐸的敕書中，不約而同地告誡他們不要擅自處置隨征的八旗軍將領，並特別強調「護軍校、撥什庫」等職位以下的將士，無論犯下什麼樣的大小罪過，都要與軍中諸將「商酌」之後，才能進行處分。清廷之所以作出這樣的規定，可能是考慮到阿濟格與多鐸雖然是一軍的主帥，但同時也是一旗的旗主，當他倆處理別的旗的人員時，必須徵求各旗的頭目的意見，以避免旗與旗之間出現糾紛。

▲ 多鐸之像。

除了南北兩路軍之外，轉戰山西的葉臣所部實際相當於中路軍，對鉗制北方的大順軍餘部起了很重要的作用。清軍三路出擊，攻擊的範圍異常廣闊，囊括了江南與西北地方，顯示出清廷一統河山的強烈決心。

無巧不成書。大順軍在此前後也策劃了反攻。從七月起，不斷有類似的情報傳送到北京的清廷統治者手中。到了八月份，直隸巡按衛周胤向多爾袞報稱固關、井陘兩個地方已被從山西方向反攻的千

餘「流寇」騎兵奪取。此外，大順軍在山西寧武與河南郾城等地的活動日益頻繁。十月初，河南巡撫羅繡錦報稱在濟源、孟縣以及附近的河口上發現了很多敵人，對方似乎準備進軍濟源、孟縣與懷慶。由於這類情報經常出現，沒有引起清廷的充分重視。不久，集結在山西平陽與河南西部的大順軍果然出動兩、三萬步騎兵渡過黃河，向北接太行山，南臨黃河的懷慶府發起了較大規模的反攻，連克濟源、孟縣，戰火蔓延至鄧州、內鄉縣及清化鎮。

當時任懷慶總兵的漢軍正黃旗梅勒章京金玉和與任副將的漢軍鑲紅旗人常鼎率部往援濟源，可是到達時城已陷。清軍在夜半遭到襲擊，金玉和被箭射死，常鼎也戰歿於陣。大順軍隨即圍攻懷慶府城沁陽。出任河南衛輝總兵的漢軍正黃旗人祖可法及時赴援，進入城中死守。據清方統計，在大順軍的這一系列攻勢之中，包括金玉和與常鼎在內，共有二十二名將領與一千七百五十五名士卒戰死。

正如有學者指出的那樣，如果大順軍這次反攻推遲半個月，那麼多鐸率領的南路軍已經從山東南下到了蘇北，而阿濟格的北路軍由於繞道塞外的原因還未進入陝西，由此將會造成對清朝極為不利的後果。因為北京兵力空虛，必會受到經懷慶、衛輝、彰德北上的大順軍的嚴重威脅，這樣一來，多爾袞的處境就會非常尷尬，搞不好甚至要帶著順治帝逃離北京。可是，大順軍提前發動的反攻，促使清廷暫時放棄消滅南明的打算，改為集中南北兩路軍與大順軍決一死戰。

多爾袞接到河南巡撫羅繡錦的急報後，調動山東梅勒章京和託、李率泰、額孟格等人率部前往增援，並立即命令多鐸所部停止南下江南，於十月二十五日轉而西進河南，驅逐沁陽地區的大順軍，再直取潼關，與阿濟格一起夾攻陝西的李自成。正如多爾袞所認為的那樣：如果多鐸能在河南殲滅大順軍，即仍按原計劃南下江南，否則就加以追擊，直取西安。為此，多爾袞又派人將這項新的軍事計劃

通知阿濟格，並告誡道：「豫親王（指多鐸）先至西安，則勒兵以待爾（指阿濟格），假若阿濟格先至，『亦宜待豫親王』。總之，兩路軍『務期合力攻剿，平定賊寇，勿以先至彼地、遂不相待』。」至此，兩路清軍在縱橫千里的範圍向陝西的大順軍發起鉗形攻勢，並將會師地點選擇在西安。這種作戰方式在清軍的作戰史上是罕見的，它與蒙古帝國的創始者成吉思汗慣用的「大迂回戰法」非常相似，都是以一路人馬在正面牽制敵人，再出奇兵長途行軍，以便迂回敵後進行夾擊，奪取最後的勝利。興起於十三世紀初的蒙古帝國（後其主幹演變為中國歷史上的元朝），憑著顯赫的戰績統一了分裂的中國，當時的清朝正準備步其後塵，重演異族君臨華夏的一幕。

為了全力對付大順軍，多爾袞想盡辦法調兵遣將，他讓固山額真石廷柱等原本駐紮在山東的清軍先頭部隊暫停蠶食南明在蘇北的地盤，甚至將一部分人從徐州地區調回河南。而駐紮在山西的部分清軍也奉命在固山額真阿山等將領的帶領下從蒲州南下潼關，增援多鐸。然而，多爾袞的新軍事計劃有一個漏洞，就是多鐸所部轉進河南以西後，其側後方完全暴露在南明軍隊之前。清朝留在河南東部與山東的有限兵力在肅親王豪格的率領下執行扼守黃河與鎮壓當地「土賊」的任務。假若大江南北的數十萬明軍能乘機沿著大運河收復失地，直取河南東部、山東或河北，會讓正與大順軍對峙的多鐸所部陷入首尾難顧的困境。故此，多爾袞的新軍事計劃要想成功，必須寄希望於南明軍隊的不作為。雖然多爾袞沒有十足的把握讓南明軍隊不介入，可是迫於形勢，已不能不令多鐸轉進河南以西，孤注一擲地豪賭一把了。後來的事勢發展表明，多爾袞的賭注壓對了，南明朝廷由於內部意見不一，對北方的戰事主要採取隔岸觀火的態度。

李自成在懷慶獲得勝利後親自來到山西與陝西交界的韓城，準備渡過黃河，而大順軍的先頭部隊

出當時山西的絳州、稷山一帶，引起了當地清朝官員的恐慌。恰巧這個時候，李自成可能收到了清北路軍即將繞道塞外殺入陝西的情報，便停止對山西與河南的攻勢，將主力北調防禦，他本人於同年十二月經韓城所屬的同州過白水，準備北上延安迎戰，當他與劉宗敏等將領一起走到洛川時，又傳來了清南路軍進犯潼關的消息，在這種前後受敵的情況下，李自成一時之間進退失據，只得在當地整整停留了十天，以待形勢明朗後再決定何去何從。

或許是北方地區屢經災荒與戰亂，影響了大部隊後勤籌備工作的緣故，北、南兩路清軍前進的速度都比較緩慢。北路軍繞道塞外，經過蒙古的土默特與鄂爾多斯等部，在那裡「索取駝馬」，以致逗留，遲遲未能入塞。南路軍於十一月中旬從山東濟寧轉向河南，於十二月上旬到達懷慶擊退當地的大順軍，從孟津渡過黃河，向潼關進發。這時，多鐸僅帶著五、六千騎兵，而步兵尚滯留於山東與河南交界的單縣一帶。不過，多鐸在途中收降了李際遇等南明軍閥的一大批隊伍，並讓這些人做嚮導，故一路上也還算順利。

十二月十五日，抵達陝州的清軍派出前鋒參領索渾、拜尹代等人率二十騎出外「捉生」時，乘夜襲擊了屯兵於靈寶縣城外的大順軍張有曾部，獲得小勝。二十二日，多鐸已帶兵來到距離潼關十里之處立營，由於攜帶紅衣大炮的步兵尚未到達，因而沒有立即攻城。

潼關是河南進入陝西的樞紐地點，此地一失，西安將受到嚴重的威脅。守衛潼關的巫山伯馬世耀只有七千餘人，難以驅逐來犯之敵。李自成鑒於清北路軍尚未入塞，而潼關卻告急，遂決定掉轉馬頭，帶著主力離開洛川，經西安回師潼關，意圖爭取時間先擊敗從河南方向殺過來的清軍，以避免受到前後夾擊的厄運。就這樣，繼山海關決戰之後，大順軍與清軍的第二次決戰於二十九日在潼關正式開始。

劉宗敏首先出戰，他「據山為陣」，與敵人對峙。八旗軍前鋒統領努山、鄂碩等率兵強攻大順軍的陣營。當大順軍迎戰時，護軍統領圖賴又率百餘騎兵撲上前掩殺，據說取得「斬獲過半」的戰果，這個戰績後來由多鐸奏報清廷，並記入了《清實錄》之中。由於大順政權的檔案沒有留傳下來，故治史者研究此役時不得不單方面採用清朝的一面之詞，真相到底如何，已難以考究。奇怪的是，此後清軍拒絕野戰，縮入了自己的軍營中，全線轉入防禦了。到了一六四五年（清順治二年，南明弘光元年）正月初四，大順軍終於開始強攻清軍的軍營，大將劉芳亮親自領兵千餘出擊，遭到八旗軍護軍統領圖賴、阿濟格尼堪、阿爾津顧納代、伊爾都齊敦、拜杜爾德等人率領的正黃、正紅、鑲白、鑲紅、鑲藍五旗士卒（每一旗都要從每個牛錄當中抽出護軍一名）的迎擊，未能得手。不久，清軍的增援部隊在多羅貝勒尼堪、拜尹圖等的帶領下參戰，擊退了大順軍，「俘斬甚多」。李自成得知劉芳亮未能突入清營，遂親率步騎兵來戰。多鐸隨即調遣鑲黃、正藍、正白三旗士卒，「協力並進」，挫敗了大順軍新一輪的攻勢。

大順軍在白天屢次攻不破清營，便改為夜襲，於初五、初六兩個晚上連續出擊，但在清軍日以繼夜的堅守之下均無功而返。轉眼到了初九，清軍的步兵終於帶著紅衣大炮趕到了戰場，使得大順軍擊敗清軍的希望更加渺茫。

多鐸在援軍到達後馬上轉守為攻，於十一日指揮部隊進逼潼關關口，使用紅衣大炮猛烈轟擊，把大順軍築起的壁壘打開了一個缺口，穆成格、俄羅塞臣等驍勇善戰之士一馬當先，帶著大批清軍越過對手挖掘的戰壕，從缺口中衝入，頗有斬獲。不久，大順軍連續發起反攻，想挽回頹勢，先是出動三百騎兵橫衝清軍先頭部隊的側翼，卻被貝勒尼堪、貝子尚善與懷順王耿仲明所部擊敗，接著又分兵偷襲清軍的背後，可遭到蒙古固山額真恩格圖率領的殿後部隊的阻擊，無功而返。

禍不單行的李自成既在潼關作戰不利，又傳來後院起火的消息。因為清北路軍在阿濟格的率領下已在前一年的年底由保德州渡過黃河進入陝北，經府谷鎮一路殺向綏德，按照清廷事前所制定的「由邊外趨綏德」的戰略計劃行事，並成功與活動在榆林以東地區的降將唐通會師，於十二月十四日屠戮了李自成的故里米脂，最終在唐通的引導下進入了綏德。到了第二年正月，就在潼關決戰打響前後，阿濟格率主力南下，風馳電掣一般迫近西安，而留下尚可喜、吳三桂以及部分明朝降將牽制延安與三邊地區的大順軍駐防部隊。

戰局發展至此，李自成知道難以避免受到清軍前後夾擊的厄運，為了不讓兵力空虛的西安淪入敵手，以致使得留在城內的部隊家屬以及輜重物資受到無可挽回的損失，他不得不提前中止了潼關的決戰，率大順軍主力於十三日迅速返回西安，緊急疏散城內的留守人員，同時焚燒城內的宮闕與部分房屋，帶著一批庫存的財物取道藍玉、商洛向河南撤退。

大順軍主力離開此地後，意味著清南路軍將獲得最後的勝利，八旗軍護軍統領阿濟格尼堪等帶領士卒於十二日強渡潼關濠口，打得留守的大順軍餘部望風奔潰。李自成任命的潼關守將馬世耀率所部七千餘眾投降，清軍獲得戰馬千餘匹以及「輜重甲仗無算」。然而，馬世耀「人在曹營心在漢」，他在降清的當天企圖秘密與李自成聯繫，意圖充當李自成的內應，內外夾擊清軍。可惜送信的使者在途中被清軍查獲，以致圖謀洩露。次日，駐營於關外寺南一線的多鐸在金盆坡口設下埋伏，再把馬世耀及其部屬騙出關外，以舉行宴會的名義解除了他們的鞍馬器械，隨後命令四出的伏兵將之全部殺死。

徹底控制潼關的清南路軍於十六日出發，兩天後到達西安。多鐸派遣護軍統領阿爾津等人追擊李自成，因追之不及，無功而還。

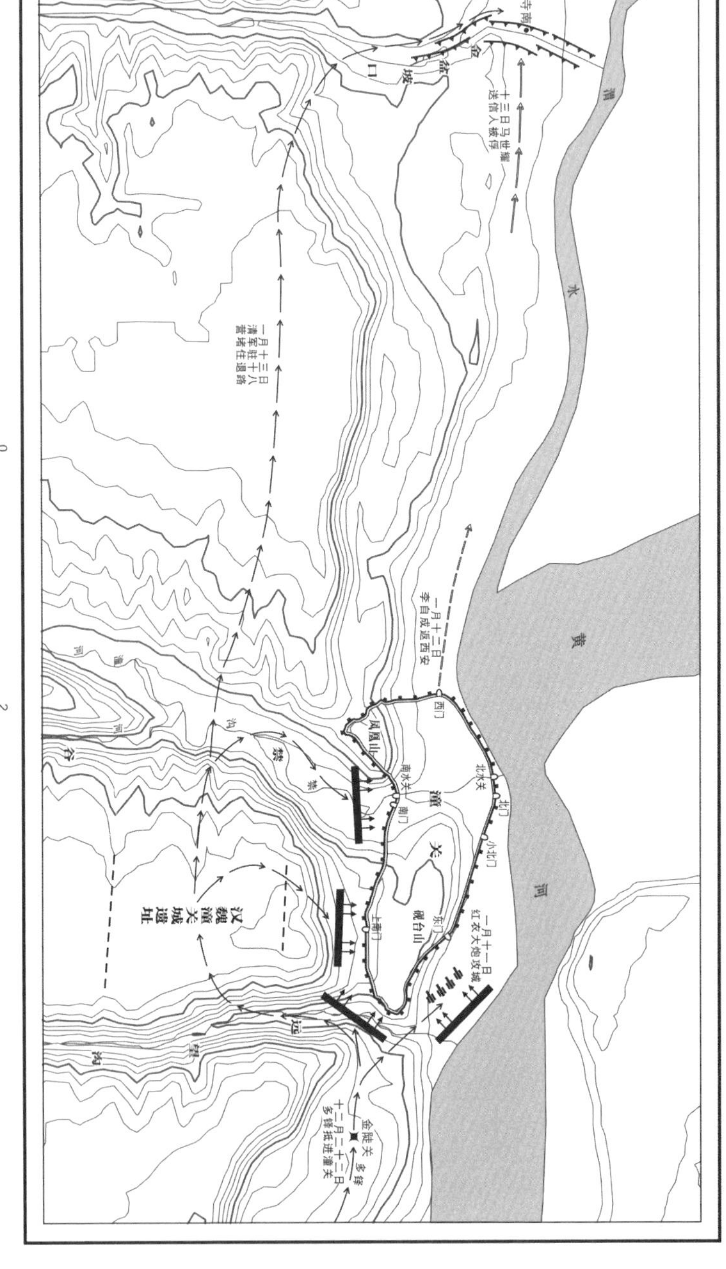

潼關之戰作戰經過圖（西元1644年農曆十二月至1645年農曆正月）

比例尺　五萬分之一

歷時十多天的潼關決戰虎頭蛇尾，草草收場。清南路軍最大的戰績是殲滅了馬世耀的七千餘部眾，根本未能重創大順軍的主力，多鐸雖然佔領了西安，但得到的不過是一座空城。由於戰事的激烈程度有限，清軍的傷亡也不大，在戰死的將領當中，有滿洲鑲黃旗人登西克，他是散秩大臣，在追擊大順軍至西安時，於天沙山「中槍陣亡」。

儘管清朝的官書對多鐸在潼關決戰與攻克西安的軍事行動中頗多溢美之詞，然而北路軍的統帥阿濟格對多鐸的指揮才能很不服氣，他後來公開批評多鐸在與李自成作戰時不止一次舉止失措，指責他「征流寇至慶都」時「潛身僻地」，有怯戰的嫌疑，而破潼關與西安時，又沒有大量殲滅大順軍，令人失望。

平心而論，阿濟格的確有資格批評多鐸，論軍中資歷，他在一六二五年（明天啟五年，後金天命十年）就已經隨軍討伐察哈爾，比起要到一六二八年（明崇禎元年，後金天聰二年）才嶄露頭角的多鐸要早一些。論歷史功績，他從一六三六年（明崇禎九年，後金崇德元年）開始獨當一面，統大軍繞道突進明朝境內，號稱「五十六戰皆捷，俘人畜十餘萬」，比起入關之時從未嘗試過單獨指揮大規模戰事的多鐸，更具有統帥才華。更加重要的是，往後的戰事發展證明，真正大量殲滅大順軍並不是多鐸的南路軍，而是阿濟格的北路軍。

北路軍的戰績大，傷亡必然也大，這支軍隊到達望都時，牛錄章京笞圖因作戰受傷而死亡，當進入陝西後，又損失了不少八旗將士。阿濟格令姜鑲、唐通、王大業、高勳、康鎮邦等降將圍攻陝西重鎮榆林，自己帶領主力經米脂殺向延安時遭到頑強的阻擊。守將李錦（即李過，當時已改名）駐兵於延安與膚施縣城，憑著互為犄角之勢與來犯之敵反覆糾纏，使得阿濟格連續圍攻二十餘日，未能得手。

根據《清史稿・忠義傳》的記載，八旗軍戰死的將士有虛銜章京哈爾漢，此人帶著「甲士」守南山時，力戰而亡。此外，侍衛察瑪海、拜他喇布勒哈番（騎都尉）嘉龍阿、甲喇章京（參領）折爾特、護軍校朔瑪，也在廝殺中命喪黃泉。後來，阿濟格用計佯攻膚施，而暗中出動精兵偷襲延安城，出其不意地用大炮猛擊，終於摧毀了大順軍的防線，逼其連夜逃遁。多濟格與固山額真譚泰分道追擊，斬獲甚眾，奪得的「甲馬器械」，「不可勝計」，於一六四四年（明崇禎十七年，清順治元年）十二月，攻克延安。而在此前後，吳三桂也以鐵騎收服三邊。據守榆林半月的大順軍將領高一功為了保存實力，於一六四五年（清順治二年，明弘光元年）正月十四日率部撤離，兩天之後，該城落入姜鑲等降清將領之手。

清北路軍在延安以西地區擊破大順軍部分人馬的阻擊，向西安猛撲過來，可還是比南路軍晚到達西安，為此受到了多爾袞的喝斥。多爾袞認為阿濟格離京起程在先，多鐸起程在後，如今多鐸已攻克西安，阿濟格卻不知尚在何處，據此而批評阿濟格「枉道越境」，指責北路軍兜路來到土默特與鄂爾多斯向效忠於清朝的蒙古部落任意索取馬、駝等物，「以致逗遛」，「其罪非小」，如今應該負起追擊李自成的任務，以贖前咎。至於多鐸，多爾袞則一再加以勉勵，自稱得知攻佔西安的消息後「不勝嘉悅」，因為「攻破流寇」意味著「大業已成」，並指示多鐸可將陝北的戰守事宜移交與阿濟格處理，自己率領南路軍前往南京，按照原定計劃消滅南明。最後，這位攝政王對多鐸說：「大丈夫為國建功，正在此時，汝其勉之！」

多爾袞對於同父同母的多鐸，在感情上比同父異母的阿濟格要更加親近一些，言詞之間難免有親疏之別。阿濟格擅自出塞搜刮遊牧部落的馬、駝，雖然被多爾袞指責為「逗遛」，但事後證明此舉對

於追擊李自成有不少好處，因為要想捕捉到以騎兵為主的大順軍，較為有效的辦法是擁有比對手更多的馬匹。清軍曾經在北京以西追擊過撤退的大順軍，但斬獲不多，親歷其事的阿濟格一定汲取了其中的經驗教訓，以避免重蹈覆轍，故這次向陝西進軍時，極有可能預見到李自成會放棄西安，因而借出塞之機到處搜刮，儘量增加軍中馬匹的數量，提前做好追擊的準備。如今多爾袞令多鐸南下江南，轉而將陝北的戰事交由阿濟格負責，正好讓阿濟格的騎兵在追擊敵人時派上用場。

大順軍在撤離西安時犯了個錯誤，沒有將所有帶不走的糧食全部燒毀。負責殿後的田見秀違抗李自成的軍令拒絕焚燒糧庫，本來想將這些糧食留給當地的飢民，想不到竟然讓隨後趕到的清軍撿了個大便宜，憑藉補給充足的優勢加快了追擊的速度。這時，李自成帶著十三萬人已進入河南，企圖經鄧州前去湖廣的襄陽等地，與當地的駐軍會師，可能是為了隱蔽行蹤的緣故，據說他將當地的老弱「盡殺之」，而「壯者」則勒命隨軍而行，又留下精兵三千折毀城池、堵塞「井灶」，讓「武關至襄、漢」之間「千里無煙」。可是，這支隊伍裡面夾帶著大量家屬，致使行軍遲緩，當正月二十九日來到河南內鄉時，又進行休整，直到三月十八日才重新啟程。由於停留的時間較長，終於被清軍發覺，並派主力追了上來。且戰且退的大順軍經湖廣承天抵達了襄陽，成功與襄陽、承天、德安、荊州四府的七萬人會師，使總兵力達到二十萬人。然而，李自成又一次出了昏招（指關鍵的敗舉），決定離開這個經營了一年多的根據地，帶著襄、荊地區的部隊繼續南下，打算以水陸並進的方式佔領南明的首都南京。按照常理判斷，李自成作出這個錯誤決策表明他似乎不太清楚離開西安的多鐸正率部趕去南京，因為他千方百計地避免與清軍主力決戰，不太可能會主動引火焚身。

李自成棄襄、荊地區的惡果是後方兵力空虛，沒辦法攔截追擊的阿濟格所部，不但使得襄陽被清

軍輕易占有，而且留守荊州的少量大順駐軍因缺乏堅守的信心也隨之發生內亂，並最終降敵。至此，顛沛流離的大順軍喪失了所有的根據地。

大順軍主力破釜沉舟地向漢川、沔陽前進，迫使鎮守武昌的南明將領左良玉棄城而逃，可是剛剛進入被明軍故意焚毀的武昌後不久，又面對清軍兵臨城下的威脅。

尾隨而至的是八旗前鋒將領席特庫、護軍統領鰲拜、希爾根等人。他們的部屬稍前已拿下安陸，繳獲戰艦八十艘，當時又進攻武昌，並擊敗了劉宗敏、田見秀的五千兵，把立足未穩的大順軍從這座城市驅逐出去。

這時，多鐸的南路軍已殺到長江下游，實際上使得李自成奪取南京的圖謀面臨破產的境地。大順軍只在長江沿岸的蘄、黃、荊、岳等處徘徊，軍心已亂。阿濟格指揮部隊分路追擊，尚可喜與固山額真李國翰、金礪相繼奪取了樊湖、應山等地。而吳三桂與固山額真譚泰等人也取得豐碩的戰果，他們於四月追到陽新富池口，擊敗了李自成親自率領的部隊，並於二十七日在九江附近攻入了大順軍的老營，俘獲甚眾。俘虜之中包括李自成的兩位叔父與他的另外兩位妻妾，此外還有劉宗敏、宋獻策、明降將左光先以及一大批隨軍家屬。不久，李自成的兩位叔父與劉宗敏被斬，宋獻策與左光先降清。

連戰連敗、損兵折將的李自成率殘部緊急撤往湖北通山縣境的九宮山，這位大順軍領袖幾乎成了孤家寡人，他的三位妻妾為了避免被俘而投長江自殺，就連丞相牛金星也當了逃兵。到了五月初，冷不防傳出了李自成死亡的消息，有人說他為當地土著所困，自縊而亡，有人說他病死，還有人說他因心灰意冷而悄悄出家為僧。比較普遍的說法是他帶著義子張鼐和二十多名士卒在九宮山中偵察地形時，遭到鄉兵的襲擊而死於非命。其後，數以萬計的大順軍在絕望中進行報復，衝入了通山縣境內，屠戮

數千鄉民方才離去。

自從阿濟格、吳三桂、尚可喜等人率領滿漢部隊經商洛、武關進入河南後，在這一年的三四月間，先後轉戰河南鄧州與湖廣的承天、德安、武昌、富池口、桑家口、九江等七處地方，經過八次較激烈的較量，終於擊潰了李自成的老營，徹底截斷了李自成沿長江而下的通路。此後，清軍沒有停止追擊，繼續四處搜索大順軍殘部，據統計，這支部隊出師以來打了十三次大的戰鬥，奪得六千四百五十匹馬騾與三十一匹駱駝，獲取三千一百零八艘船隻。還佔領、招撫了數十座城池與收編了大量降軍，最後於八月班師回朝。這一次，多爾袞給了阿濟格所部高度的評價，稱讚他們：「驅馳跋涉，懸崖峻嶺，深江大河，萬有餘里，終於取得了來之不易的勝利。」對清廷而言，真可謂勞苦功高！

李自成從此退出了歷史舞臺，與之齊名的另一位義軍領袖張獻忠接著又成為清軍的打擊目標。張獻忠於一六四四年（明崇禎十七年，清順治元年）春進入四川，相繼佔領了萬縣、涪州、重慶等地，並於八月初九攻克成都這個省城。此後，各地的府、州、縣與土司大多望風而降，四川大部分地區已被其控制。然而，當時的李自成沒有忽略四川，曾經讓懷仁伯馬科攜同新任命的四川節度使黎玉田率兵一萬從漢中進入川北，於七月占據了保寧等處。張獻忠對此不能容忍，派軍到川北驅逐了大順軍，還試圖搶奪大順政權轄下的陝西漢中，但被漢中守將賀珍擊退。就這樣，張獻忠與李自成公開反目成仇，失去了聯手抗清、共禦外侮的可能。張獻忠不再承認李自成的政權為正統，他已另起爐灶，於一六四四年（明崇禎十七年，清順治元年）十一月在成都稱帝，年號為「大順」，正式建立了大西政權。

這個政權以武力立國，軍隊從來沒有「以文馭武」的現象，在這方面優於明朝。大西軍在軍制方面有自身的特色，可分為正規軍與地方部隊，而正規軍有三十八營，其中跟隨張獻忠起兵的老部隊被

視為嫡系，稱為「皇兵」。地方部隊稱為「里兵」，在「皇兵」出師時負責守城。大西政權在統治區域內按戶口僉派，用「三丁抽一」的辦法維持軍隊的數額，全盛時期對外號稱「百萬」。張獻忠手下的將領有平東將軍孫可望（封為智勇伯）、撫南將軍劉文秀（封為勇義伯）、安西將軍李定國（前軍都督）、定北將軍艾能奇，此外的得力將領還有王尚禮、竇名旺、王復臣、王自羽、張君用、馬元利、白文選、馮雙禮、王自奇等。其中，孫可望的地位僅次於張獻忠，有「監軍節制文武」的銜頭，可節制文武各官。

立國之初，張獻忠參考古制設立左右丞相與六部尚書等官職，還進行科舉考試，似乎想爭取官紳地主勢力的支持。然而，大西政權沒有建立起正常的稅賦制度，其經濟政策與大順政權差不多，都採取了類似「追贓助餉」的過火做法，派人四處拘拿巨室富戶，罰以餉銀，多則一萬，少則數千，久而久之，不但損害了官紳地主的利益，連普通農民也深受其害，從而使得這個政權逐漸失去了民心。

各地不斷有叛亂事件發生，社會矛盾逐漸激化起來，促使張獻忠嚴厲鎮壓敵對勢力。他在入川初期，已經下令搜捕那些離職歸家的明朝文武官員，並殺死了其中一部分人。當他查出有讀書人私下向李自成通表後，用「懸榜試士」的方式召來諸生，殺了數千人。其後，大西政權殺的人越來越多，這是因為境內的叛亂事件越來越頻繁，越來越嚴重。特別是從一六四四年（明崇禎十七年，清順治元年）八月起，南明政權派出得力官員管理四川，先是任命樊一衡為川陝總督，其後又命王應熊為督師，經略川、湖、雲、貴地方，使川中形勢更加緊張。王應熊「散盡家貲」，製造「甲胄、鞍馬、弓矢、戈矛」等武器，並招募了數千名勇士，會同樊一衡的部屬，準備在四川境內官紳地主武裝的配合下，以號稱「十萬」的軍隊分路並進，顛覆大西政權。張獻忠自從與李自成決裂後，把大部分兵力佈置在川北，

以防大順軍南下，以致川南、川西兵力不足，讓南明軍隊有可乘之機。各路明軍從貴州、雲南等多個方向迅速入川，先後擊敗孫可望、馮雙禮、劉文秀、狄三品等大西將領，攻克敘州、瀘州、嘉定等一批州縣。次年春天，南明總兵曾英一舉攻克重鎮重慶，隨後又打退了劉文秀的反攻，使大西政權在軍事上受到重挫。由於王應熊、樊一衡兩人均為四川人，故在川中有一定的影響力，各地的官紳地主蠢蠢欲動，有條件者皆聚集鄉勇，舉起「義旗」，一時之間，這樣的武裝組織紛紛冒出來，「為數不下二十餘萬」，他們積極附和明軍「或恢復一府、或恢復一縣、或據一寨」，不斷殺死張獻忠任命的地方官員。大西政權處處風聲鶴唳，連成都百里之外都有鄉民「耰鋤白梃」，手執原始武器，皆與之對敵。在這種不利的形勢下，張獻忠開始打算放棄四川，返回陝西，企圖趁李自成與清軍在中原爭霸的機會分一杯羹。左丞相汪兆齡附和張獻忠的棄川之意，並建議殺掉降服無常的川民，令敵對勢力即使得到四川，也會因「千里赤地，萬里無煙」而難以長期待下去。

這位左丞相樂觀地認為，只要將來張獻忠能順利收服中原，就可以遷移別省的居民來充實四川戶口，到時再經營四川未遲。這類荒謬的建議對大西軍濫殺無辜的行為起到推波助瀾的作用。一六四五年（清順治二年，南明隆武元年）七月，張獻忠在成都大開殺戒，從十三日殺到十八日，使這座城及其周邊區域屍橫遍野，血流成河。後來，濫殺行為在各地蔓延開來，到一六四六年（清順治三年，南明隆武二年）五月，死亡的人已難以統計。此後，成都、重慶、夔州、敘州等屢遭戰亂與劫難的地方變得「千里蕭條，盡絕人跡」。《明史》稱張獻忠「共殺男女六萬萬人（即六億）。」雖然是過於誇大，但也反映了錯誤政策所帶來的惡劣影響。

張獻忠還採納汪兆齡的建議對軍隊進行清洗，意圖只留下「陝西、榆林、延安、固原、寧夏」的

舊部屬，對於軍中的外省人（其中僅四川人已超過十萬）與收編的明朝降軍及其家屬，全要「盡行殺了」，讓清洗之後的部隊更加服從指揮，以達到「伶伶俐俐，要東就東，要西就西」的目的。這表明，張獻忠放棄四川的決定在軍隊中遭到反對的聲音，為此，他竟以極端的手段整頓軍隊，據說在軍中共殺死男女老少「二十萬有之」，占全軍總額的一半。很多將士害怕被殺，紛紛潛逃，使大西軍很快就僅剩餘五、六萬人，嚴重削弱了自身的戰鬥力。故進入陝西時被阻於漢中一帶，被迫而回。一六四六年（清順治三年，南明隆武二年）九月，張獻忠再次準備大舉出師，向陝西進軍，他早已得到李自成在北方屢吃敗仗的情報，想乘亂佔領西安，他似乎不太清楚陝西清軍的戰鬥力，也不知道自己的主要對手已經不是大順軍或南明軍，而是來自關外的八旗軍。

此前，清陝西總督孟喬芳與湖廣等地的總督佟養和透過多種管道遊說張獻忠來降，張獻忠不理不睬。不得已，清廷只能進行軍事討伐。多爾袞於一六四五年（清順治二年，南明隆武元年）十一月二十日令西安駐防大臣何洛會為定西大將軍，讓他與左翼固山額真巴顏、右翼固山額真墨爾根侍衛李國翰一起率領部隊準備「會剿四川」。這支部隊在陝西受到當地大大小小的抗清武裝的牽制，一時難以進川。多爾袞遂於一六四六年（清順治三年，南明隆武二年）正月二十一日再令和碩肅親王豪格為靖遠大將軍，會同多羅衍禧郡王羅洛宏、多羅貝勒尼堪、固山貝子吞齊喀、滿達海、鎮國公喀爾楚渾、岳樂、努賽等人統兵征四川。豪格率大軍抵達西安後，分兵四出參與鎮壓陝西形形色色的反清勢力，先後平定邠州、慶陽、漢中等地，殲滅了一批忠於南明的武裝，還擊退了大順軍劉體純部由河南鄧州向陝西商州的反攻，為大舉入川解除了後顧之憂。

剛好在此時，發生了大西軍保寧守將劉進忠叛變之事。劉進忠手下的萬餘士卒以川人居多，而川

人由於害怕遭到張獻忠的清洗，紛紛逃亡。劉進忠既制止不了部隊的逃亡潮，又擔心受到上級的懲罰，竟鋌而走險與張獻忠分道揚鑣，先是投靠重慶的南明將領曾英，不久又與活動於四川東北部的「搖黃十三家」會合。「搖黃十三家」源於農民起義隊伍，由多股武裝勢力湊合而成，如今已淪為割據一方、亦兵亦匪的組織，因而劉進忠重新成為了一位類似山大王式的人物，他到了一六四六年（清順治三年，南明隆武二年）十月，乾脆派人到漢中與清朝聯繫，投降了豪格，準備做清軍入川的嚮導。

蒙在鼓裡的張獻忠自從率軍離開成都後，徘徊於順慶、西充一帶，滯留了近三個月，尚未確定離開四川的途徑。想不到清軍在豪格的帶領下已於十一月迅速入川，並在二十六日來到南部縣，悄悄靠近過來。豪格隨即命令護軍統領鰲拜所部先行出發，日夜兼程而進，於二十七日黎明到西充，與張獻忠近在咫尺。

大西軍哨卒一再回營報警，可沒有引起重視。根據《聖教入川記》的說法，在大戰即將爆發的前夕，一名偵得敵情的士兵飛奔回營，聲稱在前面的高山上看見四、五個騎著馬匹的滿洲兵正迎面而來，張獻忠不肯相信，差點以妄報軍情為理由殺掉報信之兵。直到又有人來報稱五個滿洲騎兵已到營外對面的高山，才促使半信半疑的張獻忠打算親自探個究竟。但他騎馬出營時過於輕敵，既沒有穿上盔甲，也沒有攜帶長槍，只是拿著短矛帶領身邊的七、八名小卒與一名太監奔出去，剛剛登上營外一座小山崗就吃了大虧，冷不防被對手一箭射中左肩，直透入心，頓時倒於血泊裡面。他身邊的太監驚惶失措起來，跑回營中大叫：「大王已被射死！」一時聲震各營，致使軍心大亂，失去鬥志的將士一哄而散，各自逃命。

射死張獻忠的八旗兵名叫雅布蘭。至於張獻忠身體的中箭部位，則說法不一，例如有的人說張獻忠首先中箭的是額部，而且連中數矢才墜馬，可他沒有當場死亡，負傷回營後被清軍俘虜，斬於軍前。

西充之戰（西元 1646 年，農曆十一月）

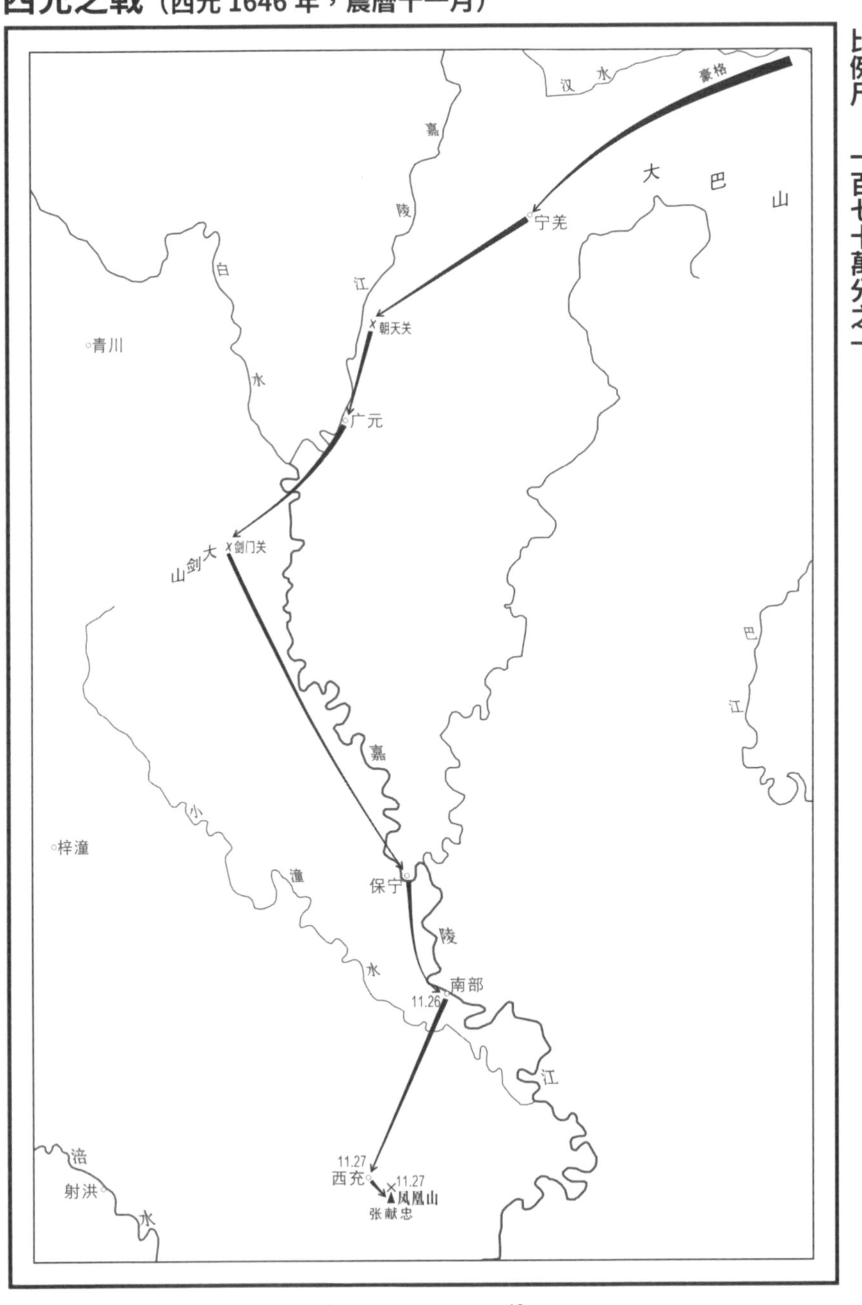

比例尺　一百七十萬分之一

死後被仇家戮屍，沒多久便「骨肉俱盡」。

鰲拜的先頭部隊立了首功，隨後趕到的豪格分兵四出，捕殺殘敵。根據《清實錄》的資料，共「破賊營一百三十餘處，斬首數萬級，獲馬騾一萬二千二百餘匹」，以大獲全勝而告終。清軍除了打死張獻忠之外，還殺其「偽巡撫、總兵等官二百三十有之」，「俘獲無算」，其後又招撫「文武官二百三十五員」與步騎兵六千九百九十餘人。

清軍在此役中也有一定的損失，《清史稿・忠義傳》收錄了一些陣亡者的事蹟。滿洲正白旗人格布庫是八旗軍甲喇章京，他在攻打大西軍的「環營」陣地時遇到頑強抵抗，豪格派來人馬增援，由牛錄章京蘇拜攻敵右翼，固山額真准塔攻敵左翼。格布庫先是與左翼敵軍激戰，不久又跟隨准塔擊其左翼，最後為了解救一部分被大西軍圍困的正藍旗兵，他中箭而死，與之一起作戰的西特庫、烏巴什等牛錄章京也當場陣亡。此外，大西軍將領高汝勵占據的三寨山也一度成了雙方爭奪的焦點，八旗武官古朗阿奉豪格之令多次發起強攻，然而當他迎戰三路來犯的大西軍步騎兵時，卻與同僚巴揚阿同時喪生。可見，八旗軍至少損失了一些將領。這表明，大西軍並不是一支能夠輕而易舉地消滅的隊伍。張獻忠雖死，可他的手下還有不少人躲過了清軍的打擊，日後仍會東山再起。

歷史學者基於各自的立場對李自成與張獻忠這兩位義軍領袖的評價毀譽不一，有人認為他們是英雄，有人認為是梟雄。但一個無可爭辯的事實是，隨著「雙雄」的先後死去，轟轟烈烈的明末農民大起義已經江河日下，難以為繼。從目前的形勢來看，笑到最後的似乎是以多爾袞為代表的清朝統治者。

《攝政王起居注》記載多爾袞曾自豪地宣稱：「本朝大兵，平流寇甚易。」似乎困擾明朝十幾年的農民大起義，對清朝而言不是什麼大問題，只在短短的兩、三年間就解決了。那麼，李自成與張獻

忠迅速敗於清軍的主要原因是什麼，就值得人們從各方面進行探討。

質言之，就拿李自成來說，早在山海關大決戰之前已犯下了戰略上的錯誤，當李自成於一六四三年（明崇禎十六年，清崇德八年）九月在河南戰場摧毀了孫傳庭集團的主力後，關內正處於無敵狀態。然而，對於下一步的進軍方向，義軍內部存在不同的意見，牛金星主張直搗北京，楊永裕主張南下南京，顧君恩認為前者的主張過急，後者的主張過緩，他提出了一個折中的方案，就是先取陝西、山西，再向北京進軍，與明朝作最後的攤牌。最後，李自成採納了顧君恩的意見，決定暫時不管江南的財賦之區，而專注於北方。然而，顧君恩的主張完全忽略了關外清朝的存在，實施這個戰略方案必將帶來重大隱患。因為清朝的勢力範圍東起遼東、西至漠南蒙古，已經對明朝的京師、山西、陝西等區域形成了戰略包圍的有利態勢。李自成一旦率部佔領上述地區，無異於「自投羅網」，如果將來與清朝發生戰事，在戰略上很容易陷入顧此失彼的被動狀態。

▲張獻忠之像。

事實也是這樣，李自成席捲西北，奪取重鎮榆林時，已經和歸附清朝的蒙古部落發生了衝突，其後，他經山西向京畿地區挺進，終於在山海關遇上了來勢洶洶的清軍。所有的這一切都證明，大順政權的統治者要為自己的輕率決定付出沉重的代價。正因為如此，當李自成在山海關戰敗後撤回山西時，才對戰略位置上的不利狀態有了更加深切的體會。可惜為時已晚，清軍已經從東面的京師、西北的漠南

蒙古對山西形成了更為嚴密的戰略包圍。

過去，關遼明軍得到關內地區大量人力物力的支援，憑著苦心經營的寧錦防線，才能與後金（清朝）在遼東對峙一、二十年。相反，大順軍既缺乏固守城池的經驗，而統治區域又內部不穩，官紳地主紛紛叛亂，總體情況不容樂觀。故李自成即使想像關寧遼軍那樣環繞山西建設一條堅固的防線與清軍長期對峙，也缺乏必要的條件。偏偏在這個時候，傳來了蒙古諸部將要進犯陝西等地區的消息。也許是為了避免後院失火，李自成不得不率領主力渡過黃河返回陝西。

清朝用武力以及招降的手段逐漸控制山西，並染指河南，再次讓大順軍的陝西根據地處於不利的位置。因為清軍從東面的河南、北面山西以及西面的漠南蒙古重新對陝西形成戰略包圍。其後，多爾袞兵分兩路，分別從河南與陝西北部這兩個方向夾攻西安。大順軍為了避免被兩線作戰而狼狽撤出陝西，經河南退往湖北，而李自成也由此走上了敗亡之路。

據此可知，大順政權在戰略上的成敗受地理位置的影響甚大。大順軍先後在京師、山西、陝西等地抗清，其所在的地盤始終擺脫不了被清軍扼喉、拊背的被動態勢，其失敗，是偶然之中存在必然的因素，而這個因素與顧君恩當初提出先取陝西、山西，再向北京進軍的方案脫離不了關係。

張獻忠與李自成相比，在戰略上更是毫無章法，特別是大西政權在清軍入關後，不但沒有避其鋒芒，反而不自量力地採取「棄川入陝」之策，可說是不折不扣的自投羅網的行為。

與李自成、張獻忠的麻痺大意不同，清朝統治者在入關之前早已把關內的義軍當作最大的敵人。如果從清太祖努爾哈赤於一五八三年（萬曆十一年）從建州地區起兵的時間來計算，這個政權在入關之前已經持續了六十一年，其先天條件遠勝於匆忙成立的起義政權，難怪滿洲貴族擁有足夠的自信，

敢於先發制人，打擊僅僅起兵十數載的義軍了。

在戰術上，李自成與張獻忠仍舊沿用與明軍作戰的那一套來對付清軍，沒有審時度勢，對部隊的兵種與兵器作出相應的調整。相反，老謀深算的多爾袞在山海關決戰時一反常態，針對性地使用輕裝騎兵打頭陣，起到了出其不意的效果。而阿濟格在河南、湖廣地區追擊大順軍時能夠勢如破竹，有賴於部隊機動能力的增強，這與他及時汲取經驗教訓，在大戰來臨之前繞道塞外，從蒙古諸部搜刮了大量馬匹以及駱駝有關。清軍在戰法上既能推陳出新，又能繼承傳統，例如清太祖努爾哈赤曾經提出一條「專打頭目」的作戰原則，即是在戰時儘量查清楚敵軍頭目所在的位置，確定目標之後，再集中力量打擊（主要是用箭射）。在以往爭霸遼東的連場血戰中，死於八旗軍箭下的明軍將領為數不少，如今，當戰火漫延至關內時，「專打頭目」的作戰原則再次派上用場，這支關外的虎狼之師用箭射傷了李自成、劉宗敏，並射死了張獻忠。必須指出的是，清軍在每一次大規模的戰事中都儘量保持兵力上的優勢，這是其在戰場上獲勝的根本保證。

值得注意的是，李自成與張獻忠均在偵察敵情時意外死亡，這可能表明在義軍之中，高級軍官親自出馬搜集情報是常態。與此相似的是，清軍的高級軍官（諸貝勒或大臣等）也經常帶著部分精銳士卒潛入敵境打探敵情，甚至會伺機發動突襲，抓獲活口，藉此瞭解對方防線的虛實以及熟悉戰區的地形路徑，因此得以在實踐中積累豐富的戰鬥經驗，培養出異乎尋常的臨陣判斷與執行能力。反觀明軍雖然也會派遣斥候遠哨，但為首者多數是低級別的軍官，高級軍官極少參與。這是明軍將帥的指揮能力與對手相比存在較大距離的原因之一。正所謂「兵熊熊一個，將熊熊一窩」，難怪在明軍、義軍與清軍的三股勢力之中，明軍的戰鬥力是最差的了。

第三章
席捲江南

南方絕大部分地區仍受明朝勢力的管轄，其政治中心在歷史上素有「六朝古都」之稱的南京。當北京失守，明思宗死亡的消息傳來後，南京的文武官員為擁立新君展開了勾心鬥角的鬥爭。由於明思宗的三個兒子下落不明，故因戰亂而避禍在南方的潞王、周王、魯王、福王、桂王、惠王等明朝藩王紛紛捲入其中。

古話云：「國家不可一日無主。」如果按照封建倫序與血統的遠近，處於淮安的福王朱由崧本應是南京文武官員們優先考慮的對象，可是官僚內部的黨爭沒有因北京失陷而消失，而排斥異己的風氣在南方越演越烈，使朱由崧即位之事一波三折。

以「清流」自居的東林黨——復社勢力一向被時人視之為官紳地主階級之中的菁英，並把持著朝野輿論。東林黨之名起源於無錫的東林書院，這是明萬曆年間吏部員外郎顧憲成因官場失意而回鄉講學的處所，他在學術上拒絕離經叛道，推崇程朱理學，並與當時政見相似者依附在一起，「諷議朝政」，評論官吏，逐漸形成了一個以江南士大夫為主的政治集團，他們當中既有朝臣，也有在野的士紳，均以君子自居，號稱「君子亦有黨」，積極提倡「開放言路」，反對宦官干政以及譴責礦監稅使等主張，

▲繁榮的南京地區。

極力排斥政見不同者。繼東林黨而起的是成立於崇禎年間的以「興復古學」為宗旨的復社，這個組織是由文章學術享譽天下的太倉人張溥聯合民間一些觀點相似的志同道合者成立的，一向以「尊遺經，砭俗學」為自我標榜，其成員也熱衷於政治活動，在文化界有很大的影響力。史籍記載，連「在朝宰輔」，亦「畏忌社中之人」，惟恐因一時疏忽被這些人抓住把柄而受到輿論的抨擊。由於復社的政治主張與東林黨差不多，故又有「嗣東林」之稱。到後來，復社與東林黨實際已結合在一起。明朝滅亡時，顧憲成、張溥等人已一一死去，在籍禮部侍郎錢謙益被認為是東林黨——復社勢力的魁首。

東林黨早在萬曆、天啟年間就與福王朱由崧的父親、祖母圍繞著儲君等問題發生過激烈的衝突，如今自然強烈反對朱由崧即位，以防對方舊事重提，秋後算帳。錢謙益不辭辛苦，從居住地常熟奔往南京，到處秘密聯絡官場上的志趣相同之人，準備另立他人，為此獲得了南京兵部侍郎呂大器、南京戶部尚書高弘圖、右都禦史張慎言、詹事府詹事姜曰廣等人支持。張慎言、呂大器、姜曰廣等人公開宣稱朱由崧作為明神宗的孫子，雖然按照「倫序」當立為君主，然而卻有「貪、淫、酗酒、不孝、虐下、不讀書、干預有司（泛指官吏）」等七個缺點，故不可立。相反，神宗之侄朱常淓素來「賢明」，可以取而代之。他們將上述意見寫在牒文中，移交給南京兵部尚書史可法，力圖爭取這個首席大臣的支持。

史可法的老師是東林黨的重要成員左光斗，因而在政治觀點上傾向於東林黨，但他又知道放棄朱由崧不符合封建禮法，故一時拿不定主意，轉而前往浦口和掌握江北防務大權的鳳陽總督馬士英商量，兩人議定採取折衷方案，擁立遠在廣西的桂王朱常瀛（明神宗的兒子），以解決這場風波。不料，守備鳳陽太監盧九德繞過馬士英，直接和馬士英轄下的高傑、黃得功、劉良佐等總兵串通一氣，突然宣佈擁立朱由崧即位（盧九德曾經服侍過朱由崧的父親，他所做的事被認為是朱由崧在背後指使）。形

勢發展至此，為了避免被部屬架空的馬士英見風使舵，表態擁護朱由崧，隨即與高傑、黃得功、劉澤清、劉良佐等人一起發兵迎接朱由崧，欲到南京登基。馬士英還煞有介事地發文聲稱：「由於南京有人對擁立新君『尚持異議』，故臣『勒兵五萬』，駐紮長江沿岸，以『備非常，志危險』。」從而正式與史可法劃清界線。有苦難言的史可法只得接受既成事實。而東林黨人雖然在政壇威望素著，可他們沒有掌握兵權，也不敢再表示反對了。

朱由崧進入南京，於一六四四年（明崇禎十七年，清順治元年）五月初三日出任監國，至此，繼統紛爭總算暫告一段落。其後，朝中職位重新安排，其中，史可法為禮部尚書兼東閣大學士，仍掌兵部之事，而首席大臣的身份也沒有改變。馬士英得以入閣為大學士，並加兵部尚書、右副都禦史之銜，仍任鳳陽總督。可是，希望入朝行宰相之事的馬士英對新職位不滿意，他自恃擁立有功，想取代史可法在京城中的地位。史可法由於曾經反對朱由崧繼位，也自感尷尬，遂請求到京城之外督師。而在同月十五日正式即帝位的朱由崧批准史可法以太子太保、兵部尚書、武英殿大學士之銜出鎮江北的淮、揚之地，與此同時，馬士英如願以償地得以入朝主政，兼顧兵部。就這樣，史可法在擁立新君的問題上失去先機，實際上等於被排斥出了核心決策層之外。

史稱這個偏安一隅的朝廷為「南明」，朱由崧稱帝後以次年為弘光元年。擁立新君有功的四位武將剎那間變得大紅大紫。

四將之中，管轄人數最多的是陝西米脂人高傑，全盛時期號稱有兵「三十萬」，真正能打的只有數萬人。此人本是李自成部下，諢號「翻山鷂」，後來投降明朝，先後受總兵賀人龍與總督孫傳庭等人的指揮，多次參與對義軍的追剿。當李自成發展壯大進佔陝西之時，他取道晉中南逃。北京失守之後，他

經山東來到江北徐州，接受鳳陽總督馬士英的指揮，因機緣巧合擁立朱由崧有功，被封為興平伯。

遼東開原人黃得功本姓王，他從軍後認一位姓黃的總兵為義父，故改姓為黃。由於作戰勇敢，獲得了「黃闖子」的諢號，並在崇禎年間因在關內鎮壓義軍有功而升為總兵。明亡前夕，其鎮所在廬州，明亡後歸於馬士英的麾下，也成為擁護新君的元勳之一，如今受封為靖南伯。

山東曹縣人劉澤清本是州中的「捕盜弓手」，其後改為從軍，逐漸官至總兵。北京失守前夕，他拒絕了明思宗頒佈的勤王之令，率部從山東臨清南逃淮安，對時局採取觀望的態度。他平時附庸風雅，結交文士，最初迎合東林黨人擁立潞王朱常淓，不久察覺到朱常淓勢孤力弱，遂轉而改變立場，擁立朱由崧，受封為東平伯。

北直隸人劉良佐，諢號「花馬劉」，也是一位因鎮壓義軍而功升總兵的將領。明亡後，他率部從河南撤往江北壽州一帶，沿途姦淫擄掠，民憤極大。由於能夠及時與太監盧九德取得聯繫，劉良佐得以從寄人籬下的敗將而搖身一變成為「定策」元勳，受封為廣昌伯。

這四人擁立新君有功之後，重新劃定駐地。劉澤清的轄區淮安、揚州，駐於淮安。高傑的轄區為徐州、泗州，計劃駐於泗水。劉良佐的轄區是鳳陽、壽州，駐於壽州。黃得功的轄區滁州、和州，駐於真州。這些駐地並非固定，而是會根據形勢的變化而調整。這四人的轄區統稱江北四鎮，為京城藩籬。

此外，鎮守武昌的是掛平賊將軍印的左良玉集團（簡稱「楚鎮」或「左鎮」），鎮守福建的是南安伯鄭芝龍，鎮守九江的是靖虜伯鄭鴻逵，可說是將帥如雲。

在這批將領之中，絕對不容忽視的是「世鎮武昌」的左良玉。左良玉在過去的歲月裡縱橫馳騁於各大戰場，不斷同各路義軍進行殊死搏鬥，具有豐富的實戰經驗。他的部隊一度被視為是明末明軍三

大主力之一。這支部隊雖然在一六四二年（明崇禎十五年，清崇德七年）的朱仙鎮之戰中被李自成重創，但在南撤途中透過招降納叛以及在襄陽等地強拉民夫等手段，人數逐漸得到恢復，當全軍於次年沿江而下時，已有三十五萬之眾。到了明朝滅亡的這一年，根據《明史》的記載，以武昌為根據地擁兵觀望的左良玉，其轄下人數達到了新的高峰，竟然增至「八十萬」，號稱「百萬」。類似的數目顯然有所誇大，故有人認為左良玉集團的真實人數為二十萬。雖然這個軍事集團自從朱仙鎮之戰後，其精銳已損失殆盡，而新補充的人員以烏合之眾居多，實力已大不如前，但仍不容忽視。朱由崧一上臺即封左良玉為侯，而以長江「上流之事專委之」。此時左良玉也有所表現，乘李自成在山海關大戰中失敗之機指揮部隊向北進行試探性的進軍，恢復了荊州、德安、承天等地，故被南都倚為遮罩。

弘光政權表面上兵多將廣，如果把左良玉集團、江北四鎮與江浙、福建、兩廣、雲貴等地的駐軍人數相加，達到「百萬」以上也不足為奇，在總兵力上超過大順軍、大西軍與入關的清軍。

然而，弘光政權卻養不了這麼多兵。儘管南方的經濟比北方發達，而且隨著明朝的滅亡，南方也不必再透過運河輸送大量物資供養聚居在北京的達官貴人以及鎮守在北部邊境線上的無數駐防軍人，可是，這個政權的財政仍然嚴重超支，故此，只能給一部分軍人發餉。具體的措施是給各部隊進行編制，只有入了編制的將士才能吃「皇糧」。例如有眾「八十萬」，號稱「百萬」的左良玉集團，朝廷只承認其兵額為五萬，只按這個數目發餉。至於江北四鎮，朝廷也只承認每一鎮的兵額為三萬，超額的由各部隊自行解決後勤供應問題。就連中樞機構的所在地南京，其駐防部隊也有編制，並按照舊制設五軍、神樞與神機三大營（後來又增加勇衛營），兵額的數目共約六萬（領軍的是太監盧九德與出任總督的忻城伯趙之龍）。而扼守在長江南北，由各督撫與鄭鴻逵等武將管轄的水陸部隊，亦設有八

鎮，兵額約為十二萬。總計上述的十三鎮與京營，有編制的兵額已達三十五萬，每年需要的軍餉為七百餘萬兩銀子，已經超過了國庫的收入（六百萬銀子）。為了填補財政赤字，只能用加徵等手段搜刮民財了。除此之外，江浙、福建、兩廣、雲貴等地的駐軍，朝廷恐怕愛莫能助，只好心照不宣地讓一些部隊自籌糧餉。俗話說：「受人錢財，替人消災。」在募兵制度盛行的南明，那些拿不到安家費的軍人會不會誠心誠意地服從朝廷的指揮，只有天知道了。

過去，明朝為了防止武將擁兵自重，主要採取三個辦法：其一是「以文馭武」，讓文官以督師、總督、巡撫等軍務頭銜統率各級武將，並控制著「人事」、「財政」與「軍法從事」之權；其二是分散武將的兵力，讓總兵、副將（又稱「副總兵」）、參將、遊擊、守備、指揮等各級武將互相牽制，他們雖然有地位高低的分別，卻無權力截然高下之制，每個人真正能掌握的只有自己的直屬部隊（通常以「營」為單位，人數有的過千、有的過萬，沒有額定的標準）；其三是扣壓將士的家眷做人質，例如洪承疇在未叛明降清之前曾經出任薊遼總督，他於一六三九年（明崇禎十二年，清崇德四年）以種種理由命令寧遠、錦州的守軍要將所有的親眷與家產遷移到位於寧遠後面的中後所與前屯所，實際等於把寧、錦兩地守軍的親屬當作人質，並控制他們的家產，以防反側（就連出任關外前線部隊高級將領的祖大壽與吳三桂，也曾經將一些家眷送回北京這個大後方，相當於人質）。將領一旦在前線叛變，那麼後方的家眷就有可能受到懲罰。比如明將佟養正在清太祖努爾哈赤攻打撫順時選擇了投降，結果致使遼東素有聲望的佟氏家族遭到明朝的迫害，一部分人被殺於遼陽，一部分人被押送入關內淪為囚犯。

可惜時過境遷，這些辦法如今在南明都基本上行不通了。左良玉集團與江北四鎮其實形同軍閥。首先，總督江西、湖廣、應天、安慶軍務的袁繼咸與湖廣巡撫何騰蛟這兩名文官統帥已經控制不了世

鎮武昌的左良玉。而在江北督師的文官史可法，也難以指揮江北四鎮的高傑、黃得功、劉澤清與劉良佐等武將。因為左良玉與四鎮諸將在長期流動，轉戰南北的過程中經歷過無數次的血戰，他們為了及時補充戰鬥損耗，全都習慣了不經請示就招兵買馬，並且控制著部屬的升遷貶降與黜陟賞罰，成功壟斷了「人事」與「軍法從事」之權，讓文官不能像過去那樣隨心所欲地干預軍中的事務。其次，軍閥們在戰亂中大肆擴軍，無論哪一支部隊的人數都超過朝廷承認的兵額，這意味著，過去防止武將擁兵自重的某些措施已經陸續失效。

朝廷雖然迫於形勢不得不默認軍閥們擅自擴軍的行為，但卻不願意為此支付額外的軍餉。這樣一來，軍閥部隊為了填飽肚子就為所欲為，紛紛以「打糧」為名「搶掠民間」，使得烏煙瘴氣，嚴重擾亂地方秩序。《明季北略》記載左良玉指揮動輒號稱「數十萬」的隊伍時卻「軍法頗寬」，軍中士卒凡是在地方上搶掠「子女金帛」，俱不追究。只是告誡：「『汝只為我殺賊』，就行了。」劉良佐率部轉戰時一旦糧餉不繼，就縱兵搶掠，他的部屬在明朝滅亡後南下南直隸，「沿途淫劫」無惡不作，甚至悍然出兵攻打仍由明朝殘餘勢力控制的臨淮，企圖據為己有，這支軍隊違法亂紀到了如此地步，事後也沒有得到任何追究。類似的例子比比皆是，而軍閥部隊使用種種自行籌餉的方式，等於獲得了一部分「財政」權。最後要指出的是，一些軍閥由於沒有什麼家眷被南明朝廷扣為人質，故如脫韁之馬，更難駕馭。比如左良玉，根據《國榷》與《明史》諸書的記載，他的家眷在一六三八年（明崇禎十一年，清崇德三年）正月的許州兵變中幾乎盡數罹難，而他的母親及妻子也在一六四二年（明崇禎十五年，清崇德七年）朱仙鎮決戰後被李自成所俘。而江北四鎮很多將領的原籍在遼東、北直隸、陝西與山東等淪陷地區，南明對這些地區的百姓早已鞭長莫及。

匆忙成立的弘光朝廷很難扣壓將領的家眷，但不意味著軍隊裡面沒有隨軍家眷。一些將領有意鼓勵部屬成家立室，甚至默許手下搶奪良家婦女為妻，因為這些隨軍家眷可以拴住士卒的心，從而達到防止出現逃兵的目的。著名文人馮夢龍在《甲申紀事》中提到這類部隊時稱：「一兵家屬多至十餘人。」可算是非常真實的寫照。此外，左良玉集團之類的隊伍收編了大量的「流寇」（高傑所部乾脆就是接受招安的「流寇」），而「流寇」是由飢民、飢軍轉化而來的，攜家帶口四處流動成為了常態。當然，這些顛沛流離的軍人在過去的日子裡沒有什麼機會將家眷固定地安置在某一地點，留給朝廷做人質，難免常常處於失控狀態。

可是，某些軍隊有時不願意攜老扶幼上陣，因而在接到朝廷的「徵調」之令時，又有「安插家小」的說法，也就是先要選擇一塊妥善的地方將婦孺老弱安頓好，以確保無後顧之憂。為此，他們又常常會在家屬駐地的問題上「揀擇瘠肥」，與朝廷討價還價，以致「遷延月日」，遲遲未能執行軍事任務。例如高傑所部長期以來帶著家屬轉戰四方，沒有自己的地盤，直到來到南方才得以在朝廷指定的轄區內安身。他準備先把部隊家眷安置於揚州城內，再統兵北上，誰知竟然因軍紀敗壞而被揚州地方軍民拒於城外，使得雙方差點發生內訌。史可法親自前來調解，最後議定讓高傑所部的家眷改駐於揚州附近的瓜洲，解決了這一難題。如果史可法能夠說服揚州地方軍民讓高傑的隨軍家屬入城，那麼自己坐鎮揚州時就等於控制了一大批人質，不怕出征在外的高傑所部不聽號令。可惜，史可法似乎沒有考慮到這一點，反而擔心四鎮「垂涎」揚州等富裕之地，只允許將領們在「有警時」才能「安頓家眷」，同時又讓他們彼此劃定駐地，以免「獨踞」。正如《南渡錄》中所指出的：「謂之『有警』，則『無警』不得駐耳。」這樣做使得四鎮一些將領更加不滿，與朝廷更加離心離德。

總之，南明缺乏控制軍閥部隊的妥善方法。更由於史可法、馬士英等重臣在選擇新君的問題上舉止失措，結果讓武將們有機可乘，變得更加驕橫跋扈。

為了報答四鎮諸將的擁立，朱由崧給了軍閥們極大的權力，允許他們管轄防區內的一切軍民事宜，節制州、縣官員以及指揮地方部隊，批准他們可以在境內開展「招商收稅」等經濟活動，「以供軍前買馬、製器之用」，甚至連歲供糧餉，也可以「自行徵取」。假若上述承諾一一得到落實，江北四鎮簡直成了獨立王國。不過，軍閥們在現實中照朱由崧的指示去辦又遇到了不少阻力，例如揚州軍民敢於將高傑所部拒之於外就說明了這一點。況且，朱由崧也不想讓四鎮變得「尾大不掉」起來，他明令四鎮首領「所轄各將，聽督師薦舉題用」，以便讓史可法掌握人事權。可是，軍閥們根本不把文官放在眼內，不但不肯受節制，而且反過來干預朝政。根據《南渡錄》、《三垣筆記》、《過江七事》等史籍的記載，劉澤清向朱由崧「進言」道：「中興所倚，全在政府，舊用大帥，自應群臣公推，今用宰相，亦須大帥參同。」劉澤清的意思是，既然按照過去的規定，任用武將要先經文官集團的推選，那麼當時任用宰相，也須徵求武將的意見。

▲史可法之像。

當然，南明從沒有設立過宰相之職，劉澤清所說的宰相，可能是泛指內閣大學士。那時出任內閣大學士正是史可法、馬士英等人。朱由崧肯定不可能在朝廷重臣任用的問題上徵求武夫的意見，這段史實除了說明劉澤清的狂妄自大之外，還揭示武將不甘屈居於文臣之下的

心理。劉澤清毫不諱言自己的想法，又說：「祖宗天下，為白面書生壞盡。」應該將這些人「束之高閣」，並提議停止為選拔文士而舉行的考試。朱由崧只好含糊其辭地回覆：「這不關卿的事，而今當務之急是防止敵人渡河南下。」黃得功也看不起朝中的文臣，如果有誰膽敢逆他的意，他就上奏朱由崧，要「乞付」此人，於「軍前正法」。朱由崧在很多時候對軍閥們的過分要求採取敷衍的態度，有時又不得不安撫一下，例如這位昏庸的皇帝同意武將獲得「參糾之權」，「令四鎮得糾有司」，這是應劉良佐的請求而實行的新規定。但實際上，武將們批評文官的疏文在朝中照舊常常遭到忽視。朱由崧對四鎮虛與委蛇，四鎮諸將也睚眥必報。例如，史可法曾經在與高傑談話時引用「聖旨」，高傑覺得不順耳，就不耐煩地頂撞：「旨、旨，何旨也！」黃得功有一次對皇帝詔書中的意見有不同的看法，竟公開揚言：「吾不知何詔也。」這一切的根子都在於當今皇帝既然是靠四鎮用武力扶上臺的，四鎮諸將遂自恃居功至偉，變得不可一世了。

擁立新君有功的四鎮諸將讓文官們頭痛不已，而沒有參與擁立的左良玉也不好相處。當初朱由崧剛入京出任監國時，大學士姜曰廣就憂心忡忡地對還是鳳陽總督的馬士英指出位於長江上游的左良玉沒有參與勸進，「禍必始此」。並認為左良玉視四鎮的一些將領為「毛賊」，豈容其以「定策」元勳的身份後來居上，馬士英對此默然以對。果然在不久之後差點出了問題，人在武昌的左良玉竟然拒絕接受朱由崧正式登基時的頒詔。《明史》記載總督江西、湖廣、應天、安慶軍務的袁繼咸急忙寫信以「按倫序當立」為由替新君辯護。湖廣巡撫何騰蛟也認為：「『社稷安危，繫此一舉』，倘若左良玉不奉詔，『吾以死殉之』。」並親自來到左良玉住所，準備加以勸說。所幸的是，左良玉經過思慮後改變了想法，終於接詔，承認了朱由崧登基的事實。一場風波表面上暫時平息，但隱憂仍然存在。正如復社成員吳

偉業所描述的，四鎮憑著「定策」元勳這個特殊的身份所帶來的權力，頻繁「參預國事」，而左良玉則被冷落在一旁，無可置喙。這種巨大的反差可能會讓左良玉心理不平衡，難保不會做出過激的事來。

由此可知，無論是自居「定策」元勳的四鎮，還是未能參與擁立新君的左良玉，弘光政權都駕馭不了，只能聽之任之。表面上，南明兵多將廣，可是佈置在長江沿線的能戰之師都不聽使喚，令偏安於一隅的朝廷徒呼奈何。

南明弘光朝廷成立之初，可算治國之才濟濟一堂，招攬了不少名震一時的東林黨人，例如高宏圖為東閣大學士、張慎言為吏部尚書、周堪賡為戶部尚書、姜曰廣為東閣大學士兼禮部左侍郎、徐石麟為吏部尚書、呂大器為吏部左侍郎、劉宗周為督察院左都禦史、黃道周為東閣大學士兼禮部尚書。就連積極反對朱由崧登基的「東林魁首」錢謙益也得以升任禮部尚書。沒有跡象表明朱由崧像東林黨人所擔心的那樣私心自用，這位新君顯然不想重提舊事，並公開說：「潞王乃朕叔父，賢明當立。」以此阻止馬士英等人企圖利用這個問題秋後算帳，打擊不同政見者。可是，朝廷內部各個利益集團始終未能平息明爭暗鬥，馬士英將史可法排斥到江北後，逐漸把持大權，他不顧部分東林黨人的激烈反對，堅持要起用阮大鋮，引發了政壇上的另一次震盪。因為阮大鋮在天啟年間依附過東林黨的死對頭——司禮秉筆太監魏忠賢。魏忠賢倒臺後，他被視為是閹黨的一分子，離開了官場，被打入另冊。如今，馬士英頂著輿論壓力讓阮大鋮到兵部任職，目的是為了報答阮大鋮過去的薦舉之恩，然而，東林黨卻擔心阮大鋮的東山再起會帶來不測的後果，甚至有可能會令魏忠賢的閹黨得到平反，故群起而攻之，但一時難償所願。

自從擁立潞王的圖謀失敗後，東林黨人大都成了政治上的失意者，不能改變朝政大權被馬士英與

四鎮諸將操縱的事實，因而執著於「門戶之見」接二連三地辭朝而去。弘光政權成立僅僅五個月的時間裡，先後罷職的有張慎言、姜曰廣、劉宗周、呂大器、徐石麟、高宏圖等人。朱由崧察覺到這麼多東林黨人連袂而去，於朝權不利，並曾經以「國家多故，依賴良深」為由挽留高宏圖，可沒有成功。高宏圖在任時，朱由崧猶時常親自處理政事，高宏圖離開後，這位新君變得消沉起來，將事情通通推給了成為首輔的馬士英，口稱：「天下事，有老馬在。」自己深居禁宮，縱情聲色。

馬士英、阮大鋮同勳貴劉孔昭等人勾結內閹，左右朝政，肆無忌憚地將同黨安插在朝中的各個要津職位，出現了賄賂公行，賣官鬻爵的事，鬧得烏煙瘴氣。而清流益加不滿，對此加以攻訐。朝中拉幫結派、黨同伐異的現象越來越嚴重，一些人表面上水火不容，但有時出現政治需要又會攜手合作，例如馬士英聯合部分注重氣節的東林黨人主張對那些在北京陷落之後南下的官員進行審查，打算懲辦曾經投降過大順政權的臣子，這樣做既不利於團結，也不能吸引人才共度時艱，是政治上的失算之舉。

在此期間，發生了一系列光怪陸離之事。其一是一六四四年（明崇禎十七年，清順治元年）十二月，有位法號大悲的和尚在南京之內冒充明朝親王，並揚言「潞王恩施百姓」，該即「正位」，後被朝廷查明處死。其二是一六四四年（明崇禎十七年，清順治元年）十二月，一個從北方南下的少年自稱是「皇太子」，朱由崧派群臣調查，證實是假冒。然而部分對朱由崧上臺不滿的人卻乘機推波助瀾，意圖藉

燕飛自像

▲阮大鋮擅長寫戲曲，上圖為其所著的《燕子箋》插畫。

此達到更換皇帝的目的。其三是一六四五年（清順治二年，南明弘光元年）三月，有位姓「童」的婦人從河南來到南京，聲稱是朱由崧未登基之前的妃子。朱由崧視之為「妖婦」，拒絕相認。最後，「童妃」在太監的拷問下死亡。可是仍有居心叵測者散佈流言蜚語，聲稱「童妃」是真，當今皇帝卻並非真正的朱由崧，因為真正的朱由崧早死於戰亂，而當時高踞龍椅的是一位來路不明的人。本來，冒認皇親國戚的事歷朝歷代都有，但鬧得沸沸揚揚的極為罕見，這可能是某些慣於操縱社會輿論的東林黨人在背後暗中興風作浪所致，藉此發洩他們對朱由崧上臺的不滿，試圖削弱弘光政權的公信力，以達到不可告人的目的。

弘光政權在內政上使得一塌糊塗，在抵禦外患方面也乏善可陳。朝中君臣始終沒有做好統一江山的準備，無形中等於接受了偏安一隅的現實。這種軟弱的對外政策與士大夫中激昂的尚武風氣不同。當時無論是東林黨，還是其政敵，都普遍熱衷於談兵論劍。例如東林黨魁首錢謙益回憶明亡之前在京城之內參加科舉考試時，察覺「海內士大夫」多數「自負才略」，而其中好談軍事者，常常集中在自己的住所，大家「清夜置酒，明燈促坐」，無不「扼腕奮臂，談犁庭掃穴之舉」。又如《小腆紀傳》記載被視為閹黨一分子的阮大鋮避居秦淮時，不惜耗費資產結交「遊俠」，並時時「談兵說劍」，而家中「坐客常滿」，他熱切希望自己治理邊疆的才華有被朝廷賞識的一日，從而能大顯身手。為何他們當中的某些人一旦身居要職，卻未能一展平生抱負，變得畏首畏尾起來呢？原因不外乎是朝廷最為倚重的左良玉集團與四鎮，其實都是屢受挫折的殘兵敗將，而文人又未能真正掌握軍權，只能委曲求全了。

由於實力不足，弘光政權奉行的是「聯虜平寇」之策。滿朝文武最初對吳三桂引清兵入關，驅逐

李自成出北京的事充滿了正面的評價與頌揚的聲音，皆誤以為這員關寧名將是向清朝「借兵破賊」。由於資訊不明，南明君臣並不清楚吳三桂已經降清，竟將其封為薊國公，並宣佈要從海路運十萬石漕米與五萬兩銀進行接濟。馬士英、史可法、阮大鋮等人一廂情願地策劃著如何揮師北上，協同吳三桂圍剿李自成，還有人擔心若不抓緊時機做出一點成績，會被吳三桂「竊笑江左（泛指南明朝廷統治下的江南地區）人物功非功，才非才」。然而，事實是殘酷無情的，隨著大量北方逃難者的到來，到了一六四四年（明崇禎十七年，清順治元年）七、八月前後，南明君臣終於瞭解到吳三桂已「無心故國」，可是一些人仍存幻想，以為吳三桂會念及舊情，暗中幫助南明偏安半壁江山。

為了避免刺激清軍，南明沒有利用大順軍主力西撤的有利時機派兵北上山東、河南東部與京畿以南地區，而是坐視清廷輕易接管上述地區。南明君臣為了落實「聯虜平寇」之策，在同年七月二十一日派遣以兵部右侍郎兼右僉都禦史左懋第、太僕少卿兵部職方司郎中馬紹愉、太子太傅陳洪範為首的使團，攜帶十萬兩白銀、一千兩黃金與一萬匹緞絹，準備報答清朝打敗李自成的恩情。另外還想藉此機會與清朝議和，共同對付義軍，為此不惜「裂土以酬」，打算把部分領土當作酬勞拱手交給清朝，至於具體是割讓山海關以外的土地，還是以關內的河間為界，則需要進一步詳談（吏部考功司主事夏允彝等個別人主張把淮河以北的地區讓給清朝）。如果和議成功，南明弘光皇帝願意將年幼的清帝當作侄子看待，並每年獻出歲幣十萬兩以及正式舉行南北互市（實際和議尚未成功，南明已開始解除對清朝的經濟封鎖，多爾袞在這一年的八月指示戶部可以讓本國人到南京、揚州、濟寧、臨清四處地方進行人參貿易，「滿漢人民，或商或賈，各聽其便」）。

誰知，一廂情願的左懋第、馬紹愉、陳洪范於十月十二日到達北京時碰了一鼻子灰，被清朝視為

偽政權的使者，並受到滿洲貴族「發大兵下江南」的警告與淩辱。使團所有的禮物都被盡數沒收，而所有成員都要被驅逐出境。陳洪範在被清軍押送南返的途中賣國求榮，用秘密寫信的方式向清廷建議拘留忠於南明的左懋第等人，只讓自己一人南返，以方便策反南明諸將。多爾袞得報後如法炮製，馬上傳令把左懋第、馬紹愉重新押回北京，單獨放走了陳洪範。誓死不屈的左懋第於次年六月殉國，馬紹愉降清。而返回江南的陳洪範暗中做了一些策反武將等有利於清朝的間諜活動，後來受到弘光朝廷的懷疑，被勒令回籍。

北使團的受辱對南明君臣造成了極大的震撼，準備與清朝作戰逐漸成為了朝野的共識。可是在具體的戰略方針上又各執一詞，議論不休，有的人認為應該先對付義軍，後對付清軍；有的人認為應該先對付清軍，後對付義軍；還有的人認為應該同時對付義軍與清軍。眾說紛紜。然而，時間已經不容許南明君臣詳細討論，以便形成統一的看法，制定一致的戰略了。

十月二十四日，多爾袞公開聲討南明，檄喻「河南、南京、浙江、江西、湖廣等處」的文武官員與軍民，指責「南方諸臣」有三大罪：一是京城淪陷與明思宗死亡之際，「不遣一兵，不發一矢」，「如鼠藏穴」；二是在京城音訊未明，沒有明思宗「遺詔」的情況下，竟敢「擅立福王」；三是不出兵打擊「流寇」，而諸將只顧「各自擁眾、擾害良民」，又「自生反側，以啟兵端」。因而清朝不承認南明是合法的政權，並予以征討。檄文中稱：「南方各處文武官員、能夠率先投順者，『論功大小各升一級』，『抗命不服者』則處死，而妻兒子女淪為俘虜。至於福王（指弘光帝朱由崧）的親信諸臣，如能『悔悟前非』與『改過歸誠』，亦可將功贖罪。」為此，多鐸奉命為定國大將軍出征江南，配合此前已受命攻打陝西的阿濟格，準備把南北地區的敵人掃清，以儘快統一天下。

南明收到清攝政王「發大兵十萬南下」的情報，前線將領於十月底也報告說贛榆、沭陽、沛縣、邳州、曹州、單縣、開封、歸德，處處皆有清兵。但江北四鎮各行其是，佈防不嚴，史可法鞠躬盡瘁，親自監督王家營至宿遷一帶的要衝之地。不久，清軍先頭部隊已出當時邳州、宿遷附近，與守軍發生衝突。史可法聞訊統兵至白洋河，於十一月十二日驅逐騷擾宿遷的敵兵。

南北戰爭眼看一觸即發，沒料到情況突變，集結在山西平陽與河南西部的李自成所部渡過黃河，向懷慶地區發起了較大規模的反攻，迫使多鐸停止南下的步伐，轉而於十月二十五日西進河南，將要與阿濟格一起夾攻陝西。這意味著，臨時改變進軍方向的多鐸所部，其側後方完全暴露，假若江北明軍能乘虛沿運河前進，直取河南東部、山東或河北，會讓集結於河南以西的清軍陷入首尾難顧的困境。可惜，南明君臣沒有抓住稍縱即逝的戰機而全力北進，他們又再延遲觀望，一直等到多鐸所部與李自成的潼關決戰已近尾聲，才在一六四五年（清順治二年，南明弘光元年）初出動部分人馬試圖向黃河流域推進。正月初十，高傑奉史可法之命率部進至睢州，目的是經河南東部再殺向滎陽、洛陽。高傑給駐守黃河北部的清將豪格寫了一封信，說這次出師的目的是與清軍會師「剿闖」，「分道入秦（指陝西）」，但無論其真實目的如何，這次

攝政王令旨諭諸王及大臣知悉
蒙
天眷祐撫有中原際此景運爾等宜各盡厥
職務克清忠自有份内富貴倘不以此存
心惟圖目前之利或貪溺財貨明干法紀
或暗受賄賂徇情棄法者論功之日縱有
厥功亦不叙録是止為一時之利而不為
子孫久遠計矣特諭
順治元年伍月　日

▲多爾袞令旨。

軍事行動必定不會受到清朝的歡迎，因為此舉無疑會威脅到正在潼關作戰的多鐸所部的側後方。豪格給高傑的回信中巧妙地回答：「如果『高大將軍』能夠『棄暗投明』前來『投誠』，可以過河會面，否則的話，就請高傑派使者過河，我將令人引至北京，上奏『皇上』，以商談會師『剿闖』之類的軍國大事。」據此，豪格在回信中實際已經拒絕了高傑過河的請求。但高傑的兩萬部屬已箭在弦上，過河只是頃刻之間的事。豪格所部兵力有限，能否攔截還是未知之數。

在這個千鈞一髮的緊要關頭，高傑突然被仇人暗殺了。原來，鎮守睢州的南明河南總兵許定國與高傑有血海深仇，《織言》記載了兩人之間塵封的往事。當初高傑未被朝廷招安時，曾劫掠許定國所住的村子，殺死了不少人，而許定國僅以身免。沒想到山水有相逢，兩人在很多年後竟然同朝做官。殺人如麻的高傑似乎忘記了曾經屠戮許定國的家鄉，而許定國亦秘而不宣這段不堪回首的往事，假裝與高傑和好，騙取了高傑的信任。當時，高傑來到許定國的防區，竟然毫無戒心地接受許定國的宴請，只帶少數侍衛進入了睢州城，結果如甕中之鱉慘死於內，事後，許定國剖高傑之腹以祭祖先。許定國此舉除了報私仇之外，也是向清朝效忠之舉，他早已暗中降清，並把自己的一個兒子送到豪格的營中，作為人質。他害怕自己的失節行為被高傑知道後會有不測之禍，遂設計將其殺死，成事之後馬上率部過河投奔豪格。高傑之死使南明的北進行動受到了重大挫折，高傑的部下為了報復，屠戮了睢州，波及周圍近二百里地方。史可法得知噩耗，不禁流涕頓足而嘆息，遂中止了渡河的計劃，退保揚州。南明以高傑的外甥李本深為提督，統率高傑之兵，又以胡茂順為督師中軍，李成棟為徐州總兵，各守汛地，擺出了防禦的姿態。

多鐸所部終於爭取到足夠的時間在潼關擊退李自成，順利佔領了西安，其後，這路清軍得以騰出

手來，重新執行向江南進軍的原定計劃，並於二月十四日離開西安，向河南出發。南明君臣即將要嘗到在戰略上瞻前顧後、躊躇不前的惡果，獨自承受清軍狂風暴雨般的打擊。

來勢洶洶的清軍於三月初七兵分三路。一路由多鐸、孔有德、耿仲明統率，出虎牢關；一路由固山額真拜尹圖等人統率，出龍門關；一路由兵部尚書韓岱、梅勒章京伊爾德、侍郎尼堪等人統率，與外藩蒙古軍一起開向南陽。三路軍在歸德會合，「所過州縣，盡皆投順」。在多鐸重返河南期間，招降了不少人馬，其中包括李自成任命鎮守河南的平南伯劉忠與副將李好獻、劉芳興等。值得一提的是南明巡按禦史淩炯，此人深受「聯虜平寇」政策的影響，一度在清朝與南明之間搖擺不定，在接受清廷命令的同時又不斷發疏給弘光朝廷，報告軍情。當清軍大規模南下時，他幡然醒悟，決心盡忠於故國，竟單騎進入清軍大營上書多鐸，要求清軍「不必進窺」江南，規勸無效後，他拒絕多鐸的勸降，自盡而死。在此期間，進駐山東的饒餘郡王阿巴泰令固山額真准塔率領部分人馬南下，於三月二十五日攻克徐州，迫使南明總兵李成棟棄城而逃。而駐於壽陽的廣昌伯劉良佐也逃往上新。這樣一來，准塔所部便在南明徐淮防線的西北部分撕開了一個口子，與多鐸所部起到了互相呼應的作用。

南明的江北防線正處於朝不慮夕的狀態。誰知在此危急存亡之秋，上游又發生了左良玉興兵作亂的事，使弘光朝廷左支右絀，難以應付。左良玉為何選擇此時從背後給弘光朝廷致命的一刀呢？原因主要有以下幾個：

一、左良玉與東林黨淵源較深，他過去得到曾任昌平總督的侯恂（東林黨人）的提拔，才能夠在軍中青雲直上，因而一直懷有感恩之心。如今侯恂雖死，但其子侯方域作為復社的著名人物，一向與馬士英、阮大鋮勢不兩立。或許是受到故人之子的影響，左良玉在某些政治問題上的觀點與東林

黨——復社勢力保持一致，而與馬、阮保持距離。同時，左良玉又能「禮賢士大夫」，與史可法、袁繼咸、黃澍的關係都比較好。因而引起馬、阮的忌恨。故《纖言》等史書有「四鎮依附馬士英，左鎮依附史可法，彼此勢如水火」的說法。復社骨幹之一吳偉業在所作的《鹿樵紀聞》稱：「阮大鋮憂慮東林黨人與左良玉相交過於友善，異日會依仗左良玉為難自己，便以『防西』為名於採石對岸的板子磯築城。左良玉知道後認為阮大鋮此舉是為了『防我』，雙方嫌隙更深。」

二、弘光朝廷常常「以鹽代餉」，引起左良玉的不滿，再加上阮大鋮近期裁掉左鎮六萬「額餉」，起到了火上澆油的作用。

三、當時湖廣巡按禦史黃澍受命監左良玉軍，此人不但沒有調解左良玉同弘光朝廷之間的矛盾，反而仗著自己與左良玉的私交甚篤，有恃無恐地在朝廷痛斥馬士英為「奸臣」，並以笏板猛擊其背。事後，黃澍逃入左良玉的軍營之中，受到左良玉兒子左夢庚的庇護。朝廷派遣緹騎入左良玉營中準備逮捕黃澍押回刑部審問，竟被左夢庚仗劍斬於將台之下。得寸進尺的黃澍為報私仇，極力鼓動左良玉及其轄下諸將東下南京，「以圖大事」。正如明末清初史學家張岱所言：「黃澍挾左帥而參士英，挾左帥而殺緹騎，挾左帥而傳檄南都，挾左帥而稱兵向闕。」

四、左良玉在南征北戰中收編了大量慣於搶掠的「降賊」，這批人「素慕南都富麗」，日夜謀反，想到江南大撈一筆。而左良玉治軍「頗寬」，對軍中士卒搶掠「子女金帛」的行為俱不追究，以此攏絡人心。《綏寇紀略》記載黃澍在左夢庚的支援下召集軍中諸將謀劃「清君側」時，左良玉一度沉吟不決，不料手下一員大將拂衣而起，不滿地說：「如果主帥不行動，我們『請自行』。」並表示：「不能再鬱鬱久居於此地。」年老多病的左良玉不能阻止手下，不得已而從之。

五、左良玉贊成舉兵也可能存有私心，他沒有參與擁立朱由崧，因而與定策元勳的身份失之交臂，當時如能借南京假太子的問題興風作浪，以奉太子密諭的名義要率兵東下南京救駕，廢掉朱由崧，改立新君，成功之後，必將取代四鎮諸將，成為新的定策元勳。為此，他讓人寫好書牘，準備貽贈曾經強烈反對朱由崧即位的錢謙益，意圖獲得這位東林黨魁首的支持。

六、大順軍主力離開陝西後，於一六四五年（清順治二年，南明弘光元年）三月取道河南進入湖北襄陽地區，直接對「世鎮武昌」的左良玉造成威脅。左良玉深知李自成這個老對手的厲害，不敢與之硬拼，遂以「清君側，救太子」為藉口東下南京以避開大順軍的鋒芒。

各種矛盾交相雜糅，促使左良玉於三月二十三日舉兵東下，正式與弘光朝廷決裂。左良玉舉兵的消息後來傳到南京，朱由崧召集君臣詢問守禦之策。《鹿樵紀聞》記載有人認為清兵的威脅比左良玉要大，反對從江北四鎮中抽調人馬堵塞左良玉東下之路。馬士英卻有不同看法，他痛罵東林黨人欲以防禦江北為藉口，「縱左逆（指左良玉）入犯」，聲稱：「清兵來到，猶可議和，如果左良玉得志，會讓東林黨人得益，而『我君臣（指朱由崧與他本人）』只有死路一條。」由此，他揚言寧可死於清兵之手，也不能死於左良玉之手。朱由崧聽後無言以對。

其實，並非所有對政局不滿意的人都樂於見到南明發生內亂，也不是所有東林黨人都支持左良玉起兵。左良玉本想邀何騰蛟（何騰蛟這時已出任總督湖廣、四川、雲南、貴州、廣西軍務一職，仍舊駐於武昌，與左良玉大軍為鄰）一起舉事。何騰蛟不從。左良玉舉火焚城，強行劫持何騰蛟隨軍東下。當沿江而行的舟師來到漢陽時，何騰蛟趁看守不備，跳入江中，漂流二十餘里，方由一漁舟救起，得以大難不死。

總督江西、湖廣、應天、安慶軍務，駐於九江的東林黨人袁繼咸也不贊成左良玉的做法。當左良玉於四月初一到九江邀袁繼咸到舟中相見時，從袖中拿出所謂的太子密諭，要求袁繼咸的支持。袁繼咸正色：「先帝舊德不可忘，今上新恩亦不可負。」並質疑密諭的來歷。左良玉見袁繼咸不附和的態度如此堅決，只得讓他回城。不料，左良玉的部將張國柱等人暗中勾結九江守將郝效忠、張世勳，入城殺掠。袁繼咸準備以死抗爭，企圖自盡，但遭到其他人的阻止，遂出城當面斥責左良玉。此時已患重病的左良玉不能受此刺激，他望著城中的火光，心知是自己軍中那些不服管束的將士所為，大哭道：「我負袁公！」又鑒於與弘光朝廷決裂的行動沒有得到江南士大夫階層有力的回應，不禁憂心如焚，嘔血數升，於當夜死去。

左良玉死後，其子左夢庚秘不發喪，挾持袁繼咸於舟師之中，繼續帶東下，先後攻擊建德、漳澤、安慶、池州等地，兵鋒直逼南京的門戶採石。舉朝皆疑袁繼咸與左良玉同反。

此時，清兵已直逼淮南，江北告急。本來，馬士英過去對江北防線還是比較有信心的，他認為未能徹底消滅「流寇」的清軍存在後顧之憂，難以全力渡江，況且：「赤壁三萬，淝水八千，一戰而安江左，有四鎮在，何用多言！」意思是在三國與東晉時期發生的赤壁、淝水兩次戰事中，江南的軍隊都能以少勝多，擊退來勢洶洶的北方軍隊，如今南明倚仗四鎮，勝算很大。然而，沿著上流而下的左軍打破了馬士英的如意算盤，他寧亡於清，也不肯亡於叛軍，於是急調阮大鋮、朱大黃、劉孔昭等人攔截左軍，並撤江北四鎮之防，令黃得功、劉良佐等將領抽兵沿江西進。就連移軍駐防泗州以護皇陵的史可法也被急召入援南京。至此，江北淮、揚地區兵力變得空虛，守備益弱。

緊急回援的史可法於四月初二渡江，抵達燕子磯時，得知黃得功等將已在採石對岸的板子磯阻止

了左軍東下的勢頭，因而停止向南京進發，又執行朝廷傳來的回防江北的新調令。經過這一番來回折騰，江北的佈防更加混亂，讓清軍逮到機會，長驅直入。

四月初五，清軍從歸德分兵南下，一路如入無人之境，於十三日到達距離泗州二十里之處駐營。多鐸令固山額真阿山攜同蒙古固山額真馬喇希、富喇克塔等部將奪取泗北淮河橋，南明守泗總兵焚橋逃遁。拿下泗州的清軍乘夜渡過淮河，於十八日順利佔領盱眙等地。

重返江北的史可法在四月十一日趕往天長，令諸將救援盱眙，可惜已經來不及了。不久，他得知盱眙降清與增援泗州的侯方岩所部已失敗，無奈之下，只得率部屬緊急撤退，用了一晝夜的時間冒雨奔還揚州，力圖保衛這個江北重鎮。這時，城內謠言四起，散播著許定國軍隊殲滅高傑舊部的消息，大批恐慌的市民不顧守城士卒的阻攔，拼命衝出城來逃亡，致使很多渡口上「舟楫一空」。同時，高傑舊部擾亂瓜洲，又令不少難民湧入揚州，局勢混亂不堪。城內的史可法急發檄令，要求各鎮前來救援，然而應者寥寥。一切都表明，這位督師已經基本指揮不動江北的南明部隊。唯獨總兵劉肇基響應號召，率四千兵從白洋河趕來，在途中經過高郵時，由於過於匆忙，他連入城與妻子一聚的機會都沒有，就急著向揚州方向疾馳。劉肇基曾經在關外服過役，與清軍血戰過多次，深知對手的厲害之處，他敢於率少數兵力深入險地，實已抱著必死的決心，真是「疾風知勁草，板蕩識誠臣」。此外，前來助戰的還有一些地方兵力，總計守城兵力為四萬左右。

四月十七日，清軍的先頭部隊在尚書宗室韓岱，梅勒章京伊爾德，護軍統領阿濟格尼堪、署護軍統領杜爾德等的帶領下來到揚州城北，距城二十里列營，並繳獲百餘艘船。而署護軍統領顧納代、伊爾都齊、費揚古、吳喇禪，梅勒章京阿哈尼堪，署梅勒章京格霸庫等人也率師來到揚州城南，又獲得

二百餘艘船。次日，多鐸率主力兵臨城下，加緊了對揚州的合圍。

揚州之戰即將打響，贏得此戰對清朝有著特別的意義。這一方面是因為揚州乃江北重鎮，是南明江北防線的樞紐。另一方面，也因為守城者是清朝最為看重的史可法。

清朝之所以特別看重史可法，與滿洲貴族統治者始終不承認南明皇帝朱由崧的合法性有關。在多爾袞等人的眼中，控制南方大部分地區的明朝殘餘勢力以史可法為首，因為史可法在明亡前後出任南京兵部尚書，是南方事實上的首席大臣。最明顯的例子是多爾袞於一六四四年（明崇禎十七年，清順治元年）寫的一封代表官方立場的信，這封信只寄給了史可法，完全無視朱由崧等其他人的存在。信的開頭，多爾袞就說自己在瀋陽時即已知道史可法是眾望所歸的人物，接著話鋒一轉，指責朱由崧在「金陵（指南京）」登基的行為不符合《春秋》之義，因為《春秋》這本儒家經典認為國君被殺害後，如果國人沒有懲處弒君之賊就忙於擁立新君，那麼新君是不合法的。以此類推，明思宗被李自成等人逼死，而以史可法為首的南方臣子不急著替君主復仇，卻忙於擁立新君，這種行為顯然也是不合法的。多爾袞又說清朝應吳三桂的請求入關驅逐了李自成，為

▲明末的版畫：《金陵圖詠》。

明朝的南方臣子們報了君國之仇，而清朝入關後進佔北京，也是「得之於闖賊，非取之於明朝」。豈料「南州諸君子」對清軍「代為雪恥」的行為不但沒有「感恩圖報」，反而想「雄據江南」，坐享漁人之利。他斷言這種與清朝分庭抗禮的行為不合情理，一旦實行便是「天有二日」，彼此儼然為敵。為此，他發出了戰爭的警告，揚言將派軍下江南，甚至不排除與「流寇」和好，共同出兵直搗江南的可能。信的最後，多爾袞要史可法這位「領袖名流」勸說朱由崧「削號歸藩」，清朝將予以善待，而史可法等南方官紳投降後也照舊可做大官。

由此可知，清朝不容分說地強加在史可法身上的如山重任，與史可法真實的權力與地位是多麼的不相稱。

史可法於當年七月二十八日收到這封信後，回了一封言辭婉約的信，替朱由崧繼位的合法性進行辯護，指出多爾袞所引用的《春秋》之義只適用於春秋時期的諸侯國，而不可拘泥於完成「大一統」偉業的明朝，他又以歷史上的東漢開國皇帝劉秀、三國時的蜀國君主劉備、東晉的第一位皇帝司馬睿與南宋的第一位皇帝趙構等為例，都說國仇未報之時，先有人繼位是正當的，就連程朱理學的宗師朱熹，在效法《春秋》筆法編著的《通鑑綱目》中也未嘗責斥上述人自立皇位，而全都視之為正統。經過一番引經據典與措辭軟弱的分辯後，史可法肯定了吳三桂放清兵入關的行為，但要求清朝不要藉入關之機發動針對南明的戰爭，否則就是「以義始而以利終，為賊人所竊笑」。不敢得罪清朝的史可法仍希望能夠與對方聯手討「賊」，儘管事後證明這不過是幻想。

不管怎麼說，由史可法出面給多爾袞的回信，無形中符合清朝只承認史可法、不承認朱由崧的一貫政策。南明君臣不可能不清楚這一點，但本身實力過弱，只能委曲求全。

必須說明的是，多爾袞與史可法兩人往來的書信都是由文人代筆。多爾袞之信由投靠清朝的復社成員李雯所草。而替史可法寫信的到底是誰，各種史料說法不一。根據清代中後期滿洲貴族昭槤在《嘯亭續錄》中的說法，史可法的回書由復社成員侯方域所作。平心而論，復社中的文人對舞文弄墨最為在行，難怪南北政權的往來文書都要由這些人潤色。

多爾袞與史可法的往來書信之中，很多問題都是圍繞著南明弘光政權是否合法而展開。清朝最初完全否定弘光政權的合法性，直到乾隆帝對這段歷史進行審視時，才在重申「我朝為明復仇討賊，定鼎中原，合一海宇，為自古得天下最正」的同時，又承認假如福王朱由崧能保住半壁河山，那南明就像南宋一樣是正統之所在，也是正當的合法政權，上述言論記錄入《清高宗實錄》裡面，不過，這已經是百年以後的事了。

此刻，被推上風口浪尖的史可法拒絕投降，即將與清軍決一死戰。劉肇基提議乘清兵初來乍到，出城一戰，但沒有被謹慎的史可法採納。清兵未形成合圍的時候，甘肅鎮總兵李淒鳳與監軍高歧鳳於二十一日率數千人馬入城，意圖劫持史可法獻城投降，但無機可乘，最後竟勾結城內一些將領出門降清。在短短的數天之內，江北大量軍心渙散的明軍陸續選擇了投降，其中，總兵張天祿、張天福所部後來參與了圍攻揚州之戰。

清軍於二十四日正式攻城之前，曾經與明軍發生過一些前哨戰，當紅衣大炮運到戰場並安置妥當後，揚州城牆就在炮彈的轟擊下於二十四日夜間坍崩了。拜尹圖、圖賴、阿山等人指揮部隊蜂擁入城。分守北門的劉肇基發炮擊傷不少撲過來的清軍，並在城破後率四百人繼續巷戰。後來，敵人騎兵越來越多，劉肇基力不能支，頭額被流矢貫穿而死。副將乙邦才、馬應魁以及莊子固等同時陣亡，隨從也

全部戰死。

然而，史可法最終結局的說法卻不只一種，有人認為他自刎身亡，有人認為他死於亂軍之中，甚至還有人認為他未死。雖然眾說紛紜，可大多出自傳言，而屬於當事人記當時事的則比較少。其中，在史可法的義子史德威所撰的《維揚殉節紀略》裡，詳細記載了這位元督師的殉國過程。據稱史可法在城破之時知道大勢已去，企圖持刀自刎，但因被身邊的副將許謹緊緊抱著而未能得逞。為此，「血濺衣袂」史可法叫身在現場的史德威殺死自己。史德威不忍出手。其後，數十名將士擁著史可法向小東門而行，途中與大隊清軍迎頭相碰。許謹等被亂箭射死，而史可法則大呼：「史可法在此！」與史德威同時成為俘虜。接著，俘虜們被押往南門樓上去見清軍統帥多鐸。多鐸對史可法非常客氣，口呼「先生」，並說：「請先生為我收拾江南，當不惜重任。」史可法怒道：「我為天朝重臣，豈可苟且偷生，作萬世罪人哉。我頭可斷，身不可屈，願速死從先帝於地下。」在這番聲色俱厲的呵叱之下，多鐸無奈地回應道：「既為忠臣，當殺之以全其名。」「城亡與亡，我意已決，即劈屍萬段，甘之如飴。」史可法留下了慨慷激昂的遺言，遂殉難於揚州南城樓上。上述記載流傳最廣，並被清朝中期的文學家全祖望寫進了《梅花嶺記》這篇名作中，影響更加深遠。

值得注意的是，曾經在揚州做過史可法幕僚的侯方域著有《四憶堂詩集校箋》，裡面也有揚州戰事的內容，並涉及史可法的結局。書中稱：「城陷，公（指史可法）乘一白騾出，意以南京尚在，欲有所為也。既被執，公不屈死。」按照這個說法，史可法意圖騎著一頭白騾出城，後被俘殺。雖然這與史德威筆下可歌可泣的記述相比平淡得多，但類似的說法在清初王士楨的《池北偶談》之中也有，只是這一次史可法騎的不是白騾，而是驢子（話又說回來，騾與驢有時可以混淆，故這點差別似乎可

以忽略）。該書是這樣記載的：「康熙二十年，寧古塔一位姓安的八旗駐防老將回憶起當年參加圍攻揚州的情形，他提到城破時曾親眼看見有一個戴頭巾、披外套的南明官員騎著驢子主動來到清軍軍營，自稱是史可法。多鐸聞訊親自出見，並讓坐，同時以洪承疇為例勸其投降。對方搖著頭回答：『我此來只辦一死，但慮死不明耳。』多鐸千方百計地勸諭，始終無效，只得將之處死。」據學者考證，姓安的八旗駐防老將實有其人，就是寧古塔梅勒章京（副都統）安諸祜。安諸祜專門將這段往事告訴即將從寧古塔返回北京的詩人吳兆騫，目的是請他轉告在京城史館編書的「諸君」，讓史書「不可屈卻此人」。安諸祜的回憶能夠與《四憶堂詩集校箋》的某些記載互為印證，亦不容忽視。

總之，史可法被清軍所俘，不屈而亡的說法最為可信。清軍佔領揚州後，以城內軍民曾嬰城固守為由，進行了屠戮。時人王秀楚的《揚州十日記》是反映清軍屠城的著作，據記載，從四月二十五日到五月初一，不可勝計的無辜百姓死於屠刀之下，事後統計，遺屍數十萬具。

妄自尊大的四鎮諸將在江北的防禦戰中原形畢露，表現懦弱無能。在此期間，駐於瓜洲的高傑舊部在多鐸所部的壓力下企圖搶奪民船撤回江南，但江南守軍在馬士英的嚴令下用炮火進行阻擊，高傑的兒子高元熙、提督李本深、總兵李成棟等人在走投無路的情況下降清。總兵劉澤清也處境不妙，他派遣部將高祐、馬化豹、張思義等人先後在宿遷、清河、清江浦等處攔截從徐州南下的清將准塔所部，均以失敗告終。其後，柏永馥、范鳴珂等將出降，淮安於五月二十八日失守。而通州、如皋、泰興、鳳陽、廬州諸城隨即紛紛淪陷。兵敗而流亡海上的劉澤清不得不在閏六月二十四日重返淮安，以接受清軍的招撫收場。

勢如破竹的清軍直到長江北岸，與南明鎮海伯鄭鴻逵、鄭彩、總兵黃斌卿等隔江相對。五月初八

日晚，多鐸令拜尹圖、圖賴、阿山率舟師秘密由運河潛渡至南岸，列陣於瓜洲以西十五里處。一天後，梅勒章京李率泰與南明降將張天祿、楊承祖選擇黎明時分揮師強渡，擊敗鄭鴻逵的江防部隊，一舉佔領鎮江。清軍主力隨即過江，經丹陽、句容向南京疾進。

長江防線迅速崩潰的消息傳回來，朱由崧緊急召見馬士英商議對策，馬士英沉默不言，只在桌子上寫一「避」字。無計可施的朱由崧只能聽從，兩人協同太后、皇后等，在部分京營將士的簇擁下於初十日淩晨匆忙向南而逃。

天亮後，南京軍民得知皇帝棄城而走，無不譁然。城內的勳戚、大臣失去堅守的信心，決定獻城投降。十五日，守備南京的忻城伯趙之龍與保國公朱國弼等勳臣攜同內閣大學士王鐸、禮部尚書錢謙益等數十名南方官紳的顯要人物出城，迎接清兵於郊外。多鐸於十七日從通濟門入城，正式控制了南明的首都。

逃離南京後的朱由崧與馬士英本意是共同撤往浙江杭州，可是在途中卻突然各奔東西。朱由崧在馬士英兒子馬鑾的護衛下，帶著部分京營人馬反其道而行之，直奔長江沿岸的太平府。馬士英帶著太后逃往廣德，仍然按原計劃繼續趕往杭州。

根據一些史料的記載，朱由崧同馬士英分開是迷途所致的意外失散，這種看法值得商榷。假若朱由崧真的是暫時迷了路，他不用花多少時間就能查明情況，重新繞道南下趕赴杭州與馬士英會合，完全沒有必要沿著長江而上奔去太平府。根據《聞續筆》的記載，朱由崧前往太平府的原因之一是此地寓居著黃得功的家屬。因而似乎有理由相信，南明第一個皇帝想憑藉黃得功這位「定策功臣」與清軍對抗，而讓馬士英帶著太后等眷屬前往遠離長江前線的杭州暫避，也是頗合情理的事。馬士英後來將

朱由崧的所作所為粉飾為「聖駕親征」，足以耐人尋味。顯而易見的是，與朱由崧分開讓馬士英得到了左右逢源的好處，因為如果朱由崧能在軍閥們的擁戴下奇跡般地取得了一些戰績，自然減輕了馬士英輔政失策以致丟失首都的責任，萬一留在前線的朱由崧有什麼三長兩短，馬士英又可以在後方改立潞王朱常淓，團結東林黨——復社勢力，重拾殘局。不管怎麼樣說，馬士英沒有把朱由崧帶到杭州，總算避免了讓朱由崧與潞王朱常淓同處一城的尷尬，也同時在政壇上避免了因為「一山難容二虎」而引起的更大的紛爭。誰都知道，朱由崧一旦退到遠離前線的杭州，就會失去黃得功等軍閥的庇護，到那時，誰敢擔保東林黨——復社勢力不會勾結類似左良玉的地方軍閥進行「清君側」以及廢黜皇帝，強行扶持素有「賢名」的朱常淓上臺呢？

不過，繼續留在長江前線的朱由崧未能如願以償地進入太平府，這一行風塵僕僕的人馬竟被鎮駐太平的勳臣劉孔昭拒之門外（劉孔昭閉門不納的理由當時已經難以考究，也許是害怕外地軍人入城後會乘機打劫），不得已，只得露宿於郊外。最後，朱由崧繼續沿江而上，於十七日跑到距離太平不遠的蕪湖，乾脆直接來到黃得功的軍營之中。

扼守此地防範上游的黃得功在不久之前挫敗了企圖沿江而下的左良玉舊部，成了弘光政權賴以復興的最大希望。對於南京發生的巨變與朱由崧的突然來臨，事先並不知情的黃得功震驚不已，儘管如此，他還是接納了這位落難的君主，充分展示了與其他鎮將不同的忠誠態度。

與黃得功的情報失靈相反，清軍統帥部的情報非常準確，很快查清了朱由崧向太平府方向逃逸。多鐸派遣多羅貝勒尼堪，護軍統領圖賴，固山額真阿山，固山貝子吞齊、和託率滿蒙大軍進行追擊，並以劉良佐做嚮導。敗退到上新的劉良佐是在清軍進入南京幾天之後投降的，這位曾經擁戴朱由崧上

清滅弘光政權之戰（西元1645年）

比例尺　六百萬分之一

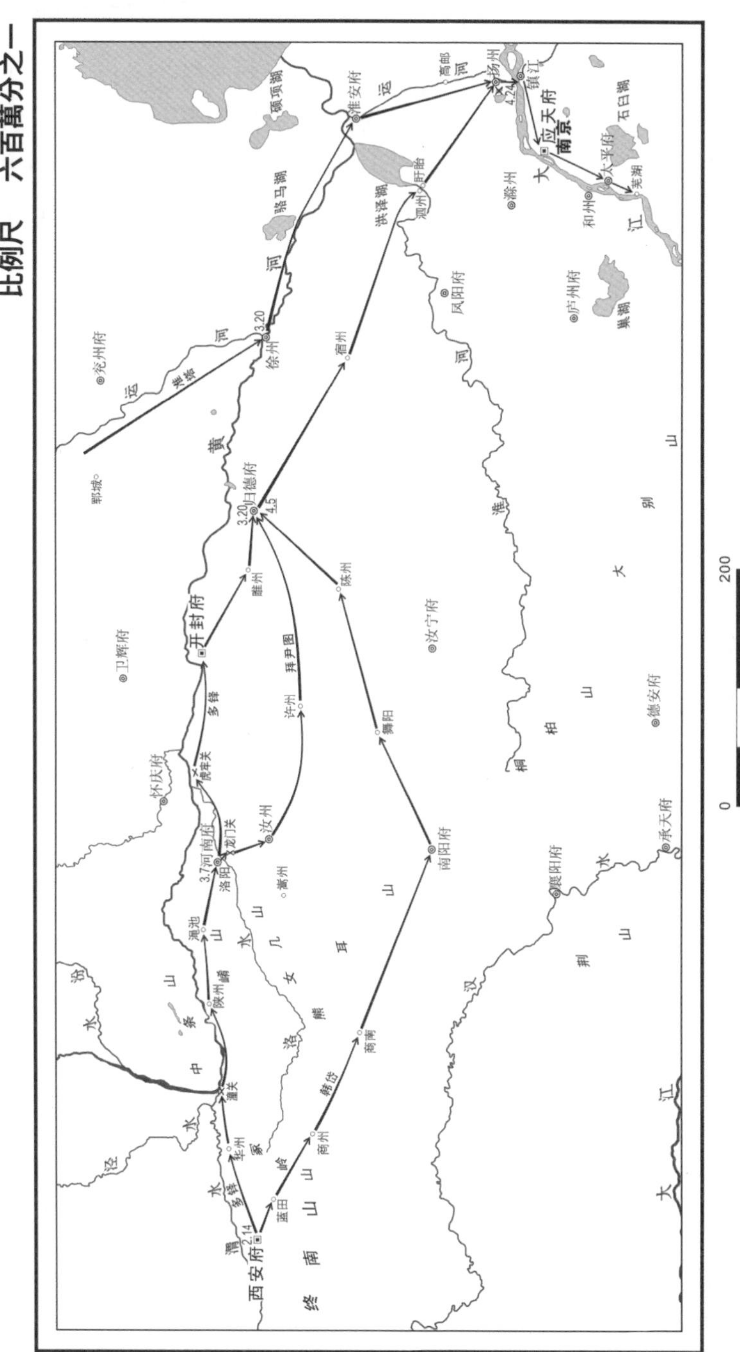

臺的武將當時一反常態，向多鐸保證要「擒弘光贖罪」。清軍大隊人馬來到距離太平府八十里之處，得知朱由崧已經轉移到了蕪湖，遂出動護軍、前鋒兵連夜急趕而去，唯恐貽誤戰機。

朱由崧本來猶抱僥倖心理，意圖憑藉黃得功之力，再召集長江沿岸的潰散部隊反攻。實際這是個不可能完成的任務，當時的形勢對黃得功所部非常不利，左良玉舊部、李自成殘軍與清軍阿濟格所部都先後集結在長江上游附近，而下游又有多鐸所部在虎視眈眈，使得黃得功所部在戰略上處於進退維谷、左右受敵的狀態。由此，這支部隊軍心不穩，內部隨時生變。大禍果然降臨，清兵很快從太平方向而來，於五月二十八日殺到了跟前，先行到達的圖賴指揮部屬占據江口。黃得功反應比較迅速，馬上調兵遣將，舍舟上馬迎戰。為清軍做嚮導的劉良佐故意在陣前對黃得功喊道：「別動！我有話說。」以吸引黃得功的注意，而清軍弓箭手伺機暗中發出一箭，準確地擊中了黃得功的喉嚨。身負重傷的黃得功自刎而死，而所部在劉良佐的招降下發生叛亂，田雄、馬得功兩將劫挾朱由崧投降了清朝。朱由崧由四鎮擁立上臺，最後也栽在劉良佐、田雄、馬得功等四鎮諸將手上，可謂「成也蕭何，敗也蕭何」。

淪為俘虜之後的朱由崧被清軍押送回南京。《爝言》記載他乘坐無幔小轎從聚寶門入城，「頭蒙緇素帕，身衣藍布袍，以油扇掩面」，而兩妃騎著驢子跟隨在後。夾路百姓見此情形紛紛唾罵，還有的人投擲了瓦礫。朱由崧「嬉笑自若」，只問：「馬士英這個奸臣在何處？」

多鐸以勝利者的姿態設宴。參加宴席的除了朱由崧之外，還有不久前從獄中出來的自稱「崇禎太子」的偽太子。滿洲貴族當然不會承認朱由崧的皇帝身份，在安排宴席的位置時，命朱由崧居於偽太子之下，藉此羞辱朱由崧。宴畢，又將朱由崧拘禁起來。

五月二十二日到達杭州的馬士英與鄒太后得知朱由崧被俘後，於六月初八匆匆忙忙擁戴潞王朱常

淓為監國。至此，東林黨——復社勢力心儀已久的朱常淓終於走上前臺主持政局，但實權仍然掌握在馬士英手中，黃宗周等東林黨人為此耿耿於懷，朝中的黨爭仍然繼續。

一舉收服南直隸十四個府、州的多鐸很快揮師南下，命令貝勒博洛等人統率滿、蒙、漢部隊向浙江出發，直逼杭州，驚醒了朱常淓、馬士英等人的偏安之夢。馬士英、阮大鋮、朱大典倉皇逃竄，朱常淓放棄抵抗，於六月十四日大開城門放清軍進入杭州。其後，浙東地區以及湖州、嘉興、寧波、嚴州等處的地方官員也歸附清朝。

隨著江、浙地區望風披靡，不戰而降，清朝已經順利完成了原定的作戰計劃。朱由崧、朱常淓、鄒太后等被清軍挾持北上。鄒太后在途中跳入淮河自盡。朱由崧、朱常淓到北京後沒有好的結局，全部於一六四六年（清順治三年，南明隆武二年）五月被清朝以「謀為不軌」的罪名處死。

把持著朝野輿論的東林黨——復社人士，在「擁立」之爭中把朱由崧罵得幾乎一無是處，而視朱常淓為「賢人」。可從傳統文化的角度來看，朱由崧比朱常淓更有節氣，這位南明皇帝是在黃得功的軍中號稱履行「親征」之責而被俘的，若有人將之與二百多年前明英宗親征瓦剌時兵敗被俘的事蹟相提並論當然會貽笑大方，但好歹勝於在杭州不戰而降的朱常淓。況且，朱由崧即使成為清朝的階下囚，也沒有像朱常淓那樣乞哀告憐，給清廷奉上謝恩疏。可見，被東林黨——復社人士吹噓為「賢人」的朱常淓確實是「盛名之下，其實難副」。難怪有學者指出，南明就算由朱常淓與東林黨魁錢謙益聯手執政，也不能起到改時易勢的奇效。

南明第一個朝廷弘光政權立國僅僅一年，就在內部文武官員激烈的黨爭與內訌中，被乘虛而入的外敵以迅雷不及掩耳之勢打得灰飛煙滅了。綜觀多鐸下江南，一路上摧枯拉朽，幾乎沒有打過什麼激

戰。這一路清軍的傷亡不大，可戰績顯著。《清實錄》統計沿途來降的高級將領有劉良佐等二十三人，參將遊擊共八十六人，而歸附的南明步騎兵達到了二十三萬八千三百人。其中被弘光朝廷倚為藩籬、並用巨額軍費供養的江北四鎮諸將及其部屬，在大難來臨之時基本上改換門庭，為清朝效犬馬之勞了。

那麼，活動在上游的另一支能戰之師——左良玉舊部，又如何呢？繼承左良玉之位的左夢庚不改顛覆南明弘光朝廷的初衷，擁兵威脅南京，但他難以服眾，而軍隊不可避免地分裂了。左良玉的副將惠登相本是「流寇」出身，此人在左良玉死後認為左夢庚不足以幹大事，竟與之分道揚鑣，率領自己的手下自行離去。出師不利的左夢庚在板子磯受阻於黃得功等忠於弘光朝廷的將領，遂回師，徘徊於江西九江附近。不久，清軍多鐸所部攻佔南京，兵鋒直抵蕪湖，在打死了黃得功的同時，也對左夢庚起到了敲山震虎的作用。在此期間，追擊大順軍的清軍阿濟格所部已經到達了九江附近，使左夢庚腹背受敵。最後，左夢庚於五月十三日與湖廣巡按御史黃澍一齊投降了阿濟格。身處軍中的南明江督袁繼咸拒絕投降，留下了「惟有矢文山之節（指仿效宋朝名臣文天祥的節氣）……不敢負所學」的絕筆，而最終被押往北京，死於清朝的刀下。另外，拒絕跟隨左夢庚降清的還有馬進忠、盧鼎等將領，這些人後來轉而投奔駐於湖廣的南明總督何騰蛟，繼續抗清。

總之，南明軍隊雖然號稱百萬，但當中的佼佼者首推左良玉集團與江北四鎮，當上述武裝勢力相繼覆滅後，在南方的南明殘餘勢力就很難同清朝抗衡了。清廷的統一大業似乎指日可待。

在這場聲勢浩大的挺進江南的戰事中，清朝主要倚恃的仍然是嫡系部隊八旗軍，而滿洲貴族統治者使用的戰法可圈可點。就像多鐸、阿濟格等人在不久之前兵分兩路縱橫千里，左右夾擊陝西的大順政權一樣，這次清軍在長江流域的軍事行動，實際上也是兵分兩路，向南明弘光政權發起鉗形攻勢。

《清史列傳》等史籍記載固山額真譚泰跟從阿濟格西征時，曾派遣使者傳話給跟隨多鐸南下的宿將圖賴，自稱：「我軍所經之道曲折險隘，進軍速度會比較慢。」因而暗示圖賴遷就一下，也相應減慢前進速度，以便「讓我軍取得南京」。圖賴不敢作主，將此事轉告多鐸。而多鐸沒有理睬譚泰的過分要求，仍按原定計劃趕赴南京。據此可知，滿洲貴族統治者早就醞釀著兵分兩路，共同夾擊南京的計劃。事實也正是如此，當經略陝西的行動結束後，多鐸所部立即南下，在長江下游突破南明的江北防線，成功進佔了南京。阿濟格率另一路軍同時也經河南、湖廣等地出當時上游的九江地區，這支部隊雖然晚了一步，未能取得佔領南明首都的榮譽，但正巧配合下游的清軍，一左一右地對蕪湖的黃得功與九江的左夢庚等南明將領形成夾擊之勢，為迫降這些南明殘軍製造了有利的戰略態勢。

▲多鐸下南京。

清軍在進軍陝西與經略江南時都採取了相同的打法，展示了異乎尋常的協調能力。只有一個高度集權的中央政權才能如臂使指地運用這種能力。難怪一盤散沙般的南明弘光朝廷經常處處被動、任人宰割了。

清軍的空前勝利除了依靠武力取得之外，有時還需要對敵人進行政治上的招撫，以起到相輔相成

的作用。一直以來，清朝統治者非常注意利用已降的明人透過親屬、同鄉、同僚、部曲等裙帶關係來招撫未降的明人。以曾經扼守關寧防線，使八旗軍遲遲未能沿著遼西走廊長驅直入的遼東名將祖大壽為例，他就是清朝統治者的重點招撫對象。清太宗皇太極在一六二九年（明崇禎二年，後金天聰三年）首次繞道入關作戰時，專門派兵到永平附近的村落中，搜捕祖大壽的族人，扣壓了祖大壽兩個兒子與四、五個親戚，企圖利用祖大壽的親屬招降祖大壽，以達到不戰而屈人之兵的目的。此外，那些在戰場上被八旗軍俘虜的祖大壽部下，也常常被皇太極動員起來寫信招撫祖大壽。當祖大壽後來兵敗錦州不得不降時，清朝統治者又讓其致書招降寧遠總兵吳三桂（祖大壽的外甥）。這樣的例子不勝枚舉。利用各種各樣的裙帶關係來破壞、分化與瓦解敵對勢力，已經成了清朝統治者慣用的行之有效的政治手段。南明很多軍隊紛紛不戰而降明顯與清朝在政治上的招撫脫離不了關係。

儘管由於年代的久遠與史料的闕如，清朝統治者的具體招撫過程難以詳細無遺地考證清楚，但不難從中尋找出蛛絲馬跡。比如左夢庚的手下與江北四鎮的一些將領，都與歸清的不少明軍降將有複雜的裙帶關係，就拿跟隨左夢庚降清的總兵金聲桓來說，此人與孔有德、耿仲明、尚可喜等清朝漢人藩王一樣，都曾經在遼東從軍，都出自名震一時的毛文龍所部，彼此素有淵源。其中，金聲桓與尚可喜的關係尤其密切，兩人在過去均做過東江鎮總兵黃龍的副將，是並肩作戰的舊相識。江北四鎮也有類似的情況，四鎮之一的劉良佐，其兄弟劉良臣早已在關外的大凌河降清。四鎮的另一位將領劉澤清，在未正式降清之前就以寫信的方式暗中與洪承疇、吳三桂等效忠清朝的漢臣聯繫，因為劉澤清在很多年前曾出任過遼東寧前道中軍，與洪承疇、吳三桂一起共過事。順便提及，洪承疇與統率高傑舊部的李本深也很熟悉，李本深過去做過洪承疇的部將。據此可知，左夢庚的手下與江北四鎮的一些將領在

清朝大軍壓境之際，看到昔日的同鄉、同僚、部曲在降清之後享受高官厚祿的待遇，難免不為之心動。清朝統治者大力實行的招撫政策也有利於促使那些立場不堅定的南明將領掉轉槍口，反戈一擊。

話又說回來，如果沒有八旗軍這支能征善戰的嫡系部隊做後盾，清朝對敵對勢力的招撫肯定不會取得這麼大的作用。而八旗將士在論功行賞時也酬勞不菲。回顧過去，八旗軍在入關之前是沒有俸餉的，平時主要依靠耕種土地度日。肥沃的土地大多分給了滿洲貴族與軍中的各級將領，這些人占有著大大小小的田莊，強迫農奴與奴婢服各種勞役，並享受大部分的勞動產品，過著衣食無憂的日子。普通士兵也能按照「計丁授田」原則擁有小部分土地，由於他們需要自備武器、馬匹等裝備，故生活普遍比較艱苦，只有在戰時期望掠奪一些戰利品予以改善。入關之後，清政府開始嘗試給八旗將士發俸餉，以便更好地解決他們的生計問題。例如《清實錄》記載一六四五年（清順治二年，南明弘光元年）正月，朝廷為八旗軍中的護軍、撥什庫、前鋒與騎兵制定俸餉待遇，符合條件者每月可領餉銀二兩。此外，朝廷還採取「圈地」等方式攏絡八旗將士，以滿足他們對土地的欲望。

多爾袞在一六四四年（明崇禎十七年，清順治元年）十二月下令清查京城附近地區的「無主田地」，以「分給東來諸王、勳臣、兵丁人等」，可是實際的執行中，卻掠奪了漢人居民的大量田產廬舍，一部分受害者甚至連妻孥也被那些如狼似虎的清軍強行霸佔。接近北京的各府、州、縣的土地，大多已被圈佔成為旗地，到後來，圈佔的範圍更擴大到魯、晉、蘇北等處，使無數百姓離鄉背井，顛沛流離。滿洲貴族統治者一手策劃的「圈地」活動時斷時續地進行著，直到一六八五年（康熙二十四年）才宣告中止。在此期間，雖然清朝也宣佈另撥土地補償痛失田產的百姓，但類似的安撫辦法大都口惠而實不至。然而，就像一位名叫折庫訥的滿洲官員（翰林院掌院學士）後來在奏摺中所承認的：「八旗軍俱『計丁授田』。

但『富厚有力之家』獲得的田地可至數百垧。而普通的滿洲披甲人或父子兄弟，獲得的田地不過數垧。在『徵役甚繁』的情況下顯得『殊為可憫』。可見，『圈地』政策不能解決所有八旗軍的生計問題。」

大量土地被圈佔後，以打仗為業的八旗官兵卻不從事耕作，而是照搬關外役使奴僕從事生產的經驗，允許漢民投入旗下做奴，以替八旗兵耕種田地，簡稱「投充」。清廷准許「投充」的人主要是那些「無衣無食」、「飢寒切身」、「不能資生」的貧民，而反對「有能力謀生者」入旗為奴。因而大批土地已被圈佔的農民在生存的壓力下不得不淪為八旗官兵的奴僕。這種源於關外的落後的農奴制比不上關內原先盛行的租佃制，在生產關係上屬於一種倒退。但「投充」的現象隨著「圈地」活動而愈演愈烈，許多地方發生了滿人用威逼恐嚇的方式強迫有資產的「民人」為奴。清廷儘管三令五申，也未能禁止這種不良現象。還有一些奸猾之徒主動「投充」旗下，目的是打著主子的旗號狐假虎威，「橫行鄉里，抗拒官府」，擾亂了社會秩序，加劇了動盪與不安。值得一提的是，在某些地方發生了地主與自耕農主動「投充」為奴的反常情況，這是因為他們希望入旗後能夠避免官府施加在他們身上的徭役。八旗與地方官府爭奪勞動力的行為無疑會對清朝的國家利益造成損害。所以，時常有官員上疏對「投充」進行抨擊。然而，一直要到一七三九年（乾隆四年），清廷才下令「禁止漢人帶地投充旗下為奴」。

無論是「圈地」還是「投充」，在實際的操作中都造成很大的偏差，成為清初的弊政。很多違法亂紀之事與清朝統治者的縱容有關，《清實錄》記載順治帝在一六五一年（清順治八年，南明永曆五年）批評多爾袞時所說的：「漢人投充旗下本有定額，可睿王（指多爾袞）巧立名目『濫收至八百名之多』，而且存在『借勢投充』、『占人田地』等不法行為。」正所謂「正人先正己」，當日主持制定政策的多爾袞自身尚且不正，如何能苟求八旗各級人員循規蹈矩呢？

清朝入關之初施行的弊政除了「圈地」與「投充」，還有「逃人法」。不甘遭受壓迫而逃亡的奴僕，稱為「逃人」。八旗軍在入關之前長年累月的征戰中，俘虜了百萬以上的漢人為奴。入關之後，依舊保持了擄掠人口的習慣。一六四五年（清順治二年，南明弘光元年）以後，隨著各路八旗軍凱旋而歸，北京出現了買賣人口的「人市」（《清會典事例》等史籍記載，清廷為此專門發佈命令，禁止越旗買賣人口，只允許各旗在旗內的市場交易，以免糾紛）。同時，清廷實行的「圈地」、「投充」等政策，又使一大批平民成為奴僕。或者由於不堪忍受牛馬不如的生活，也許是不想子孫後代世世為奴，種種原因促使越來越多的奴僕走上了逃亡之路。例如多爾袞在一六四六年（清順治三年，南明隆武二年）五月承認僅僅「數月之間，逃人已幾數萬」。為了維護八旗各級官兵的既得利益，清廷制定了「逃人法」，規定嚴懲敢於隱匿逃亡奴僕之人，具體的刑罰有處死、流放、鞭打、沒收家產以及家屬為奴等等，有時甚至會以不告發為由一併處罰窩藏者的鄰居或同鄉，並對稽查不力的各級官員進行治罪。但嚴刑峻法沒有解決問題，以致紛紛擾擾擾亂世間達半個世紀以上。

入關後的八旗軍把精銳部隊集中於京城，有事奉調出征，事畢班師回朝，而前鋒營、驍騎營、步兵營等部隊分出了相當一部分兵源，負責京城的宿衛、戍守與治安。另外，為了更有效地控制統治區域，又陸續派遣部分八旗兵力進駐京城之外的一些戰略要點，從而逐漸形成了駐防制度。一六四四年（明崇禎十七年，清順治元年）遷都北京時，清廷留下何洛會統率部分人馬鎮守盛京以及關外的一些要津之地。次年，長城沿線的喜峰口、古北口、獨石口以及邊塞重鎮張家口等地都派有少數八旗軍駐防。隨著「圈地」、「投充」的實施與「逃人法」的頒佈，激起了老百姓的反抗，從一六四七年（清順治四年，南明永曆元年）起在北京附近的河間、三河等地出現了好幾次農民起義，波及靜海、滄州

一帶，吸引了清廷的注意。洪承疇針對性地上書稱：「『國門之外，大盜公行』，應該『選拔滿洲官兵』於良鄉、通州、海子、昌平等處『巡緝』，以確保京城的安全。」滿洲貴族統治者採納了這個建議，在京城周圍增設了幾個駐防點。據不完全統計，順治年間畿輔地區的駐防點有采育里、滄州、順義、三河、東安、保定、良鄉、德州等地，這些駐防點的兵力從數十人至數百人不等，而統兵的也不過是城守尉、防守尉、防禦、驍騎校等小官，可仍然有效地拱衛了京城。

而在討伐李自成、張獻忠、南明弘光政權以及鎮壓境內抗清活動的過程中，隨時根據形勢的需要而派遣部隊駐紮於山西潞安、平陽、蒲州，河南開封、懷慶，陝西西安、漢中，山東濟南、德州、臨清，江北徐州與江南南京（後改名為江寧）、杭州等處，在上述地點中，大多數是八旗大軍的臨時駐防點，當然也有例外，最具代表性的是西安與南京。西安是三秦要地，可進窺湖廣、四川，清廷佔領陝西不久即派八旗軍進駐於此，其後又專門在此地設置昂邦章京（昂邦章京的意思是「總管」）。直到順治十八年後，「將軍」這一稱呼才逐漸取代昂邦章京，成為駐防武官的最高職位），由付喀禪、李思宗等人分別統率滿、漢軍隊長期鎮守。而曾經做過南明首都的南京，清廷鑒於其位置處於南北水路的要衝之地，從一六四五年（清順治二年，南明隆武元年）十一月起令梅勒章京巴山、康喀賴率滿蒙八旗人員，攜家帶口移駐此地。

西安、南京兩地各有滿蒙四旗，按左右兩翼佈置，人數均為二千（駐防西安的除了滿蒙部隊外，還有漢軍以及其他地方武裝的配合），是八旗軍在關內駐防的兩個最重要地點。由於絕大多數滿人不懂漢語，故外省的駐防將軍衙門也像中央各衙門一樣要設有通事（翻譯人員），通事的主要任務是把漢人口語翻譯成滿語，讓滿人能明白（一直到康熙年間滿人官員皆熟悉漢語，才罷去通事一職）。

然而，西安、南京兩地的八旗兵力與北京對比相形見絀，因為八旗軍在關內的主力始終集中於京城，而且從沒有改變過。京城以外的大大小小各個城池、要塞以及數不清的交通樞紐地點，主要交由綠營兵駐守。綠營產生於清朝入關之後，這支部隊的前身是當時投降的明軍以及各類漢人武裝組織，數量達到數十萬之多，清廷將之改編為新軍，以綠色旗幟為號，故稱「綠營」。它與清朝原有的八旗、漢人藩王部隊、歸附的蒙古諸部武裝勢力一起，形成清朝依賴的四大武力支柱。由此可知，清朝組建綠營是讓其輔助兵力有限的八旗軍，又可藉此消化漢人的大量投降部隊，儘量讓歸附的官兵各司其職各安其位，避免失控的散兵游勇擾亂統治秩序。而綠營除了作戰與鎮守之外，還要維持地方治安，做一些緝捕、緝私、押解、看護等差役。

綠營主要的兵種有馬兵（即騎兵），步兵與水師。按照承擔的任務又可分為戰兵（負責作戰）和守兵（負責鎮守）兩種。綠營的兵種比例逐漸形成

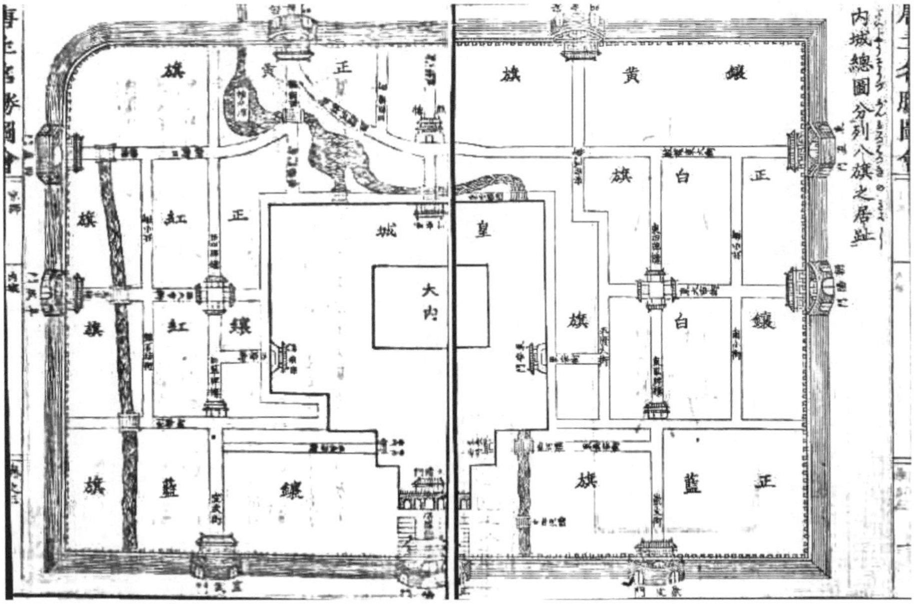

▲北京內城的八旗居住地。

了自身的特點，兵部在一六五一年（清順治八年，南明永曆五年）的一篇奏文中指出，軍中馬、步兵的比例按照舊制是「馬三步七」，但在不同地方，應當有所不同，直隸、河南、山東、山西、陝西等處皆「平原大陸，非騎兵不能馳騁」，故仍按舊制採取「馬三步七」的比例，江西、湖廣、四川等省或者「濱江沿海」，或者境內有很多「崇山峻嶺」，故應採取「馬二步八」的比例，至於「半繫水鄉」的江南、浙江等處，則應增設水師、多用大小戰艦，而採取「馬一步九」的比例。總之，由地方督、撫按具體情況酌情安排。

綠營沒有八旗軍那樣「計丁授田」的待遇，主要靠領取俸餉過活。清廷在一六四四年（明崇禎十七年，清順治元年）制定馬兵每月可領餉銀一兩五錢，步兵一兩。一六四七年（清順治四年，南明永曆元年）將馬兵每月餉銀增至二兩，步兵一兩五錢。另外規定守兵可領一兩。同時，不管是馬、步、戰、守各兵種，每月均給五斗米。但一年後降為三斗，從此即成定制。軍中的馬匹在冬、春兩季每月可支九斗豆，夏、秋兩季每月可支六斗。而草料則每月可領三十束。若有戰事發生，綠營兵丁還可領取「行糧」，具體數目並無嚴格規定。然而，綠營兵實際的收入比定額要少，因為軍官常常以各種名義克扣部下的血汗錢。

綠營兵制是在明朝營伍制度的基礎上發展而成，不論是總督、巡撫等文官，還是提督、總兵、副將、參將等武官，都有直屬部隊。總督統率的部隊稱「督標」，巡撫統率的部隊稱「撫標」，提督統率的部隊稱「提標」，總兵統率的部隊稱「鎮標」，副將統率的部隊稱「協」，參將、遊擊、都司、守備統率的部隊稱「營」，千總、把總統率的部隊稱「汛」。「標」與「協」可管轄一至數「營」，而「營」管轄著最基層的單位「汛」，每「汛」人數從數名至數十名不等。必須說明的是，「標」與「協」雖然可

以根據情況的需要管轄「營」，但彼此沒有明確的從屬關係，這個特點與明朝的營伍制度非常相似，都是中央政府為防止地方將帥尾大不掉，而有意讓其互相牽制。

不過，綠營與明朝營伍制度也存在不少區別。例如綠營不同部隊的各級武官，編制都差不多，分別是提督、總兵、副將、參將、遊擊、都司、守備、千總、把總。而明軍卻不同，有的營伍採取主將、把總、哨長、隊長、什長、伍長的編制，有的營伍採取主將、中軍、千總、把總、管帖的編制，顯得五花八門。此外，綠營各級將領品級分明（提督為從一品、總兵為正二品、副將為從二品、參將為正三品、遊擊為從三品、都司為正四品、守備為正五品、千總為從六品、把總為正七品），井然有序。相反，明軍營伍裡面的總兵以下的各級將領都屬於臨時差遣的性質，沒有品級，雜亂無章。

顯而易見，綠營改正了明軍營伍制度的某些弊端。特別要提到的是，綠營成立之初，在很長一段時間內沒有生搬硬套明朝的「以文制武」的制度，提督、總兵等武將由兵部節制，而清朝任命的總督、巡撫等文官不能任意駕馭，這有利於提高武將的積極性。不過，在沒有設立提督的省份，總督、巡撫等文官往往兼有「提督軍務」的職銜，以指揮綠營。

與滿人不熟悉漢語相似，當時漢官普遍不懂清朝的「國語」——滿文。《嘯亭雜錄》稱當時在外省出任總督、巡撫等職的多數是漢人，因而不得不委任熟悉滿語者（稱為「筆帖式」）代寫滿文。可見，由於滿漢文化習俗的不盡相同讓彼此之間的溝通存在著不足之處，會令八旗與綠營之間存在隔閡。對於綠營這樣一支主要由漢人組成的軍隊，滿洲統治者不太放心，採取了更換將領以及解散、裁汰部分人員等方法加強控制。例如多鐸下江南時招降了明軍二、三十萬，清廷於一六四五年（清順治二年，南明隆武元年）十一月果斷支解了這些部隊，命令三百七十四名公、侯、伯、遊擊以上的各級將領離

開原部隊，調入八旗，以達到讓降軍群龍無首的目的，方便日後操縱。其中率部投降的左夢庚，不得不攜同部分將領、親丁入京，被清廷編設牛錄，成為八旗漢軍中的成員。只有不願意入京的金聲桓，在徵得清廷的同意下，才得以繼續留在原部隊，參與經略江西的軍事行動。滿洲貴族統治者為了更加有效地控制綠營，經常抽調旗人出任綠營軍職，還讓八旗軍駐紮在地方要害之處，鉗制周圍的綠營，而戰時又常常讓綠營打頭陣，八旗軍在陣後監督。這與滿洲貴族統治者在政治上提倡的「首崇滿洲」、「以漢制漢」的戰時政策是一致的。

被南明倚為柱石的四鎮與左良玉舊部紛紛降清之後，在相當長的一段時間裡仍舊是江南綠營軍戰鬥力最強的部隊。劉良佐、李本深、李成棟、金聲桓等人為了爭取滿洲貴族統治者的賞識，在其後的日子裡與反清武裝進行了頻繁的戰鬥，當急先鋒衝鋒陷陣，立下了汗馬功勞。

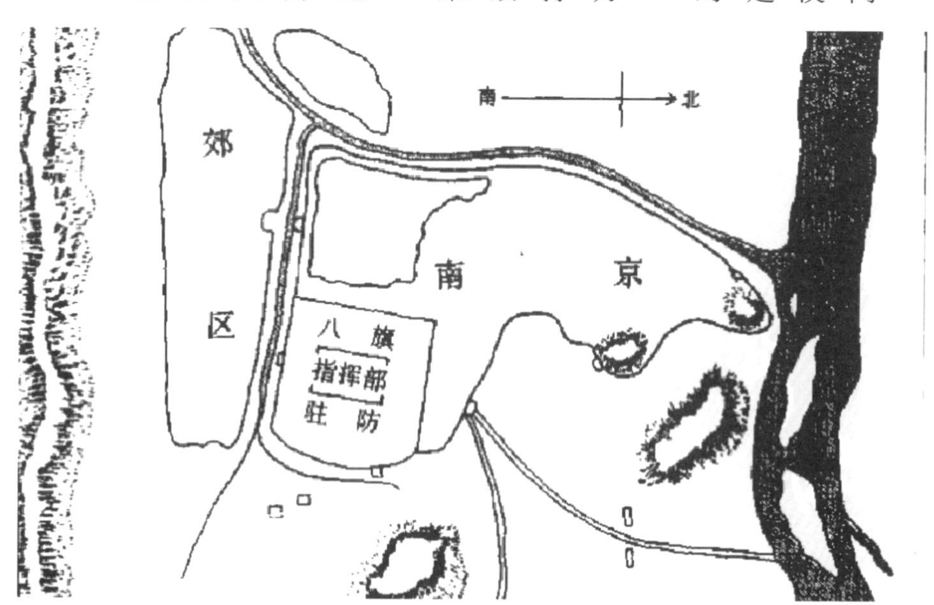

▲南京駐防圖。

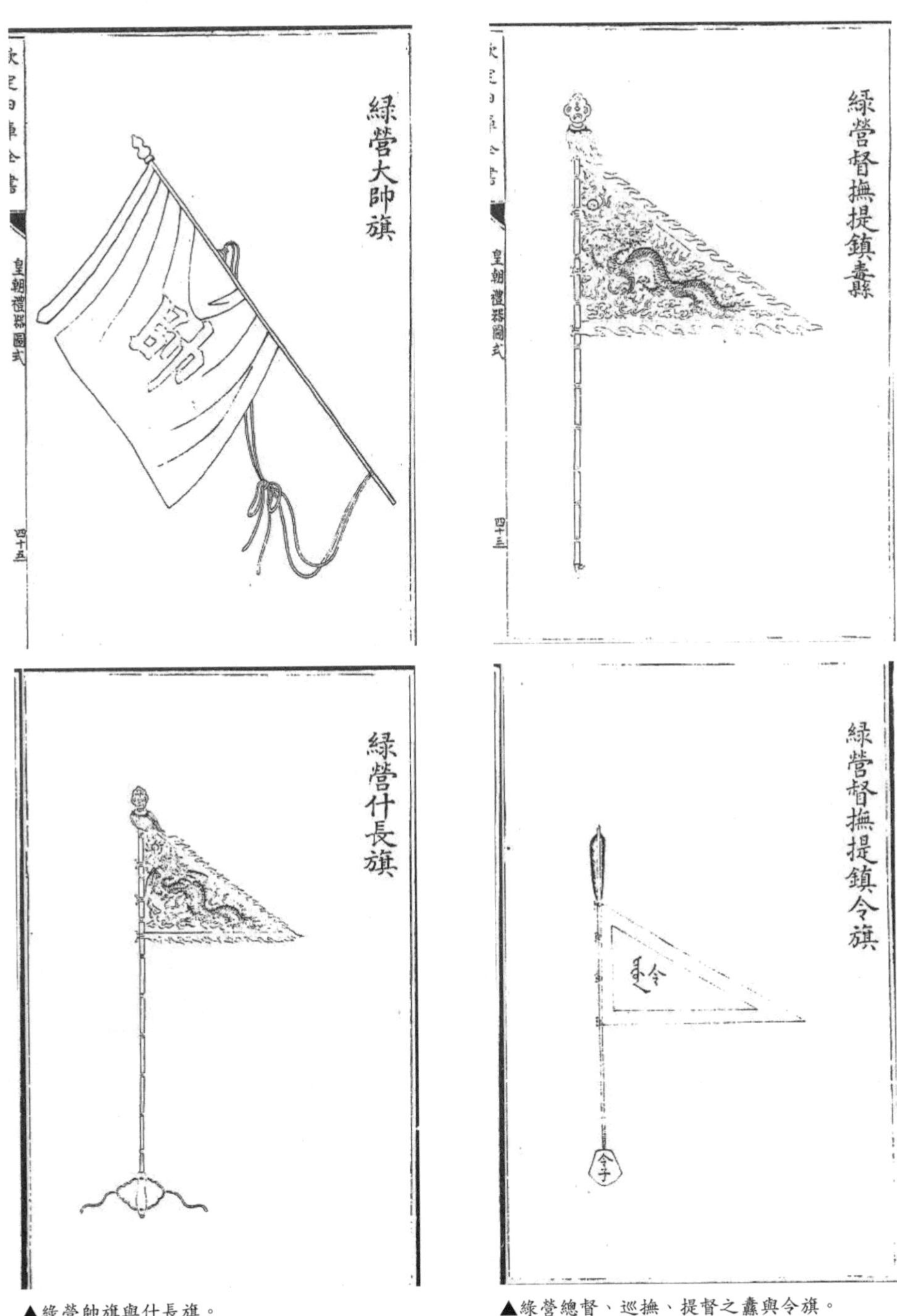

▲綠營帥旗與什長旗。

▲綠營總督、巡撫、提督之纛與令旗。

第四章
烽火重燃

清朝南、北兩路軍在多鐸、阿濟格的統率下於一六四五年（清順治二年，南明弘光元年）夏季取得了一個又一個的勝利，不但促使東奔西跑的李自成在湖北通山縣死於非命，連朱由崧也在蕪湖被活捉。清朝的兩個主要對手大順政權與南明弘光政權一蹶不振，沒有東山再起的希望。躊躇滿志的多爾袞以為浙江、福建、廣東、廣西、雲南、貴州等南方未降地區可以傳檄而定。他對前景作出的樂觀判斷並非毫無根據，因為南明最有戰鬥力的江北四鎮和左良玉舊部都已紛紛來降，還有什麼武裝勢力能夠與清軍一較高下呢？

也許是被勝利沖昏了頭腦，多爾袞覺得沒有必要再在某些具體的政策上採取曲意遷就的辦法來爭取民心了，悍然於一六四五年（清順治二年，南明弘光元年）五月重頒「薙髮令」。本來，清朝在剛入關時就曾經頒過這一命令，讓漢人參照滿人的模樣把腦袋四周的頭髮剃光，只在腦後留一小撮頭髮，以示忠誠，但引起北方百姓的憤怒抗爭，為了在與大順政權及南明的戰爭中獲得更多支持，清廷暫時作了讓步，發下了一道敕諭宣佈讓漢民仍照舊俗「束髮」。事實上，滿洲統治者在關外強制性實施的「薙髮」政策並非不可通融，《滿文老檔》記載攻佔遼東廣寧之時，八旗軍將領諭告廣寧附近各城之人「薙髮歸降」，但只限於「年少者」，「老年人可不薙髮」。《明季南略》稱多鐸進入南京後公開在城內各門道貼出告示宣佈「今大兵所到，剃武不剃文，剃兵不剃民」，勸告江南來降官民「毋得不遵法度，自行剃之」。種種跡象表明，滿族統治者在「薙髮」的問題上經常採取靈活的態度。然而隨著統一戰爭中取得的巨大勝利，使多爾袞改變了在「薙髮」問題上的承諾，要天下臣民一律剃頭。在「薙髮」的同時又要「易服」，也就是改穿滿人服飾。這種帶有壓迫性質的政策引起世人的譁然。後世的歷史學者將「薙髮」、「易服」與「圈地」、「投充」、「逃人法」一起，視為清初五大弊政。

《攝政王起居注》記載了五月二十九日的一次談話，反映了主要決策者多爾袞的心態，他責備漢人大臣屢以明朝的禮樂制度為依據反對剃頭，反詰：「本朝何嘗無禮樂制度？今不尊本朝制度，必欲從明朝制度，是何居心？」他認為如果反對者以「身體髮膚受之父母，不敢毀傷」的儒家古訓為由阻止「薙髮」政策的推行，猶有道理，可是這些傢伙卻拿明朝的禮樂制度做擋箭牌，令自己難以接受。自己雖然一向「憐愛屬臣」，「不願剃頭者」聽其自便，可如今這些傢伙紛紛口不擇言，使得自己不得不改變過去姑息的態度，乾脆「傳旨叫官民皆盡剃頭」。由上述言論可知，多爾袞瞭解漢人大臣對「薙髮」政策的抵觸情緒，但還是要強行推廣，不惜得罪漢人的士大夫階層。

「薙髮」之令是多爾袞在一六四五年（清順治二年，南明弘光元年）六月正式下達給禮部的，諭文中稱過去「薙髮之制」沒有強求大家一致，欲等到「天下大定」之時「始行此制」。如今「中外一家，君猶父也，民猶子也，父子一體，豈可違異」，假若在「薙髮」的問題上大家仍不一致，「終屬二心」，彼此幾乎等於「異國之人」。因而自公佈之日起，「京城內外限十日；直隸各省地方自接到部文之日起，亦限十日，臣民全部要薙髮。遵從此令之人，為我國之民。遲疑不決者，等同於對抗朝廷的盜賊，必加重治罪。如果有人『巧辭爭辯』，決不輕饒。地方上的文武各官，應該嚴行察驗，假若再有官員為此事而上奏，仍主張保存

▲清朝官員。

明制，『不隨本朝制度』，殺無赦！」多爾袞對於「薙髮」的期限定得很嚴，但「易服」則寬鬆一些，在諭文的最後聲稱可以讓漢人逐漸改變「衣帽裝束」的樣式，這是考慮到窮人一時難以增添新衣的緣故。《清實錄》記載北京等一些遵令剃髮的地方出現了不倫不類的怪現象，漢人所穿的衣冠遵照滿洲樣式者甚少，仍戴明朝巾帽之人甚多，滿洲貴族統治者暫時對此無可奈何。

這個新政策傳到京城以外的很多地方時被概括為「留頭不留髮，留髮不留頭」。人文薈萃的江南地區首先因清廷的「薙髮」而激起了強烈的反應，包括讀書人在內的各階層齊齊反對，無數的漢人都不願意風俗習慣被征服者強迫改變。當時外國傳教士記述道：「當韃靼人（指滿洲貴族統治者）公佈百姓剃髮之時，士兵和市民都拿起武器，為保衛他們的頭髮拼死鬥爭，勝過保禦皇帝和國土。」嘉興、江陰、嘉定、常州、無錫、宜興、常熟、昆山、松江、紹興等地紛紛有大批人奮起與清朝的高壓政策進行鬥爭。其中，表現最為壯烈的是江陰、嘉定兩城的民眾。

江陰位於常州府境內，清軍佔領南京後曾派知縣方亨接管當地政權，下令百姓剃頭，致使民情洶洶。生員許用於閏六月一日在孔廟明倫堂召眾集會，針鋒相對地喊出了「頭可斷，髮不可剃」的口號，在全縣得到了廣泛的回應。聞聲而起的鄉兵逮捕了方亨，接著蜂擁而來的數萬民眾共推典史陳明遇為帥，決心保衛城池。陳明遇為了與清軍死戰到底，派人到城外的東砂山請具有一定軍事組織能力的前任典史閻應元入城協助守城。經過一番精心的準備，全城百姓有錢出錢，有力出力，團結起來對付外侮。

為了鎮壓江陰的抗清活動，常州府出動了三百兵丁，但如飛蛾撲火一般被殲於秦望山腳。「薙髮令」下達時多鐸尚未班師回北京，他命令降將劉良佐率領數萬人於六月二十四日開始圍攻江陰。清軍在城外排列了數以百計的營壘，從四面八方圍困了數十重，可是在守城軍民的奮勇抵抗之下付出慘重的傷

亡，仍攻不下來。多鐸不得不先後派遣藩王孔有德所部以及貝勒博洛、尼堪的八旗軍前往助戰。來到城下的博洛認為劉良佐以優勢兵力打不下一個小小的江陰，貽誤了軍機，竟然下令將之「捆打」，以示懲戒，並督促各路圍城部隊加緊進攻。最後，清軍依靠從南京運來的紅衣大炮於八月二十一日轟塌城牆的東北角，湧入城內。陳明遇在巷戰力竭，帶著全家人投火而亡。閻應元負傷投湖自盡未遂，被清軍撈起，遞解到博洛等人之前，挺立不屈而死。入城的清軍為了洩憤，大肆屠戮了三日才甘休。城中百姓「無一降者」，在此次慘烈的戰事共有十七萬人遇難，僥倖未死者僅五十三人而已。而根據《江陰城守後記》等一些野史的記載，清軍也損失驚人，在先後參與圍城的二十四萬人之中，「死者六七千，巷戰死者又七千」，總數超過七萬五千人。以致傳說清朝有數位王爺死於城下。

嘉定是繼江陰之後另一個激烈抗清的地方。清朝委任的知縣張維熙在一六四五年（清順治二年，南明弘光元年）閏六月十二日宣佈「薙髮令」後被聞聲而起的老百姓趕走。連駐於城西一帶的部分清軍綠營兵也被城裡的鄉兵打得落荒而逃。

鄉紳侯峒曾、黃淳耀等人聚眾會議，安排百姓佈置城防，以未雨綢繆。原是四鎮將領高傑下屬的李成棟降清後出任吳淞總兵，他得知自己駐於嘉定城西的部隊遭到民眾的驅逐，不禁大為惱怒，率領大部隊從吳淞趕來，一路肆行無忌地擄掠，沿途擊破鄉兵的阻攔。到達嘉定後，在七月初一以大炮轟擊城的東北角，並出動步騎兵搶渡北門倉橋。守城的鄉兵等到清軍渡過一半的時候，突然發射火器擊斷橋樑，打死了包括李成棟弟弟在內的一批人。其後，李成棟在八旗軍的支援下大舉反攻，於七月初三日在陰雨天氣的掩護下集中炮火連轟城的東北角，致使鉛彈碎屑，落於城中屋上，簌簌如雨。清軍的敢死隊抬著可抵擋弓箭與石塊的板扉，以數十人為一支，潛至城下鑿城。經過日以繼夜的猛攻，初

四日城池失陷，長驅直入的清軍見人就殺，到處都是刀聲與乞求饒命之聲，嘈雜如市，僵屍滿路，數日後才逐漸停止。義士朱英在七月二十三日召集嘉定殘餘民眾重舉義旗，清軍遂於二十七日重新攻入嘉定，又一次慘無人道地屠戮。到了八月份，在反擊從江東遠道而來的南明把總吳之蕃所部時，清軍又乘機對嘉定進行了第三次屠殺。這就是歷史上著名的「嘉定三屠」。

儘管毗鄰湖北、安徽、河南三省的大別山地區，安徽南部以及全國的其他地方亦在「薙髮令」頒佈期間發生了不同程度的抗清鬥爭，但反清浪潮最為高漲的仍然是江南地區。江南士民的鬥爭有很多屬於自發性質，互相缺乏配合，而激於一時義憤的各地鄉兵無論是在裝備、訓練以及作戰經驗上都遠非清朝正規軍的對手，基本上被殘酷鎮壓下去了。此時此刻，特別需要一個堅強的領導核心，以避免全國各地的抗清勢力淪落到一盤散沙的悲慘境地。就這樣，南明隆武政權應運而生了。

一六四五年（清順治二年，南明弘光元年）閏六月七日，唐王朱聿鍵監國於福州，二十七日登基即位，改年號為「隆武」，成了南明的第二個政權。朱聿鍵自小家庭多故，經過坎坷才得以繼承蕃王之位，因而培養出堅韌的意志。當清軍於一六三六年（明崇禎九年，清崇德元年）入塞擄掠，中原哀鴻遍野之時，他不惜違反祖制擅自率王府護衛軍從河南南陽的封地上出發北上勤王，為此而遭到明思宗的切責，並被廢為庶人，囚禁於鳳陽。明朝滅亡後，匆匆成立的弘光政權釋放了朱聿鍵，並恢復其

▲隆武帝之像。

親王的待遇。朱聿鍵本來要轉移到廣西平樂，但因路費不足而滯留於浙東，遷延於鎮江、蘇州等處。弘光政權覆沒之際，他被從長江沿線敗退下來的鎮江總兵鄭鴻逵所部護送到福建，進駐福州，依附福建的實權人物南安伯鄭芝龍。在禮部尚書黃道周、戶部郎中蘇觀生等人的擁護下，正式稱帝。

朱聿鍵力圖避免在朝中重演東林、閹黨相爭的悲劇，因而在用人上不念舊惡，唯才是舉，反對門戶之見。就連犯下重大過失的馬士英，也既往不咎，允許他在江浙戴罪立功。這樣做的目的是為了爭取更多的人站在抗清陣營一邊。朱聿鍵雖然有恢復舊河山之志，但卻沒有強有力的嫡系部隊，不得不依靠鄭芝龍、鄭鴻逵等擁立有功的武臣，在上臺不久大封鄭氏一族，其中鄭芝龍與鄭鴻逵為平虜侯、定虜侯，鄭芝豹與鄭彩為澄濟伯、永勝伯。

鄭氏一族以鄭芝龍為首，此人於天啟年間起在東南沿海從事海上貿易，往來於日本、臺灣、金門、廈門之間，並參與海盜活動，積累了雄厚的資財，他注重鄉族關係，四處擴張勢力，儘量爭取更多人的支持，逐漸成為海盜首領。一六二八年（明崇禎元年，後金天聰二年）九月，鄭芝龍接受福建巡撫熊文燦的招安，成為明朝的海防遊擊，參與了一系列剿滅海寇的行動，因功而升至總兵，在此過程中，他得以利用官職的便利打壓海上的各種競爭對手，積極組織流民開闢臺灣，想方設法壟斷海外通商的巨利，達到富可敵國的地步，基本掌握了福建的軍政大權，擁有稱霸東南沿海的水師。

朱聿鍵有一個不利之處是繼承大位的名分不足，他是朱元璋第二十二子朱桱的八世孫，在血緣上與明末的神宗、熹宗、思宗諸帝非常疏遠，因而江南的一些明朝宗室貴族對他的上臺不太服氣。他雖然得到廣東、廣西、湖南、貴州、雲南以及江西、四川部分地區南明殘餘勢力的支援，可是浙東地區的官紳卻另樹一幟，擁立魯王朱以海監國。

朱以海是在朱聿鍵監國登基四十日後出任監國的，他是朱元璋第十子朱檀的十世孫，因其兄朱以派在一六四二年（明崇禎十五年，清崇德七年）被入塞攻破兗州的清兵殺死，才得以繼承魯王之位。明朝滅亡後，他南逃浙江台州避難。當清軍渡江顛覆南明弘光政權，在江南四處鎮壓抗清勢力時，一些不肯剃髮、不改衣冠的士人，如明刑部員外郎錢肅樂、九江道僉事孫嘉績與鄞縣名士張煌言將朱以海從台州迎接到紹興，奉為首領。擁護這個政權的武將主要有總兵方國安以及王之仁。方國安本來是左良玉轄下一將，因與左良玉不和而改投弘光政權，得到馬士英的賞識。弘光政權滅亡後，方國安帶著一萬人經杭州撤至錢塘江，並留馬士英、阮大鋮於軍中，同為朱以海效力。王之仁作為浙江防倭總兵，曾經率領二萬五千名官兵向多鐸奉上降表，如今又重新反正，與方國安所部一起成為主力。值此江南地區紛擾不安、群情喧擾之際，不少將士都想為恢復舊河山盡一份氣力。

魯監國政權的首領朱以海與朱聿鍵一樣，都是疏藩，但若論輩分，朱以海是侄，朱聿鍵是叔，故朱聿鍵曾以長輩身份頒詔書於朱以海，希望彼此合力抗敵。然而朱以海及其擁立者拒不奉詔，致使雙方為了爭正統而一度鬧得不可開交。

這時候，清軍在長江沿線的佈置起了新變化。鑒於消滅弘光政權的任務已經完成，多鐸、博洛等人在這年七月接到了多爾袞下達的班師命令。班師的原因主要有如下幾點：一、滿洲人丁有限，自從入關以後，八旗滿洲每次大規模的軍事行動，通常都是在遠離本民族聚居點的地方進行，而在異族的區域作戰時，八旗滿洲的傷亡當然不可能用異族人來補充（相對而言，漢人軍隊是在本民族區域作戰，就可以從外界源源不斷地獲得本民族人員的補充），故當其傷亡率達到一定的比例時，就不得不停止軍事行動——班師回朝，重回本民族聚居點補充人員（通常是北京），待恢復元氣後，再繼續下一步

的軍事行動。二、八旗軍採取的是世兵制，男丁終身服役，軍中官兵普遍成家立室。當這些人出外作戰一段時間後，也應該適時讓他們返回駐地與家人團聚。三、關外之人不耐南方暑熱，需要北返休整。

多鐸、博洛雖然確定班師，但他們要等到九月初四日才得以正式率軍回京。經略南方各省的任務交由從北京南下的多羅貝勒勒克德渾（任平南大將軍）。勒克德渾是和碩禮親王代善的孫子，這位年輕人過去從沒有什麼值得一提的從軍履歷，當時能肩負起獨當一面的重任，完全是受到多爾袞賞識的緣故。老謀深算的多爾袞對勒克德渾也不太放心，又任命久經沙場的固山額真葉臣做勒克德渾的助手，並指示凡是調遣「滿洲諸軍」，均要知會葉臣。儘管這支新近南下的八旗軍與留守江寧的部分八旗軍會合，並擁有數十門紅衣大炮，但在總兵力上顯然不能與多鐸的主力部隊相提並論，故清朝實際已經暫停了南方的戰略進攻，轉而以防禦為主。同時，多爾袞希望不戰而屈人之兵，派出大批漢臣招撫南方未定之處，其中內院大學士、太子太保、兵部尚書兼都察院右副都御史洪承疇以原官總督軍務，招撫江南各省；恭順侯吳惟華以太子太保兼都察院右副都御史的身份總督軍務招撫廣東；禮部左侍郎孫之獬升為兵部尚書兼都察院右副都御史、翰林院侍讀學士、提督軍務招撫江西；尚寶寺卿黃熙允為兵部右侍郎、兼都察院右僉都御史招撫福建；原任大同巡撫江禹緒以兵部右侍郎、兼都察院右僉都御史、提督軍務招撫湖廣；刑部郎中丁之龍為兵部右侍郎兼都察院右僉都御史招撫雲貴；右都督謝宏儀兼都察院右副都御史提督軍務招撫廣西。

然而，「薙髮令」的頒佈早已讓清廷兵不血刃招撫南方各省的意圖破產。勒克德渾與葉臣率領的清軍將要面臨監國於紹興的朱以海的挑戰。朱以海名義上的地盤比朱聿鍵差得遠，所據的僅有浙東一隅，不但要提防後方的朱聿鍵，還要應付前頭的清軍，形勢不容樂觀。但意外的是，這個政權開始頗

有一雪前恥的志氣，敢於與清軍正面對峙，並主動策劃了一次有模有樣的進攻，在錢塘江東岸聚集了近二十萬的正規軍與義師，準備隨時打過去。一六四五年（清順治二年，南明隆武元年）七月，方國安、王之仁、張國維等率部一舉過江，攻下了杭州府轄下的富陽、於潛，威脅到了杭州。各路軍隊一度打到了杭州城外的草橋門下。對於這一勝利，《明季南略》等史籍評論自清軍南下以來，明軍非逃即降，「莫敢以一矢相抗」，直到當時始與之交戰並且獲勝，「真三十年來未有之事」。

然而，由於浙東明軍內部存在不少問題。魯監國政權仍然沿用「以文制武」的舊制，任命東閣大學士張國維這位文官做各路人馬名義上的督師，但張國維實力有限，真正掌握的親兵營僅有數百人。方國安、王之仁等武將以往的所作所為無異於軍閥，他們接管了浙東的地方部隊，以正規軍自居，擁有徵收浙東各府州縣的田賦的權力，從而使得魯監國政權失去財政的自主權。儘管錢肅樂、孫嘉績在擁立朱以海時有功，可他們招募的義師被視為非正規部隊，只能自行想辦法籌餉，由於沒有固定的經濟收入，迫使很多義軍將士不得不離開部隊，自謀生路，以致未能為反攻盡力。顯然，文武互相牽制、武將桀驁不馴以及政出多頭的痼疾沒有得到根除，由此註定任何勝利都是短暫的。

清朝的地方官員不斷組織反擊。出任浙閩總督的漢軍鑲藍旗梅勒章京張存仁在九月給朝廷的奏報中自稱已派遣副將張傑、王定國擊退進犯杭州的明軍，擒斬方國安的兒子方士衍。在此期間，根據清朝的戰報，平南大將軍勒克德渾也命令滿漢官兵進剿距離杭州城外十里立營的馬士英所部，然而尚未到達，馬士英已撤離。在追擊中，張存仁與總兵田雄所轄的綠營兵斬首五百餘級。戰局的變化促使滿洲統治者更加倚重八旗軍，讓部分八旗將士長期固定地鎮駐在江寧與杭州，就是在這個時候作出的戰略決策。一六四五年（清順治二年，南明隆武元年）十一月，梅勒章京巴山、康喀賴奉令率兩千滿蒙

八旗將士駐防江寧。與此同時，杭州也派駐了八旗軍，由梅勒章京朱瑪喇等將領統領（而該城的駐防兵額因形勢的變化而時有增減，直至十三年後才定為四千以上）。上述兩城的駐防部隊都需攜帶家屬長期居住，具有濃厚的防禦色彩，與多鐸、阿濟格、勒克德渾轄下那些完成作戰任務即撤回京師的野戰部隊有很大的不同。

錢塘江兩岸斷斷續續的交鋒延續到了十二月。清軍在錢塘江中築起木城，以防明軍過江。不甘心半途而廢的魯監國朱以海親自到前線犒師，命令以方國安為首的諸軍限期攻取杭州，重振旗鼓地與清朝爭奪半壁河山。二萬多名南明軍隊於二十四日陸續從沿江各處渡口過江，向杭州迫近，這是南方抗清勢力首次向八旗軍固定的駐防地點發起進攻。八旗軍分為左、右翼迎戰，左翼梅勒章京朱瑪喇所部擊敗馬士英於餘杭；右翼梅勒章京和託擊敗方國安於富陽，陣斬明副將二員、參遊五員。其後兩翼會師於杭州城三十里外，再次大敗過江的明軍。而總督張存仁、總兵田雄等人率領綠營兵在梅勒章京濟席哈所部八旗軍的配合下一直追擊到錢塘江，致使明軍倉促落江溺死者無數。浙東明軍的反攻草草收場，此後轉攻為守，沿著錢塘江設防，只想保住原有的地盤。魯監國政權儘管未能如願以償地收復杭州，但也保住了錢塘江南岸地區，就像一名外國傳教士在《韃靼戰紀》中所評論的：「韃靼遠征軍就這樣被阻擋了整整一年。」

代替多鐸經略江南的勒克德渾靈活運用有限的兵力，在與魯監國政權對峙於錢塘江期間，還在荊州打了一場規模較大的仗，主要對手就是李自成的舊部。自從李自成意外死亡之後，大順軍餘部在田見秀、張鼐、袁宗第、劉芳亮、劉體純、郝搖旗、王進才等人的率領下陸續聚集於湖南平江、瀏陽等地，總數超過二十萬。而從陝北榆林、延安地區撤退的李錦（即李過）、高一功也會合了西北地方的一部

分人馬經漢中、四川到達湖北荊州一帶，號稱「近十數萬」。然而，李自成與劉宗敏這兩個威望素著的領導人的死去使得大順軍餘部群龍無首。特別是湖南地區的大順軍餘部，其建制已經被打亂，田見秀、袁宗第等在過去風雲一時的高級將領如今僅擁有數千人，而劉體純、郝搖旗等級別低一些的將領反而各擁眾數萬。反常情況的出現表明這支部隊很難再像昔日那樣井然有序地行動了，取而代之的是各自為政。

清朝在阿濟格回師之後任命佟養和為湖廣總督，帶領少數兵力駐於武昌。佟養和與荊州道劉漢作主張招撫大順軍餘部，而荊州副總兵鄭四維、巡撫馬兆煃則堅決主剿。儘管多爾袞下令允許地方官員招撫大順軍餘部「免罪錄用」，然而不太願意剃頭的大順軍將領們經過權衡，最後還是倒向了南明隆武政權一邊。南明隆武政權的楚督何騰蛟最初對進入境內的大順軍充滿敵意，但既然無力派兵鎮壓，只好與之和解，約在一六四五年（清順治二年，南明隆武元年）七月間，他在湖南長沙與大順軍代表達成協議，共同「聯營」抗清。就像通俗小說裡面的水滸英雄最後選擇接受朝廷的招安一樣，久經磨難的大順軍諸將也終於同意奉明方為宗主，這一方面是基於現實的需要，多年顛沛流離的義軍希望找到一個相對穩定的地方以便能安頓下來休整，另一方面是由於全國各地抗清情緒的高漲，致使很多人改變思想，他們不想再走舊路，不希望再被時人視為「打家劫舍」的「流寇」，而想在這個民族矛盾異常激烈的時刻成為「以身許國」的忠臣。例如李自成的妻子高氏曾經這樣對李錦說：「你願意做『無賴賊』，還是願意做『忠臣』？」藉此勸告李錦歸順南明。

後來，李錦果然接受了南明的招安。然而在接受招撫的具體日期上，身在湖北的李錦比起進入湖南的田見秀、張鼐、袁宗第、劉體純、郝搖旗、王進才等大順軍諸將要晚。在何騰蛟決定與大順軍餘

部「聯營」抗清期間，李錦正在組織萬餘人馬圍攻由三千餘綠營兵駐守的荊州，這仗從七月下旬開始，一直打了半個月也未能令據守城內的清副總兵鄭四維屈服，反映了流離轉徙的大順軍餘部僅憑自身的力量很難扭轉抗清形勢。不久，在湖南接受何騰蛟招撫的田見秀、袁宗第、劉體純等人由於缺餉而率部北上（只留下郝搖旗、王進才繼續為何騰蛟效力），經岳州到達荊州附近，與李錦會師，號稱三十萬。駐於常德的湖廣巡撫堵胤錫主動趕赴荊州，親自帶領數十騎來到松滋縣，進入大順軍的老營，終於成功說服李錦、高一功等人歸順南明。然而，李錦等人雖然承認南明隆武政權的宗主地位，卻仍在軍中稱李自成為先帝，奉李自成的妻子高氏為太后，堵胤錫事後得知亦無可奈何。

南明隆武朝廷接到堵胤錫為大順軍降將「請爵」的報告，立即引起了激烈的爭議，不少人反對接納有亡國弒君之仇的大順軍餘部，然而朱聿鍵在翰林兼給事中張家玉等有識之士的支持下毅然採取既往不咎的態度，封李錦「興國侯」，賜名「李赤心」，高一功「列侯」，賜名「高必正」，所部改稱「忠貞營」。此外其他相關人員也得到封授，例如郝搖旗為「南安伯」，獲賜名「郝永忠」。就連高夫人也被封為「貞義一品夫人」。朱聿鍵在一六四五年（清順治二年，南明隆武元年）十月初一正式祭告太廟，以示招撫政策的成功。隆武朝廷一反弘光朝廷奉行的「聯虜平寇」之策，轉而聯合大順軍餘部抗清，使得抗清力量進一步擴大，這肯定有利於「中興」的事業。湖廣明軍與大順軍餘部一旦聯合起來，必然會導致長江上游地區掀起戰爭的新高潮。

何騰蛟因招安有功而被升為東閣大學士兼兵部尚書，封為定興伯，名義上是湖廣地區所有軍隊（包括明軍與歸附的大順軍）的最高指揮官。由於當時歸附的將士過多，何騰蛟試圖將之與明軍一起整編，乃授劉承胤、黃朝宣、張先璧、李錦、郝搖旗、袁宗第、王進才、董英、馬進忠、馬士秀、曹志建、

王允成、盧鼎開鎮湖南、湖北，這就是時人所謂的「十三鎮」。在「十三鎮」中，李錦、郝搖旗、袁宗第、王進才等過去是大順軍將領，早已為人所熟悉。馬進忠、王允成皆為左良玉舊將（馬進忠是「流寇」出身，諢號「混十萬」，崇禎年間被左良玉收編，左良玉死後在湖北陽邏鎮偽降清朝，其後反正，與王允成一起前往岳州，接受偏沅巡撫傅上瑞的招撫，轉而為何騰蛟效力）。屬於明軍地方部隊的有劉承胤、董英、曹志建、黃朝宣、張先璧等。其中，劉承胤原本是小校，黃朝宣、張先璧原本是副將，皆由何騰蛟升為總兵。

霎時間，兩湖地區的明軍將帥如雲，因而隆武朝廷命令何騰蛟乘勢「規取江西及南都」，光復河山。數十萬大軍分道出師的行動已經提上了議事日程，可是各路人馬雖然聲勢浩大，但主力仍然是進至湖北的忠貞營，重點進攻的同樣是荊州。明末清初著名歷史地理學者顧祖禹說過：「湖廣之形勝……以湖廣言之，則重在荊州。」因為雄據於長江之畔的荊州一帶地處江漢平原，西近巴蜀、東接武昌、北連襄陽、南通長沙，是兩湖盆地的要津，為歷代兵家所重視。顯然，如果能奪取荊州，順利控制湖廣，就可視情況反攻江西及南明故都南京，威脅到清朝在長江兩岸的統治。

湖廣地區動盪不安，而清朝的封疆大臣也要換人。總督佟養和因招撫大順軍餘部失敗而被迫下臺，取而代之的是以兵部右侍郎的身份總督湖廣、四川的八旗漢軍鑲藍旗牛錄章京羅繡錦。但在一六四五年（清順治二年，南明隆武元年）十一月接到調令的羅繡錦尚未到任，故長江上游的前線事務仍由佟養和代管。這時，連年戰亂的湖廣，經濟生產已遭受嚴重的破壞，鎮駐於各地的清軍地方部隊普遍處於糧餉缺乏，面臨「啼飢寒號」的處境。例如荊州守將鄭四維在奏報中稱荊州「地方疲憊」，而大順軍餘部又在附近「蹂躪數月」，將荊州所屬的州縣「焚劫盡空」，使得「百里內外，罕見人跡」，故

守城士卒嗷嗷待哺，「實難支持」。而在下游負責招撫江南各省富裕地區的洪承疇對此表示愛莫能助，因為江寧駐防八旗軍以及在江南歸附各府鎮守的綠營部隊，需要消耗大量銀兩、糧料與草束，再也沒有能力調運物資經長江支援上游清軍。遠在北京的多爾袞亦鞭長莫及，一時也想不出周全的辦法。總之，形勢對湖廣地區的各路清軍極為不利，荊州似乎岌岌可危。

然而忠貞營同樣受到缺衣少食的困擾，這也是他們遲遲未能攻克荊州的重要原因之一。這支軍隊在較早之前不得不將兵馬駐紮在湖北荊州、松滋與湖南澧州一帶，範圍長達三百餘里，目的是分散就食。這樣做肯定會削弱攻城的力量，使戰事拖延下去。為了保證奪取荊州的成功，何騰蛟在堵胤錫的建議下與監軍道章曠一起統率湖南各路兵馬經湘陰進攻岳州，意圖由此道北上武昌，對湖北的忠貞營進行聲援。

兩湖地區的明軍四處出動，令對手膽戰心驚。清湖北巡撫馬兆煃在一六四五年（清順治二年，南明隆武元年）十一月二十二日向清廷「飛報緊急軍情」，稱劉體純、袁宗第等「擁兵數萬」，自荊州而過，攻擊了襄陽、承天兩府之地，殺掠數萬人；李錦統率九營人馬繼續盤據荊州附近，即將與田見秀諸部合併，有復立李自成之弟為主之意，欲引領數十萬眾北下；何騰蛟招集了五、六十萬將士「雄據湖南」，存在窺伺湖北之心。「假若『我皇上不急發大兵南下』，則唯恐『兩王（指阿濟格、多鐸）已定之疆不再為新朝所有。」馬兆煃的上述言論並非危言聳聽，清軍的確受到了一定的損失。奉令招撫江西的孫之獬在同年十二月給多爾袞的報告中也宣稱何騰蛟轄下一隻虎（指李錦）、黃朝宣等將，「甚狠甚橫」，讓清軍損失慘重，他聽說「佟督（指佟養和）」已「敗過一陣，折去萬人」。荊州、襄陽、辰州、常州，處處告急，在一片風聲鶴唳之下，馬兆煃等地方官員盼望八旗勁旅早點來到，如「瞻雲望霓」。

八旗軍之所以受到如此器重，除了戰績彪炳的原因之外，還與一些清朝官員的偏見有關，例如他們認定南方人不善於打仗，最適合從軍的是北方人。這種偏見的形成與當時北方經歷過長期的戰亂，能征慣戰者比南方多的客觀事實有關。一位叫柯永盛的綠營總兵的看法比較有代表性，他在長江以南與抗清勢力作戰期間給朝廷寫了一份報告，其中稱：「『南方風氣柔靡』，人皆不熟悉營伍之事，『縱養十人，終不及一人之用』，要想得到精兵，必須要招『北方強壯之人』才可。可是江南距離北方數千里之遙，要想從北方增補一兵，非十兩銀子做路費不可。然而財政捉襟見肘，有時難免用南方的『無用之徒』濫竽充數了。」

無可置疑的是，八旗軍是以北方人為主的軍隊，特別是來自關外苦寒之地的滿洲大兵，一向被視為翹楚。比如順治帝後來說過：「在『平定中原』的統一戰爭中，『悉賴滿洲兵力，建功最多，勞苦實甚』。上有所好，下必甚焉。」故滿朝官員對清朝的嫡系部隊八旗軍處處是讚譽之聲，而八旗滿洲更被奉為驕子。可是，八旗兵普遍不太適應南方炎熱多雨的氣候，水土不服會對戰鬥力的發揮造成影響。眾所周知，八旗軍一向以鎧甲精良而著稱，那些身披重甲的將士，一旦在南方遇上「酷暑」、「多雨」的天氣，就會覺得甲內熱氣蒸騰，讓人難以忍受。而在暑天中行軍佈陣，他們受到的煎熬比南方土著還要強烈，有時連飯都吃不下去，身邊的馬匹亦張口喘息不已。如果採取不披掛鎧甲等應急措施，又勢必加大傷亡率，這尤其對人口比較少的八旗滿洲不利。此外，頻繁的雨天會對弓箭手造成不利的影響，因為八旗軍裝備的弓由動物的筋、膠製成，這些材料淋濕後會變軟，難以起到應有的作用。上述原因足以影響八旗勁旅的正常發揮。在往後的歲月中，八旗軍主力每次出征南方的時間都儘量選擇在天氣轉涼的秋冬之交（多數在當年的十月至次年的二月間），而酷熱多雨的夏季則返回駐地。這種

出征與休整一直在有節奏地交替進行著，幾乎形成了規律。

每當八旗軍的主力北返，南方的各個戰區就主要由綠營兵挑大樑、打頭陣，而留守的少數八旗軍則負責監督。這也符合滿洲貴族統治者實施的「以漢制漢」戰略。等到綠營兵與抗清勢力兩敗俱傷之時，八旗軍主力再南下收拾殘局也不遲。

可是這次「遠水難救近火」，北京的八旗主力絕不可能像馬兆煃之輩所希望的那樣能在短時間內跨過千山萬水，南下救援。然而，清朝擁有一個強有力的中央政府，各省的地方官員在其嚴令督促之下有時不敢互相觀望，見死不救。遠在下游的平南大將軍勒克德渾接到湖廣總督佟養和與湖南巡撫何鳴鑾的求救文書後，情知荊州一失，兩湖難保，而江西與江寧難免受到波及，他毅然把退守錢塘江南岸的魯監國政權軍隊置之度外，也不管杭州時刻受到的潛在威脅，竟抽調有限的兵力於十二月十八日緊急行動，在老將葉臣的輔助下，與奉國將軍巴布泰、輔國公薩弼、護軍參領陳泰等一起迅速從江寧乘舟向湖廣出發，於一六四六年（清順治三年，南明隆武二年）正月初十日到達武昌。一時之間，城內歡聲雷動，湖北巡撫馬兆煃等地方官員慌忙出外迎接，以商討下一步何去何從。

從武昌沿著長江直上荊州，必須經過岳州。明監軍道章曠與馬進忠、王允成、盧鼎、王進才等數鎮將領作為前鋒，已駐於此地，正好阻擋勒克德渾的去路。而銳意東下的何騰蛟已於一六四六年（清順治三年，南明隆武二年）正月初二與監軍禦史李膺品到達湘陰，預期前往岳州，與前線部隊會師。這個節骨眼上，被何騰蛟一手提拔為總兵的張先璧卻率領親軍逗留不前，由於軍餉缺乏，諸營亦互相觀望。駐守岳州的章曠與隨征諸將不想與來勢洶洶的八旗軍硬拼，以「後軍不繼」為藉口撤還。何騰蛟碰見從前方潰退回來的將士，誤以為勒克德渾即將殺向湖南，連忙拔營而回。就這樣，湖南各路部

隊還沒有來得及打一場像樣的仗就已經崩潰，紛紛退回長沙。這場半途而廢的軍事行動令何騰蛟的威望受損。原因正如《明史》所論的那樣：「諸將皆驕且貪殘……騰蛟不能制。」

勒克德渾偵察得知岳州的守軍奔回長沙，令護軍統領博爾惠等率兵追擊，在臨湘殲滅千餘肆意搶掠的敵人，幾乎兵不血刃地佔領了岳州。明軍副將黑運昌率二百艘船投降。

清軍控制了岳州這個至關重要的地方，打通了前往荊州的去路，全部舟師一擁而過，於二十九日到達石首。瞭解到圍攻荊州的忠貞營有千餘艘船隻泊於前面的江上，勒克德渾遂於二月初二日派遣尚書覺羅郎球等率偏師繼續沿江直上，執行搶奪船隻的任務，意圖截斷江北之敵返回江南的退路，而他本人帶著主力在距離荊州百里的渡口過江，乘夜疾馳，在次日早上出其不意地到達位於江北的荊州附近。

李錦尚未察覺大禍臨頭，還在繼續指揮攻城。他原以為清軍援兵會從北方南下，為此劉體純、袁宗第等帶著數萬人進至荊州以北的襄陽、承天，以防萬一。想不到清軍援兵竟然來自下游，而且迅速透過了湖南明軍把守的岳州，就像一把尖刀閃電般地從背後插了過來，等到醒悟已經太遲了。

只見分作左右翼的八旗勁旅飛速發起突襲，勢不可當地大破忠貞營，斬獲甚眾，至薄暮才收兵。與此同時，郎球等人亦於長江俘獲千餘艘船，致使難以返回江南的忠貞營剩餘的官兵只能在李錦的率領下西撤。初三日贏得決定性勝利的勒克德渾仍未甘休，於初四日派奉國將軍巴布泰等人分兩路追殺，在安遠、南漳、喜峰山、關王嶺、襄陽府等處，四處圍剿對方的殘兵敗將，當清軍追到彝陵口時，不久之前被大順軍舊將擁立為主的李自成之弟李孜與田見秀、張鼐、李友、吳汝義等人率五千餘名步騎兵來降，可是他們當中很多人後來被清廷以「降叛反覆」為藉口處死。

兩湖明軍的岳、荊之戰與浙東魯監國政權反攻錢塘江以北的計劃一樣，均以失敗而告終。然而到

目前為止，在抗清第一線的各路明軍之中，最受人矚目的仍舊是歸附南明的大順軍諸將與馬進忠、王允成、方國安等左良玉舊部，儘管他們的表現不盡如人意，可是長江以南的地方部隊很難取而代之。這是因為他們在北方戰場上長年累月的作戰經歷，正是南方部隊所最為缺乏的。南方部隊不可能在訓練場上輕而易舉地把這些用鮮血換來的經驗教訓學習到手。這也是號稱擁眾數十萬的福建鄭氏集團為何屢次違抗朱聿鍵之令不肯出師北伐的原因之一。海盜出身的鄭芝龍兄弟一向慣於水戰，缺乏在陸地上攻城掠地的經驗，沒有信心與南下的八旗勁旅硬拼。

勒克德渾所部在一六四五年（清順治二年，南明隆武元年）九月至十一月之間縱橫千餘里，來回於浙東的杭州與湖北的荊州兩地連續作戰，顯示了八旗軍在長江沿線兵力嚴重不足的事實。南方的抗清勢力本來可以把握時機在湖南、江西、浙西等地全力反攻，盡最大能力打擊清朝的地方部隊，猶存扭轉乾坤的機會。可惜，由於隆武政權與魯監國政權的對立以及各地文武官員的各自為政，不但未能協調一致，反而被清朝集中力量逐一擊破。

江西大部分地區在此前後被清朝奪取。無獨有偶，在這一軍事行動中立下首功的也是左良玉舊將與大順軍餘部。跟隨左良玉之子左夢庚降清的金聲桓與原大順軍將領王體中（大順軍在李自成死後群龍無首，王體中在混亂期間率部屬向清朝投降）分別奉命為收取江西的總兵與副總兵。他們在一六四五年（清順治二年，南明弘光元年）五、六月間趁清軍剛剛消滅弘光政權的威勢輕易地佔領了南昌及其附近州縣。當多爾袞下達「薙髮令」，金聲桓以王體中不肯剃髮為由將之刺殺，強行吞併了王體中的部屬。其後，實力得到增強的金聲桓順利連下撫州、吉安、廣昌、袁州，控制了江西大部分地區，在忠於隆武政權的湖南與福建之間打下了一個楔子。

勒克德渾攻荊州之戰（西元1645年至1646年）

比例尺　四百七十萬分之一

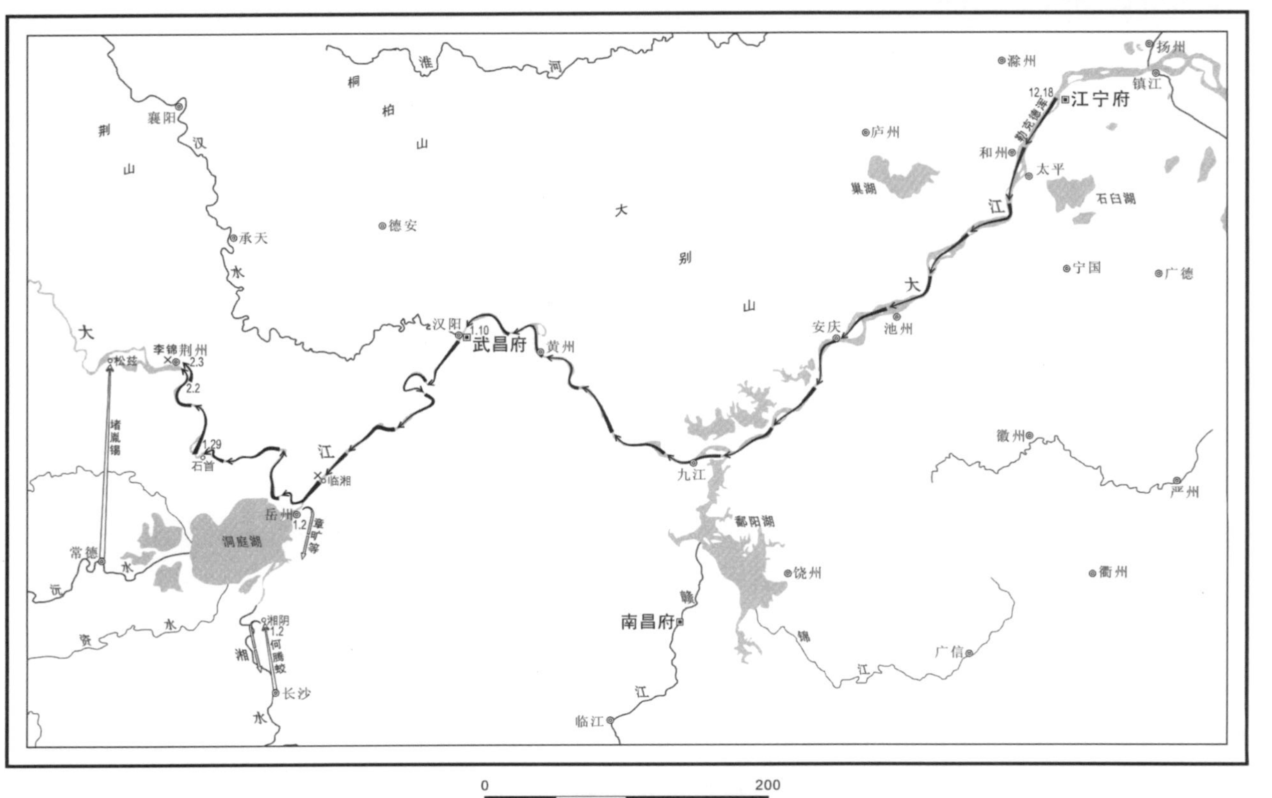

清廷對金聲桓這類入關後來降的武夫存有戒心，不讓他專擅地方事務。凡是涉及「剿撫機宜」等大事，金聲桓必須與巡撫、巡按等文官商量，並要聽遠在江寧搖鵝毛扇的洪承疇的裁決。負責招撫江南的洪承疇自上任以來也沒有閒著，而是積極出謀劃策撲滅各地的抗清烽火。他格外注重招撫，並利用過去在明朝為官時的各種舊關係招降了被弘光政權任命為總督河北、山西、河南軍務的張縉彥與總兵高進忠等一批文武官員，瓦解了屯聚在安徽六安商麻山與崇明等處的抗清武裝。當「薙髮令」引起抗清浪潮高漲時，他調遣綠營兵四處出動，在一六四五年（清順治二年，南明隆武元年）下半年擊敗圍攻宣城的抗清義師，攻破涇縣、降服徽州、黟縣、祁門、婺源等地，俘殺了忠於隆武政權的義軍領袖金聲、江天一等人，挫敗了皖南地區的抗清鬥爭。實際上，金聲桓能夠迅速平定江西各地，與洪承疇暗地裡多方爭取地方上的官紳脫離不了關係。

在勒克德渾率領八旗軍主力遠赴荊州期間，活動在江寧附近的明瑞昌王朱誼泐與總兵朱君召企圖恢復這座南明故都，一面派人入城裡應外合，一面糾集二萬餘反清武裝在一六四六年（清順治三年，南明隆武二年）正月十八日分三路反攻，但這些臨時雜湊的人員幾乎沒有什麼戰鬥力可言，很快就被八旗駐防將領巴山與洪承疇轄下部隊鎮壓。從這個例子可知，一下子鯨吞了南方大片地方的清朝，其統治危機四伏，並不穩固。

然而，南方各種抗清勢力內部凝聚力不強，因而缺乏配合的各種反攻始終是輕弱無力的。隆武政權與魯監國政權分庭抗禮，互相挖牆腳，各自用封官許願手段拉攏南方各省的文官武將，慢慢地造成了職位的升遷不必依靠戰功的可悲現實。遍地氾濫的官職既敗壞了風氣、又鬆懈了軍民的鬥志。

身處福建的隆武帝朱聿鍵上臺以來深受鄭氏集團的掣肘。鄭氏集團首領鄭芝龍是名符其實的地頭

蛇，他與兄弟一起擁立朱聿鍵只是為了讓家族的影響力在政治上進一步擴大，目的僅想保住福建地盤，而沒有北伐清軍，收復失地的意圖。故在軍事上注意防禦福建北部的仙霞嶺，對福建以外的反「薙髮」鬥爭袖手旁觀，而經濟上又以興兵為名橫徵暴斂，使得老百姓怨聲載道。由此可知，權傾朝野的鄭氏一族比起昔日弘光朝廷倚重的江北四鎮還要飛揚跋扈，而朱聿鍵面對的局面比朱由崧還要兇險。

朱聿鍵雖然上臺以來念念不忘反攻，可是得不到盛氣淩人的鄭氏集團的積極回應。鄭芝龍常以糧餉不足為藉口拒絕出動主力北伐，只是派部分人馬出境虛張聲勢，應付一下了事。首席大學士黃道周不想虛耗光陰，為了聯絡東南的抗清志士以及增援徽、浙等處的義師，他糾集了一批官紳、秀才以及志同道合者，出資陸續招募了數千多名士卒，在徵得朱聿鍵的同意之下，於一六四五年（清順治二年，南明隆武元年）七月下旬上路，試圖經廣信、徽州而直搗黃龍。由於沒有得到鄭氏集團的後勤資助，這支臨時拼湊的軍隊連武器也不齊全，裡面有許多荷鋤的農夫，號稱「扁擔兵」，依靠這些人與清朝的正規軍作戰，無疑是以卵擊石。黃道周的出師與其說是精心策劃的行動，不如說更像一次絕望的出擊，或許這位飽讀兵書，但缺乏實戰經驗的文人知道自己踏上的是一條不歸之路，他離開福建進入江西後果然沒有取得什麼像樣的戰績，最終於十二月二十四日在婺源縣境內遭到清軍綠營將領張天祿、胡茂禎、於永綬、李仲興、卜從善等人的圍攻而兵敗被俘。他被押往江寧後因拒絕投降而死在洪承疇的手裡。

黃道周飛蛾撲火式的殉道行為讓清朝對隆武政權虛有其表的事實更加瞭解。滿洲貴族統治者一方面採納漢臣的建議，落實重開科舉的措施，以攏絡南方的官紳地主勢力，另一方讓在北京養精蓄銳的八旗軍南下，準備發起新一輪的戰略進攻，摧毀隆武政權與魯監國政權。一六四六年（清順治三年，南明隆武二年）二月十九日，多爾袞命多羅貝勒博洛為征南大將軍，同副手圖賴率師往征浙東、福建。

同時，清廷專門制定了攻城兵丁的賞格條例，準備在新的軍事行動中攻城略池。條例之中把將要攻取的城垣按照「大小險易」分為四等，攻下一、二、三、四等城垣的架梯兵，每人分別賞銀四十兩、三十兩、二十兩與十兩。如果架梯兵豎起梯後，卻沒有「先登者」（所謂「先登者」，就是那些勇冠三軍、身先士卒的壯士，清朝統治者對這類出類拔萃之人往往是不吝重賞的），那麼架梯兵不受到獎賞。如果兩梯都有「先登者」同時登城，則架梯兵也能夠沾光，與這兩人一起領賞。或者一梯有「先登者」，另一梯有「次登者」，但有功的是「次登者」，在這種情況下，架梯兵應與「次登者」一起領賞。不過，所有的登城者均無功而返時，架梯兵也將兩手空空，沒有任何賞賜。至於那些負責在城垣下面挖洞的兵丁，若能成功協助他人從城垣的坍塌之處入城，也給予賞賜。以紅衣炮轟塌城垣的火器手亦可受賞，前提是要有「先登者」從轟塌之處入城，否則「概不給賞」。

與從荊州凱旋而返的勒克德渾等到駐京八旗軍到達江南後，即率本部人馬北返休整。博洛在洪疇的協助下糾集了萬餘綠營兵，於五月二十日進駐杭州，準備首先攻擊魯監國政權。各路清軍在錢塘江岸佈置紅衣大炮，日夜不停地與彼岸的明軍對射。明軍的防線連綿二百里，統兵的文臣武將有方國安、張名振、王之仁、鄭遵謙、張國維等，正規軍與義兵的總數號稱「三十萬」，大量戰艦布於江上，讓缺少船隻的清軍望江興嘆、不能強渡。然而，這一年浙江大旱，錢塘江不少地方出現水涸與沙壅的跡象。親自到前線視察的浙閩

▲黃道周之像。

總督張存仁看見一些地段的江水僅僅深及馬腹，可以徒步跋涉而過，深知這是發起總攻的好機會。博洛遂令圖賴率部在退潮時從六和塔、富陽、嚴州一帶「策馬徑渡」，發起正面進攻。另一路由水師組成的偏師從鱉子門出海南下，企圖夾擊明軍的側後。

各路明軍自反攻杭州失敗後普遍士氣低落、萎靡不振，只想劃江而守。清軍在炮兵的掩護下進攻，流彈正巧擊中方國安大營廚房的鍋灶。迷信的方國安恐懼不已，認為是「天奪我食」，便無心再戰，打算撤往福建投靠隆武政權，他棄守江防，丟下戰艦，於五月二十七日夜間拔營直奔紹興，此舉致使全軍陣線出現一個大缺口。張名振、王之仁、鄭遵謙、張國維等無奈只得紛紛後退，錢塘江南岸的各個防禦陣地立即呈現出土崩瓦解的狀態。

首先跑回紹慶的方國安本想劫持魯監國朱以海，作為投名狀獻給隆武政權。機警的朱以海伺機溜之大吉，在張名振的護衛下經台州乘船由海路逃往舟山。不久，方國安打消了歸附隆武政權的念頭，帶著七千餘名步騎兵降清。在此期間，投降的還有王業泰、方逢年、邵輔忠、陳學貫等文臣武將。曾被東林黨人視為閹黨餘孽的阮大鋮也成了卑躬屈膝的叛臣，而常常與阮大鋮並稱的弘光朝重臣馬士英卻遁入山中出家為僧，後被清軍俘殺。

方國安與大學士朱大典有舊怨，因而引清兵圍攻朱大典據守的金華城。拒絕投降的朱大典在敵人的猛烈的炮火下頑強抵抗了二十天，直到七月十六日城破之時才攜帶家眷一起自盡。隨著浙東衢州等大批府縣的失守，魯監國政權之中也出現了張國維、余煌、王思任、陳函輝、陳潛夫、葉汝桓、吳凱、項鳴斯等自殺或戰死的官員。其中，曾經與方國安一起被視為魯監國政權主要將領的王之仁，當得知方國安棄守江防往後逃跑之際，沉痛地嘆息說：「兩年心血，今日盡付流水。壞天下事者非他人，方

荊國（指方國安）也。清軍數十萬屯北岸，倏然而渡，孤軍何以迎敵？」他率領殘部退回寧波，其後出海前往舟山，打算投奔原弘光政權轄下的浙江總兵黃斌卿，可是得不到對方的誠心接納，在走頭無路的情況下將九十三名家屬沉於蛟門海域，然後穿戴上明朝官服，獨自乘船前往清軍據守的松江，目的是要死個明白。不久，他被押送到江寧與洪承疇相見，當場直言不諱地承認自己唯恐葬於海上鯨鯢之腹「身死不明」，致使「後世青史無所征信」，因而自投羅網前來投見，「欲死於明處！」並乘機痛斥洪承疇，最終慷慨受死。

盤據福建的隆武政權儘管與浙東近在咫尺，但既惑於畛域之見，內部又有不少人在明清之間搖擺不定，未能及時對魯監國政權伸出援手。

具有進取精神的朱聿鍵不甘心在抗清戰爭中毫無所為，也不願意做鄭氏集團的傀儡，他鑒於鄭芝龍毫無恢復之意，曾經以「出贛入楚」的名義親征，欲依靠湖廣總督何騰蛟完成中興大業。為此，他決意移駕江西贛州，意圖從這個清軍兵力薄弱（沒有八旗軍駐防）的省份取得突破，以便揮師故都南京，因而於一六四五年（清順治二年，南明隆武元年）十二月十六日率領扈從離開福州，經建寧、延平西征。鄭氏集團想方設法加以阻攔，例如鄭芝龍為了達到「挾天子以令諸侯」的目的，有意在途中發動數萬軍民「遮道號呼」，使得御駕難行。磨磨蹭蹭的朱聿鍵一直到次年八月還滯留在延寧，歷時九個多月始終未能走出福建。此外，江西政局不穩，清軍綠營兵於一六四六年（清順治三年，南明隆武二年）三月下旬起向贛南發起進攻，而何騰蛟也未能積極從湖南派兵入江西接駕，種種困擾讓朱聿鍵舉步維艱。

首鼠兩端的鄭芝龍心知難以長期控制朱聿鍵，又見清軍勢大，早已滋生降意，私下裡與清朝商議

歸降之事。根據《臺灣外記》的記載，博洛所部與魯監國政權的軍隊對峙於錢塘江期間，洪承疇和禦史黃熙胤共同向博洛獻策道：「唐藩（指朱聿鍵）雖然稱帝，但『兵馬錢糧』悉出鄭芝龍之手。不如秘密寫信賄賂鄭芝龍，勸其若能舉版圖來降，則『許以王爵』，此人自然棄暗投明。福建可不戰而獲，浙中諸醜（指魯監國朱以海及其屬下的文武官員）亦會潰散。」博洛大喜：「二公所論極高，如計可成，乃『開清第一功也』。」因而督促洪承疇與黃熙胤趕快寄信入閩。籍貫福建的洪承疇與鄭芝龍是同鄉，故可憑此來攀關係，而黃熙胤作為洪承疇的姻親，也參與了寫信之事。必須指出的是，不管《臺灣外記》的記敘是否全部屬實，平心而論，將成功招降鄭芝龍與「開清第一功」聯繫在一起是過高估計這個地方軍閥的實力了。

鄭芝龍得知清朝的招降之意，迫切地回信表明心跡，稱：「遇官兵撤官兵，遇水師撤水師。傾心貴朝，非一日也。」秘密下令陸續撤去浙閩邊界的駐防部隊，以表誠意。其中嶺高一百四十里的仙霞關地形險要，峭壁之間的「隘口盈丈」，若有人居高臨下地扼守此處，可起到以一當十的作用。明軍棄守此地，使清軍得以有長驅直入的可能。鄭芝龍還嫌不夠，以防範海盜入侵為藉口，率主力返回家鄉安平。他曾在一六四六年（清順治三年，南明隆武二年）三月暗中接見了黃熙胤派來的連絡人蘇忠貴，在言談間埋怨朱聿鍵「性情暴戾」，作為自己另擇新主的理由。

鄭芝龍既然盡撤浙閩邊界的部隊，佔領浙東不久的清軍乘機出手，於一六四六年（清順治三年，南明隆武二年）八月十三日經浙江衢州與江西廣信分兵兩路突入福建。從衢州出發的清軍在老將圖賴的率領下經仙霞關等處一路如入無人之境，迅速控制浦城等大片地區，俘殺留守的南明巡撫楊廷清、李暄，主力直取福州，並派遣署護軍統領杜爾德、前鋒參領拜尹岱等將領率偏師風馳電掣般取道建寧，

向朱聿鍵的駐蹕地點延平撲來，意圖追上這位南明皇帝。

朱聿鍵在八月二十一日離開延平，還按原計劃經順昌向江西出發，途中得知敵已入閩，已經晚了。當他率少數隨行人馬匆匆忙忙地於二十七日奔往汀州時，已經難以擺脫到達建寧的清軍追兵，最終遭受血光之災。關於隆武帝的結局，各種官修史籍、地方誌與私人著作大多記載不一，有的說他死於汀州，有的說他在汀州成為俘虜後再被清軍押往福州處死，還有的說他成功逃脫而不知所終，甚至還有傳言稱他出家當了和尚。

《清實錄》收錄清軍的戰報稱在二十八日的這一天，護軍統領阿濟格尼堪、杜爾德等率兵奇襲汀州，「擒斬」了朱聿鍵及其跟隨者。這個官方的說法雖然長期以來得到很多人的認可，但由於過於簡略而容易產生歧義。因為這個戰報很容易令人誤以為親自殺死朱聿鍵的是阿濟格尼堪與杜爾德，可事實似乎並非如此。根據《清史稿》的記載，首先追到汀州的其實是八旗前鋒將領努山，此人連續奔馳七個晝夜，到達城外後令精銳士卒以「巨木」撞擊城門，會同後繼部隊一起「克城」。可見，首先拿下汀州的努山比起阿濟格尼堪、杜爾德等人，有更多機會殺死朱聿鍵。然而，最有可能殺死朱聿鍵的是綠營將領李成棟。儘管《清實錄》的戰報沒有提到李成棟，可清朝國史館編纂的《逆臣傳》卻承認李成棟在進入福建時跟隨大軍平定了汀州。而詳細的敘述還需從私家著作《臺灣外記》中尋找，作者江日升與鄭氏集團關係密切，故對當地政局內幕有所瞭解。

現將書中有關內容摘錄如下：「總兵李成棟奉貝勒（指博洛）之命，領兵追隆武（指朱聿鍵）。隆武正駐蹕於順昌，從偵察得來的情報中知道清軍騎兵已從延平追來，遂與曾後等倉皇上馬，而隨行的惟有忠誠伯周之藩、給事中熊偉以及五百餘兵。在行軍途中，陸續有人離隊逃跑，到了二十七日，

一行人馬來到一座關帝廟前，李成棟率追兵終於趕到。清兵紛紛呼喊：『誰是隆武？』周之藩為了讓君主脫身，挺身而出冒認道：『我就是，你們想幹什嗎？』結果被對方用弓箭齊射，胸膛連中八箭。周之藩隨中隨拔，並與之作戰，忽然腦後又中兩箭而墜馬陣亡。後來被鄉民收葬於汀州羅漢嶺。隆武與曾後等逃至三元角，又被李成棟的士卒趕上。熊偉抽劍督促二十餘人上前與之搏鬥，竟被箭射傷喉嚨，墜馬而死。隆武與曾後逃入汀州府堂，因腹飢正欲進食，李成棟帶領騎兵衝了進來，彎弓搭箭一齊發射，把隆武與後、嬪諸人全部射死（隆武帝、後俱穿戴著「戎裝小帽」，形似南明軍人）。此事發生於順治三年八月二十八日。百姓後來將群屍葬於羅漢嶺，碑文為『隆武並其母光華太妃諱英忠烈徐娘娘之墓』。」

作者在書中透露，隆武帝死亡的整個過程為錦衣衛陸昆亨親眼目睹。陸昆亨後來出家為僧，並將這一經歷口述成史，因此可信程度極高。綜上所述，李成棟無疑是殺死朱聿鍵的關鍵人物，也不排除前鋒將領努山的手下參與其中，因為八旗軍執行軍事任務時，常常以綠營兵為嚮導。例如在一年之前追擊弘光帝朱由崧的行動中，八旗軍就是以降將劉良佐帶路，一直跟蹤到朱由崧的藏身之處蕪湖。值得注意的是，當時劉良佐故意在陣前與收容朱由崧的南明將領黃得功談話，而清軍弓箭手暗中發射，擊中了黃得功的喉嚨，為迅速取勝奠定了基礎。如今在追擊隆武帝朱聿鍵的行動中，清兵故技重施，再次在汀州一帶四處呼喊：「誰是隆武？」然後用弓箭射擊答話者。這類似曾相識的打法或許都來源於清太祖努爾哈赤制定的「先打首領」的戰術。如果把李成棟殺死朱聿鍵一事與田雄、馬得功劫挾朱由崧降清一事聯繫起來，就會知道這些昔日的四鎮將領，在反戈一擊之後，對南明的滅亡發揮了不容低估的作用。

朱聿鍵死亡的當晚，忠於隆武政權的南明總兵姜正希終於趕到了，並試圖反攻汀州，但受挫而回，據報被清軍「斬殺萬餘級」。接著，李成棟平定邵武等府。

另一路攻打福建的清軍在固山額真韓岱的帶領下從江西廣信出發，攻破分水關，進入崇安縣，俘斬巡撫楊文忠等，順利地取得興化、漳州、泉州三府。在此期間，署梅勒章京趙布泰等攻克福州，連戰皆捷，降南明總兵二十員，副將四十一員，參將、遊擊七十二員以及步騎兵六萬八千五百餘名。

拱手讓出福州等大部分地區的鄭芝龍把部屬集中於安平一帶，他稍前與清軍談判時從博洛的回信中得知清朝「許以三省王爵」，以為富貴可保無憂。可清軍得寸進尺，繼續逼近安平，又讓他有點忐忑不安，因而對清朝派來招降的泉州鄉紳郭必昌坦言自己害怕過去擁立朱聿鍵一事當時會成為罪名，又埋怨清朝：「既招我，何相逼也！」博洛遂採取攻心之策，先下令前線軍隊撤退三十里，再讓人寫了一封好言相慰的信，自稱之所以看重鄭芝龍，正是因為鄭芝龍能擁立唐藩（指朱聿鍵），並進一步闡述道：「臣子為君主做事，必竭盡其力，倘若回天乏力，則棄暗投明，審時度勢建立功勳，才是豪傑之所為。『若將軍（指鄭芝龍）不輔主（指朱聿鍵），吾何用將軍哉』！」信中還聲稱欲以閩粵總督之印授予鄭芝龍，要藉鄭芝龍之力平定廣東與廣西。並提出要與鄭芝龍見一面，共商地方之事。

鄭芝龍收到信後，以為憑「天塹（指長江）之隔」與「四鎮雄兵」，尚且不能拒敵，「何況偏安一隅」，若與敵爭鋒，一旦失利，到那時「搖尾乞憐」亦「追悔莫及」，遂不顧兒子鄭成功的強烈反對，一意孤行地帶著五百騎前往福州，於一六四六年（清順治三年，南明隆武二年）十一月十五日與博洛見面。雙方「握手言歡，折箭為誓」，表面上似乎一見如故。可是清方暗中認為鄭芝龍降清立場不穩，仍存觀望之意，決定「擒賊先擒王」，在歡宴三日之後，由博洛下令班師回朝，並乘機挾持鄭芝龍北上。鄭芝龍悔之已晚，

就這樣稀裡糊塗地到了北京，實際如入牢籠，從此遠離福建舊部。滿洲貴族統治者軟禁鄭芝龍的舉動雖然使得鄭氏集團群龍無首，但畢竟未能控制整個鄭氏集團，福建政局仍然捉摸不定、充滿變數。

隆武政權覆沒後，南方的南明殘餘勢力又在繼統問題上發生了很大的紛爭。其中，首先出任監國之職的是永明王朱由榔。朱由榔是明神宗的孫子，若論血統的親近，他比朱聿鍵、朱以海等人更適合繼位，只因明末戰亂而被迫逃離湖南衡州這個王府的所在地，流離轉徙到廣西梧州，因所處位置比較偏僻，在南明歷次的繼統紛爭中與帝位無緣。當南下的清軍發起一輪又一輪的攻勢，吞併了浙東與福建的大部分地區後，已經隨時能夠威脅兩廣，而廣西也由後方逐漸變成了前線。在朱聿鍵死後，朱以海流亡海上的這段時間裡，朱由榔的命運終於有了轉機，於一六四六年（清順治三年，南明隆武二年）十月初十日，在兩廣總督丁魁楚（因擁立有功而升為首席大學士兼兵部尚書）與廣西巡撫瞿式耜（後升為東閣大學士兼吏部左侍郎管尚書事）等人的擁戴下於廣東肇慶就任監國。

朱由榔雖然生得一表人才，可是由於自幼沒讀過什麼書，知識涵養基礎差，對宮中繁文縟節一知半解，因而事事需要請教王坤、韓贊周等太監。這樣一來，太監受到了重用，逐漸得以過問朝中大事，引起了文官階層的不滿。這個朝廷剛成立，就傳來了清江西提督金聲桓率部攻克贛南重鎮贛州的消息。儘管敵軍還沒有順勢進入廣東，而肇慶比廣州等城市距離贛州更遠，可性格懦弱的朱由榔還是在司禮監太監王坤與丁魁楚的唆使之下，倉促離開了肇慶，前往廣西梧州暫避。此舉激化了內部矛盾，不少廣東官僚覺得已被朱由榔拋棄，遂在蘇觀生（隆武政權大學士）與廣東總兵林察等人的牽頭下，徵得廣東布政使顧元鏡、侍郎王應華等的同意，共同於十一月二日擁戴從福建逃來廣州避難的朱聿（朱聿鍵的弟弟）為監國，與朱由榔唱對臺戲。三天之後，朱聿又搶在朱由榔之前稱帝，宣佈年號為「紹武」。

這個剛剛成立的政權為了支撐門面，臨時招攬了一批活動在廣東沿海的海盜，以虛張聲勢。

後悔莫及的朱由榔慌忙在十一月十二日返回肇慶與朱聿𨮁爭名分，於六天後匆匆稱帝，年號為「永曆」。至此，廣東境內同時出現了兩名皇帝，即將上演一幕禍起蕭牆的悲劇。雙方均自命為正統，互不讓步，於十一月二十九日在廣東三水縣爆發了一場內戰。永曆政權的總督林佳鼎率萬餘士卒阻擊了奉蘇觀生之命企圖進攻肇慶的紹武軍隊，俘虜八百人，但在向廣州進軍的途中，又被總兵林察以詐降之計擊敗。林佳鼎因輕敵而死於疆場，所部一敗塗地。

南明殘餘勢力同室操戈，讓清軍又一次得益。潮陽鄉紳辜潮薦與忠於紹武政權的當地官員發生矛盾，竟跑到福州遊說李成棟出兵廣東。駐閩清軍本來沒有馬上南下的任務，但此時因勢利導，緊急動員起來，以漢軍正藍旗人佟養甲為兩廣總督、李成棟為兩廣提督，共統率三千八旗軍與五千綠營兵，在部分來降的福建地方部隊的協助之下入粵。清軍不久之前吞併浙東與福建大部分地區時，均秉承了多鐸、阿濟格消滅大順政權與弘光朝廷的經典戰法，也就是採取兩路出師，左右夾擊的方式，令對方左支右絀，難以兼顧。可如今揮師入粵的佟養甲、李成棟僅統領一路人馬，就肆無忌憚地長驅直入，他們敢於這樣做，顯然是因為廣東抗清勢力的內訌所致。正在紹武政權集中主力打內戰之際，清軍已疾風迅雷般連下惠州、潮州，並用繳獲惠、潮二府印信蓋在牒文之上，發往廣州，報稱「無警」，以麻痺對手，然後由前鋒軍開路，馬不停蹄地前進。全部用紅帕裹首而偽裝成明軍援兵的清軍先頭部隊冷不防地奪門而入，於十二月十五日佔領廣州。

此時此刻，毫無準備的蘇觀生不可能把正在西面與永曆政權打內戰的主力調回來，只能眼睜睜地看著城池失陷，他慌不擇路地躲藏在市井的酒肆之中，可仍被清軍搜出，只好在囚禁之地懸樑自盡。

而僅僅做了三十多天皇帝的朱聿也喬裝打扮企圖逃亡，但被路上盤查的清軍捕獲，他絕食抗爭，自稱若飲敵人贈與的「一勺水」，亦將無面目「見先帝於地下」，最終自縊而亡。平心而論，紹武政權即使堂堂正正地與清軍對陣，取勝的機會也很渺茫，因為這個政權沒有什麼拿得出手的軍隊。永曆政權也是半斤八兩，故朱由榔經常避免與來犯的清軍硬拼，只是一昧後撤以保證自身的安全。

為了避開步步進逼的清軍，朱由榔撤離肇慶，又一次逃回廣西梧州，他仍覺得處境不安全，乾脆跑到了桂林。李成棟所部經三水、高明，於一六四七年（清順治四年，南明永曆元年）正月十六日進入肇慶，繼續向廣西梧州進軍。佟養甲派遣總兵徐國棟拿下高、雷、廉、瓊等州。至此，廣東輕而易舉地落入清朝之手。

視財如命的永曆朝廷首席大學士丁魁楚在梧州失守期間藉機與永曆朝廷分道揚鑣，攜帶著搜刮而來的大量財產逃往岑溪，並向清軍投降，妄想保住榮華富貴，結果被謀財害命的李成棟所殺。占據梧州的清軍有進一步殺向桂林的勢頭。朱由榔忙不迭地離開桂林，躲往全州，準備奔往湖南，投靠何騰蛟轄下將領劉承胤。這個成立不足一年的政權似乎已經危在旦夕，然而清軍的攻勢已成強弩之末，李成棟的舊部原有兵力四千餘名，因在浙、閩以及兩廣「萬里馳驅」，其中「病故、陣亡者」已經過半，新補充人員的戰鬥力又不能與老部隊相提並論，仗已是越來越難打了。此外廣東出現了不穩的跡象，由於李成棟率主力前往廣西，致使後方兵力空虛，廣州駐兵僅有百餘人，難以維持地方秩序。本來隱居於四明山的南明兵科給事中陳邦彥乘機復出，聯絡各地的反清義士以及糾集潰卒、「海賊」，以號稱「數萬」之眾攻打廣州。留守城中的清總督佟養甲親冒矢石，督令官兵登城守陴拼命抵抗，並招募鄉勇助戰，扼守太平門關外橋樑，以苟延一息。為救廣東，匆忙回援的李成棟雖然及時趕到，並想方設法驅散了包圍廣州

的烏合之眾，然而廣西前線的局勢卻因此而逆轉。不願跟隨朱由榔撤往湖南的大學士瞿式耜於一六四七年（清順治四年，南明永曆元年）三四月間依靠焦璉等將領，在聘請的澳門炮手的幫助之下，使用西洋火銃頑強地守住了桂林，不止一次地打退了從梧州方向過來騷擾的清軍，據說總共斬首數千級，對外宣稱是「南渡以來武功第一」。必須指出的是，此時李成棟已率大部隊返回廣州，留在廣西的清軍實力其實有限，而桂林之戰的規模也不會很大。總而言之，清軍一時佔領不了廣西，與其在短時間內吞併了過多的尚未鞏固的地盤有關，一旦廣東等新地盤得到鞏固，必然再度捲土重來，在廣西掀起血雨腥風。

經過兩年時間的較量，朱聿鍵、朱聿相繼死亡，朱以海、朱由榔顛沛流離，南明諸政權大多覆滅，而碩果僅存者也危如累卵。這些匆忙成立的朝廷始終難成氣候，瞿式耜曾經對此作過剖析，慨嘆朝廷用人有如演戲：「『在戲場上』捉住某人做『元帥』，某人做『都督』，而裝模作樣的目的不過是為了粉飾日漸不利的時局，其實『自崇禎以後』，哪裡還有像樣的朝廷？偏安一隅的南明歷屆朝廷全都自命為正統，不惜多設官職，『其宰相（指內閣大學士）不過抵一庶僚，其部（指六部官員）不過抵一雜職』，而任職的官員亦尸位素餐，這些人辦起事來能力平常，爭官卻犀利異常，歸根結底也是『為一身功名之計』，在這些人的意識中，『世界不過此一刻，一刻錯過便不可以再復』，而根本沒有想過『世界尚有清寧之日，中原尚有恢復之期』！」顯然，在南明朝廷任職的一些人確實存在私心，例如先後在隆武與紹武政權出任大學士的蘇觀生，在被俘後自縊，死前感嘆：「吾以一布衣，登兩朝相位（指大學士），死亦何憾。」這番話清楚地表明，他擁立新君是為了留名於後世。還有的人是為利，例如永曆政權首席大學士丁魁楚就濫用職權搜刮大量財富，結果被別人謀財害命，貽笑千古。期望這些別有用心的傢伙重拾舊河山，無異於緣木求魚。要想匡救時弊，唯有真正具備雄韜偉略的賢能之士才行。

第五章

勢不兩立

清朝擴張的勢頭方興未艾，眼看再加一把勁，就可以顛覆弱小的敵對政權，而統一大業也接近尾聲了。自從多羅貝勒博洛在一六四六年（清順治三年，明隆武二年）出征以來，戰事呈一邊倒的態勢，清軍在浙東、福建與廣東連連得手，其他地方也捷報頻傳。而一六四六年（清順治三年，南明隆武二年）正月，豪格奉命為靖遠大將軍由陝入川，於十一月底在西充鳳凰山打死張獻忠。同年五月，多鐸為揚威大將軍，會同承澤郡王碩塞率師出塞深入土喇河等處，平定蒙古蘇尼特部騰機思、騰機特部的叛亂（蘇尼特部原屬漠南蒙古察哈爾部，因騷擾別的部落，並離開漠南牧地投靠漠北的喀爾喀車臣汗碩雷，故被多爾袞視為背叛，派兵征討），逼使殘敵遠遁之後，在七月十六日班師，使塞外的局勢更加穩定。這種情況下，多爾袞打算派出重兵，徹底解決永曆政權的潛在威脅，而被他看中的將帥有恭順王孔有德、智順王尚可喜、懷順王耿仲明與續順公沈志祥。

孔有德、尚可喜、耿仲明與沈志祥等「三王一公」的部屬自入關以來，先後參與了攻打大順政權與弘光朝廷的一系列軍事行動，立下顯赫戰功。弘光朝廷覆沒後，他們陸續班師返回北方，奉命移鎮關外的遼陽、鞍山、海州等故地，厲兵秣馬，等待重新出兵的機會。到了一六四六年（清順治三年，南明隆武二年）四月底，清廷終於重新起用他們，命令他們趕赴北京，執行新的軍事任務。同年八月，孔有德奉命為平南大將軍，與尚可喜、耿仲明、沈志祥一起會同右翼固山額真金礪、左翼梅勒章京屯泰（有學者認為此人是曾任湖廣總督的佟養和）等將，率領大軍，往征湖廣、兩廣。清廷發佈諭文讓他們先定湖廣，再定江西贛南，然後進入廣東，鎮守一方。

從這次出征部隊的編成來看，既包括「三王一公」轄下所部，也含有金礪、屯泰轄下的滿、蒙、漢八旗，還有綠營軍配合作戰，實力不容忽視。清廷認為「軍中不可不立主帥」，下令同去的王公、

諸將等「凡事悉聽」平南大將軍孔有德之令行事。「大將軍」一職過去只由多鐸、阿濟格、勒克德渾、博洛等滿洲宗室貴族出任，如今孔有德這員前明降將得以出任此職，並獲准統率滿洲貴族統治者的嫡系部隊八旗軍，顯示多爾袞對漢人將帥指揮能力的認可，也許是李成棟、金聲桓等人在福建、兩廣與江西的賣力表現讓這位攝政王對漢人將帥刮目相看。而清朝似乎憑著降清的明將就可以殲滅很多地方的敵對勢力，完全不必要八旗軍勞師遠征。在多爾袞的眼中，孔有德等在關外歸附的將領顯然比李成棟、金成桓這些入關後來降的明將更加可靠，因而委以重任。由於八旗軍主力在關內長年累月的征戰中不可避免地出現越來越多的傷亡，再加上水土不服等因素，故重用漢人是合乎情理的，這也與清廷實行的「以漢制漢」政策是一致的。不久，對這次軍事行動非常重視的多爾袞又派遣左翼正白旗梅勒章京卓羅、右翼鑲藍旗梅勒章京藍拜到孔有德軍中，與之一起出發。

在此期間，兩廣總督佟養甲主動請纓，向朝廷疏請「造弓矢、火器，備戰具」，準備派部隊進攻廣西桂林，同時建議讓八旗勁旅進剿張獻忠舊部盤據的雲南等處。北京的滿洲貴族統治者遣使告訴佟養甲已派孔有德出征湖南，並命令佟養甲暫停進攻桂林的計劃，目前只須專心鞏固兩廣的佔領區即可，等到孔有德打入湖南，再決定下一步的行動。實際上，清廷對廣東的局勢不太放心，只望孔有德迅速平定湖南，再經贛南進至廣東，鎮守該地。

清朝即將展開摧毀永曆政權的行動，首先要奪取的是湖南。因為清軍已經控制湖北大部分地方，並與江西的金聲桓以及廣東的李成棟所部，對湖南形成了戰略上的圍攻之勢。而湖南對於永曆政權而言，具有不言而喻的重要性。那時，南明疆土日削月朘，就連大後方雲南等地也不穩，正逐漸被從四川轉移過來的張獻忠舊部控制。雖然長江兩岸、東南沿海以及全國的其他地方還存在不少抗清勢力，

但與永曆朝廷遠隔千山萬水，基本上各行其是。故此，湖南、廣西等少數地盤已經不容有失，否則國家傾覆的命運難以避免。

自南明弘光政權滅亡後，相繼成立的隆武、紹武、永曆等政權都在軍事方面乏善可陳，這些政府轄下的軍隊始終難以和八旗鐵騎爭鋒，甚至在大多數時候的表現比不上弘光政權轄下的四鎮人馬。難怪降清的四鎮將領在長江以南叱吒一時，出盡風頭。最好的例子就是李成棟，他在隨軍征戰福建與兩廣時勢如破竹、難逢對手，在沒有打過什麼大仗、硬仗的情況下就易如反掌地把朱聿鍵、朱聿𨮁兩兄弟送上絕路，並把朱由榔攆逐得四處亂跑。顯而易見，南明軍隊萎靡不振的情況如果持續下去，不可能抵擋得住必將大舉南下的清軍。

湖南明軍的統帥何騰蛟自從在一六四六年（清順治三年，南明隆武二年）年初於岳州等地被勒克德渾擊敗後，也曾想整訓軍隊。他深知自己收編的劉承胤、董英、曹志建、黃朝宣、張先璧等將並不足恃，又認為王進才、馬進忠、王允成等人「響馬」出身，「性習難馴」，於是決定另外招募兵馬，建立嫡系部隊。章曠建議「用北人不如用南人」，「用外鎮不如用親兵」，理由是與其用有限的金錢來養打不過敵人的「響馬」，不如養「站得住腳跟」的「南兵」；與其養不聽號令的外鎮，不如養唯命是從的親兵。他樂觀地說道：「『有親兵則可以自強，自強則可以彈壓響馬，駕馭外鎮』，這是整軍經武、重振旗鼓的好辦法！」

儘管當時不少人認定南方人的作戰能力比不上北方人，可章曠還是堅持在招募親軍時「用北人不如用南人」，這更多是出自政治上的考慮，而非單純著眼於軍事素質。何騰蛟對此表示贊同，便派遣人員遠赴廣西、貴州等處分頭招兵買馬，組建了一支親軍。其中，由何騰蛟直轄的親軍稱為「督標」，

具體編制是：副將吳承宗領兵三千；參將姚友興與藍監紀領兵二千；參將龍見明與廖都司領兵二千；廣西柳州僮目副將覃裕春與其子覃鳴珂領兵五千。而章曠直轄的親兵稱為「僕標（此名源於章曠加銜的太僕寺卿）」，具體的編制是：副將滿大壯領兵三千；參將黃茂功領兵一千；鎮筸指揮張星炫領麻陽兵二千；都司滿其炅（滿大壯之子）領麻陽兵二千。此外，長沙巡道（後改為偏沅巡撫）傅上瑞亦招募親兵，由標將胡躍龍、吳勝、陳紹堯等共同領兵五千餘；副將向登位、向文明等共同領兵三千。總計親軍的總數三萬餘人。值得注意的是，這次募兵招了很多瑤族、侗族等少數民族士卒。例如滿大壯與覃裕春所部的少數民族士卒，有「峒兵」與「狼兵」等稱號。

過分地擴充兵源等戰時措施加大了地方的財政負擔。湖南當局為了籌糧而使用「加派義餉」以及「預徵」等名目，使得每畝民田之稅升至六倍以上。即使如此，政府開支仍然入不敷出，為了斂財，遂無所不用其極，允許士民以捐納錢物的方式取得功名與官職，由此助長了官場上貪污腐敗的風氣。地方官員們甚至鼓勵民間的奸猾之徒使用誣告等不當手段對富人敲詐勒索，以罰取銀兩，使得怨聲載道。黃朝宣、張先璧等軍閥紛紛在各地進行仿效，野蠻地侵犯百姓的利益。依靠橫徵暴斂來供養軍隊，結果加速了社會的窮困與經濟的衰敗，無異於剜肉醫瘡。可為了提高部隊的戰鬥力，何騰蛟等人在所不惜。

整訓之後的親軍是否堪當重任還需要經過實戰的考驗。這支部隊第一仗的對手並非孔有德，而是鎮守湖廣的清軍地方部隊，而且出乎意料地遭到了慘敗。那是同年的六月初一，清將祖可法、王應祥等率萬騎渡江，在岳州南面的新牆攻擊了駐紮於此地的部分親軍，打敗滿大壯、姚有興，生擒吳承宗、龍見明、滿其炅，一舉把親軍殘部從新牆逐回了潼溪。

新牆之敗雖然令人難堪，可那些尚未參戰的親軍部隊實力猶存，還可迎刃而上，舉行反擊。何騰

蛟的親信蒙正發以兵部司務之職協助章曠在前線指揮，他得知新牆有戰事，便攜同覃裕春、藍監紀趕來增援，正好與姚友興的殘部會合，遂以八千兵力扼守潼溪。在這八千人之中，有六千鳥銃手，特別是覃裕春所部五千人，全部以交銃（本指原產於交趾的火統，後來亦指南明軍隊打造的仿製品）為兵器，成了軍隊的主力。根據蒙正發事後在《三湘從事錄》中的回憶，當時他與覃裕春商議之後，決定將鳥銃手分作三排，準備以輪流發射的方式打擊敵人。當夜三更，起來做早飯的兵丁出外打水時，見營門之旁放著一個黑色物件，經過仔細檢查後，發現是一大包火藥，其後，明軍又從軍營四周的木柵中搜索出了兩大包火藥，由此判斷這些東西是敵軍奸細事先佈置的，只等攻營時點火焚燒木柵。幸虧發現得早，才沒有釀成大禍。東方很快發白了，清軍萬騎一齊湧來，圍營數匝，暫時被阻於木柵等障礙之外。明軍鳥銃手在木柵的有效掩護下開始向外射擊，第一排的士卒開火後，立即有數百清軍倒下。過了一會兒，潰退的清軍殺了回來，並形成新的包圍圈。明軍反應很快，又一排鳥銃手開了火，打得來犯之敵橫屍數百，僥倖生還者救死扶傷，狼狽逃竄。一些清軍想搶回同伴的屍體，結果有的被鳥銃打死，有的向天哀號，一去不回頭。而受到挫敗的祖可法、王應祥就此班師，停止了南下。《永曆實錄》統計清兵在此戰中死亡過千，並評論道：「自『江南』用兵以來，『與清兵合戰仍得捷者』，自章曠指揮的潼溪之戰開始。」不過，事後看來這個評價似乎過高了，因為魯監國部隊曾經在錢塘江的反攻中有過擊敗清軍的戰績，如果把「江南」改為「湖南」，就比較貼切。

潼溪之戰表明，湖南親軍的鳥銃手依然使用明初傳下來的輪流發射火器的老戰術，這雖然可讓射擊速度在一定程度上得到加快，但是不可能徹底解決鳥銃裝填彈藥慢的弱點，因而需要依靠木柵等堅固工事的掩護，才能與清軍的騎兵抗衡。否則，他們很難阻擋敵人鐵騎風馳電掣般的衝擊。就此而言，

湖南親軍在潼溪的勝利不代表這支部隊的野戰能力得到提升。就像《嶺表紀年》委婉含蓄地指出的那樣，「督標親兵即覃兵（指覃裕春所部）也，長於銃炮，勇敢善戰」，然而何騰蛟「不甚重之」，因為這類部隊的表現常常未盡如人意。

儘管遭到新牆之敗的打擊，何騰蛟、章曠等人仍對湖南親軍猶存一線希望。他們在九月初策劃了一次北伐，以親軍為主力，出動王進才、王允成所部進行配合，直指岳陽，同時讓另一位重臣堵胤錫督促馬進忠所部北上長江進行策應。

清岳州守將馬蛟麟自潼溪一敗之後，對明軍的火器心有餘悸，緊急向總督羅錦繡求援。羅錦繡一時難調集重兵出援，只得先令參將韓友率數百騎進行試探性的反擊，想不到在萬由橋一帶陰差陽錯地擊退了明軍。原來，明軍內部不諧，湖南親軍視王進才所部為「響馬」，王進才所部視湖南親軍為「蠻子」，彼此搶奪戰利品，只得分開紮營，削弱了力量。湖南親軍倚重的鳥銃手野戰能力差，而王進才所部意圖藉征伐之機四處剽掠，這些烏合之眾一交鋒就被清軍騎兵各個擊破，互相「奔潰踐踏」，鎩羽而歸。只有馬進忠所部由常德直上長江，打到了嘉魚六磯口，生擒清朝丁姓閣部一名，殺死總兵一員，殲滅了一批清軍。他經過多日的守候，得知從陸路北伐的明軍已退，才返回原駐地。事後，堵胤錫來到長沙與何騰蛟會面時，「盛稱馬鎮（指馬進忠）之勇，微彈湘兵之怯」，實際上等於批評湖南親軍的作戰能力仍舊比不上過去收編的「響馬」。由此可知，何騰蛟原先寄予厚望的整軍飭武計劃已經遭到嚴重挫折，事實證明，這樣的部隊對付綠營軍都感到吃力，那麼如何與清朝精銳的「三王一公」所部以及八旗軍作戰呢？

何騰蛟已經沒有多少時間再設法提升親軍的戰鬥力了，因為南下的孔有德所部已經逼近。當時永

曆政權所有拿得出手的部隊幾乎都麇集在湖廣，除了何騰蛟的親軍，還有收編的大順軍餘部以及左良玉舊部，其中不乏馬進忠、郝搖旗、李錦等勇猛善戰之將。對決之前的氣氛異常緊張，誰勝誰負就快一清二楚了。

醞釀已久的大戰在一六四七年（清順治四年，南明永曆元年）二月初開始。殺入湖南的清軍於十六日分作兩股從岳州起營，由陸路南進的是孔有德、耿仲明、尚可喜等人帶領的鐵騎，由水路而行的是屯泰所部。攻擊的目標分別有新牆、潼溪與湘陰等地。

駐守前線的章曠與親軍將領滿大壯等人首當其衝，無力抵擋，急需後方的增援，可是無人回應，因而不得不放棄新牆、潼溪，且戰且走，企圖在湘陰阻擊清軍，然而搶先撤退的潰兵已放火焚城，迫使他們放棄原定計劃而轉往長沙。

雖然長沙聚集了一大批親軍，還有王進才所部協助防禦。但何騰蛟已經不指望這些人能保住省城了，他試圖從常德調回馬進忠、王允成等將回防。不料援兵沒有及時到達，而王進才與留在城中的親軍將領覃裕春、姚友興為爭奪營房等問題又發生內鬨，以致消耗了大量本應用於加強城防的時間與精力。當清軍即將兵臨城下之際，諸將四散而逃，而長沙隨後也在二十五日失守。

不敢硬拼的何騰蛟逃往衡州，從此和大批地方部隊失去了聯繫，不能順利地發號施令。章曠與滿大壯步何騰蛟的後塵經湘潭等處向南連退三百里，所部在追兵的攻擊下死亡殆盡，就連滿大壯在途經南嶽時也因坐騎中箭而倒地遇害。九死一生的章曠退到衡州後，向避難於此的何騰蛟哭訴道：「湖南四分五裂，愧對百姓兩年來的『剜髓供輸』！」混亂中，退入城裡的張先璧所部四處搶掠，而難以制止的衡州守將盧鼎只得棄城撤往永州。其後，何騰蛟被張先璧挾持到祁陽、辰州等地，這位湖南明軍

名義上的統帥在途中想辦法脫身，跑到了永州，誰知又遇到趁火打劫的亂兵，只得伺機逃往白牙市暫時棲身。章曠退往祁陽一帶招集潰兵，不久也轉移於白牙市，與何騰蛟會合。此時湖南社會秩序崩潰，到處劫掠風行。《明史》誇張地稱：「騰蛟建十三鎮以衛長沙，至是皆自為盜賊。」

一些明朝將領開始動搖，何騰蛟的中軍主將董英於三月初七率三千騎兵在瀏陽選擇了投降，次日，湘潭失守。擁眾十三萬屯於攸縣燕子窩的總兵黃朝宣在清軍的壓力下往衡州方向敗逃，乘夜急追的孔有德於四月十四日佔領衡州，將勢蹙來降的黃朝宣父子處死。在此前後，耿仲明乘馬進忠、王允才部離開常德援救長沙的機會，佔領了該地。而馬進忠與王允才在途中得知長沙已失，撤往湘西。

「三王」之中，孔有德與耿仲明既然旗開得勝，尚可喜也不甘示弱，馬不停蹄地與卓羅等將率部屬由陸路進至渚州，擊退萬餘守軍的阻擊，接著四處搜索漏網之敵。當尚可喜獲得郝搖旗所部在桂陽一帶出沒的情報，刻不容緩地前往該地將之驅逐。各路清軍雖然連連得勝，但前進速度過快，以致後方不穩，不得不抽兵回防，鞏固新得的地盤。稍後，孔有德令金礪鎮守衡州，而自己率主力取道祁陽，於四月三十日攻克寶慶，又殲滅數萬明軍。

不過，不耐暑熱的北方人不願意在高溫的盛夏繼續進軍，因而屯兵於長沙、衡州一帶休整。結果讓明軍有機可乘，副將周金湯察覺永州之內僅有清朝委任的知府，而沒有清軍駐守，遂乘夜鼓噪而登，恢復此城。讓逃到附近白牙市的何騰蛟、章曠等人得以喘一口氣（其後，章曠病死於永州）。

轉眼到了天氣轉涼的秋季，摩拳擦掌的清軍重新向武岡、永州方向進攻。武岡是永曆帝朱由榔在湖南的駐蹕之地，這位命運多舛的皇帝在這一年的二月為了逃避李成棟的追殺而從廣西跑來，投靠當地軍閥劉承胤。自以為護駕有功的劉承胤竟想「挾天子以令諸侯」，變得飛揚跋扈起來，甚至企圖取

代老上級何騰蛟的督師之位，雖然因難以服眾而未能得逞，但挑起的紛爭加劇了內部的不和。當猛撲而來的清軍於八月二十四日抵達武岡時，無力抵抗的劉承胤選擇了投降。但永曆朝廷卻沒有被一網打盡。朱由榔在城池尚未失陷時又一次故技重施，帶領宮眷急忙出逃。

孔有德判斷朱由榔會經由靖州逃返廣西，便以劉承胤為嚮導，派護軍統領線國安督兵猛追，一舉佔領了靖州，生擒守將蕭曠、姚友興，殲滅城中的一萬明軍與兩千土司兵。不久，又擊敗了在侍郎蓋光英的率領下趕來增援的一萬四千土司兵。可是，線國安始終未能尋覓到朱由榔的蹤跡。原來，機警的朱由榔有意避開靖州而走小路，他雖然在途中飽受飢餓的折騰，但好歹還是平安進入了廣西境內，並在當地明軍的護送下於八月二十七日到達柳州，逃過了一劫。然而，朱由榔卻沒有與指定為皇位繼承人的皇太子朱爾珠同行。朱爾珠欲經城步縣進入廣西時遭到清軍的攔截而成為俘虜，被押去了衡州。

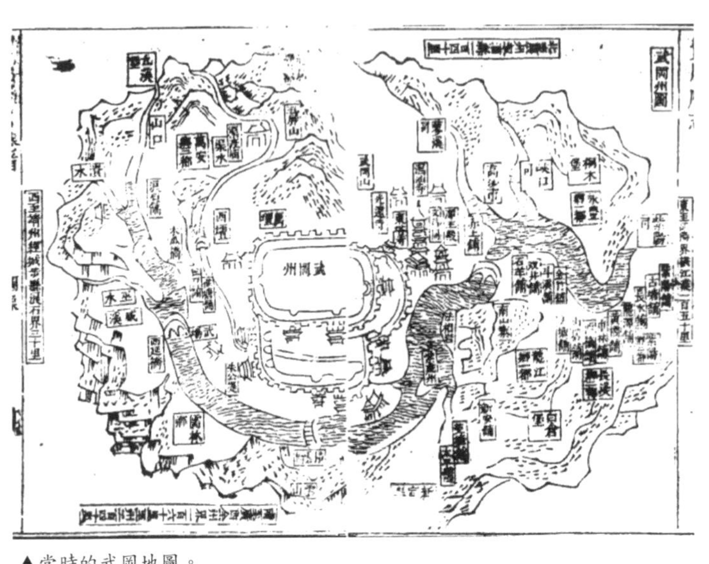

▲當時的武岡地圖。

明軍還是改變不了各自為戰、處處告負的宿命。率領數萬人馬轉移到黔陽、沅州等處的張先璧，被梅勒章京藍拜打得落荒而逃。偏沅巡撫傅上瑞、王允成等相繼投降（王允成起初跟隨馬進忠撤往湘西山區，後來又離開馬進忠，轉而南逃於漵浦、沅州之間）。隨後，辰州等地也失守，

湖南大部分地方被清朝掌控。

在保衛湖南的戰事中，明軍幾乎沒有打過一場像樣的仗。根據清方的戰報，僅僅是投降的明軍總兵就達到四十七員，而副將、參將與遊擊等各級將領還有二千餘員。此外，歸附步騎兵的總數約有六萬八千多。正如清湖廣巡撫高士俊在給朝廷的報告中所炫耀的那樣：「竊據湖南的『諸逆（指明軍）』自以為洞庭湖是不可逾越天塹，『不意王師（指清軍）飛渡』，使之心寒膽落，竟『各各抱頭鼠竄』，讓清軍『兵不血刃』而占有了長沙、常德等處。」

何騰蛟組建的親軍在此戰中的表現一無可取。實際上，這支部隊依然沿襲了明軍原先的「營伍制」的缺點，最明顯的是各營的人數參差不齊。而其餘一些遭人詬病的積弊（例如指揮機構重疊、「以文馭武」等）也沒有得到積極的改革。就此而言，這支新成立的親軍很大程度上實行的仍舊是老一套，幾乎等於「換湯不換藥」。親軍戰鬥力不行，軍紀也差，就以親軍將領覃裕春所部為例，他不但在長沙城內與王進才部產生內鬨，而且潰退到廣西後又胡作非為，竟敢為了籌餉而在永福等地「拷掠紳民」，擅自拘押政府官員，種種不法行為終於讓自己惹來了殺身之禍，不久在柳州被守道龍文明用計擒拿，械送至桂林處死。覃裕春死後，其子覃鳴珂帶領部眾向龍文明尋仇，戰火波及柳州城。亂兵在城內外四處大掠，嚇得臨時駐蹕於此的永曆帝朱由榔不得不避往象州。隨後，瞿式耜與何騰蛟等人緊急出面斡旋，總算暫時平息了事態，使衝突沒有進一步擴大化。實際上，何騰蛟等文官越來越難以如臂使掌地指揮湖南親軍，此後，這支新軍逐漸變得和湖南當局收編的雜牌部隊沒有多大區別。

明朝收編的大順軍餘部以及左良玉舊部也沒有打過什麼漂亮仗。就拿廣為人知的「忠貞營」來說，自一六四六年（清順治三年，南明隆武二年）二月於荊州敗退後，便在李錦的率領之下向四川與湖北

交界的山區撤退，進駐巴東縣平陽三壩休整。孔有德殺入湖南後，這支部隊重新出山，在一六四七年（清順治四年，南明永曆元年）四月渡江，經施州衛、建始縣等地於同年七月來到彝陵一帶，可是已經來不及參加保衛湖南之役。只有王進才、郝搖旗等大順軍舊將與進犯湖南的清軍有過接觸，王進才在保衛長沙之役中乏善可陳，長沙失守，他與王允成合營一起南逃於溆浦、沅州之間，後來不想跟隨王允成降清，流亡黔陽之西，再退往九溪衛一帶，依附在湘西主持大局的堵胤錫。而郝搖旗本來奉何騰蛟之命出援江西，駐於郴州，當湖南告急時便回師桂陽，並派遣一千四百人前往翔鳳鋪阻擊清軍，但被護軍統領線國安、協領蘇郎等擊敗，只得在清軍主力抵達桂陽之前經永州撤往道州，最後為了避開藍拜的攻擊而離開湖南退入廣西，實力得以保存。至於馬進忠所部，在救援長沙失敗後已撤往湘西，正靜待東山再起的時機。總而言之，孔有德表面上戰果豐碩，但因為遠遠未能達到全殲湖廣明軍的目的，所以仍存在很大的隱患。

為了消滅永曆朝廷，孔有德決意把戰火從湖南引入廣西腹地，他分兵兩路出擊，不依不饒地追蹤朱由榔。策劃著一路由沅州以及貴州銅仁、黎平等處突入廣西；另一路從永州出發，企圖經興安、灌城等地殺過來。從種種跡象判斷，清軍下一個主要目標是桂林這個北可規楚，東可入粵的形勝之地。

桂林附近守軍不多，能戰的只有焦璉所部。雖然從湖南撤出的何騰蛟欲帶著趙印選、吳一青等明軍雜牌部隊趕往此地助戰，可仍沒有擊退清軍的把握。所幸的是，與何騰蛟關係比較融洽的郝搖旗忽然率一萬多久經沙場的部屬轉移到這裡，總算能夠有效增強明軍的城防力量。不料，留守城中的大學士瞿式耜和兩廣總督於元燁竟然仇視「流寇」出身的郝搖旗，將之拒之門外。督餉僉都禦史蕭琦、廣西巡按魯可藻等人為了避免出現內訌而進行調解，而稍後率軍到達的盧鼎也加入斡旋，敵對雙方才言

歸於好。

為了保衛桂林，何騰蛟、瞿式耜讓焦璉、郝搖旗、盧鼎、趙印選、胡一青分扼城池附近的興安、靈川、永寧、義寧等處，以為屏障。而興安以北的全州成了兩軍爭奪的焦點。十一月，耿仲明、屯泰、董英等率清兵趾高氣揚地向全州方向逼近，滿以為不用花費多少力氣就能打通前往桂林之路。

郝搖旗聽到何騰蛟進駐的興安傳來警報，一面分兵扼守興安西南的灌陽，一面親自率主力越過興安而北上救援，並於十一月十三日早晨與趙、胡、焦、盧諸將一齊來到距離全州二十里的腳山。當趙、胡、焦、盧諸將沿著大路繼續向前挺進時，郝搖旗獨自走小路，於中午時分悄悄抵達全州北關，並身先士卒帶著標鎮騎兵這支精銳部隊向敵營發起猛攻，出其不意地將不可一世的清軍打得落荒而逃，隨後乘勝北追三十里，斬獲千餘敵人首級，生擒二名俘虜，奪得三百餘匹大西馬以及數量眾多的小馬，還繳獲不計其數的火炮、弓箭、盔甲等軍械。明軍總算打贏了一仗，而透過奇襲的方式獲勝的郝搖旗所部，沿用的仍舊是大順軍倚重騎兵突陣的老戰術，顯示這支大順軍舊部雖然日趨沒落，但在生死攸關之際仍能集中力量發起破釜沉舟的一擊。

全州大捷之後，朱由榔終於放心地於十二月初五返回桂林。誰知太平日子還沒過幾天，仗又要打起來了。清軍在全州之敗後北撤數十里，暫駐於黃沙鎮。孔有德不甘受到自出兵以來最大的挫折，他調兵遣將，準備重振旗鼓，隨時展開新一輪的攻勢。廣東清將李成棟用武力鎮壓了省內幾股規模比較大的抗清武裝後，得以騰出手來向廣西發起試探性攻擊，重占梧州，從東面威脅桂林。郝搖旗等人害怕留在桂林的老營受到攻擊，遂從前線撤回。其他明軍也陸續南撤，只留下唐文曜等將領帶少數人馬

▲永曆帝玉璽。

駐守全州。不料唐文曜等人喪失鬥志，於十二月十七日屈膝投降，全州就這樣不戰而送給了對手。

連取平溪、永寧寨與全州的孔有德打開了南下之道，欲經嚴關、興安向桂林推進。駐於興安的何騰蛟帶著胡一青等守將棄地而逃，致使郝搖旗派來增援的一千騎兵因來不及撤退而盡數戰死。敗訊傳來，郝搖旗連忙帶著朱由榔離開桂林，以避敵鋒芒，同時縱兵在城內大掠，打算留一座空城給清軍。然而，瞿式耜堅決反對撤退。自永福趕到的何騰蛟站在了瞿式耜這一邊，督促焦璉、胡一青等將進入危城防守。留守的各路明軍於一六四八年（清順治五年，南明永曆二年）三月二十日毫不畏懼地與進至城外的敵人展開大戰，焦璉奮臂高呼，帶頭衝鋒，在友軍的配合下，以「哀兵必勝」的氣概打退了這股立足未穩的清軍的先頭部隊。不過，明軍未能大量殲滅來犯之敵，戰局仍然不明朗。孔有德完全可能調動全州的後繼部隊再次捲土重來，集中全力搗毀這個廣西重鎮。

意外的是，清軍卻反其道而行之，突然全部往後退，迅速撤出了廣西。原來，江西提督總兵金聲桓宣佈反正，致使長江以南的局勢發生劇變，清廷下令孔有德所部立即北返，退出廣西、離開湖南，以免側後方受到威脅。而清軍的這次南征也暫告一段落。

孔有德僅用半年時間就基本平定了湖南、重創以及招降了大量明軍。雖然在進軍廣西時相繼在全州與桂林受挫，可主力並未受損，最後奉命班師回朝，也算是完成了清朝賦予的任務，又一次有力地證明了漢人藩王的隊伍勝任在南方的作戰任務。孔有德所部既然離開湖南，那麼該省就有可能被反攻的明軍奪回。多爾袞等滿洲貴族統治者不可能不會清楚這一點，但他們還是做出了將主力從湖南撤回的決策，這表明，在滿洲統治者的眼中，保存主力比湖南的得失更重要。

朝不保夕的南明永曆朝廷仍得以苟存下去，與金聲桓恰逢其時的反正有莫大的關係。金聲桓本來

是左良玉的舊將，其部隊在南方的各路明軍之中也算是出類拔萃的，他降清以後負責經略江西，先後收取包括南昌在內的十三府與七十二州縣，可說是不需要滿洲兵馬與錢糧的援助，僅靠轄下的綠營兵便立下了首屈一指的功勞。金聲桓自以為勞苦功高，向清廷伸手要官，要求授予他節制江西文武官員以及便宜行事的權力。如果能得到朝廷的同意，那麼金聲桓的權力就幾乎可以等同於多鐸、阿濟格、勒克德渾、博洛、孔有德等曾任「大將軍」之職的王公貴族了。清廷當然不會允許一個入關後才來投降的綠營將領有這樣大的權力，只是敷衍式地將他的職位改為提督江西軍務總兵官，還特別聲明凡是遇到「勦撫機宜事關重大者」，綠營提督都應該與巡撫、巡按等文官商量，並且強調最後的決定要由內院大學士洪承疇來裁奪。金聲桓對此非常失望，他過去曾受到萬元吉、楊廷麟等明朝遺臣的策反，早已蘊藏著叛清的念頭，當時又與新任江西巡撫章于天、巡按董學成等不諧，再加上在地方勒索的錢財上分贓不均，終於圖窮匕見，於一六四八年（清順治五年，南明永曆二年）正月二十七日豎起了反清的大旗，擒殺了董學成，脅迫章于天為己效勞。

金聲桓的反正與滿洲貴族統治者長期歧視南明降人的所作所為有關。順治帝多年以後不得不承認：「本朝開創之初，睿王（指多爾袞）攝政，攻下江、浙、閩、廣等處，所降者多被誅戮。」就以湖南降清的南明武將為例，有不止一人被濫殺。《三湘從事錄》記載軍閥黃朝宣於一六四七年（清順治四年，南明永曆元年）四月在衡州投降，結果為官多年獲得的「子女玉帛」俱被勝利者奪走，因而有悔恨降清之意，為此招來殺身之禍。「虜帥（指清軍將領）」令數十騎兵埋伏於花藥寺巷口，亂箭射死了朝宣。此外，鎮守武岡的軍閥劉承胤於同年八月投降後，也與黃朝宣下場一樣。《爝火錄》記載：「承胤既降，北帥（指清軍將領）惡其賣國不忠，斬之於漢陽。」還有一種說法是清將想霸佔劉承胤的財

產，假裝宴請劉承胤，在觥籌交錯之際乘其不備下了毒手（也有人認為，清軍殺劉承胤是在金聲桓反正之後，同時被殺的還有降清的偏沅巡撫傅上瑞。孔有德這個在關外歸清的舊漢臣之所以先下手為強，主要是為了防止某些新近歸附的南明文武官員被金聲桓策反）。總之，如果沒有多爾袞的默許，旗人軍官以及那些在關外歸附的舊漢臣應當不敢擅自作主，隨意殺死降人。歸根結底，這都與清朝實行的「推崇滿洲」以及重用關外歸附舊漢臣的政策脫離不了關係，就算是八旗軍中地位低微的負責「放馬」的廝役，也敢用鞭子捶打關內地方府縣的漢人官僚，甚至連京師之中的「吏部卿貳」也往往受到鞭撻，時人對這種以下淩上、「法紀混淆」的反常之事已經恬不為怪。八旗的下層人員都放肆成這樣，那些高高在上的王公貴族更不必說了，難怪他們視南明降人為草芥。顯然，一些旗人官兵以及關外歸附舊漢臣在滿洲貴族的縱容之下變得有恃無恐起來，而漢人文官常常是忍氣吞聲、逆來順受。可是某些南明降將則不同，他們手中是掌握著兵權的，如果實在忍受不了，隨時會冒死反噬。當帶頭反正的金聲桓點燃了導火線，勢必在降將之中引起了激烈連鎖反應。

鋌而走險的金聲桓在副手王得仁的支持下迅速控制南昌、九江、湖口、南康、饒州等處，並得到了吉安與袁州守將的回應。除了贛州、廣昌等少數府州，江西大部分地方宣告脫離清朝的統治，而鄰近的湖北、安徽等地的抗清勢力乘機變得更加活躍。金聲桓本想趁熱打鐵而向長江流域發展，必要時沿江而下直取南明故都南京，可是擔憂仍忠於清朝的贛州守軍在背後搗亂。因為位於江西南部的贛州城防堅固，易守難攻，處於聯絡湖南、福建與廣東的要衝，歷來是兵家必爭之地，不容忽視。為了解決後顧之憂，金聲桓在三月上旬集中力量，以號稱二十萬的兵員從水陸兩路南下圍攻贛州，試圖啃下這塊硬骨頭。贛州總兵胡有升、巡撫劉武元等都是早在關外就已歸附的舊漢臣，情願死心塌地地為清

朝賣命，此外協守的還有高進庫，他本是四鎮將領之一高傑的手下，具有一定的指揮能力。城內共有七千守軍，除了參加協守的徐啟仁因畏戰而帶一千人逃回南安之外，尚餘六千死守到底。金聲桓不惜圍城數月，力圖搶在清朝的援兵到達之前攻下此城。

贛州之戰正打得如火如荼，李成棟在廣東又宣佈與清朝決裂。李成棟也是高傑的手下將領，諢號「李訶子」，在多鐸南征的時候降清，其後隨軍出征江蘇、浙江、福建與兩廣，不但打下了大片土地，而且在顛覆南明隆武與紹武政權的過程中起了較大的作用，參與殺死及俘獲朱聿鍵、朱聿兩兄弟。他自認為立下卓著的功勳，完全夠資格做個總督，掌握兩廣的軍政大權，可僅當了個無權插手地方政務的提督，只是帶著綠營兵東奔西跑，在疆場上效犬馬之勞。李成棟屬意的兩廣總督一職被佟養甲所得。佟養甲出自關外遼陽的佟氏世家，這個家族有不少人在清軍入關之前已為清朝效力，而佟養甲憑此背景在沒有顯赫戰績的情況下得以出人意料地成為兩廣總督兼廣東巡撫。這種現象表面反常，但與清朝重用關外歸附舊漢臣的政策是一致的。佟養甲或許是想安撫不服氣的李成棟，便於一六四七年（清順治四年，南明永曆元年）五月向朝廷請求把李成棟及其部下杜永和等人的家屬從松江搬遷來廣州（李成棟在南征浙江、福建與兩廣之前曾出任駐地在松江的吳淞總兵，因而他本人以及部下都還有不少家屬留在原地，無形中成為了清朝的人質）。清廷出於對佟氏一族的信任，自然不便加以阻撓，故李成棟等人得以順利將一批家屬接到了廣州，減少了叛清的後顧之憂。但即使如此仍避免不了李成棟後來的叛清，可見佟養甲事與願違，弄巧成拙。

李成棟之所以叛清還與廣東風起雲湧的反清形勢有關，他雖然鎮壓各地的抗清勢力，但耳聞目睹反清義士的視死而歸與屢僕屢起，因此深受觸動，知道清朝尚未得到人心，南明也絕非沒有中興的機

會。而他身邊一些具有民族氣節的謀士以及家人亦不失時機加以勸說，促使他與清朝決裂。當金聲桓、王得仁在江西反正的消息傳來，對清朝深感不滿的李成棟感到機會來臨，遂毅然跟風，於一六四八年（清順治五年，南明永曆二年）四月中旬召集五萬官兵於廣州軍校場，以索餉為名嘩變，順勢宣告投明。驚慌失措的佟養甲為了保命，無奈地蓄髮改裝，跟著李成棟尊奉永曆帝朱由榔為主。

金聲桓、李成棟這兩位清朝入關以來戰功最為顯著的綠營將領宣佈反正，不但使南明憑空得到了一大批如狼似虎的軍隊，而且隨著江西、廣東兩省歸附，原本極端不利的戰略態勢得到了很大的改善。好消息不斷傳來，就連遠在山西大同的總兵姜鑲，也步金聲桓、李成棟的後塵與清朝鬧翻，具體原因離不開旗人的胡作非為。那時，平民百姓容易受到旗人各種各樣的騷擾與欺侮，其中包括強買強賣、放高利貸、搶劫、調戲婦女、強姦、殺人等等，清廷雖然三令五申禁止不法之徒擾民，可因為執法不嚴，故屢禁不止。例如《香祖筆記》記載曾有漢人文官上疏朝廷坦言旗人放高利貸害民之事，然而以征服者自居的多爾袞強硬地回應：「放債（指放高利貸）原有明示，願者借之，借者自應如數償還，何虐之有？」並警告漢官：「以後若再胡言，重法不宥！」由於滿洲貴族統治者的有意縱容，使得關內的官紳地主亦深受其害。《荷牐叢談》就拿辛未會元榜眼的吳偉業來作文章。吳偉業是復社領袖張溥的弟子，

▲吳偉業之像。

當時薄有才名，「詩詞佳甚」，明清鼎革之際，他腆顏作了貳臣，仕清為官，攜帶姬妾前往北京。誰知遭到飛來橫禍，竟有滿人以拜謁為名闖入其家內室，對他的姬妾「恣意宣淫」。受辱不堪的吳偉業自知胳膊拗不過大腿，只得自嘆倒楣，「告假而歸」。同類問題一樣困擾著大同總兵姜鑲，據說博洛王爺路過大同時，因馭下不嚴引起了一場風波。外國傳教士撰寫的《韃靼戰紀》對此事的來龍去脈進行了敘述：「此城的婦女被認為是全中國最美的，因此碰巧，使臣（指博洛轄下負責與蒙古諸部聯絡的臣子）的隨從強暴了幾名婦女，還劫走了一個正送往夫家，名門的女兒，這是中國人前所未聞的事。百姓向替韃靼（指滿人）鎮守那一方的姜（指姜鑲）申訴這些暴行。他認為這是恥辱，派人向博洛王索還新嫁娘，請他禁止再出現這些暴行，博洛王對此充耳不聞。於是姜親自去見他，但遭到輕視，乃至被趕出宅門。」《清實錄》記載親王阿濟格與郡王博洛、碩塞率領拜尹圖、傅勒赫、岳樂、鰲拜等人於一六四八年（清順治五年，南明永曆二年）十一月「統兵戍守大同」，這樁醜聞可能發生在此期間。

大同總兵姜鑲與滿洲貴族統治者早就互有心病，此人在李自成敗於山海關後選擇了降清，可由於在一六四四年（明崇禎十七年，清順治元年）六月擅自擁立明朝宗室朱鼎珊以收攏人心，結果被多爾袞痛斥。姜鑲自以為不遠千里率領邊塞軍民歸清，並出兵參與攻打大順軍，立下大功，可不但遲遲未能獲得如願以償的「升賞」，反而受到猜忌，故對清廷日益不滿。多爾袞於一六四八年（清順治五年，南明永曆二年）十一月先令阿濟格、博洛、碩塞等人戍邊，不久又讓郡王瓦克達率領尚善、吞齊、紮喀納、韓岱等率兵前來阿濟格軍前、與之一起駐守大同一帶，對外宣稱是為了防範漠北蒙古喀爾喀部進犯。可當時正值江西金聲桓與廣東李成棟反清的敏感時期，這麼多滿洲貴族將領同時集結於大同地區，難免會使姜鑲懷疑多爾袞想製造藉口除掉自己。再加上博洛的手下在城內胡作非為，而阿濟格又

以「催辦糧草」為名「動輒欲行殺戮」，使得「紳士、軍民苦不可當」，逐漸使得局面變得無法收拾。十二月初三日，姜鑲等到大同總督、知府各官出城驗收軍用草料後，立即關閉城門，宣佈反正。附近十一座城鎮聞風而起，予以回應。接著山西其他地方也掀起了反清浪潮，蒲州、臨晉、寧武、岢嵐、代州、五台、忻州、山陽、潞安、興縣、芮城、平陸、盂縣等地的軍民紛紛打出復明的旗幟，只有太原等少數城池除外。在此前後，陝西、四川等地的王光興、李占春、譚文、譚洪等明朝舊將也抓緊時機四處擴張地盤。

隨著金聲桓、王得仁、李成棟等人的反戈一擊，關內的反清浪潮頓時高漲起來。狼狽不堪的清朝統治者顯然無法徵調足夠的兵力同時鎮壓全國各地的反對勢力，為了防止事勢的擴大化，竟悍然下令禁止民間私藏銃、炮、甲、冑、槍、刀、弓、矢等兵器，亦不許蓄養馬匹。只有參加武舉的「習武生童」可以養一匹馬以及擁有一張弓，外加九枝箭鏃大而寬的箭，以作日常操練之用。清廷還特別強調「習武生童」不能擁有箭鏃細而窄的梅針箭，因為這種箭可以從甲片與甲片之間的縫隙中穿過，對清軍的精良鎧甲造成嚴重威脅。這個禁令後來在實踐中證明副作用太大，會令手無寸鐵的平民百姓更容易屈服於敵對勢力之下，因而不得不廢除了。

退入廣西的永曆政權趁此大好形勢進行大規模的反攻。當孔有德、耿仲明、尚可喜等倉促撤回北京時，各路明軍於一六四八年（清順治五年，南明永曆二年）四月起競相前進，企求恢復廣西、貴州與湖南的失地。堵胤錫指揮馬進寶、王進才從湘西九溪衛、永定衛出發收復常德。劉承胤的部將陳友龍叛清歸明，收復了靖州、黎平、武岡、寶慶等地。瞿式耜、何騰蛟指揮曹志建、盧鼎、焦璉、趙印選先後收復全州、永州、衡州。根據清湖廣、四川總督羅繡錦與總兵線縉等寫給朝廷的揭貼，各路明

軍主要的裝備有綿甲、刀、槍、銃、炮等武器，作戰時先用火器或弓箭進行遠距離攻擊，然後再伺機展開近戰，很多部隊沿用的還是過去的舊戰術。

值得注意的是馬進寶在麻河之戰中的新打法。根據《永曆實錄》的記載「清金固山以援兵萬餘騎」由荊、澧地區前來，企圖重占常德，另外還有清軍水師自洞庭湖駛入沅江遙相呼應。臨危不懼的馬進忠先令小股部隊出城以且戰且退的辦法將清軍騎兵引至麻河，然後，他親自率主力飛速來到距離麻河十里之處迎戰，再與部將馬維興、楊進喜、劉之良帶著輕騎悄悄偵察敵情。只見敵騎遍佈原野，而無數敵人披掛的鎧甲在陽光的映照下閃閃爍爍，顯得特別耀眼。由於明軍騎兵的優勢並不顯著，馬進忠回營後與諸將商議破敵之策時，決定讓部分騎兵下馬，以步兵的方式作戰。而打頭陣的明軍全部用矛，緊跟在後面的將士則拿著巨斧，原因是槍、矛等長柄兵器以及斧頭一向被視為是對付重裝騎兵的利器。例如萬曆年間的北方良將戚繼光在親自編撰的《紀效新書》中對長槍的有關作用做過論述，他認為戰馬一般身高「三尺」、頸長「三尺」，而馬背上的騎兵距離地面的高度約為「六尺」。當騎兵揮舞著常用的三尺腰刀與步兵短兵相接之時，在尚未靠近步兵的情況下，極有可能受到重創。因為步兵手中的槍長達「一丈七八尺」，按理能夠利用長度上的優勢搶先擊中騎兵的喉嚨或「馬腹」。

兵法對此有過很好的概括：「短不接長，一寸長，一寸強。」當然，騎兵同樣可以配備長槍與長矛，但戚繼光指出騎兵用「一隻手照管馬轡」，另一隻手使用長柄兵器，顯得不太方便，倘若雙手拿著兵器，「又無人調馬」，亦不妥當。總之，騎兵要想充分發揮長柄兵器的優勢，最好的辦法是像步兵那樣下馬步行作戰。至於斧頭對騎兵的威脅，天啟年間兵部尚書王象乾說過具有代表性的話，他在明清戰爭

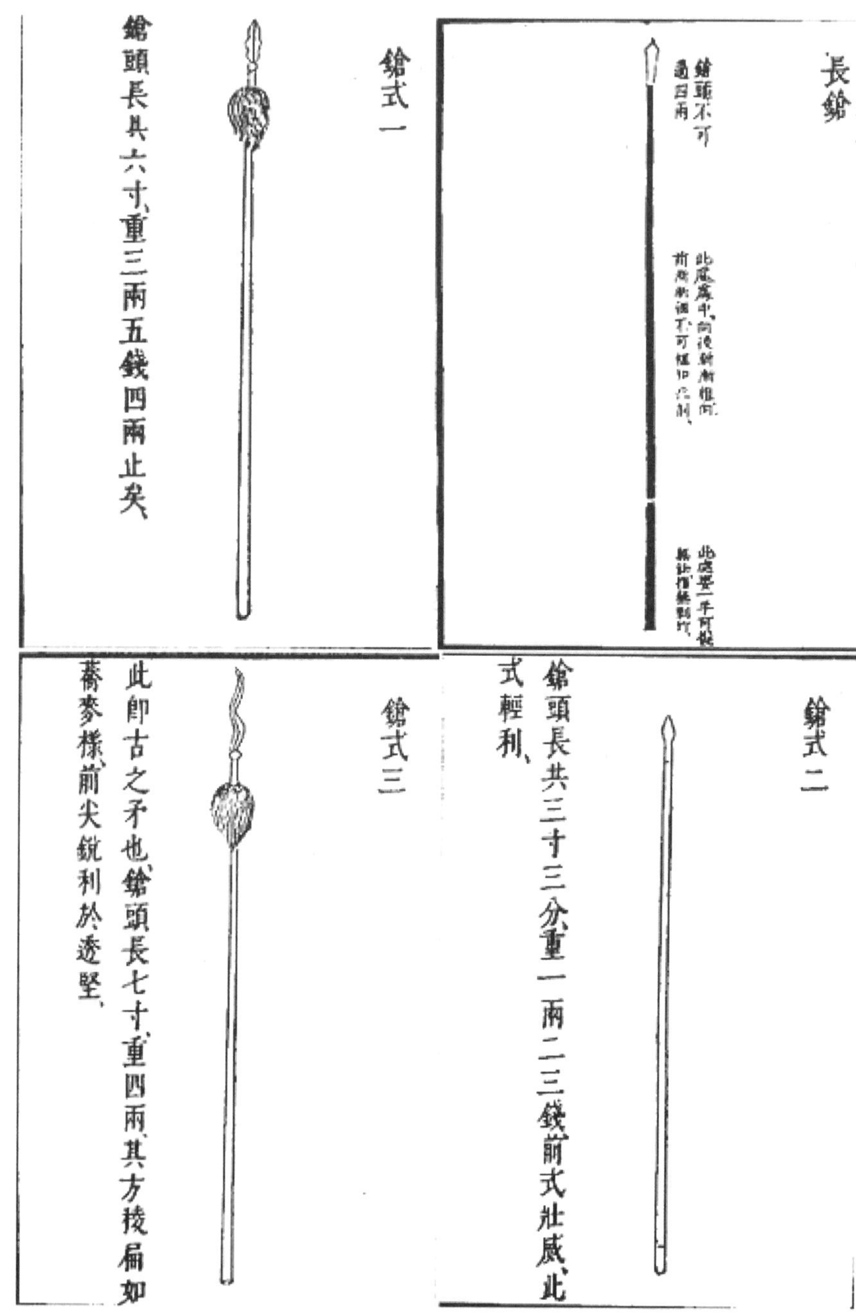
長鎗
鎗頭不可過四兩
此處腐中，向後漸漸粗，前端漸細，不可任中間制
此處要一手可握，緣訛構縣製竹
鎗式一
鎗頭長共六寸，重三兩五錢，四兩止矣，
鎗式二
鎗頭長共三寸三分，重一兩二三錢，前式壯威，此式輕利，
鎗式三
此即古之矛也，鎗頭長七寸，重四兩，其方稜扁如蕎麥様，前尖銳利於透堅，

▲明代各類槍。

爆發後為了保衛遼東而建議使用長斧對抗「重鎧輕刀」的八旗軍騎兵，因為長斧可以「上斬人胸，下斬馬足」，而騎兵一旦被擊中，無不人仰馬翻。又以南宋名將岳飛與韓世忠為例，認定這兩人是採取類似的戰法才能在抗金戰爭中旗開得勝。從以上的例子可以看出，馬進忠在麻河之戰使用矛、斧拒敵，具有一定的合理性。但令人詫異的是，他竟然命令打頭陣的明軍全部使用斷矛，為什麼呢？原來，長矛與長槍一樣，多數選取細長的竹、木製造，因而在刺向「勢如風雨」般衝來的騎兵時往往容易斷為兩截，正如戚繼光在兵書中所描寫的那樣，一槍有時僅可殺傷一匹馬，則不可再用。更要命的是，殘留在步兵手中的是半截沒有槍頭的斷杆，往往使之失去了自衛能力。顯然，長矛的缺點與長槍相似，故不難理解為何實戰經驗豐富的馬進忠會另闢蹊徑，要求手下把長矛折為兩截，企圖以半截矛頭進行廝殺，這樣做的結果是讓矛的長度變短了，從而減低了矛杆再次斷裂的危險，讓其相應延長了使用

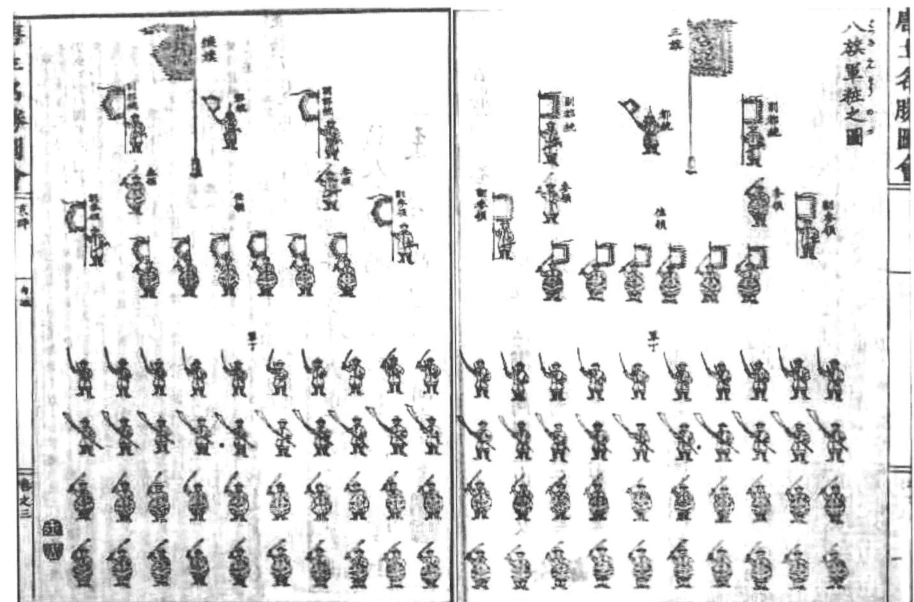

▲八旗軍陣圖。

壽命。然而，「一寸短，一寸險」，此舉無疑會令參戰官兵的危險性大增，因而需要極大的勇氣才敢踏上戰場與兇悍的敵人騎兵展開生死搏鬥。為了激起部隊的鬥志，以身作則的馬進忠與得力助手劉之良一起拿著斷矛衝在前頭，他倆大聲吶喊著，帶領先鋒部隊一鼓作氣地殺入清軍陣營，不停地用短矛從下往上刺向敵騎，重點攻擊騎兵身上甲葉遮蓋不到的地方，中者紛紛墜馬倒地。緊隨在後的大部隊揮舞著「萬斧」如砍瓜切菜般殺進來，勢不可當。而明軍的騎兵預備隊也不失時機地分為兩翼進行包抄，打得清軍落荒而逃。繳獲「馬騾、甲仗、簾帳」等物不可勝計。

這時，清軍水師對戰局的進展並不瞭解，仍按原計劃沿著沅江進軍，直抵德山。馬進忠準備與敵人再戰一場，他禁止城中生火煮飯，以免冒起炊煙暴露蹤跡，接著調兵遣將布下了一個口袋，讓楊國棟暗中埋伏在下流的蘆葦岸中，待機而動。清軍水師果然中計，誤以為前面是一座空城，便放心地在岸邊停泊，不知不覺地進入了明軍的口袋。馬進忠一聲令下，伏兵四起，一下子奪取了全部船隻。大多數驚慌失措的清軍選擇了投降，少數漏網之魚也在下游遭到楊國棟的邀擊而淪為俘虜。

至此，明軍水陸兩戰皆捷，據永曆朝廷文官錢秉鐙在《所知錄》的記載：「共斬首七千餘級，戰績特出。」而《永曆實錄》宣稱：「自南方興師以來，推麻河功第一。」類似的溢美之詞或許有所誇大，而清軍是否遭受過這樣大的傷亡也值得懷疑。可這一戰卻證實明軍已經逐漸能夠在實戰中克制清軍重裝騎兵。如果把麻河之戰與此前的潼溪之戰作一比較，就會發現馬進忠所部打得比湖南親軍要漂亮得多。這再一次表明，在對付重裝騎兵時，使用鳥銃作戰的火器手所能發揮的作用遠遠比不上使用矛、斧的步兵。由此可知，湖南親軍受到自身裝備與戰法的限制，再加上缺少實戰經驗，是其在作戰能力上未能超越馬進忠所部的原因之一。

清軍在長江以南處於被動狀態，導致湖北局勢不穩，前明降將王光泰率七八千人宣佈反正，殺死提督孫定遼，轉戰於襄陽、鄖陽等地。清廷讓吏部侍郎喀喀木帶著一支滿、漢部隊從北京趕來湖北，將叛軍驅往四川方向後，再暫駐於鄖陽。羅繡錦見湖南形勢危急，臨危抱佛腳地趕緊向朝廷提議把喀喀木所部移駐荊州，以防明軍北上。

然而，在湖南接連得勝的明軍突然發生了內訌，正受缺糧之苦的郝搖旗從柳州北上時偷襲了駐於武岡的陳友龍，以搶奪戰利品。這種不顧大局的行為不但令寶慶得而復失，也耽誤了攻打長沙的計劃。何騰蛟與陳友龍有私仇（陳友龍過去為清軍效力時曾經攻打過何騰蛟的家鄉五開衛，俘殺過何騰蛟的家人），對此樂見其成，採取的主要的善後措施只是調派部隊重新收復寶慶。而綱紀廢弛的永曆朝廷事後也不能追究挑起這場內訌的涉事者的責任。

郝搖旗作為南明收編的大順軍餘部，戰鬥力比許多雜牌部隊更勝一籌，可是在這次機會難得的反攻中卻拖了後腿，沒有殲滅多少清軍，只是專注於自相殘殺，吞併友軍。幸虧另一支由大順軍餘部改編的「忠貞營」在堵胤錫的力邀之下已經從夔東趕往湖南，經彝陵於九月來到常德。這支生力軍一旦加入戰團，必給清軍造成重大威脅。然而，隨著「忠貞營」的來到，明軍內部因為駐地問題發生了糾紛，馬進忠不滿堵胤錫強令自己將常德讓給「忠貞營」，竟採取極端手段來對抗，盡驅城內的居民出外，焚毀所有房屋，硬把常德折騰成一座空城，再轉移到武岡。而移駐寶慶的王進才亦棄城而走，使初來乍到的「忠貞營」在前線需要承擔更大的軍事壓力。即使如此，「忠貞營」在李錦、高一功等人的率領下還是克服了種種困難，從十月下旬離開常德開始反攻，相繼收復了益陽、湘潭、衡山等地，於十一月上旬正式圍攻長沙。至此，湖南大部分地區已經在永曆政權的掌控中。

總之，這場反攻持續到一六四八年（清順治五年，南明永曆二年）年底。清軍由於留守湖南的兵力過少，先後被打死的有巡撫李懋祖與總兵餘世忠等人，而總兵徐勇、張國柱被迫率殘部困守於湘鄉、長沙等少數地區。在此期間，廣西、湖南以及川東等地的佳音不絕，有時「一月之間，捷書數十至」，這種情況是南明成立以來所僅見的。永曆政權的控制範圍大幅度增長，囊括了兩廣、湖南、江西、四川、雲南與貴州七省的大部分地區。此外，山西、陝西以及東面沿海還有大批遙奉朱由榔為帝的抗清部隊。這個政權達到了歷史上的最盛時期，而朱由榔亦隨之移蹕廣東肇慶。

然而，朱由榔只不過是名義上的君主，總是有人覬覦其帝位，例如明宗室朱容藩於一六四八年（清順治五年，南明永曆二年）在一些地方軍閥的擁護下於四川夔州自稱「臨國」與「天下兵馬副元帥」，企圖另起爐灶。永曆朝廷的君臣們當然不能容忍，派大學士呂大器率西南諸軍出征，雖然在這場內戰中取勝，可是連續出現的內訌肯定會削弱抗清的力量。尤其離譜的是，偏安一隅的永曆君臣未能精誠團結，一致對外，內部的黨爭反而愈演愈烈，竟然有重蹈南明弘光政權的覆轍之勢。其中，在外督師的堵胤錫連同慶國公陳邦傳與朝中的大學士朱天麟、王化澄等人被政敵稱為「吳黨」。都御史袁彭年、禮部侍郎劉湘客、吏科給事中丁時魁、工科左給事中金堡、戶科右給事中蒙正發等勾結總督瞿式耜以及剛剛反正的李成棟，則結為「楚黨」。「吳」、「楚」兩黨針鋒相對，爭權奪利。接受堵胤錫指揮的「忠貞營」與李成棟所部亦各存畛域之見，談不上什麼配合。激烈的黨爭嚴重妨礙了抗清大業。

一六四八年（清順治五年，南明永曆二年）全國各地的反清活動雖然聲勢浩大，可是遠遠未能危及清朝的統治。清軍的主力並沒受損，很快就在多爾袞的運籌帷幄之下重振旗鼓，分路出擊，兇狠地鎮壓各地的抗清勢力，首當其衝的是江西。三月十五日，正黃旗固山額真譚泰奉命為征南大將軍、會

同鑲白旗固山額真何洛會以及背叛南明弘光政權的前四鎮將領劉良佐等一起統領大軍討伐金聲桓。值得注意的是，清廷的敕文中除了聲稱要屠戮「抗拒不順者」之外，特別強調對那些「不得已而後降者」，堅決「殺無赦」！這一切表明，江西即將面臨一場空前的血雨腥風。

金聲桓的錯誤決策也給了對手可乘之機，他反正之後既已占據南昌、九江等處，那麼完全可以順著鄱陽湖向長江流域發展，憑著水師縱橫大江南北，或許尚能與來自關外的八旗鐵騎分庭抗禮，正如古人所說的：「越兒舟、胡兒馬，各有所長。」況且，明朝開國皇帝朱元璋就是依靠水師在鄱陽湖取得決定性的勝利，才得以順利控制長江流域，為統一天下奠定牢固的基礎，雖然「此一時，彼一時」，但畢竟還有借鑒意義。誰知，他卻反其道而行之，錯誤地在三月上旬揮師南下攻打位於江西南部的贛州城，企求打通與湖南及廣東的聯繫，結果屯兵於堅城之外而進退失據，歷時約兩月，竟無尺寸之功。從北京遠道而來的譚泰所部得以有充分的時間長驅直入迫近江西，與從江寧趕到的固山額真朱馬喇、江南總督馬國柱等會師於安慶，輕鬆拿下九江、饒州等地，距離南昌越來越近。

面對來勢洶洶的滿、蒙、漢軍，金聲桓、王得仁無可奈何地中止了對贛州包圍，慌忙回師退保南昌，為此在撤軍的過程中遭到贛州守軍的偷襲而損失了一部分殿後軍隊。他們雖然搶先一步於五月十九日回到南昌，可是半個月後在城外攔截對手時卻吃了敗仗，不得不退回城中一味地固守下去。龜縮入城中的守軍實際上等於讓出鄱陽湖與長江的控制權，從而使得來犯之敵能夠充分利用水路運輸的優越條件，將號稱「富甲天下」的江浙地區的物資源源不斷地從長江下游調到前線，以便展開長期圍困。值得一提的是，八旗軍過去在關外與遼東明軍角逐了數十年，攻克過大淩河、松山、錦州等堅固的軍事據點，早已具備了豐富的長期圍城經驗，當時正好故技重施。

▲八旗護軍。

七月初十日，譚泰率部以志在必得的氣勢兵臨城下，四處強拉民夫在城外探掘壕溝，把南昌圍了個水泄不通，並在城外排列上千門大大小小的火炮，晝夜攻打不休。不甘束手待斃的守軍曾多次出外反擊，雖然全都功虧一簣，但也給對手製造了不少麻煩，例如一等梅勒章京顧納岱就在一場攻防戰中被炮彈打死。然而，清軍依靠後勤的優勢一直堅持圍困了八個月。到了第二年正月，城內的物資儲備逐漸消耗殆盡，彈盡糧絕的守軍已經瀕臨絕境。最後的時刻來到了，固山額真何洛會在十八日這一天帶領護軍參領喀爾他喇、署甲喇章京根特巴圖魯等選擇城南為突破口，豎起雲梯強行進攻。一直打到十九日午後，捷足先登的蒙古兵擊潰精疲力竭的守兵，破城而入。金聲桓身中兩箭而投水自盡，仍被撈上來磔屍示眾。王得仁在突圍的過程中被俘，受酷刑而死。其餘參與起事的大學士姜曰廣等人也自殺的自殺、戰死的戰死。南昌易主後，九江、南康、瑞州、臨江、袁州等府也重新被清軍平定。

在南昌長達八個月的圍攻期間，儘管與江西毗鄰的湖南集結了不少明軍，然而沒有得力的部隊前往解圍。這一方面是因為湖南尚未徹底收復，例如永州一直延遲至十一月初才拿下，而長沙始終未能到手；另一方面，久經戰亂的湖南地區也很難籌集到足夠的糧食，以確保部隊救援江西時不至於餓肚子。

湖南的情況糟糕到什麼地步呢？早在孔有德率軍大舉南下期間，奉清廷之命巡按湖廣湖南的監察禦史張懋熺曾經於一六四七年（清順治四年，南明永曆元年）六月對自己的所見所聞作了一番描述，他的揭帖中稱：「岳州在戰亂中遭到『極慘』的『焚毀殺戮』，而巴陵『為最慘』，此地『自壬午（指一六四二年）以來，無歲不被焚殺，無地不為戰場』，再加上遇上荒年，以致成為『骼胔盈道，蓬蒿滿城』的人間地獄。」他自岳州至長沙的途中，自己出資雇請役夫，自備糧食，夜宿於草叢之中，晝食於樹下，而所經的村莊沒有廬舍，路上不見一個行人，可謂「慘目駭心，無圖可繪」。到達長沙後，發覺該城形同廢墟，裡面的房屋大多已毀於戰火，居民亦棄家遠遁，躲藏於城外的「山岩湖澨」之處，以苟且偷生。衡州的情況好不到哪裡去，除了連年被「兵寇殺擄」之外，農業收成也不好，由於上一年「顆粒無收」，因而今年的春夏兩季「米價騰湧，百姓餓死大半」。至於常德，雖然沒有像岳州那樣遭到「極慘」的殺戮，可是曾經「久據」此地的馬進忠等人卻進行了竭澤而漁的搜刮，同樣殘破不堪。一管窺全豹，從張懋熺在岳州、長沙等地的見聞可知湖南地區所受到的深重災難。

從那時候起，一直到明軍於一六四八年（清順治五年，南明永曆二年）四月發起全線攻勢為止，其間大大小小的戰事不斷地持續發生，湖南的情況更是雪上加霜。由此可知，郝搖旗在參加收復湖南的行動時為什麼會冒天下之大不韙而偷襲友軍以及搶奪戰利品，原因之一就是受到缺糧的困擾。號稱擁有兩廣、四川、雲南與貴州等數省大部分地區的永曆朝廷，實際形同一盤散沙，大大小小的軍閥割據一方，

各自為政。因而，不可能從其他地區調糧支援湖南。綜上所述，何騰蛟、瞿式耜等人在湖南作戰尚且軍糧不足，如果真要調兵救援江西的金聲桓，更加不可能為出征的部隊妥善解決後勤供應問題。

毋庸諱言，何騰蛟、瞿式耜等人遲遲不救援江西也與他們在政治上的短視有重大關係，他們不是不懂「唇亡齒寒」的道理，可是出於保存實力等私心自用的原因而在困難面前卻步了。而專注於湖南的何騰蛟自從長沙失守後心中有愧，一直盤算著如何親自奪回這座城市。當時，忠貞營已經從一六四八年（清順治五年，南明永曆二年）十一月十一日起正式開始圍攻城內只有三千清軍的長沙，眼看就快得手了，想不到何騰蛟為了搶奪光復長沙的歷史榮譽，竟以督師之尊強令堵胤錫於十六日把忠貞營調往江西，表面上的理由是金聲桓需要救援，但真正的目的是想在「調虎離山」之後讓自己轄下的馬進忠、王進才、張光翠等雜牌部隊控制這個唾手可得的重鎮。然而，忠貞營離開後，何騰蛟計劃攻佔長沙的各部隊卻遲遲未能完成集結，而拿下該城也遙遙無期。這位剛愎自用的南明督師不知道，一場滅頂之災正在毫無預兆地向他襲來。原來，清廷在這一年的九月已令和碩鄭親王濟爾哈朗為定遠大將軍，統兵討湖廣，主要打擊對象是「逆賊李錦」。可見清朝統治者對「忠貞營」介入湖南戰事充滿了戒備之心，並終於作出強烈的反應。陰差陽錯的是，「忠貞營」恰巧不在湖南，故李錦逃過一劫，欲染指長沙的何騰蛟反而成了替死鬼。

從京城出發的濟爾哈朗所部經山東、湖北，於一六四九年（清順治六年，南明永曆三年）正月進入湖南，風馳電掣般衝向長沙，打得沿途的明軍四散而潰。順利在長沙附近渡江而過後，多羅順承郡王勒克德渾、固山額真阿濟格尼堪統率部分八旗前鋒兵、護軍為前哨，快馬加鞭地向湘潭疾馳過來。濟爾哈朗率主力尾隨而進。因為此時的何騰蛟已經和馬進忠所率的千餘先頭部隊會合，正巧進駐長沙

附近的湘潭，成為了清軍絕佳的攻擊目標。

馬進忠萬萬沒有想到湘潭竟然會在二十一日被萬餘八旗前哨部隊包圍，他由於在內部紛爭中消耗了很大一部分精力，故與數月之前的麻河之戰判若兩人，早失去了孤軍拒敵的勇氣，只是忙不迭地奪門而出，終於僥倖逃脫。而曾經在麻河之戰中有過出色表現的前營副將楊進喜當時正在理髮，他得知部隊不戰而潰，大叫：「朝廷不惜以高爵養我輩，為的是什嗎？況且我軍迎何公（指何騰蛟）至此，怎忍棄之不理？」言畢，這員號稱「驍勇為三軍之最」的將領連兜鍪也不戴，揮刀上馬馳向城中，欲救出何騰蛟，他在巷戰中手刃數名清兵，不幸額部中箭，顱腦貫穿而死。

這一天的氣候惡劣，雨水夾著雪花飛飄而下，使清軍的突襲更具有突然性。猝不及防的何騰蛟在匆忙突圍時人疲馬困，沿途隨從不斷散去，他好不容易來到江邊，正想乘馬登舟之際，被終於追上來的清軍截住了去路。最後的時刻到來了，這位湖南明軍的最高指揮官毫無懼色，大呼：「我何督部也！當明白死，奴輩勿得淩我！」並從容下馬，步行至城南佛庵，嚴詞拒絕清朝的多次招降，最後被殺。何騰蛟死後，《明史》等傳統史籍對他的評價非常高，儘管他生前能力有限，不能完全勝任封疆要職，可是由於他被俘後寧死不降，保持了「威武不能屈」的氣節，故譽之為「靡有二心」、「百折不回」的忠臣，被褒揚為明朝士大夫階層的模範人物。

何騰蛟既死，奉朝廷之命「督楚師」的文官還有瞿式耜、堵胤錫等人，但均未能力挽狂瀾。而清軍捕殺何騰蛟之後，越發氣焰囂張，肆無忌憚地到處攻擊群龍無首的湖南明軍。尚書阿哈尼堪、固山額真劉之源等率領一旅殺向寶慶，固山額真佟圖賴、伊拜等率領一旅殺向衡州，而濟爾哈朗本人親率主力經永興、直取郴州，試圖尋找忠貞營決戰。

忠貞營在稍早之前倉促離開長沙之後，沒有立即前往南昌解救金聲桓，而是暫駐於湖南、江西、廣東三省的交界之地郴州。當八旗勁旅於這年四月氣勢洶洶撲過來，堵胤錫、李錦等人自知不敵，繼續南撤以避其鋒芒。此後兩三月間，徘徊於寶慶、衡州、沅州、靖州等處的王進才、馬進忠、袁宗第、劉體純等部亦紛紛放棄駐地，湖南大部分地區得而復失。就此而言，各路明軍在戰略上的協調作戰能力與前些年相比沒有明顯提高的跡象，孔有德離開時他們一窩蜂地湧上前去收復失地，濟爾哈朗返回時他們又一窩蜂地退下來，總之，亂哄哄地轉了一圈又回到原點。

清軍長驅直入廣西，佔領了全州。南明將領焦璉分三路企圖反攻，但遭到勒克德渾轄下前鋒統領席特庫等人的阻擊而一籌莫展。不久，濟爾哈朗率兵趕來增援，明軍只得退保桂林。其後，清軍分兵出擊，相繼剿滅了道州、永州、長寧縣、烏撒城等地的殘餘明軍，其中護軍統領伊爾都齊帶領的前鋒部隊一直打到貴州黎平府、永從縣，擊潰了滯留於當地的郝搖旗所部。戰爭持續到年底時，湘、桂、黔三地已有六十餘城被清朝控制。濟爾哈朗終於用霹靂手段穩定了兩湖局勢，成功掩護江西友軍的側翼，讓譚泰能夠心無旁騖地圍攻南昌，並最後完成了克城的任務。

江西、湖南烽煙遍地之際，廣東的李成棟也沒有閒著，準備出兵北上。被迫跟隨李成棟反正的佟養甲暗中派人攜帶書信前往贛州，希望與當地的清軍互通音訊，圖謀不軌，不料，書信被李成棟的巡邏兵截獲，以致陰謀敗露。李成棟的養子李元胤設計將佟養甲騙至梧州，於一六四八年（清順治五年，南明永曆二年）年底將之殺死。《南明野史》等史籍記載，跟隨佟養甲的三千「北兵」也未能倖免。當時，李成棟派遣都督張世新、張祥運送餉銀十萬兩至梧州，以犒師為名在城內的井水寺發餉。領到餉銀的「北兵」不虞有詐，聽從安排從寺旁的小巷魚貫而出，結果逐個被預先藏於巷內的伏兵殺死，

「三千人無一得脫」。根據學者的研究，這三千「北兵」皆是滿洲將士，可見八旗軍在廣東反正期間未能置於事外，並且損失慘重。

當初，佟養甲、李成棟從福建南下時所帶領的本部兵馬不過數千人，經過兩年的角逐，因病故、陣亡以及互相殘殺等原因，已減少一半以上。如今為了適應新的形勢，李成棟不擇手段地急劇擴軍，而部隊人數亦變得良莠不齊，戰鬥力每況愈下。李成棟反正後曾經兩次出兵江西，時間都很短暫。第一次是在一六四八年（清順治五年，南明永曆二年）十月一日，他率十萬烏合之眾到達贛州城下，但立足未穩而遭到守軍的突然襲擊而折損了一萬人，僅僅待了一天就不得不潰退回廣東。第二次是在一六四九年（清順治六年，南明永曆三年）二月下旬，他從廣東重新殺回江西，企圖先佔領贛州週邊的雩縣等城，再全力占取贛州。可是，此時形勢逆轉，南昌已經被清朝控制，部分八旗軍得以騰出手來支援贛州守軍。對敵情不夠瞭解的李成棟終於碰了個大釘子，在贛州附近的信豐等地被優勢之敵打得大敗，他於三月初倉促逃亡，但驅馬渡河時竟然摔了個跟頭，意外落水淹死，從此消失在歷史的洪流中。其後，兩廣總督由李成棟的部下杜永和接任。可惜，杜永和威望不夠，難以號令諸將，而廣東局勢也變得危機四伏。

何騰蛟、金聲桓、王得仁、李成棟等名噪一時的人物相繼死亡。永曆朝廷的中興只是曇花一現，由於在湖南、江西喪師失地，這個政權再度瀕臨絕境。連戰連捷的各路八旗軍理應乘勝深入，一氣呵成地直搗兩廣地區，刻不容緩地追殺永曆帝朱由榔。想不到清廷卻分別於一六四九年（清順治六年，南明永曆三年）三月、八月命令譚泰與濟爾哈朗班師回朝。這是因為北方形勢不太樂觀，晉、陝地區抗清烽火正在此起彼伏，特別是大同總兵姜鑲叛清歸明一事遲遲未能解決，讓多爾衮大傷腦筋。

儘管山西的形勢表面上不利於清朝，有不少州縣回應大同的反正，可舉義者基本處於自行其是的狀態，既沒有大量殲滅當地的清軍主力，也未能徹底顛覆清朝的統治。更重要的是，山西的戰略位置對姜鑲等叛清歸明者來說並不是很理想，因為清朝可以從京畿、河南、陝西以及塞外的漠南蒙古等處對該省的東、南、西、北各個方向形成嚴密的戰略包圍。

儘管清朝沒有料到大同會發生兵變，但滿洲統治者事後的反應卻很迅速。在山西邊塞監視漠北蒙古喀爾喀部的阿濟格得知姜鑲於十二月初三日宣佈反清後，只用了一天功夫調兵遣將，就切斷了該城與外界的聯繫，重新取得了主動，迫使姜鑲坐困愁城。

不過，對於大同這座城防非常堅固的邊塞重鎮，清朝就算動用紅衣大炮也無法在短期內奪取，因而只能故技重施，在城外「築牆、掘壕」，採取長期圍困的戰法，可付出的代價卻超過了在江西對南昌的圍困。主要原因有兩個：其一是十七世紀前後的中國古代正處於「小冰河期」，而塞內外地區由於初霜期提早來臨而致使寒冷的冬季變得更加漫長，瀕臨漠南的大同地區也不例外，《戒庵老人筆記》記載此地的寒冷程度僅次於遼東，其氣候有時竟然到了「寒極似火」的地步。據說有人在寒冬的早晨打開城門時不慎觸及門鎖，馬上被凍傷，手指上的皮膚皆盡壞死，彷彿受到火燒一樣，真有「墜指裂膚之慘」。在這一氣候條件下，當地屯田的規模早已大減，而糧食亦不能自給自足，主要仰賴內地的供應。而北方經濟又比不上南方發達，自元代以來，以京畿為中心的北方地區需要經運河從南方調來大量糧食、物資，進行補給。當一些糧食千里迢迢運到大同時，所付出的成本無疑非常昂貴。其二是從內地前往大同，要走很長的陸路。而陸路運糧比起水路運糧要麻煩得多，無論是依靠人力或者畜力，運載量均遠遠比不上大型船隻。況且，參與運糧的役夫與牲畜除了本身需要消耗一定糧草，還容易因櫛風沐雨、過度疲勞而

受到疾病、死亡的威脅，一旦出現意外，那麼將不得不把所負的糧食拋棄在路途上，以致造成額外的損失。綜上所述，圍困大同的清軍既遠離富裕的南方，又需要依靠陸路運糧，顯然在後勤保障方面比不上擁有長江的控制權、能夠充分利用水路將江南物資快速調來調去的南方清軍。

即使困難重重，多爾袞仍不惜代價，力圖把北方的反清浪潮壓下去。他不惜親自出馬，會同先行趕到大同的阿濟格，計劃大動干戈。後來相繼參戰的還有剛剛升為親王的碩塞、博洛、尼堪以及滿達海、瓦達克，還有額爾楚渾、莫爾祜等宗室貴族。就這樣，滿、蒙、漢八旗軍隊興師動眾、陸續雲集於山西，從一六四八年（清順治五年，南明永曆二年）十二月初起對大同展開了長達數月的圍困，後來又在陝西總督孟喬芳等綠營部隊的協助下，平息山西其他地方的叛亂。其間，北京傳來了多鐸因染上天花而病危的消息，致使多爾袞不得不於一六四九年（清順治六年，南明永曆三年）三月匆匆返京探望。前線戰事仍舊繼續，局面遲遲難以打破。儘管多爾袞一再發出招撫的指示，並擺出妥協的姿態，宣佈只要姜鑲投降，則可赦免所有的「罪行」，可姜鑲無動於衷，只是一味死守下去。由於北京的能戰之兵基本西調，為了以防萬一，多爾袞不得不暫停對南方的征伐，先後將江西與湖南的八旗軍調回來看守大本營。戰局僵持到了一六四九年（清順治六年，南明永曆三年）年中，山西渾源、應州、陰山、清源、交城、文水、徐溝、祁縣、平陽、汾州、絳州等大部分州縣已經平定，大同已經處於孤立狀態。按捺不住的多爾袞決定再次親征，於七月初北上山西，在寧武關、朔州等處兜了一圈，可仍然無功而返，於八月上旬回到北京。

清軍自入關以來，從未對一座城市進行過這樣長時間的圍困。雖然城外始終沒有發生過大規模的野戰，也沒有出現令彼此難以承受的傷亡，可由於戰事發生在荒蕪的邊塞，後勤上的巨大壓力足以

讓攻守雙方苦心焦思。在清朝竭盡全力的圍困之下，內無糧草、外無救兵的大同守軍苦苦熬了九個月，終於支撐不下去了，內部出現分化、瓦解的跡象，楊振威、裴季中等將領因喪失鬥志，遂於八月二十三日策劃著準備秘密出降，並與圍城部隊取得聯繫。二十八日，姜鑲、姜琳、姜有光等兄弟三人出其不意地被楊振威殺死，大同隨即開城降清。清軍入城後只赦免了楊振威等人，而對城內的「官民兵吏」進行屠戮，並將城牆拆去五尺以洩憤。之後，出任征西大將軍的滿達海與定西大將軍博洛、陝西總督孟喬芳等，又平定了朔州、馬邑、孝義以及蒲州、運城等地，戰事一直斷斷續續延遲到一六五〇年（清順治七年，南明永曆四年）三月，山西才基本平定。在此期間，鎮守漢中的吳三桂會同漢軍固山額真李國翰以及一批綠營部隊齊集西安，在吏部侍郎喀喀木所率的滿洲八旗的配合下，轉戰耀州、富平、蒲城、延安、綏德、榆林、府谷等地，鎮壓了王永強、高友才等回應姜鑲而宣佈反正的前明降將。稍後，吳三桂又分兵進入山西偏關，撲滅了當地的反清烽火。陝西總督孟喬芳以及戶部侍郎額塞也派遣部屬出征甘肅地區，平息了蘭州、甘州、涼州等處回、漢百姓的反清活動。

雖然，清朝於一六四五年（清順治二年，南明弘光元年）攻克了南明第一個首都南京，俘虜了南明第一個皇帝朱由崧，但由於滿洲貴族統治者的不當政策，不僅遲遲未能完成統一南方的大業，而且北方的局面也有失控的跡象。無論是水網縱橫的江南，還是朔風肆虐的塞北，到處都可見到八旗子弟的身影。形勢從一六四八年（清順治五年，南明永曆二年）起逐漸惡化，這支清朝的嫡系部隊不得不傾巢而出，連續兩年四處救急，除了馳騁於江西、兩湖、兩廣、山西、陝甘等地之外，還派遣部分人馬討伐福建等地的抗清武裝，兵力不敷分配的缺點日益突出。

根據中國第一歷史檔案館保存至今的檔案材料，清廷曾經在一六四八年（清順治五年，南明永曆

二年）對八旗男丁進行過統計，總數為三十四萬六千九百三十一人（前文提到過歷史學者王鍾翰先生的研究成果，即是在清朝入關前夕，八旗人丁的總數已達到八十至一百萬。就算王鍾翰先生估計的資料過高，也否定不了旗人在入關後僅僅四、五年間人口已經減少的事實。之所以會這樣，罪魁禍首當然是戰爭以及鼠疫、天花等瘟疫）。而在這個人口總數之中，滿洲男丁有五萬五千三百三十人，蒙古、察哈爾蒙古的男丁有二萬八千七百八十五人，漢軍、台漢人（又稱「台尼堪」，即八旗內部擔任戍守邊台任務的漢人）的男丁有五萬五千八百四十九人。另外，八旗裡面的包衣漢人（「包衣」含有奴婢的意思）男丁還有二十一萬六千九百六十七人。總計漢軍、台漢人以及包衣漢人占了八旗男丁總數的百分之七十五以上，遠遠超過了滿洲男丁約占百分之十五的份額。由此可知，滿人兵力不足的情況是何等嚴重！

形勢的發展證明僅僅依靠綠營兵無法有效地鎮壓地方上的抗清勢力。可是按照清朝統治者既定的政策，八旗軍的主力平素集中於京城，有事奉調出征，事畢班師回朝，不可能無限期地在外面執行軍事任務，只能酌情派遣少量八旗軍駐防於京城之外的一些戰略要點。至於人數大幅度下降的滿洲八旗，如今更加不會輕易動用。

因而漢人藩王所部與漢軍八旗不得不在地方上扮演更重要的角色，以分擔滿人的壓力。例如一六四八年（清順治五年，南明永曆二年）四月，佟圖賴奉令為定南將軍，與八旗漢軍中的固山額真劉之源一齊率左翼漢軍官兵跟隨鄭親王濟爾哈朗南下，然後在寶慶長期駐防。而另一位固山額真李國翰則為定西將軍，率右翼漢軍官兵駐防漢中。為了增加地方上的駐防兵力，多爾袞決定進一步重用那些有戰鬥力的漢將，並在此期間命令吳三桂挑起大樑，移鎮漢中。

吳三桂因放清兵入關而得到滿洲統治者的青睞，不但本人被封為藩王，而且轄下有不少將領被授予八旗世職，僅僅在一六四七年（清順治四年，南明永曆元年）十月就有數十人獲得晉升，取得的官職既有昂邦章京，又有梅勒章京與甲喇章京，與八旗通行的官銜一致。顯示吳三桂所部的待遇「俱照八旗之例」，絕不等同於一般的綠營官兵，故這支部隊移鎮漢中，其意義與八旗漢軍出鎮相似。值得注意的是，吳三桂前往漢中時攜帶了大批家眷（他只留兄長吳三鳳等少數人在遼東中後所經營家族的舊業），並在鎮所附近占地近五百畝，設置田莊，目的是長期待下去，因此，他成為第一位鎮守地方的藩王，開創了在關內設立藩鎮的先例。另外，吳三桂到漢中後相繼轉戰陝甘等地，鎮壓了回應姜鑲而宣佈反正的一些前明降將，因前文提到過，不再贅述。

步吳三桂後塵移鎮地方，設立藩鎮的還有孔有德、耿仲明與尚可喜。清廷於一六四九年（清順治六年，南明永曆三年）五月改封孔有德為定南王、耿仲明為靖南王、尚可喜為平南王，正欲委以重任。可見朝廷對孔、耿、尚等關外歸附的舊漢臣極為信任。即使是同為漢人藩王的吳三桂，因為遲在明亡之後才降清，在轉戰西北時屯兵西安，竟受到陝西總督孟喬芳的懷疑，後者「托疾不見」，只派人以厚餉犒勞吳三桂的部隊。因為孟喬芳作為漢軍鑲紅旗人，也屬於關外歸附的舊漢臣，在姜鑲宣佈反正的敏感時刻，自然要提防吳三桂。由此判斷，不少關外歸附的舊漢臣可能暗中鄙視明亡之後才降清的漢人。而清廷也始終維持重用舊漢臣的政策，就算在金聲桓、李成棟等綠營將領嘩變之後，也沒有加以改變。

按原定計劃，孔有德出鎮福建，耿仲明出鎮廣東，尚可喜出鎮廣西。在朝議中，尚可喜自認為憑現有的兵力難以征服廣西，清朝統治者經過重新考慮，最終決定由孔有德出鎮廣西，而耿仲明與尚可喜一起出鎮廣東。其後，孔有德奉命「挈家駐防」廣西，耿仲明與尚可喜「挈家駐防」廣東。這並非意味著

這些藩王的家屬能夠全部擺脫清廷的監控。早在一六四七年（清順治四年，南明永曆元年）三月，清廷已經下令三品以上的京官以及地方上的「總督、巡撫、總兵」等要員，都要送一名親子入朝當侍衛，「以習滿洲禮儀，察試才能，授以任使」，實際上是把這些人扣為人質。一些漢人藩王也不例外，吳三桂出鎮漢中時要將長子吳應熊留在京師，而後來耿、尚兩家也分別讓耿精忠、尚之信等後裔入侍。

雖然孔有德、耿仲明與尚可喜等人的部屬早在關外降清時的待遇已照八旗之例，可打著「天佑兵」與「天助兵」的旗號，畢竟與八旗不同。儘管孔有德等人在長期征戰中，他們的部屬也獲得了「護軍統領」、「巴雅喇纛章京」等八旗官職，但真正按照八旗兵制對原有的部屬進行整編，是在他們於一六四九年（清順治六年，南明永曆三年）六月準備奉命南下，計劃長期鎮守兩廣之時。清廷出於攏絡的目的而根據每個牛錄二百人的原則，將孔有德所部原有的三千一百舊兵，編為十五個牛錄；耿仲明所部原有的二千五百舊兵，編為十二牛錄；尚可喜所部原有的二千三百舊兵，編為十一個牛錄。

然而，孔有德、耿仲明與尚可喜的實力均比不上吳三桂（吳三桂所部原有兵額萬餘人，可編為五十三牛錄），為此，清廷不得不給他們增兵。其中，孔有德新增兵員一萬六千九百，耿仲明新增兵員七千五百，尚可喜新增兵員七千七百。這些新增的兵員全部採取綠營編制，由總兵率領。孔有德轄下相應增加了隨征總兵官一員，左右翼總兵官各一員。耿仲明與尚可喜也增加了左右翼總兵官各一員，每名總兵轄下還有中軍旗鼓各一員。這樣一來，進軍廣西的孔有德共擁有兩萬兵力，而進軍廣東的耿仲明與尚可喜也各自擁有一萬人，因而總兵力與孔有德一樣，達到兩萬。

無可諱言，清朝統治者給了孔有德、耿仲明、尚可喜極大的信任，他們出鎮時擁有核實武將戰功以及對違法亂紀者進行軍法從事的權力。同時，駐防省份的「巡撫、道、府、州、縣各官並印信」，

清廷「俱令三王攜往」，此舉意味著藩王們可以干預吏權。不過，朝廷又專門強調平定兩廣之後，三王只可在「軍機事務」的問題上說了算，而地方上的「民事」以及徵收錢糧稅賦等，仍歸地方文官辦理。即便如此，長期出外鎮守的漢人藩王難免介入地方事務，例如他們為了生計而普遍設立王莊，因而會參與當地的經濟活動。他們的真實權力逐漸接近於古代的藩鎮，存在著尾大不掉的危險。反觀清朝的滿洲宗室貴族，統兵在外只屬臨時性質，有時對地方的影響不能與漢人藩王相比。孔有德、耿仲明、尚可喜三人出師後，兵分兩路，一路由湖南殺向廣西，一路由江西殺向廣東。各自行動。

耿仲明自降清以來屢次出征皆與孔有德並肩作戰，當時才首次分開，轉而與尚可喜一起南下。兩王帶著五萬家口取道天津到達江寧，於十一月初進入江西，其中，耿仲明駐於吉安、尚可喜駐於臨江。不料，耿仲明竟然「出師未捷身先死」，在進軍途中一命嗚呼，其死與部下觸犯清朝嚴酷的「逃人法」有關。因為恰巧在此時，刑部查出耿仲明與尚可喜部下藏匿了千餘名逃亡的滿洲家人，多爾袞聞訊表示不滿，但從輕處理，僅想免去削除兩王的爵位，各罰銀四千兩了事。可是，惶恐不安的耿仲明對此事的嚴重性估計過高，自以為罪不容赦，不等朝廷的正式命令到達，竟先於十一月二十七日在吉安自殺。事後，清廷沒有馬上允許耿仲明的長子耿繼茂承襲王爵，只讓其以阿思哈尼哈番（相當於副將）的世職之位協助尚可喜作戰。一直拖到兩年後，耿繼茂才得以奉旨承襲父爵。

堂堂一位出征在外，手握軍權的藩王為了贖罪而選擇了自裁，這反映了清朝作為一個實施嚴刑峻法的新興王朝，有充分的實力保證令出必行。而在此之前，金聲桓、姜鑲等膽敢降而複叛的漢將，最後大多以家破人亡收場，這在一定程度上起到了殺雞儆猴的作用。反觀南明各個朝廷，無不綱紀鬆弛，對不服管束的各地軍閥始終缺乏有效的問責機制，致使拒絕執行朝廷政令，以下犯上之事層出不窮。

耿仲明的意外死亡沒有讓清軍進軍的步伐停滯下來。孔有德開戰的時間比尚可喜要早一些，他率部於一六四九年（清順治六年，南明永曆三年）夏季回到了湖南這個舊戰場。當時的情況比較複雜，自從濟爾哈朗班師後，各路潰散的明軍重新糾集起來，在馬進忠、曹志建、鄭思愛、劉祿、胡光榮、胡一清、林國瑞、黃順祖、向文明等將的帶領下乘機反攻，收復了武岡、道州、靖州、沅州、黔陽、興寧等城鎮，並包圍了永州，只剩下長沙、衡州、湘潭、寶慶等幾處據點尚未觸及。孔有德來到後，形勢頓時對明軍不利，清軍主力選擇涼爽的秋天展開軍事行動，在十月抵達衡州，發起攻勢，一直持續到一六五〇年（清順治七年，南明永曆四年）春季。在此期間，副將董英、何進勝擒斬鄭思愛於燕子窩，而孔有德本人直撲永州，擊退胡一青，進而克取湖南與廣西交界的要地龍虎關，殲滅曹志建所部一萬餘人。轉攻武岡的清軍又俘虜劉祿、胡光榮，驅逐了馬進忠，乘勢拿下靖州，再向興寧挺進，捉得黃順祖、林國瑞，斬獲無算，並招降向文明等五萬人。當炎熱的夏季到來時，清軍的攻勢稍緩，等到一六五〇年（清順治七年，南明永曆四年）秋，又大規模殺向廣西。

明軍如樹倒猢猻散般一觸即潰，廣西灌陽、恭城、早已先後放棄，而門戶要地全州亦於九月失陷。清將馬蛟麟向全州以西的西延發動攻擊。當地守將是從武岡轉移過來的馬進忠，此前，他的部隊在行軍途中有一些人由於悲觀失望而做了逃兵（其中副將白才、劉龍虎帶著二千多人離隊降清），故實力有所減弱，但他仍堅持在西延戰鬥了數晝夜，與清軍「殺傷相當」。最後，由於糧盡，不得不經靖州向貴州方向退卻。

桂林以北的嚴關很快於十一月初五失守，趙印選、胡一青、楊國棟、蒲纓等將爭先恐後地帶著兵丁及家眷西逃，城中無兵可守。留守桂林的大學士瞿式耜眼看已經指揮不動轄下各部隊了，便「撫膺

頓足」地罵道：「百姓平日以『膏血』供養這些高爵厚祿之輩，大難來臨時就這樣四散而去！」由於對時局絕望以及對前途感到渺茫，決心殉國的瞿式耜拒絕與部將戚良一起撤退，只是端坐府中，靜靜等待著清軍的到來。總督張同敞聞訊也自願留於孤城裡面，要與瞿式耜共赴黃泉。當天晚上，兩人燃起燈火，正襟而坐，身邊僅有一名老兵侍衛。在涔涔夜雨中，遙見城外火光照天，城裡卻寂無聲響。

▲瞿式耜之像。

到了次日黎明，他倆終於讓入城的清軍找到了，並被押至靖江王府面見孔有德。根據瞿式耜《臨難遺表》的敘述，當時孔有德好言相慰：「『兩公（指瞿、張二人）』留在城中不走，顯然不怕死。而我『不殺忠臣』，又『何必求死』！」接著解釋道：「『大清國為先帝復仇』，並且『葬祭成禮』，因而人人應當感激。『今人事如此，天意可知』。」言外之意是勸降。但兩人始終不肯屈膝投降，在被幽禁於民舍期間還賦詩百餘首，互相唱和，直至閏十一月十有七日，被清軍處死為止。

南明在湖南、廣西兵敗如山倒，廣東也危如累卵，因為尚可喜所部從江西打了過來。尚可喜的攻勢是從一六五〇年（清順治七年，南明永曆四年）年底發起的，他與耿繼茂一起從臨江經贛州、南安越過梅嶺，在十二月二十九日奇襲廣東南雄，擊敗三千出城迎戰的明軍，然後豎起雲梯登城而入，再殲六千多人。清軍再接再厲，於一六五〇年（清順治七年，南明永曆四年）正月初六兵不血刃地拿下韶州。守將羅成耀此前得知南雄失守的消息，早已棄城而逃。尚可喜乘廣東一片風聲鶴唳之際連下英

德、清遠、從化諸縣，招降總兵吳六奇、蘇利，於二月初六完成了對廣州包圍。

廣州瀕臨珠江，東、南、北三面環水，而城西之外的兩翼加修了炮臺等工事，城防比較堅固。守將杜永和、吳文獻、李建捷（李成棟次子）、范承恩等人拒絕投降，率萬餘人堅守到底。雖然金聲桓守南昌、姜鑲守大同均以失敗告終，可是在南明領土日漸減少的情況下，永曆朝廷還是不想放棄這座省會城市，並希望能出現轉危為安的奇跡。

清軍最初依靠雲梯等工具強攻，因屢次阻於河水，不能前進。尚可喜改變戰法，在城外「掘深壕，築堅壘」，進行圍困。炎熱的夏季到來時，那些由動物的筋、膠製成的弓在嶺南「暑雨鬱蒸」的天氣裡逐漸變軟，進一步限制了清軍的戰鬥力，致使僵局久久難以打破。

永曆帝朱由榔的駐蹕之地本來在廣州以西的肇慶，但他在清軍剛剛拿下韶州，尚未到達廣州之時，已經在二月初逃往廣西梧州，只留下馬吉翔、曹煜、李元胤等臣子留守肇慶。為了解開廣州之圍，李元胤與從廣西趕來的陳邦傅等將先後東援，可惜被清軍阻於清遠，頓足不前。就連在福建沿海活動的鄭成功（鄭芝龍的兒子），也曾應朱由榔之召而南下，然而來到揭陽一帶卻因內部紛爭，無功而返。

尚可喜加緊圍城佈置，從廣德、南贛等地調來總兵郭虎與副將高進庫，使兵力得到增強，並成功招降南明水師總兵梁標相，得到一百五十艘戰艦，與陸軍互相呼應。他還招募水手，打造船隻，力圖控制廣州附近的水道，以最大限度地切斷廣州與外界的聯繫。值得提及的是，耿仲明舊部尚未叛國之前曾經在山東登州接受過來自澳門的外籍軍事顧問的栽培，掌握了當時最先進的火器鑄造與使用技術，故在降清（此前國名叫「後金」）之後大派用場，成為攻堅的王牌部隊。此刻，他們施展渾身解數，參與鑄造了四十六門炮，再加上隨軍攜帶以及沿途繳獲的一些炮，總計達到七十三門之多。同時，大

量的炮彈、火藥也製造出來了，每一門炮可配備四、五百顆炮彈以及相應的火藥，力求在發射時達到排山倒海、摧枯拉朽的效果，以震撼敵膽。

不利的戰局令廣東明軍士氣越來越低落，潮州守將郝尚久、惠州守將黃應傑相繼降清。而先後奉命救援的馬寶、郭登弟、陳奇策等總兵也突不破清軍的週邊封鎖線，接連在清遠、三水失利，因而廣州解圍的希望，已經非常渺茫。

同年十月，天氣轉涼，雨水稀少，清軍終於發起了蓄謀已久的總攻，從四面八方衝過來。其中城西成為了重點突破地段，隱藏在明軍內部的奸細及時接應攻城部隊，把環繞炮臺的水道打開一個缺口，放盡裡面的水。接著，所有前線軍人奉命捨去坐騎，將一捆捆的木材鋪墊於泥淖上面，迅速跨越障礙後，又捋臂將拳、攀援而上，奪取了炮臺。他們占據了城西的樓堞，發炮轟擊城牆的西北隅，成功在十一月初二日將西北角的城牆打得坍塌了三十餘丈，再從缺口中一擁而入，殺死六千餘名守軍，控制了全城。守將杜永和由水路逃往瓊州、李建捷逃往肇慶、吳文獻也突破重圍乘船出海，范承恩則成為俘虜。而那些殘兵敗卒往海濱方向撤退時，「溺死者甚眾」。

堅守數月而失守的廣州，遭到了與南昌、大同相似的厄運，城內的居民慘被清軍屠戮，幾無噍類。其後，南明在廣東的統治幾近癱瘓，由於人心潰散，肇慶、羅定、高州、廉州、欽州、雷州、瓊州等處在其後的日子裡相繼易手，杜永和等一大批將領降清，李元胤、李建捷在敗退中被俘殺。可知，廣州之戰關係甚大，起到牽一髮而動全身的作用。

巧合的是，廣西的桂林與廣東的廣州都是在一六五〇年（清順治七年，南明永曆四年）十一月淪陷的，這對永曆朝廷來說可謂禍不單行。在梧州避難的朱由榔為了提防孔有德從桂林取道平樂而來，

不得不趕緊動身，準備經潯州西撤南寧。盤據潯州的軍閥陳邦溥意欲劫駕，將朱由榔獻給清軍作為投名狀，可是部屬的動作過於遲緩，竟被冒雨前進的朱由榔強行衝過轄區，故只能自嘆錯失良機。後來，為了彌補過失的陳邦溥抓住機會刺殺了從平樂敗退到潯州的名將焦璉，攜其首級降清。

勢如破竹的孔有德指揮總兵線國安、馬蛟麟，進佔柳州、梧州二府並所屬十二州縣，隨時威脅著永曆朝廷在廣西的殘餘疆土。鑒於雲南、貴州以及四川部分地區又已被張獻忠餘部控制，故朱由榔頗有無路可退之虞。儘管張獻忠餘部宣佈效忠永曆朝廷，可是南明君臣難免對這支源自農民軍的隊伍充滿疑慮，擔憂進入他們的轄區後會成為傀儡。由於廣西省內沒有任何一支南明軍隊能與清軍抗衡，因此朱由榔可說是處於手足無措、進退失據的狀態。

那麼，被認為戰鬥力出類拔萃的「忠貞營」為何在兩廣的戰事中不見影蹤，毫無表現呢？原來，這支部隊的首領李錦、高一功在前一年為了躲避濟爾哈朗的追擊而率部撤入廣東，不料竟遭到李元胤的敵視，以致隨軍家屬和輜重遭到廣東地方軍閥的襲擾而出現損失。在堵胤錫的調解之下，「忠貞營」轉往廣西休整，經梧州退往潯州、橫州，其間與廣西總兵葉承恩以及一些地方武裝發生過衝突，後來在橫州、南寧滯留了約一年。這支部隊一度設法籌集糧餉準備重返前線，無奈李錦、堵胤錫先後在一六四九年（清順治六年，南明永曆三年）冬病死而不便出師。「忠貞營」大將劉國昌在孔有德、尚可喜、耿繼茂進攻湖南與兩廣時曾經企圖出援廣東，可是行到三水、四會時遭到兩廣地方軍閥襲擊而與主力失去聯繫，不得不長期轉戰粵北，堅持抗清。包括「忠貞營」在內的大順軍餘部屢受排斥的原因之一是軍紀欠佳，由於長期流動作戰而缺乏後方基地的有力支援，一些將領不得不沿用「追贓助餉」的老辦法，經常使得地方上的鄉民怨聲載道。比如《嶺表紀年》記載郝搖旗於一六四七年（清順治四年，

南明永曆元年）從湖南退入廣西時，在桂林地區四處派人「索餉」，並調查鄉民貧富程度，企圖按財產的多寡分攤餉銀，若有人拒絕繳納，則捉入營中教場用弓弦絞腳的方式進行嚴刑拷問，以致為此和地方武裝火拼。就算是大名鼎鼎的「忠貞營」在軍紀方面有時也乏善可陳，這支部隊於一六四九年（清順治六年，南明永曆三年）七月撤入梧州時，曾經縱兵「焚燒刑殺」，令當地百姓因驚慌失措而紛紛亂竄，據說溺死於江中多達數千人。

當孔有德攻入廣西後，「忠貞營」主力無力對抗，又不願向西撤退而依附於素有積怨的張獻忠餘部，只得於一六五〇年（清順治七年，南明永曆四年）十二月由南寧北上，欲走小路經湘西前往位於長江三峽附近的夔東地區安營紮寨，以養精蓄銳。高一功途經保靖山區時被當地土著用毒箭射死，餘部在李錦養子李來亨以及党守素的帶領下經歷千辛萬苦最終到達了目的地。位於湖北與四川等省交界的夔東地區，大致範圍包括興山、大昌、巴東、巫山、房縣等處，這裡山高林密，瀕臨大江，水流湍急、地形偏僻，是一個易守難攻的險要之地。從一六四五年（清順治二年，南明隆武元年）起，就陸續有大順軍殘餘部隊活動在這一帶。隨著抗清形勢不利，袁宗第、劉體純、郝搖旗等已經提前一步離開烽火不斷的湘、桂前線，從貴州來到此處，而在鄖、襄、陝西等地反清的王光興、賀錦、譚文、譚弘、譚詣也相繼跋山涉水，聚合於此，連同王友進、塔天寶、馬翔雲、李復榮等抗清將領，號稱「夔東十三家」。「十三家」是指兵多將廣之意，明末清初常有起義者以此自詡，例如上文提及的「搖黃十三家」就是一例。正如明末一些起義者為了模仿梁山好漢而將所部稱為「三十六營」或「七十二營」一樣（《水滸傳》裡的一百零八條好漢分為「三十六天罡」與「七十二地煞」），「十三家」的稱號也與通俗文學有關，很可能是出自唐、五代演義書中的「十三太保」。夔東十三家以大順軍餘部為主，

雖然，李自成、劉宗敏、李過（即李錦）這三位結拜兄弟已先後離開人世，但仍有不少後來者繼承他們「落草聚義」的行徑，當招安之路飽受挫折，便重操舊業，嘯聚在夔東這個新時期的梁山。儘管這些人依然奉行聯明抗清之策，但實際已遠離抗清第一線，過上了類似水滸好漢那樣的占山為王的生活。

總之，永曆朝廷在與清軍作戰中喪師失地、連戰連敗，朝中文臣武將死的死，跑的跑，降的降，還有的避入深山出家為僧，似乎有大廈將傾之勢。在這個風雲激蕩、天翻地覆的關鍵時刻，在一六五〇年（清順治七年，南明永曆四年）十二月突然傳來了多爾袞死亡的消息，讓永曆朝廷在窮途末路之際又有了新的希望。

享年三十八歲的多爾袞死於一六五〇年（清順治七年，南明永曆四年）十二月初九，他體質瘦弱，在入關之前健康狀況就不太好，入關後身體更是每況愈下，這一方面與水土不服有關，另一方面也由於公務繁忙而疲於應付，致使原有的「風疾（中風之類的腦血管疾病）」更加嚴重。他在此前的一個月為了解悶而率領一班王公貴族以及八旗官兵離京出邊圍獵，不料墜馬受傷而在喀喇城靜養，拖到十二月初九這天晚上終於壽終正寢。這位壯年早逝的掌權者扶持順治帝登基之初曾與濟爾哈朗同為輔政王，此後在統兵入關、爭霸中原中立有殊勳，逐漸全面掌握了軍政大權，而尊號也相繼晉為「叔父攝政王」、「皇叔父攝政王」、「皇父攝政王」，成為清朝真正的最高統治者。濟爾哈朗卻在政治鬥爭中失勢，於一六四七年（清順治四年，南明永曆元年）被罷去輔政之職，甚至一度降為郡王，被排擠出了決策機構。取而代之的是升為輔政叔王的多鐸（多鐸與多爾袞為同父同母兄弟，關係一直很好）。後來濟爾哈朗恢復親王之爵，並率兵於一六四九年（清順治六年，南明永曆三年）出征湖廣，可是在一年後凱旋而歸時仍處於半退休狀態，未能取代染上天花病死的多鐸。可見，多爾袞到死前都

是勢焰熏天，而順治帝無異於傀儡。

順治帝的兄長肅親王豪格儘管在出征四川時打死張獻忠，立下功勳，可是由於與多爾袞有過節，竟然在一六四八年（清順治五年，南明永曆元年）班師後被朝廷羅織罪名而遭到削爵幽禁的處罰，最終以不惑之年慘死於獄中。豪格死後，妻子博爾濟錦氏被多爾袞霸佔。就連順治帝的母親孝莊文皇后也因「美冠後宮」而被多爾袞看中，致使坊間流傳著「太后下嫁」的宮廷秘聞，聲稱孝莊文皇后因時勢所迫，曾經與多爾袞成婚，並舉行過典禮。隨著權力的增加，多爾袞的貪欲也變大，他不管財政收入不足而大興土木工程，為此不惜於直隸、山西、浙江、山東、江南、河南、湖廣、江西、陝西九省加派賦稅二百五十萬兩銀，以便在邊外修避暑之城。此外，他為了鞏固地位而結黨營私，挪用數百萬兩銀的公款，為多鐸及阿濟格之子勞親建築府第，《清史列傳》稱此舉致使「兵餉空虛」，而不得不以「他物抵充」。從一六四九年（清順治六年，南明永曆三年）起，多爾袞所用的「儀仗、音樂」以及「侍衛」，俱向皇帝的排場看齊，至於擅自代替皇帝擬旨、任意黜陟朝中大臣等等僭越之事，多不勝數。就在他距離帝位只有一步之遙時，卻突然辭世，死後雖然被尊為帝，廟號「成宗」，用「帝禮」安葬，可是一切哀榮很快煙消雲散。當順治帝掌握大權、親理朝政之後，將多爾袞的黨羽逐一翦除，並把多爾袞種種罪行宣佈中外，稱其為「謀逆果真」，不但要追奪一切榮譽，沒收府宅，而且還要毀陵鞭屍。根據傳教士在《韃靼戰紀》

▲孝莊文皇后。

中記載，官吏奉命把多爾袞的屍體挖出來，「用棍子打，又用鞭子抽，最後砍掉腦袋，暴屍示眾」。而雄偉壯麗的陵墓，也從此化為塵土。至於多爾袞生前親領的正白旗，則轉歸順治帝管轄。

多爾袞的兄長阿濟格也在多爾袞死亡的同一年受到拘禁，次年被順治帝賜死。就這樣，多爾袞、多鐸、阿濟格、豪格等定鼎中原的元勳先後殞命，滿洲貴族之中久經戰陣，有能力運籌帷幄的將帥越來越少了。故此，順治帝親政後也將繼續沿用倚重孔有德等舊漢臣的政策。然而，由於清朝的不當政策，在南征北戰中受到的阻力也越來越大，當初多鐸下江南時，一路勢不可當，沒有花多少時間就拿下揚州、南京等重鎮，可是「薙髮令」一下，使得統一之路荊棘滿布，僅僅圍困地方抗清武裝駐守的江陰，就耗費了兩個月。而金聲桓、王得仁、李成棟、姜鑲等降將宣佈反正後，興師動眾的清軍圍困南昌用了八個月，而圍困大同與廣州則各用九個月。可見抵抗越來越激烈。

金聲桓、王得仁在叛清之前只不過是江西提督與副將，反正後馬上被永曆朝廷封為豫國公、建武侯。李成棟在叛清之前是兩廣提督，反正時先被永曆朝廷封為廣昌侯，後又晉升為惠國公。相反，滿洲貴族統治者入關後在對明朝降將封爵的問題上有時似乎小氣了一點，在這些人之中，能夠獲得王、公、侯、伯的不多見。

清朝的九等爵位（親王、郡王、貝勒、貝子、鎮國公、輔國公、鎮國將軍、輔國將軍、奉國將軍）只授予宗室貴族，非宗室人士一般授予世職。根據《清史稿·職官志》的記載，世職等級制度曾經在一六四七年（清順治四年，南明永曆元年）進行過改革，入關前制定的昂邦章京（總管）、梅勒章京（副將）、甲喇章京（參將或遊擊）、牛錄章京（備禦）等世職之號改為精奇尼哈番、阿思哈尼哈番、阿達哈哈番、拜他喇布勒哈番。不過，「昂邦章京、梅勒章京、甲喇章京、牛錄章京」這些稱呼仍然使用，

只是與「固山額真、護軍統領、前鋒統領、前鋒參領」一樣，成了「管兵職銜」。清朝這樣做有利於把世職與官銜區分清楚，世職代表著社會地位的高低，同時也是享受物質利益多少的標誌，而官銜則意味著權力的大小與職責的輕重。

除了吳三桂因立有殊勳被封為王之外，其餘降將的待遇就差得多，唐通、左夢庚、鄭芝龍等風雲人物被封為一等精奇尼哈番，江北四鎮降將劉良佐被封為二等精奇尼哈番，而劉澤清則為三等精奇尼哈番（精奇尼哈番、阿思哈尼哈番、阿達哈哈番、拜他喇布勒哈番等世職之號全部分一、二、三等）。即使一等精奇尼哈番，後來也只不過被定為正一品，可見，就連唐通、左夢庚、鄭芝龍等亦不能染指公、侯、伯等級別在一品之上的爵位。實際上，滿洲貴族統治者是在金聲桓、王得仁、李成棟等人宣佈反清之後，才給唐通、左夢庚、鄭芝龍等封授世職的，顯然是為了安撫人心，以亡羊補牢。即使如此，與永曆朝廷授予金聲桓、王得仁、李成棟的爵號相比較，這些降將仍是相形見絀。

值得注意的是，清廷統治者在封授世職的問題上將八旗與綠營區別對待，而這一套有章可循、行之有效的獎勵機制，大多數時候主要按所立軍功的大小授予八旗各級將士。唐通、左夢庚、鄭芝龍等在降清後全加入了旗籍，算是以旗人身份受封，至於那些綠營部隊中的漢人將領，仍普遍與世職無緣，一直要到一百二十多年後的乾隆年間，清朝才對歷史上有功的綠營將領追授世職之位，這反映了滿洲貴族統治者對綠營的輕視。

然而，永曆朝廷給予歸附將領的爵位還是過於慷慨了，讓政出多頭的弊端得到加劇。就以由廣昌侯升為惠國公的李成棟為例，他的部屬受到爵賞的有江寧伯杜永和、武陟伯閻可義、博興伯張月、宣平伯董方策、寶豐伯羅承耀、新泰伯郝尚久、奉化伯黃應傑、樂安伯楊大甫、鎮安伯張道瀛。上述絕

大多數人獲爵並非依靠軍功，而是得到朝中皇帝與權臣的青睞而坐享其成。結果李成棟一死，繼任為兩廣總督的杜永和難以號令與自己地位相近的諸將，令廣東明軍缺乏有力的領導核心逐漸呈現分崩離析之勢。而在轉戰湖廣的大順軍餘部當中，被封爵的有興國公李錦（由侯爵晉升）、勳國公高一功（由伯爵晉升）、三原侯李來亨、平興侯党守素、西平侯劉體純、南安伯郝搖旗等，這些公、侯、伯的地位在伯仲之間，彼此之間缺乏足夠的凝聚力，即使是資歷最老的李錦，也不能成為大順軍餘部的最高領導者，而更像鬆散同盟的「盟主」。難怪在永曆政權的各個轄區之內，大大小小的武裝勢力各自為政的局面遲遲不變。

在明朝中後期，為了防止出現藩鎮割據的流弊，朝廷故意削弱總兵的權力，致使在實行「營伍制」的明軍之中，總兵與副將、參戰、遊擊、守備等各級武將雖有地位高低的分別，卻無權力截然高下之制。而很多地區的軍事轄區越分越細，總兵也越設越多，彼此之間分庭抗禮，沒有統一指揮，造成戰鬥力每況愈下的惡果。如今永曆朝廷沒有汲取前人的教訓，在對諸將封爵時有意儘量同等對待，分封了一大批公、侯、伯，讓他們互相牽制，不但李成棟所部與大順軍殘餘勢力受到類似問題的困擾，明朝嫡系部隊的文臣武將也同樣屢獲爵賞，因而分立的傾向亦很明顯。例如定興伯何騰蛟（後晉升為侯），他的部屬劉承胤原來的爵位是定蠻伯，後來因功晉升為武岡侯，遂變得桀驁不馴、自行其是，甚至連老上司何騰蛟也不再放在眼中。不容否認的是，永曆朝廷慷慨封爵的行為有時既能收買人心，又可以避免地方上的藩鎮坐大，的確起到「一箭雙雕」的作用。可是濫封爵位與「架屋疊床」般設置軍事機構一樣，會弱化整體作戰能力，這個積重難返的痼疾與中央集權的正確做法背道而馳，不利於抗清大業。

一斑而窺全豹，透過對南北兩個政權在封爵授職問題上的比較，可知清朝對八旗、綠營採取雙重

標準，會讓內部矛盾激化。而永曆朝廷對部屬按照一視同仁的原則濫加賞賜，又適得其反，令軍權進一步分散。綜上所述，無論哪一個政權的政策都有缺陷，而清朝之所以能夠在戰爭中占上風，與其說是施善政致使人心所向，不如說是得益於對手的孱弱無能。

關內士紳階層的向背對南明各個朝廷的存亡具有重大意義。滿洲貴族統治者一面標榜為明朝復仇討伐「流寇」，一方面採取承諾減輕賦稅、聯合鄉紳對地方進行治理與實行科舉制等種種措施，成功爭取到一批士紳的支持。不過，清朝揮師南下時頒佈「薙髮令」以及重用關外舊人等政策又激起士紳階層內部不少人的反感，導致與清軍周旋到底的人絡繹不絕、前赴後繼。清朝從政治上施加壓力，透過沒收不合作者的家產，革去前朝功名，規定只有擁有清朝功名的文人才可以享受「優免權」等等一系列雷厲風行的措施，企圖強迫士紳階層徹底降服。新朝的統治者還嚴禁生員「上書陳言」，亦不許這些人「糾黨、立盟、結社」以及「把持官府，武斷鄉曲」，就連他們「所作文字」，也不准「妄行刊刻」，這樣做顯然是避免讓文人操縱輿論與干擾朝政，從此在清朝的統治區域之內，類似東林黨、復社這類政治色彩鮮明的組織逐漸絕跡了。

不過，即使在清朝的統治區內，也始終有人拒絕出仕，寧願做遺民、甚至為僧，也不與新朝合作。還有的人雖然降清，卻心懷異志，秘密與抗清勢力聯繫。昔日的東林黨領袖錢謙益就是一例，根據《蘼蕪紀聞》、《河東君小傳》的相關記載，此公在南明弘光政權滅亡前後企圖投湖殉國，當他用手試探水溫時認為過於冷了，便打消了自盡的念頭。而嫁給他的秦淮名妓柳如是卻欲奮不顧身地投入水裡，雖然因受到他人阻攔未能得逞，但所作所為足以傲視鬚眉。故後世又有「士大夫氣節不如妓女」之諷。雖然上述說法是否全部屬實值得懷疑，但反映出儒生屈膝投降，甘當貳臣的行為與儒家傳統文化價值

觀念有衝突，難免為人所詬病。錢謙益降清後不受重用，遂以病辭歸，後來翻然改悔，暗中進行反清活動。他曾經於一六四九年（清順治六年，南明永曆三年）致信門生瞿式耜，建議南明軍隊取道湖南北上洞庭，全力控制荊襄地區，再沿江而下，爭奪江南財賦重地，為將來恢復所有失地打下牢固的基礎。這個圖謀未及實施，但說明當時的名士對戰略問題的重視。可惜的是，士大夫階層裡面雖然有不少人自以為滿腹經綸、才高八斗，然而大多數卻是志大才疏、眼高手低之輩，儘管南明各朝廷都沿用「以文馭武」的政策，不過，由於遲遲沒有出現諸葛孔明、劉伯溫之類羽扇綸巾、談笑退敵的文臣，因而時人只能把史可法、劉宗周、何騰蛟、瞿式耜等失敗者樹為南方官紳地主勢力進行抗清的代表人物，因為他們均有一個共同的特點，就是慷慨赴死、從容殉國，在人格上遠勝於那些貪生怕死的同僚。

把失敗者樹為英雄在歷史上不乏先例，其中最著名的是在抗元戰爭中捨身報國、寧死不屈的南宋宰相文天祥。元朝消滅南宋後，在官方編纂的《宋史》中寬宏大度地對文天祥這位昔日的對手作出極高的評價，使之成為一位名留青史，永垂不朽的典範人物。故此，史可法等南明殉國文臣紛紛被世人比喻為文天祥，例如復社名士侯方域在為史可法寫的悼亡詩中稱：「嗚呼相公賢，汗青照鑿鑿。用兵武侯短，信國如可作。」所謂「汗青照鑿鑿」，源於文天祥所作的「人生自古誰無死，留取丹心照汗青」這一名句，而「信國如可作」，典出文天祥曾受封為「信國公」，

▲錢謙益之像。

通篇讚頌史可法為文天祥式的人物。又比如清朝道光年間的著名大詩人鄭珍對何騰蛟非常仰慕，寫過《西佛崖拜何忠誠公墓》，稱「汾陽力盡作文山，灑淚蓬科足悲慕」。其中「文山」本意指文天祥的自號，在詩中借喻何騰蛟。可見何騰蛟死後受到世人的推崇備至，真是「求仁得仁」。至於瞿式耜，也免不了被人拿來與文天祥相提並論，明末清初學者陳瑚在為《桂林詩稿》作序時就由衷地稱讚道：「公（指瞿式耜），今之文信國（指文天祥）也。」因為瞿式耜亦受到文天祥的感染，他所作的《浩氣吟》與文天祥的《正氣歌》一樣，都取自孟子的「浩然之氣」，詩中說道：「蘇卿絳節惟思漢，信國丹心止告天。」以蘇武、文天祥等人自勉。又稱：「莫笑老夫輕一死，汗青留取姓名香。」也與文天祥的「留取丹心照汗青」之句互相呼應。瞿式耜與文天祥人生經歷頗為相似，他們都曾經肩負恢復舊河山之責，也同樣因功虧一簣而成為階下囚，他們注重捨身取義，在臨刑前仍不忘賦詩言志，所作所為充分體現了讓後人稱許的高尚節操。

必須指出的是，在信仰儒教的古代中國，很多士大夫們對死後能否留名於世的問題極為重視，並存在萬古流芳就等於長生不死的思想。正因為如此，在明清易代之際，一些人模仿文天祥的所為，企圖千載揚名。由於文天祥是被俘之後拒絕投降而死於敵人手上的，因而在清軍南下時，竟然陸續有明臣自投羅網，主動成為清軍的俘虜，似乎想步先賢的後塵。這樣的事前文提過不少，茲舉幾例：

其一，南明巡按御史淩炯在清軍經過河南時，單騎進入清軍大營，勸說多鐸退兵無效之後，拒絕投降，自盡而死。

其二，揚州之戰結束後，據說戰敗的史可法主動騎著驢子來到清軍軍營尋死，揚言只想死個明白。這個說法出自曾經參戰的八旗老將安諸祜的回憶。

其三，到了桂林失守之時，留守大學士瞿式耜與總督張同敞同時拒絕撤退，自願讓清軍俘殺。

此外，武將也有類似之人，比如魯監國政權的主要將領王之仁在錢塘江防線崩潰之後，出海潛逃，後因無人收留，在投頭無路的情況下獨自乘船前往清軍據點，直言不諱地承認自己唯恐死得不清不楚，致使「後世青史無所征信」，因而欲死於對手的刀下，以便留名於世。

上述這些人的行為頗有相似之處。也許在當時某些官僚的潛意識中存在著讓敵人為自己樹碑立傳的思想。例如，曾經在永曆朝廷中出任工科左給事中的金堡，一向與瞿式耜關係比較密切，他桂林失守後出家為僧，曾經就瞿式耜與張同敞被殺的問題給孔有德寫了一封信，其中的論述耐人尋味。信中說：「瞿公、張公『為王（指孔有德）所殺』，可謂死得其所。因為彼此互相為敵，勢不兩立。『忠臣義士』拒絕投降而被殺後方可成名，為此，『兩公豈有遺憾於王』！」接著，信中又道：「瞿、張這兩位元『衰國（指南明）之忠臣』與孔有德這位『開國（指清朝）之功臣』，皆是『受命於天』，同為世間的中流砥柱，原因是天下若無功臣，則『世道不平』；天下若無忠臣，則『人心不正』。彼此的所作所為其實是殊途同歸。瞿、張兩公殉死的意義絕對不會輕於『百戰之勳』！『王』既然殺死兩人，已使得『忠臣之忠』與『功臣之功』相得益彰。」

不可否認的是，金堡筆下那種「為名死節」的思想在當時的士大夫階層之中確實具有一定的影響力。

事實上，清朝在公開場合是按照傳統的價值觀對那些不屈而死的明臣採取褒揚態度，比如《纖言》記載多鐸入南京時，命令記錄「京城內外殉節」的二十八名男女，準備予以表彰，「並厚恤史可法家」。清朝這樣做的主要原因有二：

一是傳統的影響，中國歷代王朝一向有褒忠貶佞的習慣，即使是改朝換代之時也不例外。除了元

朝推崇南宋宰相文天祥這個著名的例子之外，明朝在開國期間也發生過類似的事，正史記載明太祖朱元璋攻克集慶（今南京）後，曾經禮葬力戰而亡的元御史大夫福壽，「以旌其忠」。故此，清朝在攻打南明的戰爭中褒揚一些殉國的明臣，並非標新立異，乃是順應潮流的舉動。

二是現實的需要，自從推行儒教治國的政策以來，滿洲貴族統治者時常以明朝文臣武將在戰場上的表現作為正面或反面的教材對八旗官兵進行告誡勉勵。比如《清太宗實錄》記載皇太極在入關之前曾經以圍困大淩河城為例，指出城內的守軍由於缺糧到了人皆相食的地步，猶自堅持抵抗，到後來，即使明朝的援兵已經失敗，而大淩河城也已經投降，但在錦州、松山、杏山等附近城池駐守的明軍猶不忍拋棄前線的人而撤離，這些都是因為明軍將士讀書明白道理（指儒家傳統倫理），為朝廷盡忠之緣故。據此，他要求從今以後，凡是族中子弟年滿十五歲以下、八歲以上者，一律都要讀書，以便異日能效忠於朝廷。由此及彼，清軍下江南時表彰史可法等南明殉國官員，同樣能對八旗官兵起到教育作用。

值得注意的是，《攝政親王起居注》記載多爾袞對於明朝的殉國官員作過一番評論，大意是：「我軍每次攻陷一城，便會有人為保全節操而死。這是明朝諸臣『讀書明禮』的結果。可見明朝還有好人，所以國祚延綿了差不多三百年。」接著，他話鋒一轉，以明朝末代皇帝明思宗自盡時無一位官員陪同在旁的例子，責備某些視死如歸的人不是「為君死節」，而是只願意為自己的「身後之名」而死。綜上所述，多爾袞最看重的是那些能夠無條件為最高統治者獻身的人，而批評了那些熱衷於「為名死節」的人——並按照自己的理解指出這是一種自私的行為。

第六章
異軍突起

歷史的經驗教訓值得總結。八旗軍入關後能夠屢戰屢勝，明顯得益於早已在關外形成的軍政合一的八旗制度。八旗的旗主分別由努爾哈赤的子侄出任，而各旗的基本組織牛錄（平均每三百人為一牛錄，後改為二百人）則由功臣、異姓族長負責治理。隨著滿洲、蒙古與漢軍牛錄的陸續增設，已最大限度地把關外每一座城池、據點與村莊的所有適齡男丁有效地納入其中。這些人的戶口全部登記在官府的冊籍裡，受到嚴格的控制。有的人當兵披甲，有的人作為後備兵源在必要時隨軍作戰。就連俘虜也被嚴密組織起來，成為隸屬於各旗的包衣（奴僕），並由相應的官員監管。當時，上自八旗旗主，下至普通旗丁，都可擁有包衣，平時讓他們從事各種徭役以及繁重的勞動生產以滿足戰爭的需求，打仗時又能帶著他們去衝鋒陷陣。由此可知，八旗內部各個級別之間的人身依附關係非常強烈，軍事化管理的色彩也異常明顯。

積極對外擴張的清朝長期實行軍事優先的政策，而八旗制度因勢利導地分別在「天助兵」、「天佑兵」等歸附的漢族軍隊以及漠南蒙古諸部中得到不同程度的推廣，甚至連活動於黑龍江，烏蘇里江流域的索倫等部，也設置了牛錄（只有一些偏僻的地方，才仍舊由氏族首領或地方頭目管理，但要定期向清朝朝貢，以保持政治與經濟上的聯繫），力圖將所有的人力物力調動起來為戰爭服務。

明朝面對如此強悍的對手，自一六一八年（明萬曆四十六年，後金天命三年）開戰以來頻繁受挫，喪失了遼東地區的大片領土，幸而孫承宗、袁崇煥等統帥極力主張扼守遼西走廊，促使朝廷斥鉅資建起長達四百餘里的寧錦防線，在戰略上起到了「步步為營」的作用，成功截斷了從東北平原進入華北平原的通道。同時，透過精簡指揮機構等方式提高作戰效率，並組建了一支驍勇善戰的關寧遼軍，讓沿線的每一座城池與據點都有精兵良將把守，廣泛運用「憑堅城、用大炮」等戰術，與敵人周旋到底。

更加重要的是，明朝採取以「遼人守遼土」之策，招募當地人耕種，儘量讓地方上每一個人士都能發揮應有的作用；又想方設法地讓寧錦防線附近所有的平民聚居點都實施軍事化管理，以便戰時能夠迅速動員起來，進行徹底的堅壁清野，把物資撤入沿線的各個城池與據點之中，以便達到令來犯之敵「野無所掠」的目的。

正是由於駐守寧錦防線的當地軍民與關外的清朝一樣，都竭盡全力地實施軍事化管理，關寧遼軍才和八旗軍存在棋逢對手的可能，在遼西走廊附近反覆較量了十幾年。

然而，明朝沒有能力在幅員遼闊的關內地區實施軍事化管理，因為所需的巨額的軍費已經超過了財政的負擔能力，以致很多地方防備疏鬆，連正規軍也沒有，只有一些地方軍隊濫竽充數。故此，每當八旗軍繞過壁壘森嚴的寧錦防線殺入關內時，縱橫冀、晉、魯等地，往往如入無人之境。但由於寧錦防線的阻擋，清朝不敢讓部隊在脫離後方的情況下長期在關內停留下去，因而八旗軍搶掠到大量物資以及俘獲大批平民之後便會適時撤返遼河以東的根據地。

當明朝於一六四四年（明崇禎十七年，清順治元年）亡於內亂時，關寧遼軍殘部在吳三桂的帶領下選擇了降清。寧錦防線既然從此在歷史上消失，清軍終於得以沿著遼西走廊長驅直入，如願以償地在中原攻城掠地，參與逐鹿天下。

清朝定都北京，將旗人大舉遷入關內，在沿用關外舊制的基礎上，採取了新的軍事化管理措施，陸續在畿輔地區以及西安、江寧、杭州等八旗軍駐紮地點採取「旗、民分居」的政策，這樣做既便於對旗人進行監督與控制，又可儘量讓旗人避免沾染漢俗，以保持固有的傳統。以北京為例，清朝在一六四六年（清順治三年，南明隆武二年）至一六四九年（清順治六年，南明永曆三年）間，多次強

行把內城居住的漢人遷居外城，以騰出房屋讓「勁旅八旗」及其家屬入住，終於使得內城成為八旗軍的大本營。內、外城之間有城牆阻隔，並實行城禁制度，只在特定的時間開啟城門，以防旗、民擅自往來。出外征戰的「勁旅八旗」極少發生違抗朝廷命令之事，因為他們留於北京內城的家屬就相當於人質，已被朝廷牢牢地掌控（唯有執行駐防任務的八旗軍可攜帶家屬在西安、江寧、杭州等地長期居住，但人數只占八旗軍的少部分，不值得讓朝廷過於提防）。雖然清朝宗藩的權力比較大，有不少人能夠參政、議政，並帶兵在外征戰，但他們「不封邑」，不臨民治事，平時要聚居於京城，故沒有出現封建割據之弊（不過，吳三桂、孔有德、尚可喜等異姓漢藩是例外。出於攏絡人心與征伐的需要，清朝先後授命這些人在外設立鎮所，平定此起彼伏的反清武裝勢力）。

據此可知，滿洲貴族統治者為了打勝仗，入關後對八旗軍的管治絲毫沒有放鬆。為什麼清朝沒有在關內的漢民聚居點廣泛推行八旗制度，設立牛錄，加強軍事化管理呢？這是由於清朝主要沿用明朝的舊賦稅制度，故在神州鼎沸之際面臨著與明朝同樣的難題，即沒有足夠的財力進行變革。例如，清朝入關後開始給八旗將士發俸餉，如果真的在漢民聚居點推行旗制，那麼給新增加的大量旗官發餉將使財政不堪重負。相反，依靠地方鄉紳透過宗族關係對村莊等基層社會進行支配與管理，不但省下了一大筆經費，亦能起到很好的效果。明朝過去這樣做，當時清朝也一樣。就像後世史學家姚瑩所論述的那樣：「縉紳之強大者，平素指揮其族人，皆如奴隸。」況且，強行在漢民聚居點推行旗制，對當時的社會經濟也會產生難以預料的影響。

綜上所述，清朝統治者沒有在關內的漢民聚居點推行八旗制度實乃明智之舉，但這並不意味著清朝沒有對明朝的舊制度進行改革。為了控制地方政權，朝廷任命大量旗人為地方高官，由於滿、蒙旗

人普遍不懂漢語，行政能力稍弱，故到地方赴任的以漢軍旗人為主。據統計，在順治年間出任地方最高行政長官總督一職的大部分是漢軍旗人，其中表現突出的有陝西總督孟喬芳、浙閩總督張存仁。而巡撫作為擁有實權的封疆大吏，也主要由漢軍旗人來做，著名的有山西巡撫馬國柱、河南巡撫羅繡錦。各地的道、府、州、縣等官位，漢軍旗人得以染指的也不在少數。各省綠營武將中品級最高的提督也由大批漢軍旗人充當，例如在順治年間出任湖廣、陝西、江南、蘇松、浙江、福建等省提督的旗人就有柯永盛、李思忠、張大猷、張天祿、田雄、楊名高等等。因為漢軍旗人是透過八旗這個既得利益集團才得以富貴顯榮，所以在為清廷效力時比普通漢人更加賣力，確實能夠起到控制地方大權的作用。

滿洲貴族統治者極為倚重八旗制度，得心應手地指揮旗人爭霸天下。相反，南明各個朝廷既沒有能力在南方營造另一條壁壘森嚴的寧錦防線，也沒有辦法訓練出一支類似關寧遼軍那樣驍勇善戰的嫡系部隊，只能被各地的軍閥玩弄於股掌之中，形同傀儡。本來，讓武將對所管轄的部隊擁有適當的人事權、財政權與軍法從事權，既能增添這些人的積極性，又能增加部隊的凝聚力，有利於戰鬥力的提高。但如果中央政府失去統籌全域的能力，則在放權之後必將弄巧成拙，造成軍閥割據的惡果。有識之士對南明各個朝廷難以馭下的失控局面無不憂心忡忡，並試圖推動一些改革。例如「忠貞營」將領高一功連同党守素等人曾經於一六五〇年（清順治七年，南明永曆四年）建議永曆帝朱由榔把財政權與人事權從各地的

▲順治帝。

軍閥手中收回來，由於阻力過大，難以實行。至於整頓各地的軍閥部隊，建立統一的制度，把最高軍事指揮權交由朝廷管轄，那簡直是遙不可及的奢望。

事實證明，南明各個朝廷全都沒有能力對根深蒂固的弊病進行革新。一些地方封疆大吏曾經在管轄的地方嘗試採取種種勵精圖治的措施，但成效不大。例如何騰蛟主政湖南時對自己收編的各路雜牌軍不滿意，決定另外招募兵馬，建立嫡系部隊。可他在舊制度的基礎上組成的新軍卻無力扭轉乾坤。自清軍南下以來，南明各個朝廷任命了很多督師、總督、巡撫之類的高級文官，可大多數形同虛設，真正的實權往往掌握在割據一方的武將手中，這意味著，明朝「以文馭武」的傳統政策已經越來越不合時宜，從而漸漸在戰爭中遭到淘汰。就這樣，擊退清軍的重任就水到渠成地落在各地割據的武將身上，其中的佼佼者加緊建立自己的「獨立王國」，四處擴張勢力，並能夠以過人的魄力對轄下部隊進行大刀闊斧的整頓，推陳出新地逐漸建立起統一的制度。他們在積極建設根據地的同時又主動出擊，力圖把轄區內所有的人力物力調動起來與清朝最為信賴的八旗軍抗衡。最著名的是盤據西南地區的孫可望、李定國、劉文秀與活動於東南沿海的鄭成功等人。這些人註定將要異軍突起，促使戰局峰迴路轉，呈現出全新的態勢。

孫可望、李定國、劉文秀是大西軍的將領。這支軍隊的領袖張獻忠於一六四六年（清順治三年，南明隆武二年）底在四川西充境內被八旗軍打死後，餘部放棄了原定的北進計劃，改為迅速南撤，以擺脫強敵的追擊。路過重慶時，打死了據守當地的南明總兵曾英，得以順利渡過長江天險，再於一六四七年（清順治四年，南明永曆元年）初在綦江地區逗留數日進行整訓，安定人心，接著經遵義踏上了通往貴州的征途。川黔交界一帶位置偏僻，屢經戰亂，地方殘破不堪，令追擊的清軍畏難而退。

大西軍餘部披荊斬棘，經涪江，奪取了遵義，讓軍隊重新獲得了喘息的機會。可見，南下這一正確的戰略決策為未來開創抗清新局面鋪平了道路。

在遵義駐紮期間，軍隊將領對以往統治四川時實行的過激政策加以反思，並對內部進行了整肅。張獻忠的遺孀以及宰相汪兆齡由於未能革除舊弊，被有意創立新制的孫可望、李定國、劉文秀、艾能奇四位將領處死。從此，四將軍掌握了軍隊的實權，互相結成了聯盟。雖然這四人都做過張獻忠的養子，彼此都是兄弟關係，但其中唯有粗通文墨的孫可望曾經被張獻忠立為世子，地位比較高，因而自然成了盟主。不久，這支革故鼎新的軍隊一舉攻佔省會貴陽以及鎮遠、定番、安南等衛，基本控制了貴州。

恰巧在此之前，鄰近的雲南發生了內亂，楚雄土司吾必奎與蒙自土司沙定洲相繼造反。吾必奎雖然被鎮守當地的黔國公沐天波會同巡撫、巡按等官員調集漢番軍隊鎮壓，可是沙定洲卻在妻子萬氏以及生員湯嘉賓等的出謀劃策之下漸成氣候，於一六四五年（清順治二年，南明隆武元年）底成功奇襲省城昆明，佔領沐府，將沐天波驅逐到楚雄。其後，雲南大部分地方陸續歸附叛軍。而當時遠在福建的隆武政權對雲南的變局鞭長莫及，只能置之不理。一直等到大西軍餘部進入貴州，才使局勢起了轉機。仍舊忠於沐天波的石屏土司龍在田派人到貴州向大西軍諸將遊說，希望他們前往雲南平亂。此舉正合孫可望等人之意，遂立即整頓兵馬，離開貧瘠的貴州，準備從沙定洲手中奪回沐氏一族在世鎮雲南時積下的巨額財富。為了爭取民心，大西軍巧妙地利用沐氏一族世鎮雲南的威望，有意冒充沐天波妻子焦氏的武裝勢力，打出了「為沐氏復仇」的旗號，結果反應奇佳，一些對沙定洲篡奪行為心存不滿的當地官紳與土司紛紛迎降，令孫可望等人得以長驅直入，很快就經交水於一六四七年（清順治四

年，南明永曆元年）三月二十九日佔領雲南的門戶曲靖，威脅沙定洲的家鄉阿迷州。沙定洲被迫放棄昆明而企圖退保老巢，但其手下在阿迷州以北的蛇口戰敗，因而不敢駐於阿迷州，只是收集殘部逃到了附近山勢險惡的佴革龍。

大西軍雖然如願以償地於四月二十四日進入昆明，可是得到的不過是一座空城，孫可望極不甘心，於是分兵四出，繼續對殘敵窮追猛打。劉文秀率部佔領武定等處，然後西征平定滇西北。李定國帶兵攻佔臨安，平定了昆陽、知州地方官員的叛亂。孫可望本人親自出馬襲擊楚雄，俘虜了鎮守該地的金滄兵備道楊畏知。由於楊畏知是沐天波忠心耿耿的下屬，因而孫可望饒其不死，並與之約法三章：一是去掉大西年號，改用干支紀年；二是不隨便殺人；三是不焚燒廬舍以及淫人妻女。這個協議成了大西軍餘部與南明合作抵抗清朝的先聲，而協議的達成有利於穩定雲南的局勢。同年九月，劉文秀兵臨永昌城下，再次與逃到這裡的沐天波進行談判，勢窮力竭的沐天波同意了劉文秀提出的共同扶持明室，恢復江山的條件，並在此後協助大西軍成功招降了一批地方官員以及土司。到了一六四八年（清順治五年，南明永曆二年）七八月，雲南的戰局已經進入收尾階段，李定國、劉文秀統兵南征，連下阿迷州、蒙自與佴革龍，將成為俘虜的沙定洲及其親屬悉數押往昆明處死。入滇的大西軍由於採取團結沐氏一族及其支持者的正確政策，故產生事半功倍的效果，只用了一年多時間便控制了雲南，贏得了巨大的勝利，然而美中不足的是，艾能奇在一六四八年（清順治五年，南明永曆二年）五月平定東川時中流矢而死。

孫可望等人充分汲取四川政權覆沒的教訓，決意要將雲南建設成為一個可靠的基地，並儘量完善政府機構，設立吏、工、戶等部。他們除了任命楊畏知為華英殿學士兼都察院左都禦史之外，又吸納

一批知識份子為政府官員。鑒於沐氏一族在雲南的威望，他們允許沐天波仍舊以黔國公的名義聯絡舊部，為新政權服務。

逐漸在當地站穩腳跟的大西軍餘部還透過提倡文教、考試取士等方式爭得讀書人的支援，儘量減少官紳地主的敵對情緒，同時尊重當地的宗教信仰，以拉攏少數民族。為了進一步融入當地社會，這個新生的政權放棄了入滇之初實行的「打糧政策（即是派兵四處沒收『殷實』之家的餘糧，類似於大順軍的『追贓助餉』）」，改為建立有章可循的賦稅制度。為此，各級官員奉命招撫百姓回鄉務農，並勘查部分地方的田地，設立由軍中將士管理「營莊」，規定把每一個「營莊」轄區之內的糧食收成分為十份，其中官得四份、民得六份（含有地主所得的一份）。由於「計丁授田」以及按照人丁徵稅這些方法的成功推廣，既讓大部分百姓安心務農，又令官紳地主的生活得到保障，因而流亡在外的人越來越少。此後糧食屢獲豐收，大西軍餘部開始有穩定的收入。此外，蠹政的貪官污吏得到了有效的懲治，當地的礦業、鹽業在管理上得到了加強。大量新鑄造出來的錢幣有助於商品流通，而貿易也發展得很快。種種得力措施使雲南的經濟重新恢復並振興起來，從而能最大限度地在物質上支持抗清事業。

好轉的經濟能夠確保軍隊衣食無虞。孫可望等人將各州、縣的田地分與各營頭目管理，而各營兵丁也跟隨頭目在一起，依靠轄區內生產的糧食過活。兵丁以及家屬每日均能領取定額的口糧。有家屬的兵丁，過冬時每人發一件袍子；沒有家屬者，除了發給袍子之外還可以得到鞋、襪各一雙以及大帽一頂。而軍馬則分為三個等級，按級別餵飼料，上級官員不定期檢查馬匹情況，如果發現馬變瘦，就對相關人士進行問責。毫無疑問，只有兵強馬壯的軍隊，戰鬥力才能更有效地提升。部隊雖然暫時安定下來，可是孫可望等人居安思危，頻繁開展軍訓，為將來的戰爭做準備。在正常的情況下，軍中每

三日進行一次小操練，每十日進行一次大操練，表現出色者可得到獎勵。違反軍紀者必嚴懲不貸，比如軍紀規定，若有隨軍人士敢於擅自奪取百姓一物，立斬；知情不報者，「連坐」；管理部屬不嚴的官員則要杖以八十棍。大西軍餘部與當地民眾的關係越來越密切，經常把糧食、兵器等輜重交給徵調而來的老百姓運送。而在軍隊設立的專門負責制造與維修軍械的「雜造局」裡面，有很多不同行業的工匠服役。類似的「雜造局」有四所。凡是弓箭、盔甲、交趾火銃之類的兵器，如有損壞，兵丁可送到這裡修理，只需將營中頭目、隊伍番號以及自身姓名一一備案，三日之後，即可得到新的兵器。

這個政權對雲南百姓的管理比較嚴格。就以昆明為例，城內每一戶的門上都掛著一個牌子，上面要書寫戶內家庭成員的姓氏，以備官方查核。城門不許婦女擅自出入，男人出入時必須「以腰牌為據」，牌上寫著本人的年齡、相貌與住址。城外之人入城後要將腰牌掛在月城的左廊，以備出城時被守卒查核。同樣，城內之人出城後要將腰牌掛在月城的左廊，以備入城時被守卒查核。遠方來客要在面上列印為號，才能順利出外。各府、州、縣的實權也大多被各地的武將把持，相當於實行軍事管制。軍事利益受到異乎尋常的重視，例如兵丁在傳遞軍令的時候，通常一隻手拿著小紅棍在路上飛奔而過，如果老百姓沒有及時退避，就會被視為「不敬軍令」，隨時可能受到小紅棍的打擊。隨著時間的推移，省內一些近乎苛刻的措施減少使用，軍事管制也得到了適當的放鬆，然而邊境的戒嚴卻沒有懈弛。凡是入境之路，全部都有官兵扼守，一些邊關哨卡四周重重圍著木柵，仿如城堡一般，執勤的哨兵警惕性很高，時常訊問過往行人，極力避免敵人探子混入境內。至於省內很多群縣以及衛所也是壁壘森嚴，幾乎在每一條大路上，每隔十里都有士卒稽查路人是否攜帶由官方發放的通行票證，無票證者不得透過。一些軍事化管理實施後，對穩定境內的秩序起到了立竿見影之效。

自從清軍南下以來，大江南北展開轟轟烈烈的抵抗，但南明各個朝廷名義上管轄的省份大多數組織渙散。真正有能力在內陸省份建成堅固基地的唯有大西軍餘部。

但是，大西軍餘部始終未能形成一個凝聚力很強的領導核心，孫可望、李定國、劉文秀與未死之前的艾能奇等人各自稱王，本來地位都相差不多，互以「兄弟」相稱。孫可望僅以「大哥」的身份主持大局，故曾以「孤率三兄弟，統百萬貔貅」自詡，具有強烈的草莽之氣。

然而，這幾位異姓兄弟的抱負卻各不相同。例如根據《東山國語》的記載：「楊畏知曾經用三國時代的典故以古諷今，對孫可望說道：『昔日曹操奉迎漢獻帝於許都，「挾天子以令諸侯」，因而得遂生平之志。如今桂藩（指朱由榔）在肇慶，王（指孫可望）可有效仿之意』？」在這裡，楊畏知把朱由榔比作漢獻帝，並慫恿孫可望做曹操，似乎是投其所好。不過，李定國卻另有想法，《永曆實錄》記載他同樣以三國故事為鑒，說過如下一番話，大意謂曹操、司馬懿如果能夠扶持弱主，那麼垂名於後世，「如探囊取物」，但他們卻有篡奪之意，結果遭到「萬世笑罵」，這種不智之舉好似用黃金換鐵，即使是農民、樵夫等普通人尚且不會做，而曹操、司馬懿竟然敢做，真是愚蠢之極。由此可知，李定國的思想有時

▲《明清兩周志演義》（成書於清末）中的插圖《孫可望投降永曆帝》，實際上，孫可望從未與永曆帝正式會過面。

與傳統的文化觀念頗為一致。從往後的歷史發展來看，孫可望基本上企圖照著曹操的老路走，因而難免與李定國產生隙罅。入滇之初，李定國轄下的兵員比較多，使得孫可望擔憂會危及自己在軍中的統帥地位，便決意藉故發難，機會終於在一六四八年（清順治五年，南明永曆二年）四月初來到了，當時諸營將士約定同赴武場，首先到達的李定國下令升起帥旗，隨後來到的孫可望以此為契機公開指責道：「按照軍中舊制，主將入營，方可升帥旗，今日既以我為主，為何先到者卻擅自升旗？」為了約束諸將，他硬要當眾將李定國打一頓軍棍，然後抱著定國哭訴不得已之故，自稱此刻只是為了嚴明軍紀而「辱弟」，希望將來相處時不要心存芥蒂。於是，大家表面上又完好如初。為了理直氣壯地成為首領，孫可望又生一計，企圖聯絡永曆朝廷，希望永曆帝朱由榔在封爵時能讓自己的爵位高於劉文秀與李定國，以此壓服李定國。恰巧四川巡撫錢邦芑於一六四九年（清順治六年，南明永曆三年）春致書表示招撫之意，孫可望順水推舟地回信稱只要得到王爵之號，願以全滇歸附。

同年二月，楊畏知等人奉孫可望之命前往永曆朝廷的所在地肇慶，朝見朱由榔。不料，永曆朝廷在是否應該授予孫可望王爵的問題上掀起了軒然大波，有的意見以祖制無異姓封王之例為理由，極力反對；有的意見斷定大西軍餘部沒有徹底洗心革面，不宜信任。值得注意的是，朝臣錢秉鐙不懷好意地提議利用封爵的機會對大西軍諸將進行挑撥離間，認為永曆朝廷可以封孫可望為王爵，但李定國、劉文秀只能為公爵，同時秘密派人向李定國、劉文秀解釋朝廷之所以讓他倆降低身份，完全是受到孫可望指使的緣故，並許諾只要李、劉二人日後抗清有功，立即加以王號，試圖透過搬弄是非來達到令孫可望眾叛親離的目的。為了分化大西軍諸將，錢秉鐙還表示應當授予艾能奇的繼承者馮雙禮以五等之爵。然而，錢秉鐙的意見沒有馬上被朝廷接納，經過數月的爭論後採取了折衷方案，初步決定封孫

可望為公爵，李定國與劉文秀為侯。不久事情又發生了變化，楊畏知等人在返滇途中碰見了督師閣部堵胤錫。堵胤錫充分瞭解到大西軍的歸順將會令抗清局勢為之一變，遂當機立斷，利用手中的空敕行使便宜行事之權，將孫可望的公爵改為王爵，同時緊急上疏朝廷申明這樣做的理由，終於得到永曆帝朱由榔的首肯，改封孫可望為「平遼王」。朝廷打破常規而給異姓封王，已是格外開恩的舉動，可是孫可望真正心儀的是「秦王」之號，他在給永曆朝廷的書信中解釋道：「先秦王（指張獻忠）蕩平中土，掃除貪官污吏。十年以來，未嘗忘忠君愛國之心。」意圖把張獻忠說成是一個「只反貪官，不反皇帝」的人物，又稱「孤（孫可望的自詡）守滇南，恪遵先志」，故此，希望能「王繩父爵，國繼先秦」。從這封信的言辭之間可以看出，以張獻忠繼承人自居的孫可望堅持要在爵位上與張獻忠一樣。

關於張獻忠生前的王號，由於各種史料記載不一，顯得有點錯綜複雜。根據《綏寇紀略》、《遺事瑣談》、《紀事略》、《明史》等書的說法，張獻忠揭竿而起之初曾經號稱「西營八大王」、「西王」等，因而這位草莽英雄後來正式建立政權時先是自稱「大西國王」，繼而自命為「西朝皇帝」。綜上所述，無論「西營八大王」、「西王」、「大西國王」，還是「西朝皇帝」，都與「西」字有關，所以張獻忠的政權以「大西」為國號，也是順理成章的事。奇怪的是，《昆山王源魯先生遺稿》等書籍稱攻克四川成都的張獻忠在稱帝前後那一段時間裡，竟然自稱起「秦王」來。這個曇花一現的爵號讓後世學者眾說紛紜，有人認為「秦王」之號與張獻忠的籍貫陝西有關；還有人推測，「秦王」之爵可能是當時已在西安建國的李自成所封授的，總之，相關說法由於缺乏足夠的史料支持，均未能形成定論。其實，「秦王」的稱號很可能來自《隋唐兩朝志傳》等通俗小說中網羅天下英雄的秦王李世民，因為在明朝末年，不止一個義軍領袖以「秦王」為諢號，例如曾經與張獻忠、羅汝才等人並肩作戰的王光恩，

就號稱「小秦王」，而另一位草莽英雄白貴，乾脆把自己的部隊叫做「小秦王營」。張獻忠打下成都後自稱「秦王」，估計並非什麼正式的爵號，而是與他過去擁有的「八大王」「黃虎」等稱呼一樣，都是諢號。

此時此刻，孫可望堅持要得到「秦王」之爵，一方面可在眾兄弟之前彰顯自己是張獻忠繼承人的獨一無二地位，另一方面似乎也隱約以一代英主李世民自居，他不管永曆朝廷是否真正肯封授「秦王」之爵，反正就是要公開以「秦王」為號。

「秦王」是親藩中最尊貴的爵號，早在明朝開國之初已授予明太祖朱元璋的兒子朱樉，永曆朝廷不會輕易轉封他人。《所知錄》記載，朝臣錢秉鐙一度提議可在「秦」字之上添加一字，變成「興秦」或「定秦」之類的「草澤王號」，以滿足孫可望的虛榮心，這個折衷的辦法未能取得其他人的同意而作罷。

然而，永曆帝朱由榔早已大權旁落，地方軍閥敢於肆意妄為。駐於潯州的陳邦傅為了拉攏孫可望與當時尚在廣西的忠貞營抗衡，利用朝廷頒發的空敕，私下裡填上「秦王」的字樣，然後在一六四九年（清順治六年，南明永曆三年）正月迫不及待地派人冒充朝廷使臣來到雲南，把偽造的敕書以及「秦王」之印封給了孫可望，企求事後逼朝廷接受「生米煮成熟飯」的事實。如獲至寶的孫可望對敕、印信以為真，命令手下大張旗鼓四處炫耀，誰知等到楊畏知把朝廷封授「平遼王」的確切消息帶回昆明，才知道上了陳邦傅的當。野心勃勃的孫可望既然在眾兄弟之前丟了臉子，難免對施政混亂的永曆君臣心存芥蒂，從而令彼此的關係蒙上了陰影。

經過一波三折之後，孫可望奉南明為正朔的願望是達到了，可他拉大旗作虎皮，企圖借永曆朝廷

封授的「秦王」爵位來壓制軍中的異己勢力，卻是暫時未能得償所願，但他管不了那麼多，仍舊對外自稱「秦王」，一切按照藩王體統行事，根本不把永曆朝廷放在眼裡。可是，李定國逐漸倒向了永曆朝廷一邊。因為他早有洗心革面，接受招安的想法，如今既已歸附朝廷，便名正言順地扶持明室抗清，此後再無異心。鬧得沸沸揚揚的封爵風波暫告一段落，孫可望、李定國、劉文秀等人打著「南明」旗幟出師抗清已成事實，他們的軍隊可稱作「西南明軍」，正欲取道貴州、四川開赴抗清前線。

貴州基本被軍閥皮熊所把持，此人於一六四七年（清順治四年，南明永曆元年）趁孫可望等人轉移到雲南的機會，從平越發兵進佔貴陽等地，並一度和盤據遵義的總兵王祥爭起了地盤，給地方百姓造成了新的禍害。從一六四九年（清順治六年，南明永曆三年）下半年起，一批批剛剛歸附永曆政權的西南明軍相繼來到貴州，皮熊自忖不是對手，便派人請求結盟。孫可望不為所動，等到主力集結完畢，便於一六五〇年（清順治七年，南明永曆四年）八月使用武力強行吞併了皮熊所部，重奪貴陽、平越等地。接著，又分兵北上遵義、永寧等處，擊潰了王祥所部以及其他一些烏合之眾，收編了不少殘兵敗將以為己用，到了一六四九年（清順治六年，南明永曆三年）年底已經順利控制了貴州全省與四川南部邊陲的部分地區。當時四川大部分地區處於混亂狀態。清軍雖然在一六四六年（清順治三年，南明隆武二年）底打死張獻忠，短暫地占有了全川，可由於連年戰亂、飢荒頻繁，肅親王豪格只得率滿漢主力北返，留下李國英等漢將帶部分人馬駐守川北，因而該省的大部分地區被南明軍閥、地方土司與打家劫舍的綠林武裝所掌握，時常發生爭權奪利的混戰。

隨著劉文秀於一六五一年（清順治八年，南明永曆五年）奉孫可望之命統領兵馬大舉入川，割據一方的大大小小武裝勢力頓時呈現土崩瓦解之勢，不願意接受改編的大都逃脫不了覆滅的命運。就這

樣，勉強能夠自保的地方除了位於邊遠山區的石柱等少數地方之外（石柱首領是明末著名女將軍秦良玉，她在大西軍入川期間曾出兵夔州阻擊，因眾寡懸殊而敗歸，從此守境不出，並在清朝入關五年後病死，所部由其孫子馬萬年管轄），唯有川北保寧一帶尚在清軍之手。總之，西南明軍分路出兵黔、川的行動消滅了很多割據勢力，總算達到掃除抗清路上絆腳石的目的。孫可望及時採取整頓吏治，恢復經濟生產等措施，力圖在短時間內把黔、川建設成類似雲南那樣的抗清基地。

如今，永曆朝廷瀕臨滅亡的邊緣。孔有德、尚可喜、耿繼茂分別率清軍打入湖南、廣東與廣西。廣州、桂林等重鎮相繼失守，各地的南明軍隊兵敗如山倒，永曆帝朱由榔已經離開廣東肇慶逃往廣西，輾轉於梧州、潯州、南寧等地，瞿式耜等重臣殉難，陳邦傅、杜永和相繼降清。由大順軍餘部組成的「忠貞營」等部隊既回天乏術，又不願西撤而依附於素有積怨的孫可望等人，遂於一六五〇年（清順治七年，南明永曆四年）十二月由南寧北上，走小路經湘西前往長江三峽附近的夔東地區，遠離了抗清第一線。東南沿海地區雖然活躍著一些抗清武裝，可是尚不具備在內陸大規模殲滅清軍的野戰能力，未能給予永曆朝廷有力的支援，因而力挽狂瀾的重擔便自然地落到了孫可望、李定國、劉文秀等人的肩上。

一六五一年（清順治八年，南明永曆五年）二月，廣西前線的清軍經過休整之後，繼續南下，經柳州直取南寧。無兵可用的永曆帝朱由榔只能派使者敦促孫可望等人到廣西護駕。孫可望令五千精兵趕赴南寧，藉此機會重新要求朝廷承認其為秦王。領兵而來的賀九儀、張志明諸將仗勢欺人，竟敢悍然殺死對封秦王一事持有異議的兵部尚書楊鼎和等人，逼得大學士嚴起恒投水自盡。可見，永曆朝廷已無尊嚴可言。朱由榔此前雖然願意作出妥協，承諾要把孫可望從「平遼」王升為「翼」王（按照明制，

一字王比二字王尊貴），但遭到對方的斷然回絕，在不得已的情況下，只得把一字王之中地位最顯赫的「秦」王授予孫可望，總算結束了這場封爵風波。

成為秦王的孫可望似乎對皇位產生了覬覦之心，他自稱「國主」的同時開始制定鹵簿、朝儀等用來在重大國事活動中粉飾門面的典章制度，並仿明制設立與改組了六部、九卿、翰院以及科道等職官，建起了一個不容永曆朝廷插手的獨立王國。楊畏知擅自接受永曆帝朱由榔封授的禮部侍郎兼東閣大學士的官職，犯了統治者的大忌。孫可望早就對敢於發表不同意見的楊畏知有所不滿，便以此為藉口將之處死。事後，朱由榔無可奈何。

同年十一月，清將線國安率部向南寧步步進逼。無力抗拒的永曆朝廷既不想退往安南，也沒有航海到福建投靠沿海一帶的抗清軍隊，最後棄城而倉皇逃往貴州避難。這意味著永曆君臣從此要依靠孫可望，過著寄人籬下的生活。朱由榔以及二千隨行人員在孫可望部屬的接應下於一六五二年（清順治九年，南明永曆六年）二月來到貴州以南的安隆（其後，安隆改為安龍），以此為駐蹕之地。孫可望派親信屯兵城外，實際把朱由榔軟禁起來，開始按照「挾天子以令諸侯」的思路行事。西南明軍作為永曆朝廷的支柱，也瓜熟蒂落地成為了抗清的主力。

席捲廣西的清軍似乎只需要再加一把勁突入貴州，就能夠將朱由榔手到擒來，並徹底摧毀永曆朝廷，為清朝的統一事業再立大功。然而，久經沙場的統帥孔有德深知孫可望、李定國等人不可輕視，因而絲毫沒有樂觀情緒，反而如履薄冰，誠惶誠恐。他下令停止追擊，以免招惹在對面虎視眈眈的強敵，接著又做出了臨陣退縮，自損威名的舉動，竟於一六五二年（清順治九年，南明永曆六年）四月向清廷上疏請求解任回京養老。疏文自稱其生長於北方，不習慣南方荒蕪的「煙瘴」之地，在前方每

當「解衣自視」，發覺渾身是「刀箭瘢痕」，「宛如刻劃」一般，到了颳風下雨之夜，便「骨痛痰湧，一昏幾絕」，因而盼望清帝念其「年邁子幼」，允許其早日退休，過上「優遊綠野」的田園生活。其實，讓孔有德喪失信心的原因除了對手強大之外，還主要因為廣西清軍缺糧乏餉的緣故，他在同年六月初十給清廷的疏文就很明確地說明了問題，文中提到自己的部隊已經「乏餉十月」，形勢彷似火燒眉毛，過去亦已經多次向朝廷告急。

最近三個月更達到「糈糗不敷」的地步，使情況嚴重到了極點！正所謂「一日不再食則飢」，他自嘲沒有辦法讓天降粟粒，「以哺數萬生靈之口」，又以廣西的南寧、思恩、柳州、慶遠等府為例，指出上述地方的物產「不足供駐防之兵」，因而曾有人建議向民間「借徵十年」之賦以渡過難關，可是不容易實施。他此前已經請求「江、浙協餉」，可是「日復一日，望眼欲穿」，亦未能達成願望。目前能夠依賴的唯有從湖南長沙、衡州、永州三府運糧救援，然而主管湖南的官員認為陸路運輸比較困難，想從廣東徵調船隻走水路，廣東的官員又以該省為「新辟之地」，滿目瘡痍，難以徵調足夠的船隻。由於官僚之間互相推諉，以致耽誤了不少時間。孔有德既然一再上疏向朝廷叫苦，那麼順治帝對廣西的狀況自然心中有數，知道孔有德揚言辭職的主要原因是對缺乏糧餉不滿，故以「邊疆未盡寧謐」為由，不允許這位老將解甲歸田，只讓其在駐防之地調理好身體。但解決廣西缺糧乏餉的問題，卻一時之間拿不出好的方法。

與嗷嗷待哺的數萬廣西清軍相反，養精蓄銳的西南明軍正到了兵強馬壯的時候，號稱有「三十萬」，而家屬的數目與士卒的數目相比，還要加倍。其中進駐昆明的李定國終日操練部屬，積極製造盔甲，僅在一六五〇年（清順治七年，南明永曆四年）的一年時間裡就已練成三萬精兵，此後未嘗鬆懈，準

備出師一試鋒芒。據說李定國所部半數為倮、傜、佬、玀等族人，特別是以標槍、大刀為武器的玀人，能夠跣足而戰，常常以少勝多，他們不畏弓矢，是清軍的勁敵。而軍中亦有大象參戰，對陣時可令敵人的馬匹「驚逸」。這些西南少數民族士卒由土官統率，本來極難約束，可是李定國管理得當，指揮起來得心應手。

清朝對厲兵秣馬的孫可望等充滿戒心，搶先發起攻勢，於一六五一年（清順治八年，南明永曆五年）下半年派鎮守漢中的平西王吳三桂以及固山額真李國翰率領滿漢大軍出征四川，在次年二月初七到達保寧，與留守該地的李國英會師。這時，劉文秀已返回雲南，只留下白文選、劉鎮國等駐紮於嘉定、雅州等處，兵力處於劣勢。吳三桂與李國翰乘此良機在十二日親自督兵兼程而進，二十二日早晨到達成都，迫使守軍投降。其後，李國翰率部分人馬經眉州於二十五日到達嘉定，令隨征的八旗將領噶巴什章京帶兵打敗出城迎戰的明軍倮、玀兵，活捉總兵龍名揚。三月，躊躇滿志的吳三桂集中力量輕而易舉地佔領合州、重慶，另外派出偏師於四月下旬奪取敘州。而明將王復臣、白文選等人作戰不利，退到了川黔交界的永寧，此舉意味著四川大部地區重新被清朝掌據，而毗鄰的雲貴也隨時會被戰火波及。

當吳三桂等人將要從嘉定出敘州以爭奪川南之時，孔有德也企圖由桂林出河池，爭奪貴州。這顯示清朝正在有計劃地對西南地區進行分進合擊，欲消滅孫可望、李定國、劉文秀的軍隊。不肯束手待斃的李定國於同年三月主動請戰，想出兵立功。孫可望順水推舟地制定了兩線作戰的計劃，令劉文秀率步騎六萬出川南，而王復臣為副手，經敘州、重慶反攻成都，與吳三桂再決雌雄；同時讓李定國率步騎八萬出擊湖廣，而馮雙禮為副手，由武岡、全州直取桂林，和孔有德展開較量。

孫可望打算同時在四川、湖廣、廣西等省作戰，而首先爆發大規模戰事的並非四川與廣西，而是

湖南戰場。在此期間，因戰敗而流亡於湖南、貴州一帶的馬進忠、王進才、張先璧等部也應孫可望之號召，各自舉軍歸附。其中馬進忠配合李定國出師湖南，使之如虎添翼。而李定國知道馬進忠為朝廷宿將，亦特意結納。

攻打湖南，是為進軍廣西做準備。前文提到清軍要想守住廣西，離不開湖南的接濟。這是因為湖廣在明代是土地開發最有成效的地區，荊湖、洪湖、洞庭洞一帶土地肥沃，吸引了鄰近省份大量人口的移居。就連山區也得到不斷的開發，農田密佈。耕地面積大幅度擴大與各種水利設施的陸續興建，使得此地已成了南方公認的糧倉，具備了向江南其他省份供應餘糧的能力。正如俗言所說的：「湖廣熟，天下足。」儘管到了明清易代之際，連年的戰禍給生產造成了極大的破壞，可「瘦死的駱駝比馬大」，如今湖南仍要勉為其難地給素來貧瘠的廣西提供一些力所能及的支援。故此，明軍選擇湖南作為首要的攻擊目標，可謂猛虎掏心，攻敵要害。

鎮守湖南的清軍主力以沈志祥的舊部為主。沈志祥是被清朝授予「續順公」之爵的遼東舊將，與孔有德、耿仲明、尚可喜合稱「三王一公」，此人曾經在一六四六年（清順治三年，南明隆武二年）跟隨孔有德出征湖廣，後病死於一六四八年（清順治五年，南明永曆二年），因其無子，故襲爵的是侄子沈永忠。當孔有德在一六四九年（清順治六年，南明永曆三年）準備取道湖南出征廣西時，為了穩定湖南的局勢，讓孔有德無後顧之憂，清廷起用了駐守山東濟南的沈永忠。其後，沈永忠佩掛「剿撫湖南將軍」之印，帶著總兵許天寵等手下於一六五〇年（清順治七年，南明永曆四年）下半年移駐湖南寶慶（原奉命鎮守寶慶的劉之源後來移師杭州，參加討伐魯監國的軍隊），隨行的還有總兵張國柱、郝效忠兩部（原屬固山額真圖賴管轄）以及部分滿洲兵，共一萬五千人。值得注意的是，沈永忠

及其手下是攜家帶口到湖南的，這與不久之前奉命經略兩廣的孔、尚、耿所部一樣，明顯做長期駐防的準備。顯然，這種重用關外舊將的政策完全符合清朝一貫以來的做法。而這些人過去與永曆朝廷轄下軍隊作戰時也比較賣力，沒有令朝廷失望。然而，在西南明軍發起暴風疾雨般的進攻之前，湖南清軍的處境也不妙，由於受到糧餉不夠等因素的影響，兵部曾經議論過裁軍問題。沈永忠在一六五一年（清順治八年，南明永曆五年）閏二月初六給清廷上疏，直言不諱地承認不擔心兵力單薄，而最憂慮的是缺餉，他引述部將郝效忠的報告，聲稱部隊在平息地方反清勢力時，有的兵丁不願作戰而登上山嶺大喊大叫道：「『我等殺賊，錢糧不給，口糧又無！』眼看就要『餓死』了。」言畢，軍中即有三十七人跑入荒山野嶺，做了逃兵。此外，他又引述部屬許天寵的報告，聲稱遊擊黃家棟帶兵來到靖州，因無糧而餓死楊龍等二十九名將士，而趕赴綏寧執行任務的官兵也絕糧五日，飢餓難忍。綜上所述，經久不息的動亂與飢荒使得駐守湖南的清軍已是「泥菩薩過江，自身難保」，萬般無奈的沈永忠在此期間又懇求朝廷下命令讓廣西清軍儘快歸還以前從衡州、永州等地借走的糧餉，此舉激怒了無力償還舊債的孔有德，破壞了關外舊將的內部團結。

一六五一年（清順治八年，南明永曆五年）四月，西南明軍的先頭部隊從貴州大舉進入湖南。馮雙禮帶領數萬步騎兵分作數路合圍沅州。沅州號稱「湖南之門戶，滇、黔之咽喉」，戰略位置比較重要。可是守軍僅有三千，而這裡處於「萬山窮谷」之中，距離辰州、靖州等處各數百里，難以在短時間得到增援。因而城池在十五日早晨被進攻的明軍從東、北兩門突入而失守。清軍遊擊鄭一統、王國忠以及知州柴宮桂等人被俘。

沅州一失，辰州受到威脅。沈永忠反應快速，調動纛章京宋文科率領轄下的滿漢官兵趕赴靖州，

會同右路總兵郝效忠準備反擊，而中路總兵許天寵也進駐武岡策應。他還檄令駐於辰州的總兵徐勇馬上出兵，參與恢復沅州的行動。然而，清軍於二十二日來到沅州一帶時發覺這裡屢經蹂躪，荊蒿遍野，農業荒廢已久，而附近州縣又因循守舊，繼續沿用前朝「只許徵銀，不許輸米」的賦稅制度，故很難在地方官員的協助下就地籌糧以供軍用。官兵們挨餓三日之後，只得拔營而回。

這種膠著狀態一直持續著。湖南一些地方開始甚囂塵上地產生了「明軍八十萬，造船三千隻」，即將從水陸進犯的傳言，擾亂了地方人心。到一六五二年（清順治九年，南明永曆六年）四月，李定國率大部隊東征，會合馮雙禮、馬進忠等部，一下子打破了疆局。明軍諸將探知辰州戒備森嚴，於五月中旬迅速以優勢兵力攻擊靖州、武岡。當地清朝駐軍儘管得到了左路總兵張國柱所部八千餘人的支援，仍然被打得大敗，殘部於二十二日狼狽逃回。此役，隸屬漢軍正白旗、世職之位為三等阿達哈哈番的右路總兵郝效忠在作戰中「馬蹶被執」而死於非命。清軍總共損失總兵以下軍官三十九名、士卒五千一百六十三名（包括滿洲兵百餘名）、家屬一千五百一十四名、戰馬九百七十八匹。

沈永忠受此重創，自知無力再與強敵抗衡，儘管此時西南明軍距離他駐紮的寶慶還有數日路程，可他已經驚慌失措地於六月初二帶著殘兵敗將棄城北撤長沙。六天之後，明軍才進入寶慶這座空城，其後佔領永州。沈永忠在撤離寶慶之前，曾派人到廣西向孔有德求救。孔有德對沈永忠追債一事懷恨在心，只在表面上敷衍一下，在七月間派出部分人馬前往全州，擺出增援寶慶的樣子。當沈永忠放棄寶慶的消息傳來，孔有德立即讓援軍返回桂林。

廣西清軍的一舉一動都引起西南明軍的高度關注。剛剛在湖南獲得大捷的李定國與馮雙禮欲乘勝追擊，可擔憂孔有德抄其後路，於是盡發武岡、寶慶等處的精銳部隊，於同年六月經祁陽直取全州，

戰火很快從湖南漫延到廣西。全州是桂林的門戶，駐於桂林的清軍統帥孔有德以偏師扼守此地。然而廣西清軍在此之前已犯了分散佈置兵力的錯誤，當時出任廣西提督的線國安正承擔分守南寧的任務，左翼總兵馬雄分守慶遠，右翼總兵全節分守梧州，這些人很難在短時間之內返回桂林，以集中力量迎戰從全州方向的入境之敵。

李定國把握時機，命令西勝營張勝與鐵騎右營郭有名率領精兵自西延大埠走便道，以迅雷不及掩耳之勢撲向興安縣嚴關，截斷全州退往桂林的通道，並就地警戒，以配合主力合圍全州。接著，馮雙禮率前軍都督高承恩、鐵騎前營王會、武安營陳國能、天威營高文貴、坐營靳統武等，領兵四萬從大路而進，在驛湖大敗狹路相逢的萬餘清軍，於六月二十八日順利奪取全州，打死守將孫龍、李養性。

孔有德還想奪回主動權，於六月二十九日親自統軍來爭嚴關，但被張勝所部阻攔。這時，李定國已率右軍都督王之邦、金吾營劉之江、左協營吳子聖、武英營廖魚、標騎左營卜寧等將以及六萬大軍趕來戰場，與馮雙禮會師，實力益加雄厚，正策劃著要直搗廣西清軍的老巢桂林，想不到孔有德竟然送上門來，遂於次日早晨，風風火火地揮師來到嚴關之下，與孔有德所部在大溶江一帶激戰起來。

西南明軍以大象列陣衝鋒，勁卒隨後跟進，戰場上剎那之間揚起了漫天沙塵，聲勢一時無兩。清軍從未見過這種打法，驚駭不已，他們的戰馬聽見大象發出雷鳴般的吼聲，「皆顛蹶」，望風披靡。孔有德眼看手下被明軍沖得七零八落，屍橫遍野，為了保住自己的性命，也隨著潰兵一起冒著大雨奔回桂林，閉門死守。六月三十日，範圍闊達數十里的桂林地區已被尾隨而至的明軍圍了「三匝」。時人記載：「城外『甲仗耀日，旌旗蔽野，鉦鼓之聲震天地，軍容之盛，罕與為擬』。」還想繼續掙扎的孔有德忙著增設守城器械，並盡驅城中居民登上城牆協助士卒防守，同時派人四處搬救兵，可惜大

批部屬分散柳州、梧州、南潯等地，遠水難救近火。城外殺聲不絕，煙塵蔽天，激戰日以繼夜地進行著。明軍不顧迎面而來的矢、炮，全力仰攻城池。孔有德紮帳於城西北的諸葛山，親自守陴督戰。然而，當他看到清軍有的弓在酷熱多雨的天氣中變軟而不堪使用時，唯有仰天嘆息。

被清軍強拉的民夫因缺乏堅強的抵抗意志，再加上疲憊不堪，一些人最終熬不住了，便伺機拋戈棄甲，溜之大吉，使得城防呈現不少致命的漏洞。到了初四早晨，天又下起了雨，明軍從西北方向環繞著山丘而修建的那一段城中找到了突破口，一波接一波地攀援而上，不一會兒，「環山皆漢幟」，大隊勇猛矯健的將士從山上俯攻而下，所過之處摧枯拉朽，打得清軍落荒而逃。參與圍城的馬進忠知道降清的舊同僚王允成也與孔有德困在一起，便在城下大聲呼喊要求相見。王允成不敢擅自回應，只是將這個情況向上反映。孔有德得報為之愕然，猶豫良久後，令王允成姑且聽聽對方有什麼話說。王允成馬上登城，與馬進忠取得聯繫，雙方就投降之事進行緊急磋商。

《永曆實錄》記載孔有德本來對清朝處理九王（指多爾袞）的手法暗中不滿，到了窮途末路時產生叛變的念頭，可是受到身邊侍衛的挾制而未能如願。他自知城池失陷乃旦夕之間的事，便委託親信白雲龍帶著年幼的獨生子孔庭訓突圍。果然，西北方向不久傳來殺聲，見風使舵的王允成亦打開勝武門，放明軍主力入城。企圖奪路而逃的清軍在縣前西街巷口死傷慘重，躲避不及的孔庭訓成為俘虜（孔庭訓幾年後被李定國處斬）。藏身於王府的孔有德自知必無倖免之理，他親手殺死身邊的愛姬，將平時喜歡的珍寶玩物聚於一室，再緊閉門戶放火，把自己與妻子白氏、李氏等燒成灰燼。孔氏一家幾遭滅門，死者多達一百二十口，在混亂中逃脫的僅有孔有德的女兒孔四貞。

孔有德部將全節正想經柳州北上增援，突然傳來桂林已破的消息，致使軍心大亂，右營柳州副將

鄭元勳等反戈一擊，宣佈叛清歸明。全節為了避免被叛軍所殺，便帶著部分親信從小道跑往梧州，與剛剛撤到此地的線國安以及馬雄會師。就這樣，廣西的柳州、南寧等城鎮相繼易手。到了八月中旬，連梧州也受到明軍的攻擊。清軍一觸即潰，全節身負重傷突圍而出，與線國安、馬雄一起逃向廣東。

氣勢如虹的西南明軍平定廣西全省，捉獲了降清的陳邦傅與廣西巡按王荃可等人，並將之送回貴陽交由孫可望處死，以儆效尤。李定國委任了巡撫、布政司、按察司等地方官員，打算將此地按照雲南、貴州的模式長期經營。可是時間已經來不及了，因為清朝已經派敬謹親王尼堪帶滿漢大軍火速南下，要與明軍決一死戰。局勢的變化促使李定國緊急離開廣西，重返湖南，準備全力攔截。

敬謹親王尼堪是在七月十八日奉順治帝之命為定遠大將軍而統領滿漢大軍出征的。儘管此時孔有德已死去十四天，然而遠在北京的清廷君臣尚未得到消息。順治帝調兵南下主要是為了解救湖南危局，而他早在六月二十八日，曾降旨諭令在四川屢屢獲捷的吳三桂與李國翰相機進取貴州，讓孫可望在經略湖南時有後顧之憂。六月二十九日，他又諭令湖南的沈永忠堅守湘潭等據點，不要輕易出戰，以待援兵的到達。同時提醒沈永忠如果發覺當時的駐地難以據守，可以轉移到險要之處，集中兵力防禦，但是不要輕棄疆土，一味退縮以貽誤戰機。此外，他在給尼堪的敕書中清楚地指示軍隊此行的目的是出征湖南、貴州，因「逆賊張獻忠之餘孽孫可望等侵擾湖南」而不得不興師討伐，還特別叮囑尼堪「平定貴州」後要就地屯紮以等候朝廷的命令，再確定下一步何去何從。可見，清廷的意圖是先救援湖南，然後進軍貴州，同時又敦促四川清軍南下予以戰略上的配合，以達到分進合擊的目的。自從順治帝親自執政以來，繼續沿襲多爾袞對南明開戰的政策，而這次對西南的軍事進攻，聲勢可以說是空前浩大。順治帝戰前信心十足，似乎平定湖南、貴州沒有任何懸念。假若清軍能夠成功奪取貴州，那不但意味

著孫可望、李定國、劉文秀等人精心準備的北伐被迫半途而廢，而且就連雲南根據地也凶吉未卜。

清朝大張旗鼓派兵南下。主帥尼堪時年四十三歲，是清太祖努爾哈赤長子褚英的第三子，他在清朝未入關之前已經開始戎馬生涯，多次與明軍鏖戰於寧錦防線，並出征朝鮮。入關後，又參與了滅亡大順、大西政權以及進攻南明的戰事，到了一六五〇年（清順治七年，南明永曆四年）在大同討伐姜鑲時，已任職定西大將軍，是一位久經沙場的老將，其中廣為人知的戰績是在一六四五年（清順治二年，南明弘光元年）在蕪湖擒獲南明弘光朝廷的皇帝朱由崧。特別要指出的是，尼堪曾經在一六四六年（清順治三年，南明隆武二年）三月底跟隨豪格打入四川，並在西充這個地方介入過殺死張獻忠的戰事，與大西軍餘部結下血海深仇，他這次南下預計將要與孫可望、李定國等人再次重逢於戰場，可謂「不是冤家不聚頭」。

與尼堪一齊南下的宗室貴族有多羅貝勒巴思漢、吞齊，固山貝子紥喀納、莫爾祜，公韓岱等，這些人多數已經在曠日經年的南征北戰中揚名立萬。其中的佼佼者是在一六四八年（清順治五年，南明永曆二年）平定陝西回亂時被朝廷任命為平西大將軍的吞齊，他是除了尼堪之外唯一出任過大將軍這一顯赫的要職的人。而隨軍將領有伊爾德、阿喇善等，全非等閒之輩，特別是過去長期擔任巴雅喇纛章京的伊爾德，近年來一直保持不錯的狀態，並在一系列攻打永曆朝廷的戰事中頻頻得手，其中比較引人注目的例子是在一六四九年（清順治六年，南明永曆三年）平定江西之役，他參與了圍困南昌，迫使金聲桓自盡，而且接著在信豐擊敗李成棟，導致李成棟在逃跑時溺水而亡。值得提及的是，在宗室貴族與隨軍諸將當中，不少人曾經與尼堪並肩作過戰，早已有過默契的配合。比如吞齊、伊爾德在消滅南明弘光政權時與尼堪攜手追捕過朱由崧，莫爾祜曾經跟隨尼堪遠赴大同討伐姜鑲，而阿喇善與

尼堪一樣，因在四川西充進攻張獻忠所部時表現突出而立功。

京師的八旗勁旅成了這次軍事行動的主角。就拿吞齊、韓岱、伊爾德（此人在不久之前由巴雅喇纛章京改授固山額真）、阿喇善來說，他們分別身兼鑲藍旗滿洲固山額真、正藍旗滿洲固山額真、正黃旗滿洲固山額真與鑲黃旗蒙古固山額真，所以他們所在的旗肯定會有大量人丁披掛上陣。此外按照慣例，其他旗也要抽調人丁參戰。同時，隨軍的還有護軍統領梅勒章京賴賽、勞翰、羅碩等人，也是八旗中的精銳。

關於尼堪所部的總兵力，史料記載不一，比如《鹿樵紀聞》、《永曆紀年》諸書認為有「十萬眾」或號稱「十萬」，《皇明末造錄》則稱人數達到「二十萬」。據專家估計，這支滿漢軍隊連同地方上協同作戰的漢人武裝，總數約為十萬。

▲《皇朝禮品圖式》中的親王甲冑。

順治帝對這次南征非常重視，賜予統帥尼堪「御服、佩刀、鞍馬」，並親自送行於南苑。這支實力雄厚的部隊於七月二十日離京後，順治帝又急不可耐地指示吳三桂要「不時差人遠哨」，目的是要四川駐軍及時掌握京師勁旅的動向，以便在京師勁旅由湖南進入貴州之時立即行動起來，配合作戰。但他提醒吳三桂不得搶在勁旅之前「輕行深入」。同時，又叮囑這位漢人藩王道：「如果受到四川殘敵的困擾而未能及時出擊，要如實上奏，讓朝廷及早制定應變措施。」不過，這位新皇帝萬萬沒有想到孔有德在尼堪離京南下之前已經於

七月四日死在前線，由於遠隔千山萬水，他遲遲才從地方官員的奏報中得知，因而不得不在八月十八日改變讓尼堪由湖南進入貴州的原定計劃，轉而命令尼堪攻打湖南寶慶，得手後交由沈永忠會同從西安調來的「滿洲兵將」以及柯永盛所部的綠營軍共同鎮守，接著，京師勁旅前往廣西執行新的任務，「相機搜剿賊孽」。隨著原定計劃的改變，吳三桂所部由川入黔的行動也暫時被擱置了。為了以防萬一，順治帝在同一日還告誡鎮守廣東的尚可喜、耿繼茂等要轉攻為守，假若敵人進犯，在援兵到來之前不要輕舉妄動。第二月，又派遣護軍統領阿爾津為定南將軍，攜同鑲紅旗蒙古固山額真馬喇希前往與尚可喜、耿繼茂會師，並在敕文中稱：「若賊（指明軍）不入廣東，則廣東未定府州縣、爾等計議，相機平定。」

沈永忠、孔有德等既然在湖南、廣西敗得如此難看，清廷只能調整用兵策略，由過去依靠漢人的王公貴族作戰，改為倚重滿洲將帥，儘管這樣做冒著八旗人丁進一步減少的危險。這一切彷彿又回到了清朝入關之初的局面，尼堪等滿洲宗室貴族就像已經死去的多鐸、阿濟格、豪格、博洛、勒克德渾、濟爾哈朗等人那樣，重新統率兵馬衝鋒陷陣。不過，雖然漢人王公貴族在前線的重要性有所下降，但仍然是輔助八旗軍作戰的重要力量。

尼堪尚在途中，李定國已於同年八月重新返回了湖南，並在此前後陸續收編了各地很多抗清武裝勢力。例如南明將領馬寶、胡一清等自南寧失守後，便與部下一起撤入了粵西深山，當時也紛紛出來歸附李定國，共圖大事。聲勢大振的明軍沒有

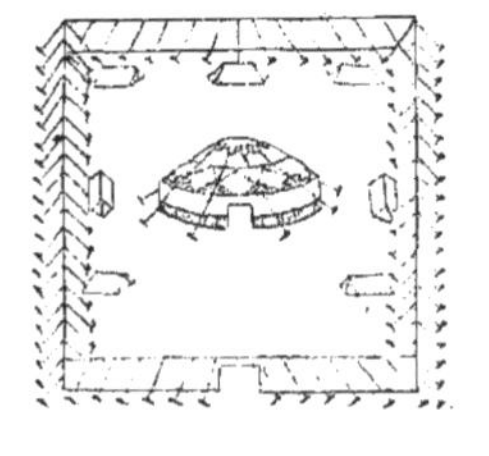

▲親王氈帳。

費多少氣力就連克永州、衡州等處，直接威脅到沈永忠固守的湘潭、長沙。

還沒等明軍來到長沙，草木皆兵的沈永忠已經於八月六日離開這個重鎮逃往岳州了。由於清軍跑得過快，而明軍一時又跟不上，使得長沙這座城市竟然出現了「無官無民（以巡撫金廷獻為首的一批地方官員已隨清軍北撤，大量百姓為了保命也出城逃亡）」的怪現象，時間長達「一月有餘」。至此，清軍已經放棄了湖南大部分地區，只盤據在辰州、岳州與常德等幾個殘存的據點之中。

明軍忙著分兵四出，到處收復失地。馬寶進軍陽山、連州，接著在賀縣招撫了曹志建的舊部。馬進忠、馮雙禮北進長沙，成功在寧鄉召回了失散的張光翠，並準備伺機收復常德、岳州。甚至有部分明軍在高文貴的帶領下開進了江西，連下永新、安福，包圍了吉安。李定國從容占據衡州，居中調度。《永曆實錄》總結道：「兵出凡七月，復郡十六、州二，辟地近三千里。」在望風披靡的清軍當中，鶴立雞群要數辰州總兵徐勇，他在「沅、靖、寶、永、衡、長」相繼淪陷的劣境下，不顧辰州的西、南、東三面已被敵人佔領，仍以數千之眾堅守下去，並於同年八月底擊敗來犯的張光翠所部，像一顆釘子一樣牢牢地固定在明軍主力的後方，發揮著牽制作用。

明軍主力已經沒有時間回師解決徐勇了，因為尼堪帶著清軍援兵終於趕到了。李定國知道情況緊急，便與馮雙禮、馬進忠商量制定破敵之策，決定主動放棄長沙，引誘清軍渡過湘江，然後分頭迎戰。具體的佈置是：馮、馬二人悄悄退至白杲市埋伏起來，只等貿然深入的敵人越過衡山，再抄其後路；而李定國選擇蒸水作為正面迎戰的地方，配合馮、馬所部前後夾擊清軍。可惜的是，這個計劃遭到了孫可望的破壞，因為心胸狹窄的孫可望出於妒忌心理，不希望李定國再打勝仗，以致聲望超過自己，竟秘密指示馮雙禮退往寶慶。軍令難違，馮雙禮只得倉促經湘鄉向寶慶方向轉移。不知所措的馬進寶

亦打算「隨之而西」，只剩下蒙在鼓裡的李定國孤軍迎敵。

當戰爭持續到一六五二年（清順治九年，南明永曆六年）下半年的時候，局勢卻變得與一六四九年（清順治六年，南明永曆三年）初有點相似，那時何騰蛟等人乘孔有德北撤之機反攻湖南收復失地，想不到被突然從北京南下的濟爾哈朗所部打了個措手不及而一敗塗地。如今李定國在面對尼堪指揮之下的京師勁旅時會不會重蹈何騰蛟的覆轍呢？迄今為止，在長江以南從來沒有任何一支漢人抗清軍隊能夠在野戰中擊敗滿洲親王統率的八旗軍主力，李定國毫不畏懼地迎上前去算不算螳臂當車的行為呢？最後的結果就快呼之欲出了！

尼堪統率的援軍經過長途跋涉而順利進入湖南，一路上如入無人之境，於十一月十九日直達湘潭。守將馬進忠不戰而退，他果然沒有按照原定計劃將部隊拉到白杲市埋伏，而是步馮雙禮的後塵撤往寶慶。明軍內部不和，互相拆臺，這無疑使清軍勝算大增。

尼堪眼見對手一觸即潰，自然看不出李定國與昔日的何騰蛟有什麼區別。為了多殺些敵人，他與諸將商議要加快追擊的速度，因而把軍中的瘦弱馬匹，留在後方寄養（為此，參戰的八旗部隊之中，每旗要抽出兩名章京，每牛錄抽出四名甲兵，在兩名梅勒章京的統領下照看馬匹），以免拖慢前進的步伐。經過一番汰弱留強，到了二十一日，尼堪心滿意足地指揮著一支精幹的部隊踏上新的征程，終於在次日來到距離衡州三十餘里的地方與李定國的前哨部隊不期而遇。清軍裡面勇猛善戰的「噶布希賢兵（即前鋒）」迫不及待發起進攻，一口氣將明軍驅逐到衡山縣，事後在捷報中聲稱擊敗了「偽軍門（指總兵）一員，偽副將五員」以及「馬步賊兵一千八百名」。

尼堪找不到明軍主力豈肯善罷甘休，他督促部隊連夜兼程前進，在二十三日黎明前夕趕到衡州。

天很快亮了，晝夜「疾趨二百三十里」的清軍將士已經「士馬疲勞」，然而他們還不能休息，必須應付即將發生的惡戰。因為尼堪與隨軍的貝勒、貝子、公、固山額真等人正忙著排兵佈陣，以便儘快摧毀敵對力量，展開他們一直孜孜以求的殺戮。

李定國還不知道原定的作戰計劃已被孫可望破壞，一廂情願地在衡州附近的蒸水迎戰，與盛氣淩人的尼堪拼個你死我活。經過一番血肉橫飛的廝殺，清軍統帥部以尼堪的名義、差遣內翰林國史院侍讀學士碩代與前鋒參領科爾昆向朝廷奏捷，高調宣佈敵人一如既往地不堪一擊，清軍一出手就順利打敗了四萬餘明兵，「追殺二十餘里，斬獲甚多，得象四、馬八百二十有之」。由於阻隔萬里山河，遠在北京的順治帝看到這份戰報時已經遲了一個多月，他龍顏大悅，於一六五三年（清順治十年，南明永曆七年）正月初八諭告內三院，要管事的「衙門」將捷報「轉發傳抄」，頒示中外，弘揚軍威。這位深宮之中的皇帝做夢也估計不到，前線清軍竟然在向朝廷報捷期間遭受重大挫折。原來，自負的尼堪在這一仗中了對方的計，因為明軍根本不打算硬拼，而是抵抗一陣後佯敗而走，意圖誘敵深入。善於打伏擊的李定國早已做好了兩手準備，他除了計劃與馮雙禮、馬進寶一起合圍清軍之外，又別出心裁地組織人員在衡州城外布下了天羅地網，耐心等待尼堪上鉤。

當尼堪率領的部隊進入伏擊圈時，設伏於林內的一股明軍抓住戰機突然衝了出來，與衡州城內的守軍一起夾擊清軍。兩軍從城北香水巷一路打到草場，演武亭等地，互有殺傷。有的清軍將領見勢不妙請求後撤以避敵鋒芒，但尼堪斷然制止，他慷慨激昂地揚言清軍臨陣從不退卻，接著又說：「我為宗室，不斬除逆寇，何面目歸乎？」因而抱著僥倖的心理，繼續留在戰場以求一逞。然而，李定國絕不想給對手任何反敗為勝的機會，指揮各路部隊從四面八方加緊圍攻，軍中的一些前鋒騎著大象橫衝

直撞，而步卒「以鐵甲裹頭及身，手持大刀，俯身直趨，但砍馬足」，給清軍騎兵造成了極大的威脅。尼堪的末日到來了，根據《清史列傳》的記載，他在明軍的包圍圈中「縱橫衝擊」，射盡了攜帶的弓箭後，拔刀再戰，可始終殺不出一條血路，結果「歿於陣」。關於尼堪陣亡的詳情，至少有三種說法：

其一是被火器擊斃，《鹿樵紀聞》、《滇緬錄》就是這樣認為的。例如《鹿樵紀聞》確定尼堪「為交槍（又稱『交銃』）所中，歿於陣」。

其二是被刀斬死，這種說法來自《永曆實錄》、《皇明末造錄》、《天香客隨筆》等。其中《永曆實錄》有板有眼地對「敬謹王（指尼堪）」進行描述，稱此人素來以驍勇聞名，他出征時頭戴鑲著「金頂」的「七寶金兜牟（即兜鍪）」，而身邊大纛繡上「交龍」之紋，顯得異常醒目。衡州之戰開始後，他率鐵騎二十餘，登上蒸水旁邊的小山，意欲偵察李定國所部。山下僧人見狀連忙奉茶以示慰勞。尼堪正在啜茗之際，明軍伏兵冷不防從山後的「竹篠」之中殺出，揮舞刀刃猛擊，把尼堪的腦袋至脖子部分劈為兩半。而尼堪的「從騎」也被全殲。

其三是被箭射死，出處是《石匱書後集》、《罪惟錄》等。《石匱書後集》的說法比較典型，書裡提到李定國所部從衡州敗退，經過「竹山」時突然殺了個回馬槍，致使帶兵追擊的尼堪被箭射中喉嚨而死。

之所以眾說紛紜，主要是當時情況混亂所致，而李定國所部也可能不太清楚當場擊斃清軍主帥的事。雖然有資料表明尼堪當場丟了腦袋，但正如《石匱書後集》、《罪惟錄》、《安龍逸史》諸書所說的，明軍事後檢查戰利品時發現了尼堪遺下的頭盔，才知道打死了這位顯赫一時的大人物。

《永曆實錄》記載衡州附近很多清兵甚至不知道主帥陣亡的事，「猶殊死鬥」。在此前後，清軍

署護軍統領都貝率右翼兵陸續與明將陶陽鳳、胡一清鏖戰，最後死在衡州府前的山下。護軍參領達爾布「中火炮」身亡。多羅貝勒吞齊帶著後繼部隊趕到戰場時下令部將科爾昆用弓箭射擊李定國所部的象陣，好不容易才避免了全線潰敗。吞齊或許是「諱敗為勝」的心理作祟，竟然自作主張命令碩代與科爾昆向朝廷奏捷，由此產生了上文提到的那一份「以尼堪的名義」而送往京城的捷報，結果鬧了個大笑話，讓順治帝空歡喜一場（事情敗露後，清廷的宗室貴族、大臣等專門召開議政會議，責備了這份對尼堪陣亡一事箴口不言的虛假「捷報」，並對炮製這份捷報的相關責任人進行懲罰）。據說，前線清軍搞清楚尼堪戰死的事實後，由三等輕車都尉安珠瑚「突入敵陣，得王屍而還」。然而，明軍士卒有割取敵首領功的習慣，恐怕這時候尼堪的屍體早已殘缺不全了吧。（《晉王李定國列傳》載有「傳尼堪首於安隆」的說法，不過，學術界有人認為此乃偽書，因而書中的說法僅供參考）。

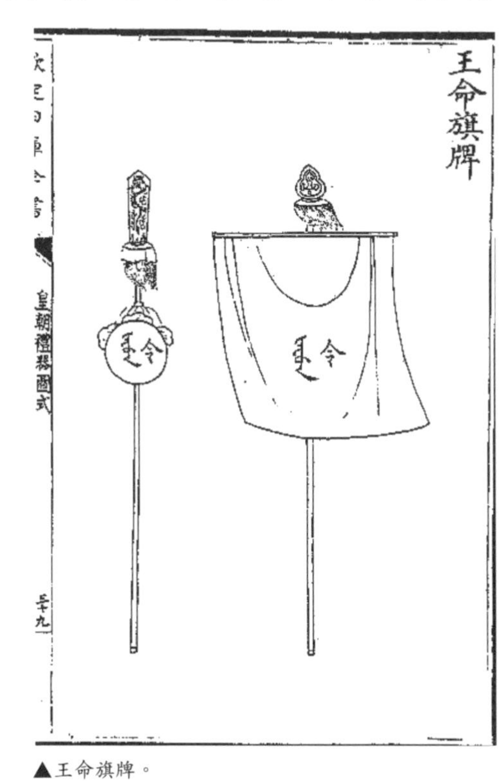

▲王命旗牌。

無論如何，尼堪戰死是鐵一般的事實。南明獲得了罕見的戰果。著名的復社文士黃宗羲根據傳聞在《永曆紀年》中寫道：「是日之戰，斬敵如屠犬豕，手不暇耳。」那麼，明軍到底殲滅了多少敵軍？《皇明末造錄》稱尼堪「自率精兵三千」追擊李定國，在遠離清軍大營三十里之處中伏而死。而《罪

惟錄》、《東山國語》則說尼堪帶「五千」陷入重圍。《東山國語》更明確地說尼堪死後，「潰師五千盡殲焉」，也就是全軍覆沒。雖然號稱十至二十萬的清軍在此戰中的損失總數史無明載，但顯而易見的是，死者大部分來自尼堪指揮的先頭部隊。

乾隆年間修訂的《欽定八旗通志》中收錄了在衡州附近戰死的旗人名單，在這份不完全的名單中，估計大多數人是與尼堪同時陷入重圍而喪命的。其中，滿洲旗人有任職議政大臣的一等伯程尼，署護軍統領都貝，護軍參領達爾布、肅丹。護軍校果渾、彰庫善、韶瞻，前鋒校海住，拔什庫（即「驍騎校」）莫勒洪、音達胡齊，頭等侍衛回色、喀喇，王府頭等侍衛沙布、王府三等侍衛慕蘭、二等輕車都尉額色、三等輕車都尉莽儀祿、瑪欣。蒙古旗人有二等輕車都尉兼蒙古鑲藍旗佐領伊馬圖，二等輕車都尉懇哲。漢軍旗人有雲騎尉劉國輔。這份名單中的一些世職與官銜是按照乾隆年間制定的漢語名稱改寫的，實際上，當時「佐領」叫「牛錄章京」，「輕車都尉」叫「阿達哈哈番」，「雲騎尉」叫「拖沙喇哈番」，「侍衛」叫「蝦」，等等。

從過往的戰史來看，清軍經常派遣一部分軍隊以風馳電掣般的速度追擊敵人，並依靠這一招取得累累戰績。比較突出的例子是濟爾哈朗在一六四九年（清順治六年，南明永曆三年）正月以破竹之勢進入湖南時，派遣萬餘八旗騎兵作為先鋒飛速趕往湘潭，成功俘殺了何騰蛟。根據清朝在一六五一年（清順治八年，南明永曆五年）四月制定的軍律，「如敵人不戰而遁」，清軍在追擊時「務選驍騎」作為先頭部隊出發，「固山額真、護軍統領等」則率領「旗纛、分隊」跟在後面，倘若先頭部隊誤中埋伏，或者出其不意地遭到敵人的攔腰截擊，固山額真與護軍統領必須及時帶著後繼部隊馳援，以防萬一。而從《欽定八旗通志》的戰死者名單判斷，清軍可能是分作兩批追擊的，第一批追兵以前鋒校，

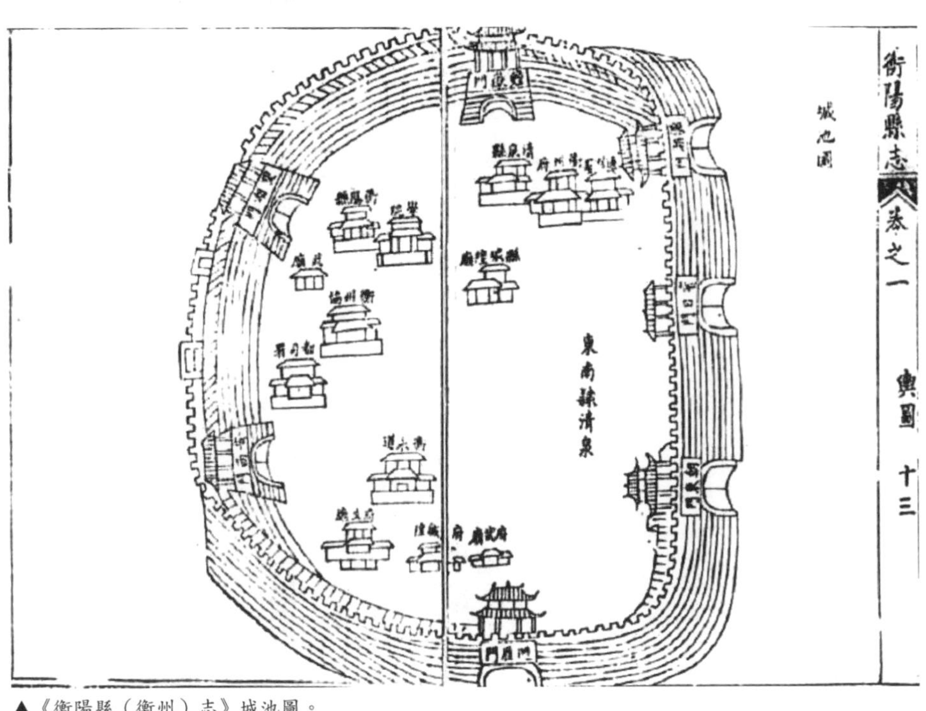

▲《衡陽縣（衡州）志》城池圖。

驍騎校等將領為首，第二批追兵以護軍統領為首，尼堪、程尼帶著侍衛隨軍主持大局。可惜的是，清軍這一次碰見的對手不是何騰蛟，而是李定國。而親自指揮追擊的尼堪依樣畫葫蘆，本以為可以馬到成功，想不到栽了個大跟斗，連性命也賠上了。

明軍在此役中有所損失，馬寶在騎馬掠陣時頰部被流矢射中受傷，被迫退出了戰鬥。不久前在桂林反正的王允成則戰死沙場。李定國殲滅陷入重圍的尼堪及其手下後，按原定計劃等待馮雙禮、馬進忠趕來參戰，以便夾擊吞齊帶領的清軍主力，誰知苦等不至，因而心生疑慮，當他從派往白杲市偵察的騎兵那裡得知馮、白二將已經退往湘鄉，不禁吃了一驚，遂收兵而退。清軍亦不敢再戰，撤回長沙。衡州之戰就此結束。

戰後，據說李定國令人繪畫「烏金、敬謹」二王之像，「露布（指傳捷的文書）告捷」，

在南明的控制區內四處傳播打死滿洲親王這一勝利消息。所謂「烏金」親王，是指過去曾經出征湖南的濟爾哈朗，而這次衡州之戰，不少人誤以為清軍仍由濟爾哈朗統率，因而產生濟爾哈朗斃命的傳言，例如《殘明紀事》、《亂離見聞錄》、《爝火錄》都有上述記載，反映了明人對清軍的瞭解有限。就算明軍在此戰中僅擊斃尼堪一人，仍具有史無前例的重要意義，因為這意味著自清太祖努爾哈赤起兵七十餘年以來，首次有一位出任主帥的滿洲親王戰敗被殺，雖然這一挫折是否會成為八旗軍由盛轉衰的轉捩點，仍有待進一步的觀察，但無疑嚴重損害了八旗軍的威名，同時又極大地鼓舞了抗清武裝的鬥志。李定國出師以來，連續取了孔有德、尼堪兩人之命，號稱「兩蹶名王，天下震動」，足以讓其成為當時首屈一指的名將。

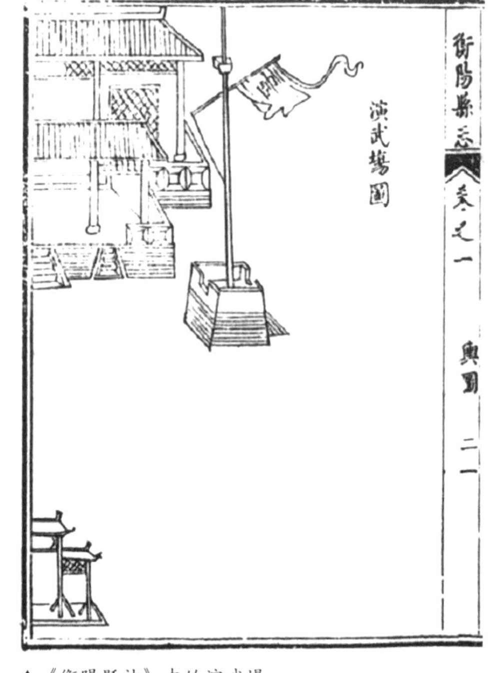

▲《衡陽縣誌》中的演武場。

年方十五的順治帝得知堂兄尼堪陣亡的確切消息，驚駭不已，他痛定思痛後，慌忙重新調整前線清軍的指揮機構，於一六五三年（清順治十年，南明永曆七年）正月十三日改命多羅貝勒吞齊為定遠大將軍。統率湖南大軍，並連下三道敕諭：

其一是告誡留在湖南的吞齊等人，衡州受挫的主要原因是清軍前進速度過快，「晝夜疾趨二百三十里」，以致「士馬疲勞」，減弱了戰鬥力。並要求貝勒以下和夸蘭大（為了擴軍，牛錄章京

衡州之戰作戰經過圖（西元1652年，農曆十一月二十四日）

比例尺　四萬分之一

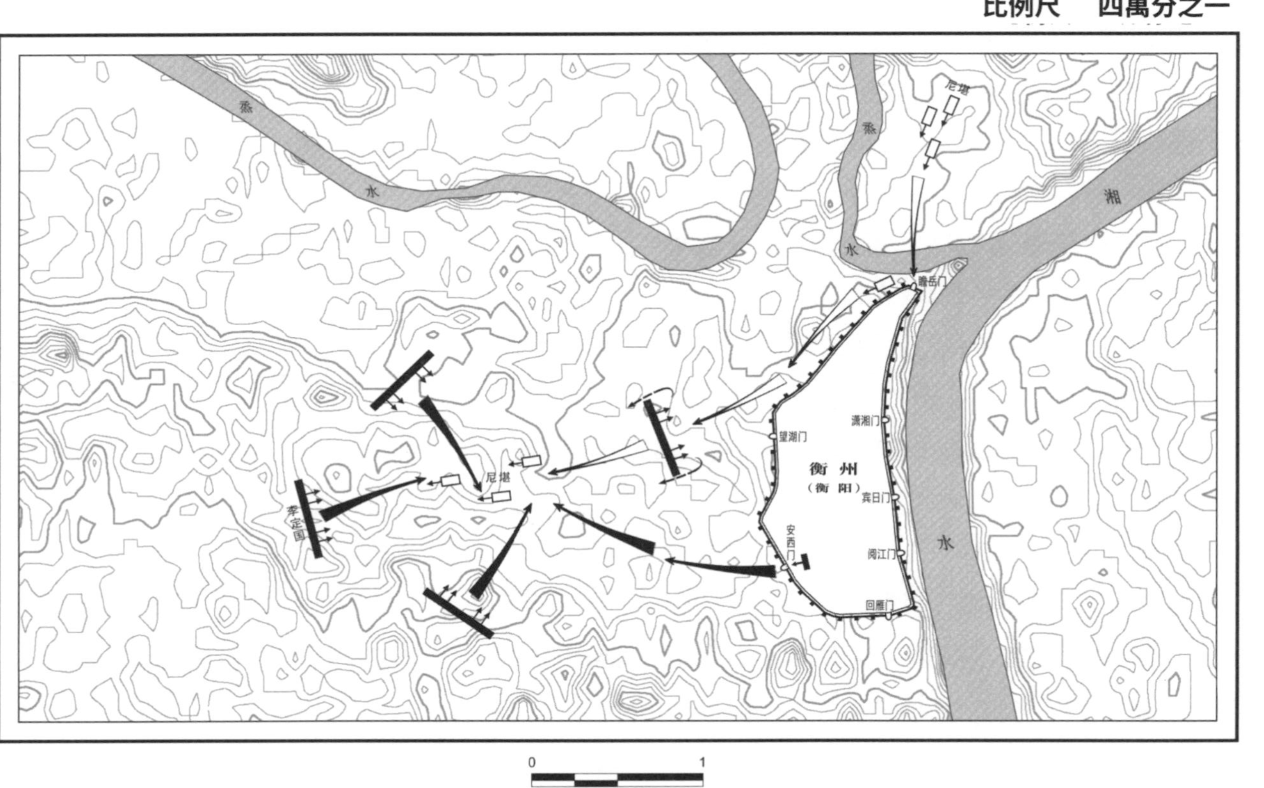

與分得拔什庫等官出兵時可加甲喇章京之銜，稱為夸蘭大）以上的各級領兵將帥，遇事應共同商酌，「敬慎而行」。如果戰時必須分兵，則在固山額真韓岱、伊爾德兩人之內派遣其中一人出征，另外一人決不能離開吞齊的左右。此外，萬一還需要繼續分兵時，可以在蒙古固山額真、護軍統領、夸蘭大等將領之內選擇合適的人員出征，貝勒巴思漢與貝子紮喀納、莫爾祜決不能離開吞齊的左右。吞齊應率本旗護軍「居中而營」，巴思漢、紮喀納、莫爾祜、韓岱、伊爾德等要「各領護衛及親軍」同吞齊駐於同一處地方。順治帝還提醒吞齊整頓軍紀，詳細審問與尼堪一起作戰，卻活著生還的「章京瑪律泰，侍衛阿進、土雷」等人，他們當中有「墜馬被重創、情有可原者」，可「執解來京」，對於那些「情無可原、棄主奔潰者」，即刻就地正法。

其二是命令廣東的護軍統領阿爾津等人率領滿蒙部隊前往湖南，與吞齊會師。阿爾津應與韓岱、伊爾德一樣，與吞齊同營，凡事互相「商酌而行」。

最後一道敕諭仍然發給湖南的吞齊、韓岱、伊爾德等人，除了通報阿爾津即將到來參戰的消息之外，還一再叮囑如果日後分兵作戰，可在韓岱、伊爾德、阿爾津三人之中派遣一人或兩人出外，必須留一人陪在吞齊的身邊。

這一系列敕諭似乎顯示順治帝對偽造捷報的吞齊產生不佳印象，並懷疑這位新任清軍統帥的指揮能力，有意讓其權力受到同僚的掣制。此後，進駐湖南的京師勁旅表現得更加小心謹慎，不敢再像過去那樣動輒派出部分兵力長驅直入以圖出奇制勝。值得注意的是，清廷將廣東滿蒙駐軍調往湖南，以補充衡州之戰造成的損失，當實力恢復後，八旗軍或許會伺機執行尼堪生前未能完成的進軍寶慶的軍事任務。這意味著不久的將來，湖南極有可能會爆發新一輪的血戰。

就在湖南戰火連天的這段日子裡，四川作為另一個戰場也不平靜。孫可望為了在經略湖南時不讓貴州遭到四川清軍的騷擾，下令劉文秀統率五、六萬的兵力分路反攻，其中一路明軍入川後於一六五二年（清順治九年，南明永曆六年）八月初九開戰，從午時打到「日沒」時分，終於攻下敘府，取得了第一仗的勝利。到了十三、十四兩日，又各有兩路明軍從彭水、建昌方向殺了過來。吳三桂一度試圖反攻，他來到犍為縣北四十里之處時得知敘府已經失陷，不敢再前進，連忙後退。根據《庭聞錄》的記載，他被追兵圍了「數匝」，幸而得到固山額真楊坤的「力救」才得以脫身。

吳三桂逃回夾江後，會同李國翰，於八月十九日召見了從成都趕來的四川巡撫李國英。三人經過緊急會商，認為在節節抵抗、節節失利的情況下，應該保存實力，避免硬拼，便於八月下旬令全軍北撤。其後，吳三桂等人率部經夾江、綿州、廣元，於九月十九日撤到了永寧。重慶駐軍的撤退過程就沒那麼順利了，這支軍隊於八月二十四日接到撤退的命令，次日離城渡江，由梅勒章京葛朝忠、佟師聖與總兵柏永馥帶著步兵以及老營走在前頭，梅勒章京白含真，鑲紅旗章京尹得才，總兵陳德、盧光祖等以四百騎兵殿後，一行人馬於二十八日來到遠離重慶一百二十里的停溪時，突然在二更時分遭到尾隨而至的追兵的襲擊。根據清朝戰報的描述，共有數萬「俱用火器」的明軍分左右兩路衝過來，進行「三面圍攻」，一直殺到了天明。由於「山路崎嶇、林木稠密」致使清軍「馬匹難行」，根本堵截不了如潮水一般湧至的敵人，因而所有的官兵都被「沖散」，潰不成軍。白含真成為俘虜，葛朝忠、佟師聖、陳德、盧光祖、柏永馥帶著部分殘兵逃回保寧，與吳三桂、李國翰、李國英以及巡按御史郝浴等會合。

由於劉文秀「善撫士卒」，故「蜀人聞其至，所在回應」，使之得以順利地陸續收復了四川的大部分地區。雖然明軍在很短的時間裡奪取了大片土地，可是久經戰亂、殘破不堪的四川地區難以籌集

到足夠的糧食，而隨著戰線的延長，後勤供應勢必越來越困難，從而不可避免地影響了部隊的戰鬥力。但劉文秀由嘉定直取成都後，誤以為殘餘的清軍必定不堪一擊，遂決心一鼓作氣拿下清軍在川北的最後一個重要據點保寧。王復臣對此有不同意見，並加以勸阻，理由是吳三桂乃是「勁敵」，明軍屢勝之下已成「驕軍」，「以驕軍當勁敵，能無失乎？」可是劉文秀置若罔聞，敦促王復臣以及王自奇、李本高、祁三升、關友才、張先璧、姚之貞等繼續揮師北進。十月初二，明軍五萬人來到保寧下寨七里垛，正式開始這一場決定四川命運的大戰。

保寧城外的西、南方向流淌著嘉陵江，東面瀕臨東河，附近層巒疊嶂、連綿起伏，是一個依山傍水的堅固據點。志在必得的明軍搭浮橋、造雲梯，乘坐船隻在離城三十里處渡過嘉陵江，於十一日黎明來到城外布下了一個「南至江岸，北至沙溝子」，長達十五里的半月形戰陣。陣前站立著一頭頭隨時準備衝鋒的大象，其後按順序排列「火炮、鳥銃、挨牌、扁刀、弓箭、長槍」，顯得層層疊疊，寬達一里有餘。這個長蛇陣隱然從南、北、西三個方向合圍城池，劉文秀還不滿足，又讓部分人埋伏於東河，企圖控制通往漢中的要道。

困守城內的吳三桂見狀大驚，激勵部下說：「若不拼命作戰，『無歸路矣』！」他知道城內難守，遂率部出外，打算背靠城池佈陣進行阻擊，誰知清軍尚未排列完畢，已經被對面如雨點般射過來的銃炮打得狼狽不堪，死傷了不少人，遲遲未能衝入明軍的陣地。恰巧此時，清軍遊兵捉獲了劉文秀營內一名小卒，吳三桂審訊後得知明軍各部隊之中最弱的是「陣尾張黑神之兵」。張黑神即是昔日何騰蛟的部將張先璧，此人當時已經歸附孫可望，正隨劉文秀入川作戰。他的手下多數使用長槍，由於戰鬥力最弱，故排列於陣後。這樣的安排也使得張先璧所部大意起來，誤以為不會遭到吳三桂的攻擊，防守頗為疏鬆。

吳三桂果斷派遣五百精銳騎兵繞路來到明軍陣後，向張先璧之兵發起猛烈攻擊。張先璧的長槍兵抵擋不住「刀箭互用」的清兵，四處逃竄。而毗鄰的王復臣所部也被洶湧而來的潰兵沖得七零八落，一片混亂，使得明軍陣後出現了一個致命的缺口。背靠城池佈陣的清軍乘勢從正面奮勇直前，前後夾擊，以不可阻擋之勢搗毀了明軍的陣營。

背水佈陣的明軍在全線崩潰時難以迅速逃生，再加上浮橋被搶先逃過江的人匆忙砍斷，讓滯留在江邊的一萬多人「觀望號泣」，全都淪為俎上之肉。清軍的戰報形容有「不可勝計」的敵人「奔潰赴水」，讓「江流為之暴溢」，保寧城外也「屍僵馬斃」，「填谷蔽山」，因而宣佈殲滅了「數萬人」，並俘殺了王復臣、姚之貞、張先軫、王繼業、楊春普、董良樸等二百餘員將領，而逃脫的明軍只有千人。對於王復臣的結局，野史有不同的記載，據說當這位元明軍重要將領自知難以脫身時，悲憤地嘆道：「大丈夫不能生擒名王，豈可為敵所辱！」言畢自刎而亡。

清軍的戰報似乎有所誇大。綜合《明末滇南紀略》、《流寇志》等史籍的相關統計，有幸脫身的劉文秀事後帶著萬餘殘兵連夜奔回成都，不久又收攏了兩萬多在混亂中散失的士卒。那些未能及時過江而繞道逃回者也為數不少。最終，這支劫後餘生的軍隊彙聚了共約三萬餘人，除了留下一部分扼守險要，其餘的退回貴州（此外，從重慶出發的白文

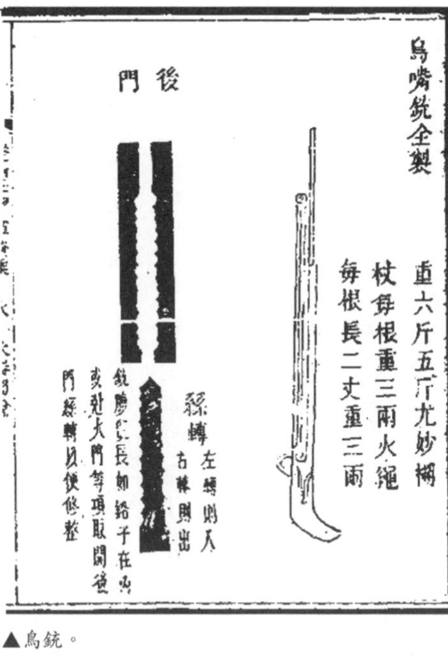

▲鳥銃。

選所部本來也要到保寧參戰，但來到順慶時得知先頭部隊已經戰敗，也撤返貴州，因而實力得以保存）。

出征四川的劉文秀軍在保寧敗得這樣慘，與縱橫馳騁在湖南、廣西的李定國所部形成鮮明的對照，自然有具體的原因。經過對清朝的公文以及文書檔案的分析，可以知道明軍的銃炮在戰場上給人的印象最為深刻（例如清四川巡按郝浴在奏議中稱明軍「長技在鳥銃」），從以往的戰史來看，這類兵器用來對付滿蒙軍隊，效果不盡如人意。不過，四川清軍有很多由明朝降軍組成，比如吳三桂所部源於關寧部隊，李國英所部出自左良玉一鎮，這些部隊共同的特點是裝備了大量火器。因而劉文秀所部在入川作戰時針鋒相對地採取「以火器對火器」的戰法，本來無可厚非。但是，劉文秀的主要錯誤是在保寧城外不合時勢地布下了半月形的長蛇陣，或許他這樣做的目的是想儘量發揮銃炮的威力（銃炮以直射為主，很難像弓箭那樣透過拋射來準確擊中目標，故最適合在戰陣的前幾列發射。為此，裝備大量銃炮的部隊在佈陣時往往排列成長長的橫陣，以最大限度地為直射提供方便），可惜的是，這種戰法在實戰中弄巧成拙，因為吳三桂早已掌握了擊破明軍戰陣的辦法。

原來，早在九年前具有歷史轉折意義的山海關大決戰中，李自成的大順軍在山海關前的石河以西同樣布下了長蛇陣。結果，這條首尾難顧的長蛇陣被看出破綻的多爾袞集結優勢兵力，逐一擊破。親自經歷過這一場血戰的吳三

▲使用火器的士兵。

桂肯定從中汲取了寶貴的經驗教訓，從而在保寧城外依樣畫葫蘆，集中力量攻擊明軍陣線的薄弱之處，果然立見成效。特別重要的是，當吳三桂探知裝備長槍的「張黑神之兵」是明軍之中最弱的部隊，馬上出動騎兵進行了針對性的攻擊，就像《流寇志》所記載的那樣。吳三桂轄下數百騎兵在破陣時「弓矢齊發」，讓對方的長槍兵成為人肉靶子（儘管《流寇志》對保寧之戰的描寫與李國英給朝廷的戰報不太一樣，但書中強調清軍騎兵「弓矢齊發」的作用與李國英所述的「刀箭互用」頗有吻合之處，可信性很高）。假設「張黑神之兵」裝備的是銃炮以及弓弩等遠端兵器，那麼與吳三桂騎兵抗衡的可能性就大增，必定不至於這樣迅速地潰敗。

諢號「黑神」的張先壁在戰後要為保寧戰敗承擔責任，先是被劉文秀械送回後方，後來又被孫可望下令用亂棍打死。而劉文秀也遭到孫可望的指責，被認為是「罪當誅」，只因過去有戰功，才免於一死，受到「罷職」的處罰。因而這位敗軍之將不得不暫時離開軍隊，只帶著百餘人返回昆明閒住。劉文秀的舊部有的被調往四川守衛殘存的地盤，有的被調往湖南前線，其中不少人心存怨恨，認為對劉文秀的處置過於嚴厲，不太願意為孫可望賣力。

自從李定國、劉文秀分別出征湖南、廣西與四川等地後，孫可望也躍躍欲試，準備親自操刀上陣，與清軍一決高下。特別在李定國屢傳捷報之後，心生妒意的孫可望更加坐不住了，因而步李國定的後塵，率領「駕前軍」於一六五二年（清順治九年，南明永曆六年）年底踏上前往湖南的征途。

此時，湖南西部的沅州、靖州、武岡、寶慶、永慶等處已被先行出師的李定國、馮雙禮拿下，唯有辰州一地的數千清軍在總兵徐勇的率領下尚負隅頑抗了半年。一六五二年（清順治九年，南明永曆六年）十一月初一日，來到湖南沅州的孫可望已經再也難以容忍辰州成為前進路上的絆腳石，他命令

白文選帶五萬餘步騎兵為前鋒，於二十一日從水陸兩路直下，四面圍困了這座城市。徐勇督兵出城，本想乘對手初來乍到而立足未穩之時進行突襲，不料出師未捷，副將張鵬已中炮身亡，只得收兵回城固守。次日，明軍四處豎起雲梯發動總攻，軍中的戰象奮勇爭先，以雷霆萬鈞之勢從東門突入，其後，大批步兵排山倒海一般洶湧進城。坐鎮於城垣東北角樓的徐勇得報後慌了手腳，忙不迭地親自前往堵截，無奈街道已被人多勢眾的敵人阻塞，難以前行。他仍拒絕投降，大聲催促殘餘部屬進行垂死的抵抗，最終被麇集的明軍「亂搠下馬」，死於刀光劍影之中，「血屍幾臠」。根據清朝的奏報，徐勇死時緊握刀把不放，因而兩手被明軍「盡剁」，連他的腦袋也被割走，成了對方的戰利品。徐勇共有三十九名親屬死於戰亂，其中包括妻妾曹氏、楊氏、胡氏以及幼子祚泰等，此外，同赴黃泉的還有親丁徐旺等一百五十餘名親信，唯有兒子徐貴與養子徐成名出差在外，逃過一劫。而「闔城文武官員」，除守備李攀桂、千總李鳳龍「駕船得脫」之外，其餘副將、參將、都司、守道以及府縣官，「盡皆遇害無存」。

孫可望首戰告捷，僅用兩天就攻克了李定國、馮雙禮遲遲未能拿下的辰州，自信心進一步膨脹，更加堅定了北進的決心。在孫可望奪取沅州的次日，李定國也取得了打死滿洲親王尼堪的衡州大捷。孫、李兩人在形勢大好的情況下如果攜手對付退回長沙的滿漢大軍，自然有更多的把握在湖南取得更輝煌的戰績。

可惜，孫、李兩人早已心存芥蒂，難以同舟共濟，竟使得抗清大業橫生波折。當李定國在早前取得「桂林大捷」之際，孫可望就很不服氣，公開揚言：「北兵本易殺，我輩獨不得一當！」尤其讓孫可望不滿的是，李定國在攻下桂林之後所上繳的戰利品僅有孔有德的金印、金冊以及數捆人參，故此，多疑

的孫可望認定李定國私自處置了大量「金帛」，藏有異心。與李定國一起出師的馮雙禮也在瓜分戰利品的問題有意見，因而密啟孫可望，稱李定國獨斷專行，「恐難制」，起到了煽風點火的作用。更讓孫可望難堪的是，他以桂林大捷為理由欲封李定國為西寧王，劉文秀為安南王，豈料李定國不但不領情，反而冷言冷語地說道：「封賞出自天子，奈何以王封王！」這樣刺耳的話無疑暗諷孫可望擅權弄政，濫行賞賜。種種矛盾，令兩人的關係瀕臨破裂的邊緣。歸根結底，內部不和的主要原因是孫可望企圖將所有的權力集中於自己的手上，而以往的歷史經驗已經反覆證明一個大權在握的獨裁者在爭霸天下時往往更加得心應手。為此，一些新興王朝的創建者在統一天下的同時也對妨礙集權的異己勢力進行清洗。例如明太祖朱元璋在崛起之初便以「謀為不軌」的藉口誅殺了不甘心屈居於自己之下的大將邵榮，清太祖努爾哈赤為了政權的鞏固甚至不顧親情將有分裂傾向的弟弟舒爾哈齊幽禁致死。當時，野心勃勃的孫可望為了確立軍中的至尊地位，在剝奪了劉文秀的軍權後，又把矛頭指向李定國。

李定國本想在衡州之戰中與馮雙禮、馬進寶二人合圍清軍，當這個計劃被孫可望破壞後，他似乎覺得憑一己之力與敵人再戰時難有必勝的把握。儘管此時孫可望下達了收復長沙之命，可他竟然反其道而行之，於十二月間主動放棄衡州往後撤。促使李定國這樣做的原因還與當時的流言有關，因為軍中有傳聞稱孫可望準備在拿下長沙之後，即「改年號」，「受禪讓」，以奪走永曆帝的大位，故一向以忠義自許的李定國不想助紂為虐，乾脆「走為上著」。

李定國放棄衡州的舉動被別有用心之人視為落荒而逃，而孫可望也自以為找到藉口處罰李定國了，便打算召定國回武岡議事，乘機將其逮捕。李定國多了一個心眼，先派親信龔彝返回後方打探消息。龔彝探得孫可望居心叵測，秘密傳書李定國不要回來，以免惹禍上身。同時，劉文秀之子也暗中

使人勸告李定國切勿自投羅網。顧慮重重的李定國最終作出了不與孫可望見面的決定，他涕泣交加地對手下說：「我本想『匡扶王室，垂名不朽』，無奈在『斬名王、奏大捷』的時候『猜忌四起』，以致禍起蕭牆！」接著又以劉文秀為例，指出劉文秀：「『一旦詿誤，輒遭廢棄』，如今豈能重蹈覆轍！」他嘆息道：「我妻子俱留在雲南，可是出於無奈，不得不與孫可望分道揚鑣！」李定國的肺腑之言獲得了部屬的諒解，這支軍隊由於夾在孫可望所部與清軍之間，因而不敢久留湖南，在一六五三年（清順治十年，南明永曆七年）二月經永州、永明等地退往廣西。此後的李定國儘管仍與孫可望在名義上同屬永曆政權，實際上恩斷義絕，形同陌路。孫可望一廂情願地想掌控大權，可是他操之過急，在威望與實力均未能壓制李定國的情況下貿然行事，竟然把事情辦糟了，在接下來的戰事中只能獨自承受清軍的軍事壓力。

清軍統帥吞齊得知李定國撤退的消息，馬上發起新的攻勢，他除了留下部分兵力進駐衡州之外，自己率領主力於二月十三日踏上征程，可當這支軍隊於二十八日趕到永州時，又一次失去了戰機，因為李定國已經先行一步，取道龍虎關退往廣西。恰巧在這個節骨眼上，清軍獲得了新的情報，知道孫可望所部已到靖州，而馮雙禮所部也來到武岡，並互相呼應，威脅著寶慶以東地區。吞齊當機立斷，統率滿漢大軍改變進軍方向，於三月初六日自永州北上寶慶，準備與對手迎頭相碰，大打一場。九天後，清軍哨探透過捕捉「生口」進行問話等方式獲得了明軍各部隊的具體位置，其中，馮雙禮、白文選等部共四萬餘人紮營於周家坡，孫可望坐鎮寶慶。清軍遂在距離周家坡三十里遠的岔路口宿營以及備戰。

十六日，吞齊命令部屬繼續向周家坡前進，與對手的距離越來越近，氣氛也越來越緊張。但由於

明軍的陣地佈置在山頂，占據了地利，致使姍姍來遲的清軍望而卻步。日暮時分又下起了雨，這樣潮濕而多變的天氣會讓弓變軟而不堪使用，對善於射箭的八旗將士尤其不利。故此，仗一時打不起來，清軍只是在山下列陣，與明軍遙相對峙。

當天夜裡，孫可望率全軍來到前線，與馮雙禮等人會師，使明軍的聲勢更加浩大，優勢也更加明顯。就如有的史書所言的那樣，孫可望妒忌李定國「兩蹶名王」之功，正想取得更大的戰績，而由孫可望親兵組成的駕前軍也紛紛揚言「敵殊易殺」，力勸孫可望「親立大功以服眾」，以一展身手。到了次日，戰事一觸即發。明軍以十萬之眾下山佈陣，胸有成竹的孫可望令馮雙禮、白文選所部依山為壘，並告誡他們不要輕舉妄動，「動者斬」，另派楊武、馮萬寶率部殿後，自己親率「駕前軍」進薄清軍，欲獨享不世之功。

孫可望在長期的軍事生涯中形成了自己的作戰特點，據說他每當與敵人作戰，所部「堅立不動」，因而諢號叫「一堵牆」，以善於打硬仗而著稱，這一次，他又重施故技，下令部屬配備藤牌以及長矛，計劃與清軍展開肉搏。由於寶慶一帶那時陰雨連綿，使得清軍弓箭在實戰中的效果大打折扣，勢必更加依靠以衝鋒陷陣而見長的重裝騎兵，因而孫可望打算出動精銳步兵在近戰中克制敵人的重裝騎兵，具有一定的合理性。在不久之前的衡州之戰中，李定國也是出動步兵將很多滿蒙騎兵砍於馬下，是值得借鑒的成功戰例。

開戰不久，明軍果然占了上風，讓本來已經存在的輕敵情緒更加嚴重，不少人開始搶奪清軍陣亡騎兵的戰馬，以致陣線逐漸散亂，出現「雁行」而「不進」的情景。清軍統帥吞齊及時捕捉戰機，出動鐵騎從四面八方進行反攻。靠前指揮的孫可望由於所在的位置「建龍旗，列鼓吹」，非常顯眼，正

好成為清軍重點打擊的目標。經過一番你死我活的較量，雙方傷亡慘重，屍橫遍野。戰前被寄予厚望的駕前軍表現得並不如意，逐漸難以支撐，孫可望心知情況不妙，突然撤到殿後的楊武所部之中。前線諸營看見孫可望的龍旗一下子移到了陣後，軍心大亂，紛紛潰敗而回。

馮雙禮、白文選等率部屯於山前觀戰，因為他們接不到孫可望的命令，所以不敢隨便增援，以免授人以柄，日後惹禍上身。等到孫可望所部完全敗退下來之後，他們也隨之撤離戰場。關於馮、白等人在此戰中袖手旁觀的問題，當時著名的文人黃宗羲還有另外一種說法，他認為孫可望剛剛和李定國鬧翻，正是需要取得馮、白等人支持的時候，故不願意嚴厲督促這些人與清軍血戰，而馮、白等人亦知道駕前軍想憑此戰揚名立萬，哪敢與之爭名奪利，只是冷眼旁觀而已。明軍內部互相猜疑，要想取勝除非出現奇跡才行。

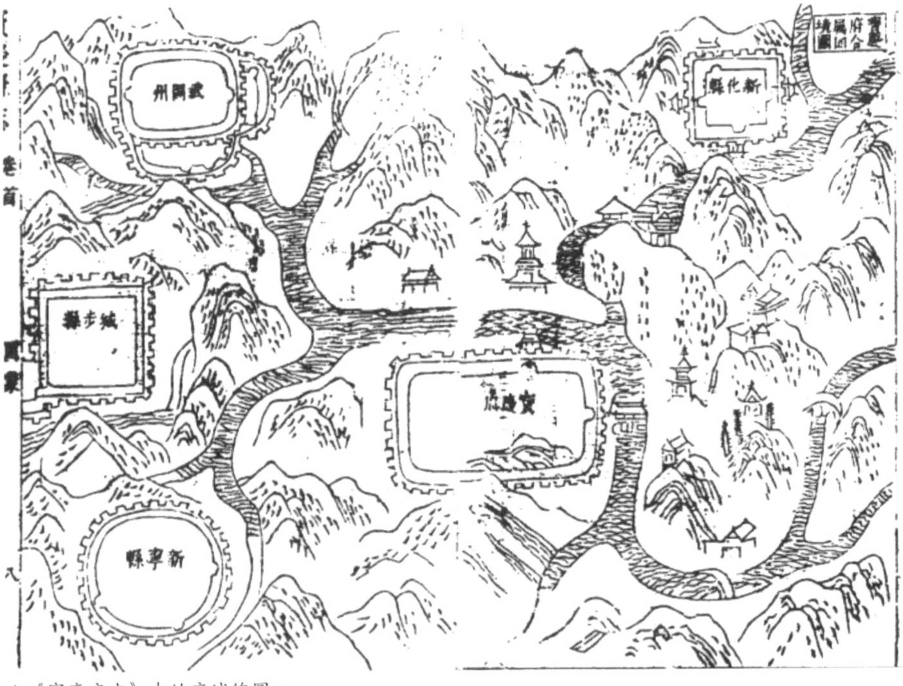

▲《寶慶府志》中的府城總圖。

然而，奇跡沒有出現。因為孫可望給駕前軍制定的戰術有重大失誤。這個戰術的具體內容可以從《永曆實錄》中找到，書中明確提到孫可望「自率其所謂扈衛軍（即駕前軍）者，仿戚繼光兵法，用藤牌間長矛前搏戰」。也就是說，孫可望讓駕前軍配備藤牌以及長矛與清軍騎兵肉搏。據說這種打法源自戚繼光兵法。可事實並非如此，在戚繼光編撰的《紀效新書》以及《練兵實紀》中，並不提倡步兵使用藤牌以及長矛迎戰敵人騎兵。例如《練兵實紀》中批評長槍多數選取細長的竹、木製造，在刺向「勢如風雨」般的騎兵時惟有向前一戳，極容易折斷，因而「一槍僅可傷一馬，則不復可用矣」。由此可知，步兵使用長槍確實可以克制騎兵，不過，當騎兵人數過多時，長槍固有的缺點就充分暴露了。長矛與長槍一樣，具有類似的缺點，故孫可望採取的讓藤牌配合長矛作戰的戰術，與戚繼光兵法確實沒有多大關係。孫可望本人似乎知識水平不高（《爝火錄》記載他率軍前往寶慶時途經楓木嶺，興致勃勃地親自題寫了五個字於山崖的石壁之上，即「秦王憩兵處」，目的是「以張軍威」，誰知，他把「憩」字誤寫為「棄」，由此被文人引為笑談），未必讀過戚繼光的兵書，他制定的戰術被冠以戚繼光之名，可能是藉此自抬身價而已。

▲戚繼光之像。

綜上所述，明代中後期的禦邊良將戚繼光根據自己在北部邊境對抗蒙古遊牧部落的親身經驗證實使用長槍與騎兵作戰會非常吃力。到了明清易代之際，當訓練有

素、裝備精良的八旗重裝騎兵成群結隊地橫行關內外的時候，配備長矛與長槍類兵器的南明軍隊更是難以與之抗衡，《永曆實錄》在敘述寶慶之役時寫到「敵鐵騎四合，橫蹂可望軍」，打得孫可望大敗而走，可見孫可望所部配備的藤牌與長矛沒有發揮預期的作用。正因為長矛類兵器存在著缺陷，故馬進忠在四、五年前的麻河之戰中別出心裁地使用「斷矛」拒敵，可是這位麻河大戰的功臣在寶慶之役開始前已被孫可望解除了兵權（孫可望進駐武岡時不顧臨陣易帥的大忌，以馬進忠在外奔波勞累需要休息等荒謬理由為藉口，命令馮雙禮、馬維興等將瓜分了馬進忠的騎兵。但《永曆實錄》稱馬進忠被解除兵權後憂憤成疾而死於貴陽，則不屬實，因為馬進忠在多年以後還復出，重上抗清戰場），因而「斷矛」克敵制勝的獨特作戰經驗也隨之湮沒。

值得一提的是，戚繼光在兵書認為步兵對付騎兵最好使用「雙手長刀」以及「藤牌」，戰時「以牌蔽身」，「只是低頭砍馬足」，效果奇佳。《李朝實錄》記載一位元跟隨清軍出征的朝鮮人親眼目睹李定國所部的步兵手持大刀，俯身直趨而砍敵騎「馬足」，終於在衡州取得了擊斃尼堪的勝利。僅此而言，李定國制定的戰術更符合戚繼光兵法的要義，真是「英雄所見略同」。總之，李定國在湖南取得比孫可望更大的戰績，絕

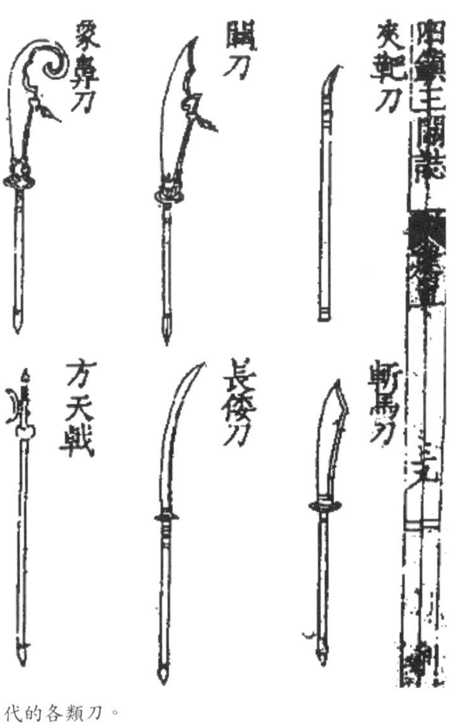

▲明代的各類刀。

非偶然。

孫可望所部戰敗後沒有一潰千里，仍扼守寶慶西南的城步縣，到了年底，明將賀九儀重新占據武岡。此後，明、清兩軍長期在靖州、武岡一帶對峙，湖南戰局陷入僵持狀態。

寶慶之役獲勝的清軍宣稱：「獲馬匹七百餘、象一頭、軍器無算。」但正黃旗的蒙古梅勒章京韋征、武京以及護軍參領達海，一等阿達哈哈番（一等輕車都尉）阿拉密等人陣亡。清軍統帥吞齊沒有擺脫衡州之敗的陰影，不敢追擊孫可望。其後，清朝在一六五四年（清順治十一年，南明永曆八年）十二月專門發「帑銀十一萬八千八百八十兩」，分恤湖南衡州、岔路口（指寶慶之戰）陣亡及被傷將士，可見清軍傷亡不輕。而這支軍隊占據衡州、寶慶時，軍紀非常差。可能是由於尼堪剛死的緣故，一些傢伙轉移拿百姓洩憤。《衡陽縣誌》記載：「清軍士卒以打柴、砍草、牧馬的名義到處騷擾，『東鄉、零泉、慕道、新城、東陽、建興』各地，環百餘里，居民四散，逃亡於『安、耒、茶、攸諸邑』，半年之內，雞犬之聲不聞，村落化為丘墟。當時天氣嚴寒，逃亡者有的『皸膚折趾』者，有的凍僵於山澗間，難以統計。」《寶慶府志》也稱：「吞齊駐兵岔路口期間，養馬『零、東、武、邵四邑』，百姓紛紛藏匿於山洞，遭到『擄掠劫戮』以及被大雪凍死者無數。直到次年二月，『軍政始肅』，地方秩序才慢慢恢復正常。」

第七章
沿海風雲

東南沿海地區的戰火也與湖南、廣西、四川一樣，方興未艾。其中，鄭成功在福建嶄露頭角，成了清朝大軍的強勁對手，並與李定國同樣名噪一時。

鄭成功原名叫鄭森，本是福建軍閥鄭芝龍的大兒子，於一六二四年（明天啟四年，後金天命九年）生於日本平戶。這是因為鄭芝龍年輕時往來於日本、臺灣、福建等處從事海上貿易期間，娶了日本女子田川氏，因而得以在異國組織家庭。鄭森七歲時被父親帶回福建安平，接受儒家教育，長大後成為一名秀才，據說還曾經入讀南京國子監，成為東林黨首領錢謙益的弟子。錢謙益為之取別名「大木」，期望他將來成為棟樑之材。後來，他又被在福建稱帝的朱聿鍵賜姓為「朱」，改名「成功」，史稱「鄭成功」，時人稱之為「國姓爺」。鄭成功得以聲名遠播與福建的混亂局勢有很大的關係。自從降清的鄭芝龍於一六四六年（清順治三年，南明隆武二年）年底被清軍統帥博洛挾持前往北京之後，留在福建的舊部群龍無首、四分五裂。其中，奉鄭芝龍之命投降的有鄭芝豹、施福、施郎等。但也有不少人堅持抗清，例如老將林察護送唐王朱聿　到廣東廣州成立了紹武政權，鄭彩、鄭聯聽命於流連在沿海地區的魯監國政權。至於年僅二十三歲的鄭成功則早有棄文從武之志，並毫不諱言地反對其父鄭芝龍的降清行徑，聲稱：「今吾父不聽兒言，後倘有不測，兒只有縞素而已。」他毅然與父親分道揚鑣，成為一位「孽子」。同時，又與在南京降清的錢謙益各為其主，而成為一位背叛師門的「逆徒」。但他的行為得到世間不少忠義之士的認可，因而能夠與叔父鄭鴻逵一起糾集志同道合之輩，繼續聲稱效忠已被清軍殺死的隆武帝朱聿鍵，自樹一幟。

鄭氏集團分裂之後，諸將各奔前程，際遇不一。施福、施郎等降清之後受到排斥，鬱鬱不得志。林察擁立的紹武政權旋生旋滅，未成氣候。鄭彩在博洛北返後支持魯監國政權殘部大舉反攻，拿下福建、

浙江兩省的建寧、興化、福寧、景寧等多個城市，但好景不長，這支部隊在一六四七年（清順治四年，南明永曆元年）與一六四八年（清順治五年，南明永曆二年）的冬春之交，因遭到由靖南將軍陳泰、梅勒章京董阿賴率領的清廷大軍的兇猛反撲而屢戰皆負，致使重新控制福建的戰略意圖以失敗收場。事後，自操威柄的鄭彩因不容於魯監國朱以海而萎靡不振。朱以海與張名振、阮駿等部屬一起於一六四九年（清順治六年，南明永曆三年）底以計奪取舟山群島，襲殺了占據當地的軍閥黃斌卿，取得了一個立足點。然而，魯監國政權在東南沿海抗清鬥爭中的領袖地位，卻逐漸被發展壯大的鄭成功所部取代。

鄭成功脫穎而出的過程一波三折。最初，他帶著一支小部隊到金門一帶網羅舊部時，不料被敵人乘虛而入，以致老家安平於一六四六年（清順治三年，南明隆武二年）底失陷。清軍四處姦淫虜掠，連鄭成功的日本母親田川氏也未能倖免，並因此而自盡。在「失節事大」的古代，此類事時常受到社會上的正面肯定。正如錢謙益失節降清，而嫁給他的秦淮名妓柳如是卻欲自盡，從而產生「士大夫氣節不如妓女」之諷一樣。田川氏的剛烈行為與赧顏投降的鄭芝龍截然相反，為後世增添了不少話資，甚至遠在田川氏的故國日本，也有人津津樂道。例如在日本德川幕府統治期間由水戶藩支持編撰的《臺灣鄭氏紀事》中，對田川氏不屈而自盡的情景描寫得有板有眼：「她（指田川氏）嘆息道：『遙在異域，事既至此，今惜一死，何面目複見人耶？』於是登上城樓，投水自盡。清兵驚詫地吐舌頭說：『婦女尚且如此，倭人之勇可想而知』。」這類記載的言外之意是企圖透過鄭成功母親的堅貞，間接強調日本文化對鄭成功的影響。儘管鄭氏家族長期與日本有貿易關係以及鄭成功本人的確存在日本血緣，但這位「孽子」與「逆徒」究竟在多大程度上受過海外文化的薰陶，卻難以定論。不過，鄭成功起兵後，亦曾有向日本借兵之意，顯示了他對德川幕府曾有過不切實際的期望。

鄭成功遭到喪母之痛後，更加堅定了抗清的決心，他積極組織自己的嫡系部隊，帶著陳輝、洪旭等九十多人定盟於沿海烈嶼，並在南澳擴軍，收編了數千人。隨即移師至廈門鼓浪嶼訓練。《海上見聞錄》記載這支隊伍在一六四七年（清順治四年，南明永曆元年）八月攻打海澄時，「以洪政、陳輝為左右先鋒，楊才、張進為親丁鎮，郭泰、餘寬為左右鎮，林習山為樓船鎮」，表明鄭成功所部開始形成了具有自身特色的編制，主要以「鎮」為單位，類似於明朝的營伍制的「營」。不過，這次進攻以失敗告終，洪政中流矢而死。同年八、九月間，鄭成功協助叔父鄭鴻逵圍攻泉州等地，均未能得手，遂率部返回安平招兵買馬，並注意收集鄭芝龍舊部，還不顧前嫌地收容了施郎等降清之後重新反正的將領，同時不分畛域地吸收投誠的清軍，壯大實力，另外又招募一批文人做幕僚，令軍中的文武人才得以濟濟一堂。大約在一六四八年（清順治五年，南明永曆二年）四月，鄭芝龍舊將林察在廣州擁立紹武政權失敗之後，逃回福建歸附了鄭成功，帶來了永曆政權堅持抗清的消息。此後，鄭成功便不再使用隆武年號，轉而奉朱由榔為君，派出使者從海路到廣東與永曆政權取得聯繫。

羽翼漸豐的鄭成功為了提高部隊的作戰能力，組建了可以協同步兵作戰的騎兵，並以沿海的銅山、南澳一帶為基地，嚴格訓練水師，逐漸搞出了名堂，對清朝在東面沿海的統治造成越來越大的威脅。從一六四八年（清順治五年，南明永曆二年）起先後於福建同安、雲霄等處與清軍反覆較量，各有勝負。然而，鄭成功在反清的同時也與自己人打內戰，他在一六四九年（清順治六年，南明永曆三年）與鄭鴻逵一起多次從海路出兵廣東，除了攻擊粵東地區的一些海盜部隊之外，還試圖佔領潮州，圍攻李成棟的部將郝尚久，主要目的是爭地盤以作「練兵措餉」之地。由於李成棟這時已經宣佈歸附永曆政權，故鄭氏軍隊挑起內訌的行動使得清朝坐享漁人之利。尚可喜、耿繼茂正巧在此期間帶兵殺入廣東，左

右樹敵的郝尚久沒法從永曆朝廷得到實質的援助，因而為了自保不得不被迫降清，最終在清軍的支援下擊退了鄭氏軍隊，保住了潮州。在廣東無功而返的鄭成功回到福建後繼續兼併一些打著抗清旗號，實際上卻各行其是的軍閥部隊，而他父親鄭芝龍四分五裂的舊部成了重點目標。一六五〇年（清順治七年，南明永曆四年）八月，他出其不意揮師中左所（廈門），捕殺了鄭聯，把鄭彩逐回老家，吞併了這兩位族人的水師，此舉使他具備了成為鄭氏集團新一代霸主的有利條件。

鄭氏集團結束分裂，重新統一的時間還要延遲到一六五一年（清順治八年，南明永曆五年）。在這一年，清軍駐於福建的地方部隊趁鄭成功南下廣東經略潮、惠地區之機，突然襲擊了中左所，掠取了鄭成功歷年的積蓄，致使「黃金九十餘萬，珠寶數百鎰，米粟數十萬斛」在混亂中散失。此外，鄭軍將士留在當地的資產以及老百姓賴以生存的的錢糧，也被搜刮殆盡。鄭成功得報急忙班師，回到中左所時已經來不及攔截飽掠而歸的清軍，只得按失守罪懲治了留守的鄭鴻逵等人，並以此為藉口沒收了鄭鴻逵的部屬。至此，鄭芝龍舊部終於統一在鄭成功麾下，兵力多達六萬餘人。

為了養兵，鄭成功除了經常深入內陸收取稅賦及徵糧之外，還發揚鄭氏家族經營海上貿易的傳統特長，成立商行，秘密將內地的貨物透過各種管道運往海外，遠銷日本、東南亞等地，賺取巨額利潤以應付龐大的軍費開支，從而逐漸壟斷了海外貿易。

這支日益壯大的部隊沒有沿用明朝「以文馭武」的舊制。而各鎮將領互相之間沒有明確的隸屬關係，他們的職責是率領部屬進行屯田、軍訓以及完成各項戰備任務，並只聽命於最高統帥鄭成功一人。必要的時候，鄭成功會臨時任命一些能力出眾者分別以總督、提調、統領等名義指揮其他將領執行任務，任務完成後，總督、提調、統領等臨時官職即刻撤銷，部隊也恢復平時的編制。因而有效地保證

了鄭成功至高無上的地位，讓他不必擔心受到任何人的挑戰。一旦發生戰事，鄭成功會派出親信到各鎮督戰，允許他們軍法處置那些畏縮不前者，並有權當場處死副將以下的人員，如果統領或總鎮擅自退卻，就有可能被捆綁起來解送到軍前梟首示眾。

鄭軍內部有大量攜家帶口的將士。鄭成功准許部屬成家立室，以此作為「羈絆」的手段，儘量杜絕逃兵現象的發生。每當出外征戰時，大多數部隊的家屬都要留在中左所等根據地，而戰事結束後，各部隊可返回駐地與家屬團聚。故此，家屬實際上相當於人質，以防將士產生異心。例如，施郎因在中左所防禦問題上與鄭成功鬧矛盾，後來潛逃降清，而他留在軍中的父親與弟弟等家人馬上被鄭成功處死，以儆效尤。

就這樣，鄭成功在鄭氏集團舊部的基礎上，組建了一支聽命於己的新軍，並掌握財政、人事與軍法從事之權。他的水陸大軍主要以島嶼為據點，逐步在浙、閩、粵等省的沿海一帶建立起一系列的遙相呼應的要塞，力圖使之成為壁壘森嚴的根據地，形成了一個事實上的「獨立王國」。其中，孤懸海外的中左所、金門等處於汪洋巨浸之中的島嶼，西可雄視福建內陸的漳、泉等府，東可連接台、澎，北可通往兩浙，南可直下兩廣，乃閩南沿海的鎖鑰之地，戰略位置比較重要。鄭氏水陸大軍常常以此作為挺進內陸的「跳板」，進而與優勢之敵進行反覆的拉鋸戰。

在此期間，東南沿海的政局發生重大變化。魯監國政權的舟山基地對清朝統治下的江浙、福利地區造成威脅，因而在一六五一年（清順治八年，南明永曆五年）遭到清軍的討伐。浙閩總督陳錦、平南將軍金礪、固山額真劉之源、提督田雄、定海總兵張傑、金華總兵馬進寶與吳淞水師總兵王燝等奉命調集優勢兵力，於八月下旬發起進攻。魯監國朱以海曾經嘗試用圍魏救趙之策破解困局，他與屬下

定西侯張名振、兵部侍郎張湟言等人率部分主力在清軍到來之前離開舟山，主動攻擊了江蘇吳淞等地，企圖把清軍引開，可惜未能成功。舟山終於在九月初失守，留守軍民全部覆沒。朱以海、張名振、張湟言以及蕩胡侯阮駿、平虜伯周鶴芝等率殘部在海上顛沛流離，由於很多人在出征吳淞時沒有攜帶家屬，故舟山在失陷的同時也意味著他們遭受家破人亡、妻離子散的打擊，從而士氣更加低落，叛逃事件時有發生。

由於一時找不到新的落腳點，這支軍隊於一六五二年（清順治九年，南明永曆六年）輾轉來到鄭成功的地盤避難，寄居於中左所、金門等處。朱以海迫於形勢，於次年三月放棄監國之號，轉而擁戴永曆政權。至此，這兩支活動在東南沿海的抗清軍隊，在表面上獲得了統一，而魯監國政權的殘存武裝與鄭軍的同盟關係更牢固了。鄭成功作為當地的主人，當仁不讓地成為同盟軍的指揮官。根據史籍記載，鄭成功曾經企圖將兩軍混編，分為中、左、右、前、後等五軍，自己統率中軍，大將林察、周瑞分別統率左、右軍，而前來避難的張名振、周鶴芝為前、後軍。另外，阮駿管水師前鎮。不過，這一計劃的實施即並不意味著魯監國殘部已被鄭軍吞併，張名振等人仍然保持著一定的自主權。

鄭成功收容了魯監國殘部後，一躍成為東南沿海最具號召力的抗清統帥。但他在作戰中主要依靠自己的嫡系部隊，而這支部隊序列分明、組織嚴密，擁有堅強的領導核心，其內部凝聚力在各路抗清武裝中首屈一指。這支部隊一開始最擅長的是駕馭舟師進行水戰，比較缺乏陸戰經驗。由於其在沿海地區的主要對手是由明朝降卒改編而成的綠營兵，故在多數情況下應付起來都能遊刃有餘，並隨著時間的推移而逐漸積累了一定的步騎兵協同作戰經驗。在此期間，他策劃了一次又一次攻擊，戰火相繼波及海澄、漳浦、同安、雲霄、詔安、平和、常泰等內陸城鎮，讓清朝地方官員坐臥不安。清朝統治

者對此嚴重關切起來，鑒於當地的綠營軍隊有難以應付之勢，八旗軍披掛上陣已是遲早的事。八旗軍早在一六四八年（清順治五年，南明永曆二年）就與鄭成功所部交過手了，那時，鄭成功派駐在同安的一部分人馬曾經被清靖南將軍陳泰所率的滿漢部隊殲滅，而鄭軍主力正駐於瀕海的銅山，馳援不及，只能無可奈何地接受挫敗的事實。不過，陳泰並沒有特別注意剛剛起兵不久的鄭成功，而把大部分精力用來對付魯監國政權，這位滿族將領把朱以海、張名振等人驅逐出福建內陸後，便率領八旗軍北返，地方秩序仍舊依靠綠營維持。顯然，鄭軍要想真正有機會與八旗軍展開大規模的較量，前提是把福建使得雞犬不寧，讓綠營無法有效控制局面才行。

閩南地區的綠營軍終於遭到了前所未有的攻擊。那是在一六五二年（清順治九年，南明永曆六年）初，養精蓄銳的鄭成功出動二千餘艘戰船，運載主力在海澄登陸，向沿海地區發起大規模的進攻，佔領江東、平和等地，於二月初二圍攻長泰，震動了整個福建。浙閩總督陳錦不敢怠慢，緊急召集了數萬步騎兵，親自帶著這支以綠營為主的援軍匆匆忙忙經同安、牛蹄山等地向長泰趕來，希望儘快趕敵人下海，為順治帝分憂。

▲鄭成功之像。

處變不驚的鄭成功一面繼續圍城，一面分兵攔截陳錦。他早已預料清軍援兵將從江東方向殺來，帶領阻擊部隊久候於此，並按照「據險設伏」的思路，指揮奇兵鎮、親丁鎮、左衝鎮、前衝鎮、右衝鎮、中衝鎮、禮武鎮、援剿左鎮、援剿後鎮、正兵營、中軍營等部分別佔領山丘制高點與路旁樹林等「堪戰」之地，形成首尾呼應之勢。而援剿右鎮

奉命秘密進至黃山，埋伏於深青橋、鴻漸尾一帶，準備包抄敵軍後路。經過有條不紊地排兵佈陣後，各部隊將分為「兩疊」出戰，其中「頭疊」使用「火筒、火箭、神機銃器」，而「次疊」使用「牌（藤牌）被（戰被）、槍、刀」，準備先用各種火器遠距離殺傷敵人，然後再靠肉搏取勝。

激戰在三月十三日中午開始，清軍步騎兵氣勢洶洶地從東南山埠過來，首先逼近正兵營，一擁而上地砍伐營前的木柵，企圖以此為突破口。不甘示弱的鄭成功立即下令總攻，各部隊應聲而起，「頭疊」與「次疊」將士配合默契，勇挫對手兇猛的突擊。其後，擔任預備隊角色的步騎軍向前直搗，把負隅頑抗之敵殺得屍橫遍野。損兵折將的陳錦不管「衣甲、輜重」，狼狽逃竄。他在晚上途經黃山時，又遭到伏兵的襲擊，幾乎「僅以身免」。長泰守軍知道求援無望，連夜棄城而逃。

贏得空前勝利的鄭軍乘勝圍困漳州。並按照二十八星宿的名稱新設二十八營，分別是：角宿營、亢宿營、氐宿營、房宿營、心宿營、尾宿營、箕宿營、斗宿營、牛宿營、女宿營、虛宿營、危宿營、室宿營、壁宿營、奎宿營、昴宿營、柳宿營、井宿營。星羅棋佈地排列於城外，可說是志在必得。

陳錦逃回同安後不敢重返漳州前線，但為了應付朝廷的壓力，只得裝模作樣地指使浙江金衢總兵馬進寶帶少數人馬前往救援。鄭成功故意讓開大道放馬進寶入城，再從容調兵遣將重重圍困，準備將之一網打盡。漳州本就糧食不足，援軍入城後，更使得城內「兵馬盈萬」，加劇了後勤供應的困難。馬進寶自知中計，但為時已晚，由於缺乏突圍的能力，只能與守軍一起死守下去。鄭成功力求切斷城內外一切聯繫，傳令各部隊在城外築起營盤。營盤之外要挖掘一丈寬的河溝以及豎起重重的鹿角、木柵。木柵之內再設立籧篨（用竹、葦等物編的粗席），以作屏障。平均每三個籧篨之間安放一門銅製百子銃，以增強火力。這還不夠，他又下令加修一道短牆，直至將圍城工事建得如鐵桶一般為止。到

了八、九月，城中已有人餓死，隨著「草根、木葉、鼠、雀、牛、馬搜索食盡」，出現了吃人肉的事。根據《海上見聞錄》的記載，城內甚至有婦女群聚而襲擊過往的男子，目的是「分食其肉」。病死、餓死、自盡等各種原因而離世的百姓，每日以千百計。

曾任鄭軍戎幕的文人楊英，在多年以後編撰的《從征實錄》中寫道：「漳州總兵王邦俊等人在被圍期間派遣一支『滿騎』欲衝出重圍，以『討取糧米』，但在城外中了鄭軍埋伏，無一生還。」這說明被困於城內的除了綠營兵外，還有少數八旗軍。然而，鄭軍與八旗軍大部隊展開生死較量還是稍後的事。

為求扭轉戰局，清朝地方官員企圖乘虛攻擊鄭成功的根據地中左所，逼其解圍回援，可匆忙糾集的數百艘清軍戰船被鄭軍留守於中左所的水師擊退，圖謀也隨之破產。屯於同安的浙閩總督陳錦計無所出、心煩氣躁，任意打罵家丁，結果被家丁李忠等人刺殺身亡。這位元封疆大臣之死顯示清朝在閩南的統治已經朝不保夕。

在此前後，孫可望、李定國、劉文秀等人在西南發起聲勢浩大的反攻，牽制了清軍的主力。儘管如此，清朝還是想方設法從嫡系的八旗軍中抽調部分兵力應付閩南危局，試圖挽狂瀾於即倒。出鎮浙江的漢軍鑲紅旗固山額真金礪以平南將軍之銜率領萬餘滿漢騎兵星夜入援，會同福建提督楊名高的綠營軍，經福州、泉州、長泰，向前線猛撲而來。

一石擊起千層浪！金礪的到來讓腹背受敵的鄭軍不得不於九月二十六日解圍，移師古縣，據險以待。不敢怠慢的鄭成功紮營於田間高埠之處。高埠的左翼，中提督甘輝統領親丁鎮郭廷以及左援、前衝、中衝等鎮駐於山頂，部分人馬埋伏在松柏林裡。高埠的右翼，右提督黃山統領援剿右余新、右衝鎮柯鵬、護衛右洪承寵、禮武鎮陳俸等列陣於田中作「頭疊」，以後衝鎮、護衛左、右衝鎮等為後援。

前提督黃廷統率右先鋒廖敬、亢宿營林德等，其任務是在必要的時候馳援右翼。前鋒鎮赫文興帶領騎兵伺機出擊，應援左翼。鄭成功親自督戎旗鎮隨時準備支援在左右方向列陣的部屬。

鄭軍解圍的當天，金礪進入了漳州，這位老將自從跟隨多爾袞入關以來，先後轉戰於天津、太原以及湖廣、浙江等地，多次擊敗過大順軍、何騰蛟所部與魯監國軍隊，可謂身經百戰，如今又在閩南成功解救危城，再立新功，但他並不滿足，又率萬餘騎兵窮追不捨，於十月初一迫近鄭成功的駐地之前，打算與嶄露頭角的對手在野戰中分個高低。一時之間，誰也不敢先動手，只是互相對壘。然而兩虎相爭，必有一傷，而鄭成功在與耀武揚威的八旗軍作戰時無論是勝是負，都將對閩南地區的得失產生重大影響。

初三這一天的早晨，突然吹起了西北風，占據上風位置的清軍見機而作，分為兩支發起進攻，先以一支策馬猛衝鄭軍左翼，與中提督甘輝所部混戰在一起，勝負未分。不久，埋伏在松柏林內的鄭軍及時殺了出來，抄斷這支清軍的後路，配合正面部隊前後夾擊，打得對手狼狽不堪，死者過半。

清軍這次試探性進攻雖然敗退了，但金礪沒有氣餒，而是把所有的騎兵集中在一起再次向前猛衝，這一次的目標是鄭軍右翼由右提督黃山統領的「頭疊」部隊。黃山連忙指揮部隊發射火筒、噴筒、鳥銃、營炮，可是黑火藥燃燒冒出的濃煙卻被猛烈的西北風吹回，致使鄭軍「頭疊」部隊的將士面前昏天黑地，難以看見蜂擁而來的敵人。清軍騎兵乘著濃煙到處橫衝直撞，搗毀了鄭軍的陣線。鄭成功親自督戎旗鎮趕來增援，可是已經難以阻止前線士兵的潰散，只得帶著殘餘部隊且戰且退，歷盡艱辛，好不容易退回了海澄。晚上清點人數，不見右提督黃山、禮武鎮陳俸、右先鋒廖敬、親丁鎮郭廷、護衛右鎮洪承寵等，他們已是戰死沙場。為了嚴明軍紀，鄭成功命令把未與敵人交戰即先行退卻的亢宿營林

德處死，懸首示眾，而表現欠佳的右衝鎮柯鵬則受到「捆責」的懲罰，並削職。

自從清朝入關以來，每當綠營部隊駐守的重要據點遭到圍攻，八旗軍不管距離多遠，總是不惜長途跋涉趕去解圍。類似的戰例不只一個，例如一六四六年（清順治三年，南明隆武二年），滿洲宗室貴族勒克德渾率領的八旗軍從長江下游逆流而上，以千里奔襲的方式擊潰了圍攻荊州的大順軍餘部，如願以償地解救了城內的綠營兵。還有一次著名的戰事發生在一六四八年（清順治五年，南明永曆二年），滿洲正黃旗固山額真譚泰統率滿漢大軍從北京南下，氣勢洶洶地殺入江西，迫使圍攻贛州的金聲桓所部忙不迭地撤回南昌，讓清朝在贛南的地盤得以避免落入敵手。當時，漢軍鑲紅旗固山額真金礪又一次不負所托，率領滿漢騎兵從浙江趕到福建，最終在地方部隊的協助下擊敗了包圍漳州的鄭軍。事後正如福建巡撫王應元在向朝廷的奏書中所奉承的那樣：「假使『大兵（指金礪帶來的援兵）稍遲數日』，則『城社（指漳州）不為丘墟，文官不為齏粉者，鮮矣』。」

儘管鄭軍號令統一、軍紀嚴明以及能夠得到根據地輸送的物資的支援，這麼多優越的作戰條件比起大順軍餘部以及金聲桓的隊伍要好得多，但還是被八旗軍打敗了。戰後，在總結經驗教訓時，鄭軍主要將領甘輝的發言頗具代表性，他聲稱並非因為「人力不齊、將士不用命」等原因而打敗仗，而是由於「天時不順、地利失據」，再加上被「反風」所誤，使鄭軍吃了虧。甘輝這番話記錄在《從征實錄》裡，而在鄭軍諸將當中也沒有人提出不同的意見，似乎在某種程度上形成了共識。然而，將失敗歸咎於風向等自然因素的觀點有很大的片面性，而清方的勝利也絕非碰巧在風向的幫助下偶然得到，而是根據實際情況精心策劃的結果。回顧明清戰爭的戰史，可以知道八旗軍早在關外就已經利用風向作戰，《清太祖實錄》記載了一六一九年（明萬曆四十七年，後金天命四年）的薩爾滸大決戰中的一幕：「當

時部分明軍紮營於富察甸這個地方，連射銃炮阻擊八旗鐵騎，正巧此時驟刮大風，返吹煙塵讓天地間一片昏暗，致使明軍銃炮手無從辨別，難以開火。占據上風的八旗騎兵乘機發起總攻擊，飛速突入敵陣，贏得了最後的勝利。」一時間過去了三十多年，閩南地區又重演了這一幕。金礪在與鄭成功對峙之初竟然一連三天按兵不動，顯然並非是怯戰之舉，而是耐心等待西北風的來臨，終於憑著上風的位置發起了十拿九穩的攻勢。由此可知，八旗軍的野戰經驗遠在鄭軍之上。而鄭軍將領甘輝在戰後總結經驗時，還誤以為偶然吹起的西北風才讓對手坐收漁利，真可說是一知半解了。還需要指出的是，清軍之所以取勝，除了得到風力之助，還與金礪採取重裝騎兵強行突陣的打法有關。

以往的戰鬥經驗已經表明，八旗軍的重裝騎兵常常能以最快的衝刺速度一擁而上，衝垮明軍的火器陣營，因為明軍銃炮等火器的作戰時間一長，就會暴露裝彈過程繁瑣、發射速度慢等弱點，難以阻止前仆後繼、迎面而來的騎兵。繼承了明軍部分傳統的鄭軍同樣擁有大量火器，而其中的「頭疊」部隊更是以「火筒、噴筒、鳥銃、營炮」等武器裝備為主，從而不可避免地成了八旗重裝騎兵的最佳打擊目標。因而，經驗老到的金礪為了勝算更大，與鄭軍作戰時當然會故技重施，首先出動部分騎兵發起試探性攻擊，雖然其間碰上中提督甘輝所部而受到挫折，但到底找到了右提督黃山轄下「頭疊」部隊的準確位置，為下一步確定總攻方向奠定了良好的基礎。隨後，八旗重裝騎兵集中力量驅逐了鄭軍的「頭疊」部隊，進而摧毀了鄭軍的整條防線。

鄭軍首次與八旗軍的大規模野戰就這樣以失敗告終，這支部隊暫時無力在福建內陸爭霸，只得放棄了南靖、漳浦等城，留下部分人馬據守海澄這個橋頭堡，主力返回中左所。

鄭軍經略漳州功敗垂成，而以大西軍餘部為主的西南明軍卻在對四川、湖南、廣西的反攻中屢

次獲捷。孫可望與李定國沒有忽視福建沿海的抗清力量，分別移檄鄭成功會師。兩封檄書同時於一六五二年（清順治九年，南明永曆六年）十一月到達海上。鄭成功對李定國的顯赫戰功有所瞭解，專門派遣效用官李景前往廣西，欲與李定國約定將來的出兵日期。不過，目前海澄一帶形勢複雜，鄭成功暫時還不可能用實際行動來對西南明軍作出回應。

面對強敵的虎視眈眈，張名振認為「金酋（指金礪）既並力於閩」，「浙、直（即明朝的南直隸，範圍大致相當於江蘇、安徽地區）」勢必空虛，他在鄭成功的允許之下帶著少數水師北上騷擾江浙，以圖攻敵之必救。然而，金礪遲遲沒有回師，反而向朝廷請求增兵，以攻取海澄。清廷令江南地區的一千清兵在額黑里、吳庫禮、吳汝玠等將的統率之下前往福建參戰（這一千人之中包括在江寧與杭州兩府鎮守的五百八旗兵。）為此，清廷再從進駐廣東的固山額真卓羅所部中抽調兩批人，分別由梅勒章京噶賴、塞棱等人帶領趕赴江寧、杭州兩府「代戍」。

清軍相繼在平和、石碼鎮等地，與鄭軍爆發衝突。到了一六五三年（清順治十年，南明永曆七年）四月，鄭軍得到金礪召集水陸部隊欲大舉進犯海澄、中左所的情報，便加緊備戰。此前，鄭成功已經命令海澄當地每一戶人家各出民夫一名，修建海澄城牆，使之高達二丈餘，並全部用灰石砌成，異常穩固。同時加築一道短牆，安放了三千餘門大大小小的火銃，準備全方位地打擊來犯之敵。城內堆積了大量「米、穀、軍器」，以便長期固守下去。城的周圍環繞著從港口引入的海水，可通舟楫，能與中左所、金門等島嶼保持聯繫。為了防止水路被清軍水師切斷，左軍林察、右軍周瑞、後軍周崔之、前鎮阮駿、援剿前鎮黃大振等奉命統率士卒乘船巡邏，打算預先進行堵截。不料遇上颶風，林察的座船漂入了興化港，被清軍拘禁於獄。

由於鄭軍的戰船嚴陣以待，清軍水師不敢輕舉妄動。到了四月十八日，金礪帶著數萬步騎兵出城，駐紮於教場，準備開往海澄，同時在十縣的範圍內徵調兩萬民夫，運送攻城器械。經過十天的行軍，清軍逐漸接近濱海地區，紮營於祖山頭。

鄭成功親自到海澄，駐於天妃宮，四處調兵守禦。其中，北鎮陳六禦以義武營、仁武營、智武營守衛縣內，援剿左鎮林勝負責堵截南門外橋頭的通道，左先鋒鎮進駐東門外嶽廟前，護衛左鎮沈明守衛中權關，正兵、奇兵等鎮進駐土城、九都城，前鋒鎮赫文興、戎旗鎮王秀奇、護衛前鎮陳堯策防禦鎮遠寨，寨外駐紮著前衝鎮萬禮所部，前提督黃廷、中提督甘輝紮營於關帝廟前木柵，與鎮遠寨互為犄角。另外，正中軍張英負責督促民夫辦理守城器具，儘量做到固若金湯。

為了破壞敵人的攻城佈置，鄭軍部分水師在楊權、蔡新的帶領下企圖從旁襲擾，但遭到清軍的炮擊，楊權中彈身亡。

到了初四，大戰來臨了。金礪率數萬步騎兵齊集於天妃宮前，距離鄭軍營地僅有半里之遙。當晚，清軍不顧鄭軍前線部隊的阻撓，進一步靠近城池，動用數百門大小銃炮轟擊。炮聲晝夜響個不停，炮彈接二連三地穿過鄭軍陣營，打死了不少人，而一些籧篨、木柵也隨即變得破碎不堪。金礪此前已和鄭成功交過一次手，知道鄭軍缺少具有戰鬥力的騎兵，因而大膽地將銃炮手佈置在第一線，而絲毫不擔心受到對方重裝騎兵的反擊。

按照常理，鄭軍本來也可以用火器與清軍的銃炮手對射，況且，鄭成功在戰前已經圍繞著城垣一帶修築了大量相當於炮臺的工事，上面安放的數千餘門各類火銃既然占據了制高點，就應該打得更遠，給清軍造成更大的威脅。然而，鄭軍火器部隊的表現令人失望，竟然在戰鬥一開始的時候就被對手打

得幾乎沒有還手之力。這是因為，清軍使用「紅衣大炮」等大型火炮作戰的歷史已很悠久，不但積累了豐富的經驗，而且掌握了當時最先進的火器鑄造與使用技術（前文提到孔有德、耿仲明所部曾經在山東登州接受過來自澳門的外籍軍事顧問的栽培，他們反明之後，把這些技術帶到了關外，從而對清軍炮兵後來的發展壯大有很大幫助），所以在炮戰中很快便取得了壓倒性的優勢。

開局不利的鄭成功一時想不出擺脫被動狀態的辦法，唯有傳令加緊搶修防禦工事，以便用來做掩體，目的是躲避冰雹一般落下的彈丸。被動挨打的鄭軍苦熬到了初五日下午，諸將再也忍受不住了，踴躍請戰。鄭成功順水推舟地問：「誰敢帶領『頭疊』反擊？」後勁鎮陳魁、後衝鎮葉章等主動請纓，他倆帶著從各鎮挑選出來的數百名精銳士卒，齊心合力地在炮火煙霧的掩護下出擊。然而，承擔反攻任務的並非是重裝騎兵，而大多數步兵的前進速度過慢，難以利用對方銃炮手裝填彈藥的間隙以電光火石之勢迅速突防，因而往往還滯留在半途就成了對方的活靶子，難免接二連三地被迎面飛來的密集彈丸擊中。在短短的時間之內，向前衝的人已有不少倒下。甚至連帶頭的葉章也死於非命，而陳魁則被打斷右腿。鄭成功見勢不妙，急忙收兵回營，繼續固守。

此後，清軍的炮擊又持續了兩個晝夜，鄭軍待在營壘裡面再也不敢輕言出擊，各種防禦工事雖然屢次搶修，但最後仍被毀壞。將士們無處容身，傷亡越來越大，一些人不願意堅守下去，私下裡議論紛紛。軍心出現不穩的跡象，鄭成功對此有所察覺。

好不容易熬到了初六日早晨，營壘在炮彈的打擊下更加破碎不堪，官兵面面相覷，驚惶不已。旗鼓張光啟不敢前往各營傳達主將之令，鄭成功只好把這個重任委託給宣令官廖達進，要他想辦法將新的軍令傳遍給所有的「大小將領」與「官兵」。在這個軍令中，鄭成功特別強調要部隊死守到底，坦

言如果連此城都守不住，那麼恢復河山的大計就遙遙無期。他擲地有聲地說：「本藩（鄭成功的自稱）遲早有計殺虜，令其片甲不回，但『如有不敢守者，即報名來，聽其回去』。」當時一位姓馮的舉人在營中出任參贊，從旁提醒道：「恐怕諸將未懂藩主之意。」鄭成功於是乾脆要求馮舉人拿著「招討大將軍印」代自己向全軍傳諭，明確表示「朝廷以此畀我，我惟有效死勿去而已」，並聲稱若諸將之中有能率眾退敵立功者，則願意向朝廷提請以此印讓賢。軍中諸將聽過鄭成功的肺腑之言，精神為之一振，全部來到大營請令。提督甘輝意氣激昂地引用文天祥的詩，對眾人說：「人生自古誰無死，留此丹心照汗青，此番竭力以守，倘有不測，亦死得其所！」王秀奇等齊聲回應，表態贊同。鄭成功見激將法生效，遂以酒相慰，令大夥酣飲。其後，他不顧被炮彈擊中的危險，攜同諸將一起登上敵臺觀察情況，可是張開傘蓋坐下不久，就被敵人的哨兵發覺，並遭到火器與弓箭的襲擊。一位管理膳食的親信反應很快，連忙拿著戰被在前遮掩，而甘輝挺身而出，把鄭成功擠下敵臺，正巧在此時，忽然一聲炮響，擊中了鄭成功剛才坐過的座位，真是險象環生。毫無疑問，清軍想實施慣用的「先打首領」的戰術，只是未能達到預期效果。

同一天，鎮遠寨邊新修築的籬篨全被擊碎，毀壞如平地。鄭成功得知這個壞消息後，令官兵各自挖掘地窖（又稱「地窩」，是躲避炮火的地下工事）藏身，以減輕傷亡，並傳諭諸將，認為「虜（指清軍）」調來許多精銳部隊專門攻打木柵、籬篨等防禦工事，幾個晝夜過去，不知轟擊了幾千遍，但是未敢正式強攻城池，這是因為「一則知我手段」，「二則」以為「我必退回中左」。他透露昨天「偵探來報」，「虜營」中的「火藥、錢糧」等物資經過這麼多天的消耗，已經難以為繼，據此判斷清軍今晚必然大肆炮擊一番，等到明天早上再集中兵力前來決一死戰。因而充滿信心地說：「虜之伎倆在

吾掌中。」認為敵人的圖謀如果不能得逞，肯定退兵。為了增加勝算，他重申了「前進重賞，退後立斬」的軍令，令諸將各自回營備戰。

然而，鄭軍安放在城防工事中的火銃在這幾天的炮戰中損毀了很多，鄭成功見機行事地採取折衷措施，準備以火藥焚燒來犯之敵，具體的辦法是預先在護城河邊埋下火藥，藏好引線，只等適當的時候點燃。當天夜裡，戎旗神器鎮何明、洪善等人奉命悄悄攜帶火藥出城外的河溝邊挖掘地道埋藏。這一切，清軍都不知曉。

初六日的整個晚上，清軍都在連綿不絕地放炮，將鄭軍營壘轟得仿似廢墟，幸而將士們多數藏身於地窖之中，得以安然無恙，而城外所埋的火藥亦無大礙。到了五鼓時分，清兵突然放起空炮（炮管裡面僅放火藥而沒有彈丸），顯然是為了避免在就快來臨的攻城行動中誤傷自己人。同時，這種虛張聲勢的做法也蘊藏著欺騙對手的目的，即是企圖讓鄭軍錯誤判斷炮擊仍在繼續，以致不能及時對清軍的強攻作出反應。

一批批的清軍地面部隊出動了。走在最前面的是拉著車輛的民夫，這些人的任務可能是負責運載泥土填平前進路上的溝塹，實際相當於炮灰。而綜合《從征實錄》與《海上見聞錄》等史籍的記載，攻城的清兵布下了「三疊陣」。「頭疊」是綠營兵，「二疊」是滿兵，這兩部分人負責帶頭衝鋒陷陣，因而全部穿戴著厚厚的「重鎧」，可有效防止刀刃的傷害。「三疊」是使用弓箭的「滿將（原意是滿洲將領，泛指八旗軍的各級將領）」，主要起到預備隊的作用。上述多兵種互相配合的打法具有源遠流長的歷史，根據《滿文老檔》與《清太祖實錄》等清代官修史書的描述，清太祖努爾哈赤在逐鹿關外時制定過一個作戰原則，即是八旗軍以五個牛錄編為一隊，衝殺在第一線的是身披「重鎧」的「前

鋒」，他們手持長矛、大刀等近戰兵器準備與敵人格鬥。而那些身披「短甲」的人則拿著弓箭，緊跟在前鋒的後面，伺機射擊。此外，還有一支由預備隊組成的「精兵」，騎馬待在陣後待命，一旦發現那個地點出現不利於己方的戰鬥態勢，就飛速前往接應。這個與「三疊陣」相似的作戰原則在實戰中可以按照具體情況作一些局部的調整，例如在一六二一年（明天啟元年，後金天命六年）的遼陽之戰中，八旗軍陣線最前列是一排可以起到盾牌作用的楯車（車前豎起一層大約五、六寸厚的木板，「以避銃炮」），車後面躲藏著弓箭手。弓箭手後面是一大批推著小車的步兵，而小車上運載著泥土，隨時可用來填平前路上的壕溝。陣營的最後一列是由重裝騎兵組成的預備隊。總之，多兵種協同作戰成了八旗軍克敵制勝的法寶，如今在攻打海澄的關鍵時刻自然又使出了這一招。金礪佈置的「三疊陣」與努爾哈赤制定的作戰原則的相似之處在於，都有身披「重鎧」的「前鋒」以及預備隊參與；而相異之處在於，金礪除了新增加綠營兵協同作戰之外，還因為攻城的緣故沒有出動騎兵。必須指出的是，清軍地面部隊有兩點明顯的優勢：

其一是官兵身上鎧甲格外精良，特別是鎖子甲、明甲（盔甲的外表露出鐵甲片）與暗甲（布面在外，鐵甲片在內）等鐵甲，無論是硬度還是堅韌性，在同時代的產品中都是數一數二。這與清朝多年來大力扶持軍事手工業，悉心吸納與培養各種掌握先進的煉製技術的工匠有關。相比之下，鄭軍的鎧甲遜色多了，由於南方天氣濕熱，鐵甲容易生銹腐蝕，故藤、竹、紙、皮革等物製成的鎧甲大行其道，儘管它們的堅固與耐用程度要差一些。而很多南方士卒也更樂意披戴那些重量比鐵甲輕的鎧甲，因為在南方爬山涉水時不致過於疲憊。為此，甚至有不少人選擇了不披甲。

其二是清軍出動了難以爭鋒的弓箭手。眾所周知，射箭是滿人在長期狩獵生活中形成的傳統，故自

幼勤學苦練射箭技術者比比皆是，再加上滿洲貴族統治者以此作為一項強化武力的措施來大力弘揚，因而軍中的「神箭手」層出不窮。而滿洲八旗更成了擅長射箭技術的人才薈萃之地。值得注意的是，在金礪佈置的「三疊陣」之中，第三疊是使用弓箭的「滿將」。所謂「滿將」，應該是指軍中那些擁有官銜以及被授予世職的人。由於八旗軍中早已推行按照軍功授予世職的獎勵制度（世職等級制度經過發展與完善後，分為「精奇尼哈番」、「阿思哈尼哈番」、「阿達哈哈番」、「拜他喇布勒哈番」等級別。但封授世職要自「拜他喇布勒哈番」以下的「拖沙喇哈番」開始，「拖沙喇哈番」舊稱「半個前程」，「拜他喇布勒哈番」舊稱「一個前程」，當八旗軍人立了一次大功或者積累數次小功時，便可被授予或加升「半個前程」或「一個前程」了，從而能夠憑著不斷建立的功勳而逐級上升），因而有很多久經沙場的出類拔萃之輩獲得世職。如果說八旗軍是清軍中的「王牌」，那麼滿洲八旗就是八旗軍中的「王牌」，而由「滿將」組成的部隊，則是「王牌」中的「王牌」。金礪把這麼多「擅長射箭技術」的滿將集中於第三疊陣中，顯然是打算在關鍵時刻用來對付鄭軍步兵，盼望能產生立竿見影的奇效。

在清軍的「三疊陣」中，最先逼近鄭軍的是「頭疊」的綠營兵與「二疊」的「滿兵」，並全都湧過填平的溝塹，正在爭先恐後地「攀柵而上」，企圖佔領城池。如何擊破清軍身上精良的鎧甲成了鄭軍面臨的首要問題。

幸而枕戈待旦的鄭軍已有所準備，用大斧、木棍、火桶、火箭等武器迎戰。《閩海紀要》記錄一位原名叫鄭仁的士卒在這場觸目驚心、血花四濺的生死較量中立了大功，他首先揮舞大斧，異常順利地砍倒了不少敵人。原來，清軍身上的「重鎧」雖然能夠在一定程度上抵抗刀、槍、劍、戟的砍、割、切、

刺，但卻很難防禦棒、錘、鞭、鐧等砸擊類兵器的沉重打擊，而大斧這種兵器的重量遠在一般的刀、槍、劍、戟之上，因而具有砸擊類兵器的優良特性，破甲能力非常強。鄭仁的經驗迅速在軍中得到推廣，其他人紛紛選擇大斧作為禦敵利器，向清軍的「頭疊」與「二疊」部隊猛砸過來，致使墜下城牆之人觸目皆是。在鄭成功麾下諸將當中，戎旗鎮內班將蔣文、王朋，中提督將鄭仁、李昂，前提督下賴使、楊正，前鋒鎮下蕭自啟等人的表現最傑出，砍殺的敵人特別多。儘管還有不少身披「重鎧」的清軍勇往直前，仍然踏著同僚的屍體拼命往上攀登，但由於對手的兵器使用得當，而終無尺寸之功。兩軍經過「三退三進」的較量，「殺傷相當」，處於膠著狀態。

金礪眼見遇上了勁敵，不得不亮出「殺手鐧」，命令「第三疊」的滿將趕赴參戰。這支預備隊也沒有令金礪失望，他們踴躍越過城外的河溝，紛紛彎弓對著城上的目標準確地射擊。如果說清軍不敢放炮是害怕誤傷自己人，那麼射箭的顧慮就少得多。由於圍繞著城牆而修築的工事在這幾天的炮戰中被破壞殆盡，給毫無遮攔的鄭軍造成致命的威脅。

鄭軍手中的大斧雖然可以劈開清軍的「重鎧」，卻阻擋不了好似瓢潑大雨一樣落下的利箭，必須另外選擇火器、弓、弩等能夠遠距離

鐵簡

鐵鞭鐵簡兩色，鞭其形大小長短隨人力所勝用之，又有作四稜者，謂之鐵簡，言方稜似簡形，皆鞭類也。

鐵鞭

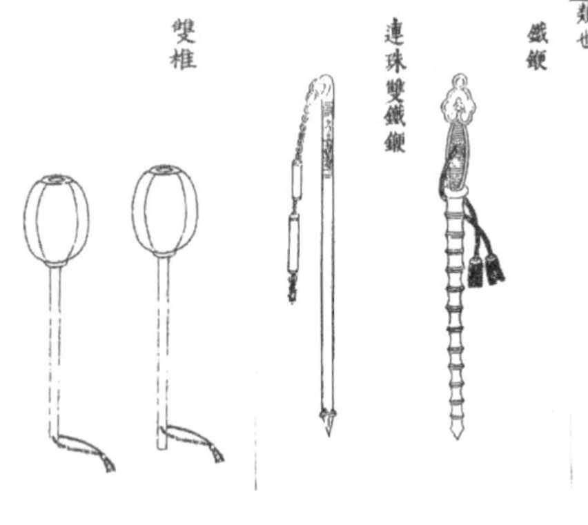

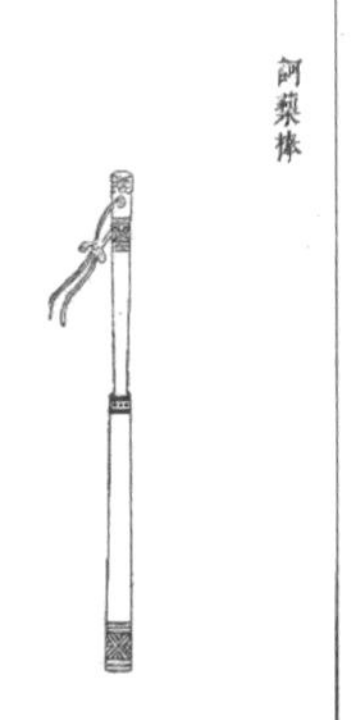

▲棒、錘、鞭、鐧之圖。

反擊敵人的兵器，正如俗話所說「以其人之道還治其人之身」。遺憾的是，雖然鄭軍裝備了火器，可是他們的銃炮手受制於裝填速度過慢等客觀因素，難以與金礪精心挑選的射手較量。就算是射速比較快的弓，在使用上也是因人而異，而主要由東南沿海人士組成的鄭軍明顯在「射藝」上比不上來自關外，具有狩獵傳統的滿洲八旗。至於弩這種兵器，由於放置箭簇的木製弓身比較長，因而在射擊時會產生較大的摩擦，從而消耗一部分動力，以致影響箭的射程。故此，要想射得更遠，常常要加大弩的尺寸，可這樣一來，弩手張弩時就需要使出更多臂力、腰力、足力，不但減慢了射擊的速度，也令身體更容易疲憊。種種很難克服的缺陷使得弩實際上已經逐漸被銃炮與弓淘汰。總之，鄭軍沒有拿得出手的遠端兵器與清軍抗衡，從而被對方的弓箭手打得幾無立足之地，有的人左躲右閃，難以站立，便乾脆坐在地上繼續抵抗，儘管出現傷亡，所有官兵都沒有退卻，仍然冒死堅守在第一線。

這時，天漸漸亮了。「三疊」的滿將大部分渡過了護城河，正欲大顯身手，在陣後使用遠距離射箭的方式徹底壓制鄭軍，以掩護那些身披「重鎧」的先頭部隊捲土重來。城池眼看就要失守，鄭成功臨危不懼，及時下令點燃預先埋藏於河溝旁邊的火藥，剎那之間「煙焰蔽天」，一場突如其來的大火將清軍燒得焦頭爛額，屍體橫七豎八地堆滿了溝塹，一些未來得及過河的人抱頭鼠竄，四處逃命。

結局出人意料之外，鄭軍最終依靠火藥拯救了海澄這座危城。死裡逃生的甘輝等將乘此良機指揮手下一擁而出，如風捲殘雲般在護城河的兩岸追殺著對手，贏得了這次來之不易的勝利。精銳盡失的金礪隨即下令民夫把城外的大炮運走，並帶著剩餘的清軍連夜撤離了這個損失慘重的傷心之地。

回顧這場驚心動魄的戰事，可知清軍在裝備上占了絕對優勢，先是憑著威力巨大的火炮發射出鋪天蓋地的彈丸，清除前進路上的障礙，然後出動從頭到腳都籠罩著鎧甲的步兵，企圖在近戰中克敵制

勝。誰知竟被鄭軍用大斧擊退。金礪果斷把善於使用弓箭的預備隊投入戰場，重新控制了主動權。萬萬想不到就在勝利唾手可得之際竟然意外遭到火藥的暗算，從而功虧一簣。整個作戰過程跌宕起伏、曲折多變。清楚地表明如果指揮得當，一支處於劣勢的軍隊使用廉價的兵器也照樣能打敗訓練有素、武裝到牙齒的敵人。

《閩海紀要》記載這一戰中首先使用大斧禦敵的鄭仁，戰後論功時得到破格提拔，官居都督。然而，《從征實錄》卻認為第一個提倡用大斧殺敵的人是鄭成功。據說在金礪發起總攻的前一天，鄭成功在對諸將安排迎戰計劃時，說出了一番未卜先知的話，指出清軍在明天欲打過護城河時，「必用空炮助其聲勢」，因為敵人絕對沒有「自擊之理」，而且這樣做可以「愚我耳目」，到那時，迎敵的官兵必須列隊向前，各執「大刀、大斧」，打擊來犯之敵，但不准追逐。等到敵兵全部過河，再用「火攻」的戰法將之焚燒。然後，守城的將士才能夠竭盡全力地一齊「殺出」。鄭成功的這一番話竟然完全符合後來的戰鬥過程，因而不排除史官是在事後為了給主帥臉上貼金而巧為修飾。鄭成功如果真的把大刀與大斧一起並列為禦敵利器，無疑是卓越的見識，這是因為一些沉重的大刀類似大斧，也能發揮破甲作用。綜上所述，不排除鄭成功在戰前曾經就如何使用兵器禦敵的問題作過指示。而鄭仁作為軍中的「廝養卒」最先以實際行動證明大斧的效力，也是功不可沒。最重要的是，火藥無疑是鄭成功親自下令埋藏於河溝旁邊，此舉起了反敗為勝的妙用，故鄭成功在兵器運用上確有心得，絕非紙上談兵之輩。

自從八旗軍征明以來，碰到過不少挖空心思、試圖使用犀利武器抗敵的明軍統帥，例如熊廷弼、孫承宗、洪承疇等人在關外主持軍政大局時，先後斥鉅資製造裝載火器的車營，可惜在戰場上用處不大。唯有徐光啟、袁崇煥等人實行「憑堅城，用大炮」之策，才發揮顯著作用，倚仗佈滿紅衣大炮的「寧

大斧

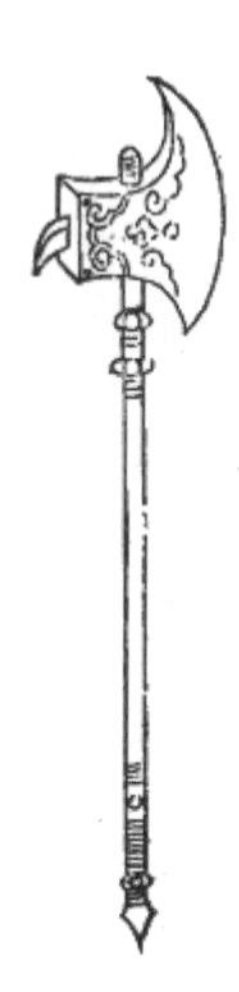

大斧、一面刃、長柯、又有開山靜燕日華無敵長柯之名、大抵其形一耳、

鳳頭斧、頭長八寸、柄長二尺五寸、並地道內撳十用之、

蛾眉钂、長九寸、刃闊五寸、柄長三尺、

▲古代各類斧。

錦防線」與八旗在關外對峙了十幾年。當明朝滅亡，八旗軍入關之後，相繼消滅了大順政權、大西政權與南明弘光、隆武、紹武等朝廷，很少碰到類似袁崇煥那樣善用兵器的對手，想不到一六五二年（清順治九年，南明永曆六年）之後，相繼在湖南與東南沿海意外碰見了李定國、鄭成功這樣的後起之秀，竟讓這支常勝之師屢受重大挫折。鄭軍之所以能夠依靠大斧、火藥等平常的武器取勝，與其組織嚴密、號令統一等因素有關，假如讓一支組織鬆懈、紀律渙散的部隊守城，即使能夠正確使用武器，也不一定能取得這麼大的戰績。

不過，海澄大捷並不意味著鄭軍成為一支真正能與八旗軍抗衡的部隊，因為此戰只是防禦戰，而攻城的八旗軍人數亦有限。況且，清軍的統帥並非多鐸、濟爾哈朗、博洛、勒克德渾等以王爵身份出任大將軍要職的人，而是地位不高的金礪（其世職之位僅為「一等阿思哈尼哈番」，出任的只是平南將軍），他即使拿不下海澄，也不會讓清朝喪失閩南的控制權。看來，只有提高野戰能力，讓那些以王爵身份出任大將軍之職的清朝統帥一

敗塗地，才真正算得上是一支有能力扭轉乾坤的抗清武裝。但到目前為止，做到這一點的不是活動在東南沿海的鄭成功的軍隊，而是在西南反攻的以大西軍餘部為主的明軍。

海澄獲勝的鄭成功回到中左所後於教場設宴犒師，欲以軍中大印付予甘輝，因甘輝不敢接受而作罷。知縣黃維璟以及軍士二人因戰時擅離職守受到軍法處置。不久，鄭成功派使者經水路前往貴州安龍為參加海澄之戰的將領請功，永曆帝後來敕封甘輝為崇明伯、黃廷為永安伯、王秀奇為慶都伯、赫文興為祥符伯、萬禮為建安伯、馮參軍為監軍禦史。其餘有功人士也各自獲得晉升。必須指出的是，鄭成功擁有「賜姓」的顯赫身份，一向以明朝宗室自居，他與甘輝等部將也並非草莽英雄式的「兄弟」，這一點與孫可望、李定國、劉文秀之間的關係有很大的不同，因而他為甘輝等人請封而導致內部權力分散的風險要小得多。

海澄之役是在寶慶之役結束了大半個月之後發生的。就這樣，從一六五二年（清順治九年，南明永曆六年）十一月到一六五三年（清順治十年，南明永曆七年）四月，清朝倚重的八旗軍在短短的四、五個月內先後在衡州、寶慶、海澄等地與李定國、孫可望以及鄭成功連續進行了三場傷亡累累的較量。《清世祖實錄》收錄了一份給「衡州府、岔路口（代指寶慶之役）及福建海澄縣陣亡各官」追加世職之號的名單，已超過了三十人（其中包括護軍統領一人，署梅勒章京五人，護軍參領四人，署甲喇章京五人，護軍校四人，牛錄章京一人，驍騎校四人，委署章京兩人，侍讀學士一人，學士一人）。從這份不完整的名單中可以對八旗軍遭受到的空前傷亡有一個初步的瞭解。如果加上孔有德、吳三桂、沈永忠、陳錦所部以及各地綠營軍在此前後的損失，那麼清軍的總體傷亡數字必定非常可觀，因而暫時沒有能力收復四川、湖南、廣西以及福建沿海的失地。清朝難以發動咄咄逼人的戰略攻勢，與南明的戰局便逐漸進入了相持階段。

第八章
犬牙交錯

李定國在湖南與孫可望分道揚鑣，率軍返回廣西，準備以此作為進軍廣東的跳板，這在戰略上的確有獨具慧眼之處。因為吞齊的滿漢大軍在湖南站穩腳跟後，繼續選擇湖南作為北伐的突破口已經不合時宜了。清朝能夠充分利用水路運輸的優越條件，將江浙地區的大量物資源源不斷地從長江下游調到前線，足以在曠日持久的戰爭中讓後勤供應得以維持。比較鮮明的例子是在一六四八年（清順治五年，南明永曆二年）至一六四九年（清順治六年，南明永曆三年）之間，清廷大軍就是依靠長江、鄱陽湖這支水上運輸線的支持，一直將江西的南昌圍困了八個月，最終成功拿下了這座餓殍載道的城市。

毫無疑問，久經戰亂的湖南已經不可能供養集結於此地的龐大軍隊，敵對雙方都需要後方基地的支援。孫可望與李定國控制的雲、貴、廣西以及四川部分地區與富庶的江浙相比，財賦收入相形見絀，再加上位置偏僻與交通不便等因素，使西南明軍的後勤受到極大的制約。而位於湖北、四川等省交界之處的夔東十三家，又暫時沒有能力奪取長江控制權，切斷清軍的運輸線，因而收復湖南或江西的計劃在現階段很難迅速實現。返回廣西之後的李定國將廣東選為戰略進攻的地點，就顯得棋高一著。這樣做的優勢至少有四點：

一是廣東素來物產豐富，在戰爭中遭受的破壞比湖南少，能夠在一定程度上供養大批外來軍隊。

二是廣東遠離江浙地區，清朝的地方部隊不能及時得到從長江運輸線送來的物資。

三是稱霸東南沿海的鄭成功可以在戰略上予以配合，既能夠盡力切斷廣東與江浙地區的海上聯繫，又可以從福建沿海的基地南下，威脅廣東清軍的側後方。

四是廣東的駐軍以尚可喜、耿繼茂所部為主。尚、耿二人與孔有德一齊南下，明軍圍殲孔有德後，進而攻擊尚、耿二人是合情合理的事。

李定國一旦奪取廣東並進行經營，不但能使匱乏的物質財富得到補充，而且能夠招攬更多的人才與兵員。隨著地盤的擴大，他既能與孫可望一起對江西形成夾擊之勢，又可以和鄭成功互相呼應，會師福建。可謂一步妙棋，滿盤皆活。更重要的是，李定國與鄭成功作為那一時期的兩位名將，如果能夠攜手合作，必定一波激起千層浪，輕而易舉地打破這一潭死水般的僵持局面。

但是，這時廣西的形勢已經發生了變化。自從李定國於一六五二年（清順治九年，南明永曆六年）下半年率主力北上湖南參戰後，盤據廣東的清平南王尚可喜督促線國安、馬雄、全節以及強世爵等乘虛而入，經封川，連取梧州、桂林、陽朔等處，在廣西東部占了一塊地盤。李定國重新退回廣西後，置桂林等失地於不顧，著手策劃進軍廣東。而他此前預做準備，曾經移檄鄭成功要求會師。鄭成功在這一年的十一月得悉後，作出了善意的回應，專門派人到廣西與李定國約定出兵日期，試圖協同作戰。

到了次年二月，率先行動的李定國所部經廣西賀縣，重奪梧州，向遠在四百里之外的廣東肇慶急進，這座城市是永曆帝朱由榔正式登基之地，因而其得失具有很大的政治影響。

明軍以部分歸附的粵東義師為嚮導，相繼佔領開建、德慶，於三月二十五日到達肇慶城下，連營據於城外北山。並另派偏師攻下四會、廣寧，兵鋒直指三水。一些地方抗清勢力乘機活躍起來，轉戰在羅定、東安、西寧一帶，竟然有二百戰艦由新會、順德而突入九江口。清遠附近山區的綠林武裝也摩拳擦掌，揚言要帶李定國渡河，經從化而襲擊廣州。一時之間，廣東局勢震盪不已。

可惜的是，此時福建沿海地區是「山雨欲來風滿樓」，鄭成功正在海澄與清將金礪對峙，暫時未能兼顧廣東。不過，潮州總兵郝尚久卻宣佈反正。此人本為李成棟的舊將，降清後不斷遭到清朝當局的排斥，遂憤而起兵，自稱新泰侯，傳檄南、韶、漳、惠等地，與李定國遙相呼應，隱約地從西面威

脅廣州。

情況似乎對明軍比較有利。李定國在二十六日正式圍攻肇慶，他指揮手下掘開護城的壕溝，力求泄盡裡面的積水。又下令用布囊盛土，密密麻麻地堆成牆，同時豎起木柵、挨牌，以掩護進行狙擊的鳥銃手。做好這些佈置後，打頭陣的兵丁開始架起梯子，從東、西、北三面一波一波地向前湧過去。此外，明軍還採取暗度陳倉之策，秘密挖地道，企圖潛入城中。當時，不少攻城步兵在頭上纏上一層的長布條，身軀上也披上厚厚的棉被，以此作為鐵甲的替代品。這些簡易的「棉甲」具有一定的彈性，用來抵抗棒、錘、鞭等兵器的砸擊時能起到一定的緩衝作用。而「棉甲」比鐵甲更輕便，能讓士卒更容易進行跌撲滾翻，更靈活地躲避大刀、大斧等兵器的劈刺。

清肇慶總兵許爾顯殫精竭慮、極力抵擋，時不時抓緊時機督促部屬縋城而下，冒險反擊，搶奪明軍用來攻城的梯子。並在城中挖了一道與城牆並排的壕溝，攔阻沿著地道從城外鑽進來的敵人。經過反覆廝殺，艱難地支撐了一個多月。

肇慶距離廣州僅二百里之遙，讓身在後方的尚可喜有唇亡齒寒之憂，他再也坐不住了，親自率部馳援。耿繼茂為了防範李定國派遣部分兵力從木棉頭渡河與郝尚久會師，也帶著鐵騎來到三水附近的木棉頭渡口，切斷了通往潮州之路。就這樣，肇慶與潮州被清軍分割為兩個各自孤立的戰場。

隨著尚可喜的到來，肇慶城防更加鞏固。可尚可喜已經不滿足於畫地為牢地困守城中，他登城觀形察勢之後，下令從城垣的東、西方向鑿開兩個側門，然後驅使士卒於四月初八出其不意地出城反擊。清軍奮力奪取明軍在城外挖掘的地道，並放火焚燒地道口。那些未能及時退出地道的明軍慘遭厄運，他們身上由紡織品製造的「棉甲」屬於易燃品，觸及火焰極容易熊熊燃燒起來，而濃煙的薰蒸也讓很多人窒息而死。

猝不及防的李定國被迫退軍五里。尚可喜把握戰機，又刻不容緩地驅使大隊清軍從西、南二門湧出，拼命與明軍爭奪龍頂岡這個制高點。

由於棒、大斧等兵器用來對付身穿「棉甲」的明軍時效果不太理想，清軍別出心裁地裝備了可以撕毀布匹的鐮鉤長槍，力圖用槍端上的鉤子先把明軍披戴的布條或棉被扯爛，再攻擊對手暴露在外的身軀。尚可喜這一招非常厲害，他的手下很快在血腥的肉搏戰之中殺死了數百名敵人，成功把李定國所部逐離戰場。尚可喜贏得了肇慶保衛戰的勝利，這與他能夠汲取孔有德在桂林敗亡的教訓，摒棄輕敵思想，在臨戰之前做好充分準備有關。而在遙遠潮州的戰場，清軍也調度有方，牢固地掌握了主動權。

郝尚久在潮州反正後，在西、北兩面受到大埔、鎮平、三水、惠州等地清軍的牽制，不能迅速向廣州以及肇慶方向進軍，錯過了與李定國會師的時機。李定國既已敗退，清軍遂得以調集更多人馬解決郝尚久。耿繼茂從木棉頭渡口東進，於同年五月到達潮州一帶。此時，駐防江寧的昂邦章京喀喀木已被清廷授為靖南將軍，帶著一支八旗軍趕到了廣東，這支風塵僕僕的部隊雖然來不及參加肇慶之戰，但正好用來鎮壓潮州的反清勢力。此外，鎮守大埔、鎮平等處的總兵吳六奇以及部分南贛部隊也奉命前來攻打郝尚久。兵多將廣的清軍從八月十三日起開始攻城，經過一個多月圍困，在秘密投降的守城將領王立功的接應之下，於九月十四日豎起雲梯克城。郝尚久投

▲鎮守廣州的尚可喜。

井死亡，餘眾盡數被殲。其後，喀喀木帶領八旗軍凱旋返回江寧。

廣東省內的大仗雖然基本結束，可衝突仍然不斷。攻打肇慶遇挫的李定國沒有損失多少軍隊，他在同年閏六月初九日曾經派遣部分人馬再次襲擾肇慶，並相繼拿下遂溪、化州、吳川、信宜等處，可是由於通往廣州之路受阻，便於七月轉回廣西賀縣、平樂，並於同月二十一日轉而調兵重新攻打廣西桂林。遺憾的是，難以重複上次擊斃孔有德的輝煌。明軍連攻七個晝夜，並沿用挖地道攻城的戰術，從西城外鐵馬柱頭旁邊挖入，準備運送火藥入裡面炸毀城牆。誰知驍將王國仁入地道內視察時，卻因火藥意外提前爆炸而身亡。李定國極為悲痛，停止了攻城，向陽朔方向撤退。在此前後，廣西的梧州、昭平等地也發生了拉鋸戰，清巡撫王荃可被殺，明軍總兵王之邦、卜寧，都督李昌戰死。此後，兩廣地區的明清軍隊暫時偃旗息鼓，但仍處於劍拔弩張的狀態。

首次進軍廣東的李定國原本希望與鄭成功會師，可是這個雄心勃勃的計劃最終落了空。郝尚久覆亡之前亦曾向鄭成功求救，儘管鄭成功已經在福建沿海打敗勁敵金礪，取得了海澄保衛戰的勝利，可是卻遲遲沒有出手相助，只是於六月派軍出征潮州、揭陽附近不聽使喚的山寨，並乘機在那一帶徵糧，然後於八月撤回中左所。其後，鄭成功

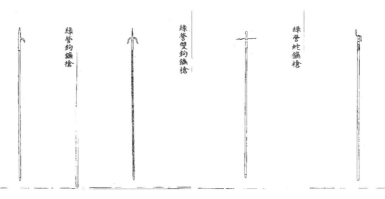

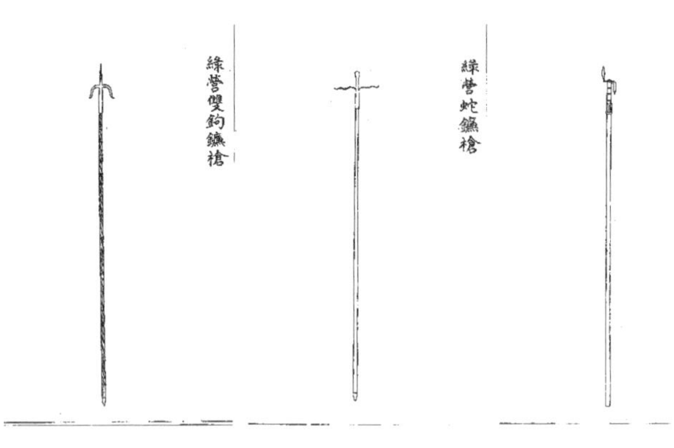

▲清軍的各類鉤鐮槍。

部將陳六禦曾經率少數水師來到南澳，由於在途中得知潮州已破的消息，因而又返回福建。從種種跡象判斷，鄭成功對出兵廣東並不積極，這與清朝對他的極力招撫有關。清朝統治者已經被在東南沿海呼風喚雨的鄭成功使得傷透了腦筋，他們眼見動用武力難以使問題得到解決，遂改用和平手段進行招撫。首先對軟禁在北京的鄭芝龍加以撫慰，允許其把福建的部分親屬接到京城團聚，並給個別人安排一官半職，實際是將這批人扣為人質，以便和鄭成功討價還價。在一六五三年（清順治十年，南明永曆七年）四、五月間，清朝開始正式招降鄭成功，命令鄭芝龍以及浙閩總督劉清泰等人出面用寫信的方式進行遊說，承諾要對鄭成功封官封爵，並同意讓出泉州等地作為鄭成功所部的駐紮地點。鄭成功獲悉後或許是憂心親人的安危，遂採取見風使舵的態度與清朝進行「和議」。這樣的結果使得鄭成功對進軍廣東配合李定國作戰的計劃猶豫不決，甚至對郝尚久的覆亡也見死不救。不過，鄭成功不想真正投降清朝，主要採取了敷衍的態度，因而直到一六五三年（清順治十年，南明永曆七年）年底，所謂的「和談」也沒有取得什麼成果，只能耗費時日地談下去。

順治帝耐著性子非要招撫鄭成功不可，與當時日漸被動的軍事局勢有關，自他親政以來，對南明的戰爭進行得越來越不順利。清軍遇到了前所未有的激烈抵抗，定南王孔有德、敬謹親王尼堪、浙閩總督陳錦等一大批文臣武將先後戰死。由於戰亂頻繁，老百姓流離失所，經濟生產未能恢復，以致影響財政收入。正如大學士范文程在一六五二年（清順治九年，南明永曆六年）年底所言：「各直省錢糧每年缺額至四百餘萬」。清朝自入關以來，財政很少有寬裕的時候，為了填補虧空，官員們絞盡腦汁，甚至採取了向關內傾銷關外的特產人參等辦法來籌款，但效果不太理想。即使是素稱富裕的江南地區，由於適逢亂世，人參的銷路也不佳。為此，清廷在地方官的懇請之下將人參的價格下調，並透過強行

攤派等種種措施力求儘快售出，比較鮮明的例子是在一六四五年（清順治二年，南明隆武元年）底到一六四六年（清順治三年，南明隆武二年）六月之間，當時官府以每斤三十二兩的低價向民間拋售，好不容易才籌集到十七餘萬兩銀起解進京，就算是這樣，仍有七萬餘兩銀被地方人士拖欠。總而言之，清朝每年徵收的賦稅大部分用於給軍人發薪俸以及給軍隊籌辦給養，巨額的軍費使得國庫捉襟見肘，難免在軍事上產生不利的影響。正如前文所述，湖南、廣西等地「糧餉不繼」，是沈永忠、孔有德所部戰鬥力嚴重削弱的原因之一，從而促成了一六五二年（清順治九年，南明永曆六年）的敗局，被李定國打得望風披靡。在損兵折將的情況下，清廷還在一六五二年（清順治九年，南明永曆六年）十二月以「錢糧不繼」等理由，下令把駐粵的「靖南將軍固山額真卓羅等官兵」撤回京，以圖使財政上的困窘稍為緩解，從而使得尚可喜在一六五三年（清順治十年，南明永曆七年）應付李定國的進攻時一度非常被動。種種跡象表明，窮兵黷武之策已經顯得不合時宜，清朝迫於形勢，勢必在用兵方略上作出重大改變。

順治帝在決策招撫鄭成功前後，宣佈了一項出人意料的決定，於一六五三年（清順治十年，南明永曆七年）五月破格重用漢人文官洪承疇。這時的洪承疇久經宦海沉浮，閱歷更加豐富，他早在清朝入關之初，已受命招撫江南，並盡心盡力地瓦解各地的抗清勢力，由於過於忙碌，工作難免出現錯誤，例如在一六四七年（清順治四年，南明永曆元年），他擅自給僧人函可（函可的生父韓日纘與洪承疇是故交）發放從江寧返回廣東的通行牌證，想不到函可被看守城門的官兵查出攜帶反清書籍而身陷囹圄，致使受到牽連的洪承疇不得不上疏引咎。而在此之前，鎮守江寧的八旗將領巴山、張大猷等人已從抓到的間諜中發現魯王朱以海封洪承疇為國師的敕書，敕書裡面要求洪承疇做內應，協助南明軍隊

平定江南。清廷得報後不想在這個多事之秋掀起軒然大波，遂以此乃敵人的反間計為由，反過來撫慰洪承疇。可是種種事端難免激起當時尚在人世的多爾袞的猜忌。謹慎小心的洪承疇亦不得不屢次上疏以病辭歸，以試探朝廷態度。到了一六四七年（清順治四年，南明永曆元年）七月十九日，清廷終於宣佈馬國柱出任江南江西河南總督，代替洪承疇履行職務，而洪承疇也於一六四八年（清順治五年，南明永曆二年）二月初離開江南北返，在北京坐了很長一段時間的冷板凳。隨著順治帝在多爾袞死後親政，京城的局勢也發生劇變，一度受到多爾袞排擠的濟爾哈朗變得炙手可熱起來，被封為「叔和碩鄭親王」，成為順治帝的得力助手。

而與濟爾哈朗關係比較密切的洪承疇也逐漸活躍起來，在一六五一年（清順治八年，南明永曆五年）由內務府鑲黃旗下的包衣升為鑲黃旗漢軍，正式脫離了奴僕（包衣雖然是奴僕，但可做清朝的大官，只是仍需與滿洲主子保持人身依附關係）的身份，成為了擁有戶籍的旗人。到了一六五三年（清順治十年，南明永曆七年）五月，洪承疇再一次時來運轉，被推上了政治舞臺的前沿。順治帝在本月二十五日諭示內三院，以「夙望重臣、曉暢民情、練達治理」等冠冕堂皇的理由要將洪承疇升為太保兼太子太師、內翰林國史院大學士、兵部尚書兼都察院右副都御史，並讓其以這些顯赫的身份「經略湖廣、廣東、廣西、雲南、貴州」等省，兼「總督軍務，兼理糧餉」，集數省軍政大權於一身，以期能扭轉南方的被動局面。根據順治帝的指示，洪承疇主要擁有下列權力：

一是可以自主選擇駐地，並可以在轄區之內「隨便巡曆」。

二是全權「節制」與「調發」所有的「兵馬糧餉」，一切與「撫、剿」有關之事，朝廷不予干涉，洪承疇可以自行制定進攻或防禦的計劃，只需事後報告即可。

三是在轄區之內駐紮的「滿兵」，或是留下，或是撤走，任由洪承疇斟酌決定。

四是清朝的文武各官，無論在京在外，只要洪承疇看中的，不管是「升、轉、補、調」，朝廷一概任其選取以效力於軍前，而吏、兵二部不得「掣肘」。

五是戶部必須及時供給洪承疇所需的錢糧，不得「稽遲」。

六是歸順的官員，洪承疇可酌情收編，而投降的軍民，也可隨便選擇適宜的地點「安插」。諭文還特別叮囑要注意善待各處的土司，對於已經歸順者，要「加意綏輯」，未附者加緊招撫。

從某種意義上說，洪承疇出任五省經略是明朝「以文馭武」制度的翻版。既然這種制度存在缺陷，清朝為何又如法炮製呢？原因是多方面的。首先，多爾袞、多鐸、豪格、阿濟格、阿巴泰、滿達海、羅洛渾、勒克德渾、博洛、瓦克達、尼堪等一大批能征慣戰的滿洲宗室貴族由於各種原因先後死去，猶存於世的濟爾哈朗也年事已高，處於半退隱狀態，合適的統帥人選已經很難找了。其次，孔有德、尚可喜、吳三桂、耿繼茂、沈永忠等漢人王公貴族雖然曾經被委以重任，卻力有未逮，不但難以完成統一西南的大業，就連各自的鎮守之地也自顧不暇。故此，洪承疇才有機會粉墨登場。當然，洪承疇能夠肩負如此重大的責任離不開順治帝的提攜。順治帝與他的前任相比，更加傾心漢化，他博覽群書，熟讀經、史等漢籍，提倡「以儒治國」，對見解相似的文官格外垂青，曾經致力於提高漢官的職權（例如清廷各衙門的大印一向由滿官掌握，而很多滿官文化不高，常常誤事。順治帝後來規定各部尚書、侍郎等官「不必分別滿漢」，只要任事在先，即可掌印），即使因此而招來一些滿洲官員的不滿與反對也在所不惜。好像千里馬遇到伯樂一樣，洪承疇終於時來運轉。此外，順治帝之所以把重權交給一位漢人文官，也準備了一套能夠自圓其說的理由，正如敕文所提的那樣，就是不想再「窮兵黷武」，

而改用「以文德綏懷」的新政策，企圖「不戰而屈人之兵」，鑒於洪承疇在此前的招撫江南期間政績突出，而且做過明朝的大官，又在漢人的士紳階層當中有廣泛的人脈資源，瞭解民情，因而必定能利用各種盤根錯節的社會關係盡力完成這一新任務。同時，洪承疇本人在降清之前曾帶兵征剿農民起義軍，並打過多次勝仗，具備一定的軍事指揮能力，在軍界中也有一定的影響（例如吳三桂過去在關寧軍中服役時曾經是洪承疇手下的一員將領，彼此淵源很深），可謂文韜武略兼顧，因而與同任大學士的范文程、馮銓、陳名夏等缺乏帶兵作戰經驗的漢臣相比，更加適合成為軍中的統帥。

受寵若驚的洪承疇開始著手赴任，並成功保舉因過革職的原任大學士李率泰為兩廣總督，以應付廣東的緊急局面。其後，他帶領李本深等八十七員將領南下，而轄下的兵馬來自京師、直隸、遼東、宣大、陝西、山東、山西、河南、江南、江西、浙江、福建各地，共約一萬一千多，以綠營兵為主。這個讓洪承疇統率以綠營兵為主的部隊到前線與敵人拼消耗，符合清朝統治者的「以漢制漢」之策。這個政策早已實施過了，當初清朝統治者處心積慮地把孔有德、尚可喜、吳三桂等漢人王公貴族推上第一線打頭陣時，就是這種政策的濫觴。由於八旗軍在多年的南征北戰中傷亡累累，清朝統治者可不想不顧一切地將這支人數越來越少的嫡系部隊投入南方戰場與強敵硬拼，因為這樣做會使得八旗內部人丁數量進一步減少，不利於「首崇滿洲」的基本國策。而隨著尼堪的陣亡與吞齊在湖南遲遲打不開局面，清廷對八旗軍的信心更加不足，順治帝明確表示吞齊旗下滿洲軍隊的去留問題，由此洪承疇自行決定，就是明證。故此，滿洲軍隊退居二線，讓綠營兵做炮灰，似乎是水到渠成的事。

值得注意的是，清朝君臣對西南土司非常重視。如先前提到的，順治帝諭文特別叮囑洪承疇要注意善待各處的土司，對於已經歸順者，要「加意綏輯」，未附者加緊招撫。不久，戶部右侍郎王弘祚

也上疏建言對於「滇黔土司」應「暫從其俗」，等平定之後再「繩以新制」。也就是說，暫緩對雲南、貴州的各土司政權實施薙髮、易服等政策，這反映了被西南明軍收編的土司將士在戰場上有令人生畏的表現，清軍不希望與之硬拼，而加以懷柔。

還沒等洪承疇到達前線，情況發生了變化。尚可喜、耿繼茂這兩位王公在不久之前取得了肇慶保衛戰等重大勝利，而隨著李定國的撤退，廣東已經轉危為安。清廷可能對尚可喜、耿繼茂重新恢復了信心，遂不讓洪承疇插手該省軍政之事。就這樣，廣東得以避免實行「以文馭武」之制，仍舊讓尚、耿兩位武夫主管軍事。

同年的閏六月初五日，順治帝專門給洪承疇下了一道敕文，除了重複上述給內三院諭文中的內容之外，還作了一些重要的修訂與補充：

其一是將經略湖廣、廣東、廣西、雲南、貴州改為經略湖廣、江西、廣西、雲南、貴州。

其二是凡涉及到洪承疇職權範圍之事，朝廷必先諮詢洪承疇之後才實行。

其三是湖廣、江西、廣西、雲南、貴州等省的「巡撫、提督、總兵」以下各級官員，全部交由洪承疇節制，而「文官五品以下，武官副將以下」有「違命者」，洪承疇可以「軍法從事」。

其四是洪承疇可以平等地與藩王以及公爵打交道，相見時各依賓客之禮行事。

其五是撫、鎮、道、府等官，有工作能力不強以及才華、品質不盡如人意者，洪承疇有權從別處調來合適的人選，同時上報朝廷。

其六是如果「緊急軍需」一時「撥解未到」，洪承疇有權調用鄰近區域的物資。

其七是洪承疇可以與四川、河南、陝西等鄰近省份的總督、巡撫行文往來，討論軍事問題，以便「犄

角策應」。

綜上所述，洪承疇作為一位文官，在湖廣、江西、廣西、雲南、貴州等五省擁有前所未有的權力，其中涉及到軍事、行政、財政、人事、司法等方方面面，而此前他在招撫江南時雖然也打著「總督軍務」的旗號，但重大之事必須與當時駐紮在南方的勒克德渾、葉臣等滿洲將領商量，權力受到很大的限制，與當時比較，當然不可同日而語。就連吳三桂、尚可喜、沈永忠等仍在四川、廣東、湖南各省駐守的漢人王公貴族，無論是管轄區域還是統治地方的權力，與洪承疇相比，也一樣望塵莫及。只有多鐸、阿濟格等滿洲親王在入關之初統兵討伐大順政權與南明弘光朝廷時才擁有類似洪承疇這樣大的權力。

洪承疇名義上作為五省經略，但真正能干涉的主要有湖廣、江西以及廣西部分地區，由於戰亂頻繁，其中不少地方殘破不堪、土寇出沒，難以有效管治。清軍在湖南與孫可望所部正沿著辰州、沅州、武岡一線處於僵持狀態。至於湖北，夔東十三家繼續對鄖陽、襄陽、荊州、夔州等地構成威脅。鄰近湖南的江西也不安寧，袁州、吉安一帶仍有反清勢力活動。而在廣西，李定國控制了該省的大部分地區，與盤據桂林的清軍遙相對峙。由於孫可望、李定國所部被視為是清軍最大的對手，故湖南與廣西戰場格外引人注目。洪承疇於一六五三年（清順治十年，南明永曆七年）十一月來到武昌，在與湖廣總督祖澤遠會商後，認為長沙乃「衡、永、辰、常、寶慶必由之路」，既可以直通雲貴，又可到達廣西，「武昌藉以為屏藩，江右倚以為保障」，因而最適宜作為指揮的地點，應該經常駐紮於此。他剛到任，就從廣西總兵線國安的塘報中得知桂林名為恢復，但在所屬的二州七縣當中，僅控制臨桂一縣，此外，清軍實際掌握的地盤還有桂林以北的靈川、興安、全州以及桂林以南的梧州，其餘地方「悉為賊巢」。

經過統計，得知廣西清軍共九千多，分駐各地，依賴三、四個州縣供應糧食，由於今年的糧食提

前吃光，因而在這年的七、八月間已經「預徵」明年之糧。洪承疇深知這樣做難以為繼。而湖南衡州、永州等地接濟廣西的糧食又長途跋涉、「轉運最艱」。即使困難重重，他還是想辦法聯繫身在江寧的督臣馬國柱，催促江南布政司解運五萬兩餉銀從水路送來，另外，又催促兩淮鹽運司解送鹽課銀五萬兩到武昌，陸續發往廣西應急。除了糧餉之外，平南王孔有德的殘餘兵馬也等待湖南當局接濟「馬匹」與「盔甲」。總之，需要處理的事千頭萬緒，他經過權衡利弊之後，覺得僅僅穩定湖廣的局勢已經相當不容易，便於一六五四年（清順治十一年，南明永曆八年）七月初二向清廷建議讓廣東的耿繼茂進駐廣西梧州，企圖把平定李定國的艱巨任務推卸給坐鎮廣東的尚可喜、耿繼茂等武人。實際上，順治帝已於同年二月命令耿繼茂「帶領本標官兵及隨征綠旗官兵」前往桂林駐紮，併發戰馬五百匹隨行，以防範李定國駐於柳州的軍隊。只是李定國搶先向廣東發起進攻，才使得這一計劃暫時擱置。

李定國第二次進軍廣東籌劃已久，他在一六五三年（清順治十年，南明永曆七年）從肇慶退回廣西後，經過數月的積極準備，已考慮捲土重來的問題。或許是由於桂林、靈川、興安、全州等處的清軍得到湖南當局的支持，而李定國與駐軍於湖南的孫可望又失和，難以協同作戰，故李定國仍然把廣東視為進軍的目標。

廣東駐紮的清軍不過兩萬餘人，未必能夠與李定國所部抗衡。但清朝不會輕易放棄廣東，肯定會從別處調遣滿漢大軍前來救援，因而李定國需要得到其他抗清武裝的大力支持，才可增加勝算。為此，他派人四處聯絡廣東境內那些忠於南明的義師，也殷切期望活動在東南沿海的鄭成功能夠予以積極的配合。而鄭成功能否依約前來參戰，與廣東能否光復有莫大的關係。

經過準備，李定國於一六五四年（清順治十一年，南明永曆八年）二月動手了，指揮數萬明軍（其

中包括十三頭戰象以及數千囉兵）經橫州進入廣東，在各地抗清義師的配合下，迅速佔領廉州、高州、陽春、陽江、恩平、東安、西寧以及雷州。粵西清軍官兵紛紛潰退，副將陳武戰死，總兵郭虎、李之珍逃跑，張月、先啟玉投降。坐鎮廣州的尚可喜、耿繼茂與兩廣總督李率泰均認為明軍必經新會而前來進犯，因為與開平、恩平接壤的新會是「水陸之要衝，省城之門戶」，實乃兵家必爭之地。為了加強這個戰略樞紐之地的防務，他們調廣州水師總兵蓋一鶚駐於新會古鎮水口，以防抗清勢力從海路殺過來，同時又派甲喇章京田雲龍與新會經制守備宓士宏、知縣劉象震等協力固守，竭力扼守通往廣州之路。事實正是如此，李定國早已策劃著與鄭成功在新會會師，原因在於此地有河道出海，方便鄭成功的水師進入。如果鄭成功所部乘船而來，完全可以繞過清軍重兵佈防的潮州、惠州，從海路直達此地。制定這個計劃的李定國揮師疾如雷電般躍進，比鄭成功搶先一步到達新會。遺憾的是，他在進軍途中於四月間在高州患病，未能親臨前線指揮。

新會之戰在六月二十九日打響，最先到達的五千明軍在西門之外的飛鵝山頭紮營，當中，屬於李定國的嫡系部隊有一千餘人，皆披掛盔甲，並帶著二百多匹馬以及兩頭戰象，其餘的全是廣東省內的抗清義師。是日夜間，西門之外「炮聲不絕」，正式揭開這一場大戰的序幕。新會雖然不大，可是依山傍水，地形險要，明軍先頭部隊經過數天激戰，始終突破不了守將田雲龍布下的防線，難以迅速克城。

身在後方的尚可喜、耿繼茂與李率泰等人坐鎮廣州，派出部分人員，由總兵許爾顯、連得城、徐成功率領從水陸兩路前去增援新會。水師副將李胤香，中軍遊擊盛登科、金有賞、白萬舉等人帶領哨船，集結於甘竹，準備配合徐成功執行任務。其後，右翼總兵吳進功也奉命到前線助戰。尚可喜為了減輕新會面臨的軍事壓力而絞盡腦汁，他決定以新會附近的縣城為餌，目的是誘使明軍在圍攻新會的

同時又對別的目標展開攻擊，以致兵力更加分散。為此，他命令魯大明率五百將士到新會以北的高明協助守將郭虎、杜豹等人堅守到底，和新會南北呼應，以壯聲勢。

圍攻新會的明軍以及抗清義師很快增至萬人，以吳子聖為首。他們在城外「浚壕豎柵」，晝夜攻打，同時，還如尚可喜所預料的那樣，分兵攻擊高明，這就等於把攥緊拳頭張開來了，減輕了進攻的力度。戰事持續到八月，抗清義師陳奇策出奇兵佔領新會與廣州之間的江門，並打死了蓋一鶤，才使僵持不下的局面有所改變，讓與後方隔絕的新會，陷入了新一輪的危機中。明軍以水師扼守江門，又在陸地修築炮臺阻擊從廣州方向殺過來的清兵。為了與孤懸在外的新會打通聯繫的管道，尚可喜、耿繼茂只得親自出馬，於十二日帶領水陸軍隊趕往前線，五天後到達江門。由於江門河道狹窄，水下面佈置了數層木樁，讓大船難以進港，清軍唯有出動小船運載部分官兵拔樁而前，上岸解圍，並擊敗驅象迎戰的明軍，斬數百人。阿達哈哈番劉秉功等將領得以乘隙進入新會。

一波未平，一波又起，新會以北的高明又告急！已在八月病癒的李定國取道肇慶來到此地，於九月二十日指揮部隊發起了更猛烈的進攻，並挖掘地道力圖早日克城。飽遭攻擊的城牆坍塌二十餘丈，即將失陷。帶著大隊人馬急如星火地趕到這裡的尚可喜眼見明軍軍容甚盛，又不戰而回。李定國率步騎萬餘追擊，可是他挑選的五百精騎因前進速度過快，不慎遭到尚可喜的伏擊，損失了總兵武君禧、遊擊王天才等三十六員將領以及三百多士卒。雖然尚可喜跑掉了，但李定國也如願以償地拿下高明，殺死守將杜豹、活捉郭虎。同知白崇周、守備陶以寧投降。

自高明東進的李定國很快又殺到了新會，他號稱召集了「二十萬」的兵力，將之重重圍困，並在王興、陳奇策等抗清義師的配合下分兵三洲、金利、富灣、羅屈諸口，前鋒進到距離廣州約百里的地方。

只要新會一下，全軍即可掉轉矛頭，指向廣州。

然而，鄭成功的舟師遲遲沒有從福建南下廣東，妨礙了李定國原定的會師計劃。在此期間，等得不耐煩的李定國吩咐幕僚寫信，派人送到福建中左所進行催促，其中提到自己在「七月中旬又接皇上（指永曆帝）敕書，切切以恢東為計。君命不俟駕，寧敢遲遲吾行哉！」言詞之間，已經含有責備鄭成功姍姍來遲之意。他坦率地講述出師以來，「不谷（李定國自稱）駐師高、涼，秣勵養銳，惟候貴爵（指鄭成功）芳信，即會轡長驅」，以成合擊之勢，當時自己的部隊已經駐於「興邑（指新興）」，將要「直搗五羊（指廣州）」，然而逆虜（指清軍）以新會為「鎖鑰樞牖」，在城中儲存物資，並「援餉不絕」，因而最好是就地解決新會清軍，庶幾省城可「不勞而下」，但要做到這一點需要鄭成功的「合力」才行。因為清軍恃「舸艦」而「堵我舟師」，除非鄭成功的水師能迅速趕來，否則誰能獲捷？他又批評一些粵東抗清水師不積極赴戰，而採取觀望態度，認為只有「千里勤王」，才算「夙績」。言外之意是以這些反面例子來勸鄭成功快快動身。至於清朝派往廣東的援軍亦不必擔心，理由是清軍「再無敬謹（指敬謹親王尼堪）之強且精者」，而尼堪「今安在哉」！如果清軍援軍真的到來，「當盡縛以報知己（指鄭成功）」。李定國特別強調「大略粵事諧而閩、浙、直爭傳一檄」，意思是收復廣東，則閩、浙、直（指南京）可傳檄而定，故此，別的地方的戰事都不如收復廣東之戰重要。顧全大局的李定國甚至提議要與鄭成功聯姻，想娶鄭成功的女兒為媳，以鞏固彼此的關係，顯然是希望此舉有助於達到聯合作戰的目的。

李定國迫切需要鄭成功前來支援。尚可喜、耿繼茂同樣日夜盼望八旗「勁旅」早日到來。哪一方的援軍首先到達，哪一方就勝券在握。北京的順治帝得知尚可喜、耿繼茂等人向朝廷緊急求救後，早在這一年的六月已派遣正白旗蒙古固山額真朱瑪喇為靖南將軍，同巴雅喇纛章京（護軍統領）敦拜統

領滿漢大軍南下，只是從陸路長途跋涉、穿州過省，一時難以趕到。相對而言，鄭成功從福建前往廣東的距離要近得多，只要肯動身，比朱瑪喇所部提前到達廣東並非難事。可是，鄭成功似乎不太著急，仍在觀望。李定國可能預感到鄭成功會託詞不來，又在另外一封信中自稱「五月至今」都在等待鄭成功參戰，倘若鄭成功的確不能來，那應該說清楚，讓自己修改作戰計劃「以圖進取」，他有點悲觀地提醒對方，「要知十月望後，恐無濟於機宜矣」。

十月很快到來了。無論望眼欲穿的李定國怎麼催，鄭成功的舟師就是杳無蹤影。不得已，李定國所部只能勉為其難地承擔起拿下新會的重任。十月初三，攻城部隊集中全力發起了空前猛烈的攻勢，一連十餘日，城內外炮聲不絕於耳。李定國一如既往地讓手下使用挖掘地道的手段，嘗試從城牆中打開一個突破口，經過不懈的努力，西山城在雷霆般的轟鳴聲中坍塌了。就在新會眼看將要易手之時，清軍拼死堵塞了防線上的缺口，硬是將明軍拒於城外。攻守雙方仍舊僵持不下。

在這個生死攸關的時刻，鄭成功終於不再猶豫，決定出師增援李定國，原因之一是他與清朝從上一年的四、五月間開始的和議破裂了。鄭成功本來就不想真的投降，他利用順治帝急於招撫自己的心理，乘機促使清朝釋放了林察（林察在海澄之戰前夕因躲避颶風而誤入興化港，成為俘虜），並在談判期間將計就計地公開派部隊到福州、興化、漳州、泉州等清朝控制的府、縣附近募兵以及徵收糧餉（清朝地方官員不便阻攔，以免談判受到破壞），獲得了使用戰爭手段不能得到的東西。但他始終拒絕剃髮，對談判採取敷衍的態度令清廷難堪。清朝雖然作出了種種讓步，例如從福建撤走金礪的滿漢駐軍，承諾在授予鄭成功海澄公爵號的同時，又命其為「靖海將軍」，同時同意給予漳、潮、惠、泉四州作為鄭成功所部駐地，等等。在這麼多優越的條件之前，鄭成功仍不為所動，又提高價碼，獅子

大開口般提出新的條件，竟想索取福建一省，廣東潮、惠二州，浙江溫、台、處三州以及寧波、紹興二府作為自己的地盤，使得順治帝不勝其煩，直斥其「語言多乖，要求無厭」，因而談判不可避免地在一六五四年（清順治十一年，南明永曆八年）九月底破裂。在這種情況下，鄭成功遂轉而回應圍攻新會的李定國，不但答應與李定國聯姻（不過，鄭成功自稱女兒已許配他人，欲以兄弟之女託付之），而且於十月初一開始著手安排南征。他在三天後親自來到銅山，令林察為水陸總督、周瑞為水師統領、王秀奇為陸師左統領、蘇茂為陸師右統領，輔以殿兵營林文燦、游兵營黃元、正兵鎮陳勳、護衛左鎮杜輝、後勁鎮楊正、信武營楊澤等將，統率數萬人乘坐百艘戰艦從海路出師廣東。鄭成功在給李定國的覆信中解釋遲遲出師的原因是「風信非時，未便發師」，因為此前「南風盛發，利於北伐而未利南征」，當時冬季已至，「北風飆起」，才是出兵南下的最佳時機，故已令林察等人赴戰，欲效一臂之力。他還樂觀地預測林察等人到達新會前線後，明軍可用「水師攻其三面，陸師盡其一網，則粵酋（指尚可喜等清將）可不戰而擒矣」。然而，林察等人還要推遲至十九日才率領數萬大軍上路。就這樣，順治帝任命的朱瑪喇與鄭成功任命的林察，各自肩負著不同的任務，一前一後趕向新會，誰能首先到達，仍是未知數。

轉眼到了十一月。李定國對取勝仍抱有希望，因而在前線的攻勢並未稍減，戰鬥也更加殘酷。新會前城被大炮轟塌了十餘丈，城外的敢死隊見狀奮勇向前衝，然而卻受阻於城壕，在雨點般墜下的飛箭以及鳥銃彈丸中傷亡慘重，功虧一簣。明軍仍不氣餒，四處砍伐與搬運樹木，要將壕溝填平，甚至還想冒險在城牆底下鋪墊木材，因為當不可勝數的木材堆放得與城牆一樣高時，步兵踏上去就會如履平地一般順利登城了，這種打法名叫「捆青」。

清軍哪肯束手待斃，便將脂油澆在柴上，放火焚燒堆積在城下的木材。大部分木材在熊熊的火光中成為灰燼，唯有葵樹難以燒毀。吃一塹，長一智的李定國下令後方人員多砍些葵樹，搬運至前線。可惜事與願違，因為葵樹不可能一下子堆放得與城牆一樣高，而明軍又不能夠專門派人在城牆底下冒著槍林彈雨日夜看守，故清軍抓住這一漏洞，迅速鑿開城防工事，派人伺機出外把葵樹拖入城裡。這樣一來，無論明軍千辛萬苦搬來多少葵樹，總也堆不高，而指望能踏著此物登城更是遙遙無期。仗打到這個地步，李定國已是計窮慮盡。恰巧此時，他從諜報中得知城中糧食已盡，便停止進攻，企求以長期圍困的辦法迫使守軍屈服。清軍繼續作困獸之鬥，「城中糧盡」，竟「殺人、以馬為食」，竭力掙扎到最後。

不但新會守軍餓著肚子，整個廣東的清軍全都處於缺糧乏餉的狀態。自李定國於順治十年、十一年連續兩次殺入該省後，連續攻城掠地，使得清朝的控制區域不斷縮小，「僅存群邑之半」。李率泰在十月底對全省近年來的「收支」以及「錢糧數目」進行核對之後，向清廷訴苦，稱財政收入捉襟見肘、入不敷出，再加上「今歲多旱」，水田「或僅半熟」，而那些地勢較高之處則「顆粒無收」，無論官吏怎麼樣四處「催科」，都難以從民間徵收到足夠的賦稅。為此，在「兩藩鎮將（指尚可喜、耿繼茂所部）」等駐粵部隊之中，有的將士已經兩三個月無米可領，「嗷嗷之眾，時切呼號」，因而，他懇請順治帝「軫念廣東艱食」而從江西調送「糟米十萬石」，以便渡過難關，使得「合省披堅之士（指廣東清軍）得免於枵腹」。顯然，廣州等地的清軍已經自顧不暇。明軍只要不顧一切地把圍攻新會的行動堅持下去，似乎就能夠大功告成。

尚可喜、耿繼茂總不能待在後方無所作為，他們又一次擺出增援新會的樣子，於十一月初十日來

到三水縣，卻不敢再前進，而是屯兵於沿江隘口，等待清廷的八旗勁旅早日到達，再作打算。

到了這個時候，戰局已經逐漸明朗化了。南下滿漢大軍終於比鄭成功派遣的水師提前到達。滿漢大軍由朱瑪喇為統帥，此人年已五旬，出自海西女真的葉赫部，早在清太祖努爾哈赤生前已經歸附，是一員頗具資歷的老將，入關時參加過影響深遠的山海關之役，此後轉戰浙江、福建、江西等地，相繼討伐過馬士英、方國安、金聲桓等南明文武官員，功勳卓著，因熟悉南方的風土人情，是出征廣東比較合適的人選。他受命之後不敢怠慢，帶著部隊南下抵達江西，一面虛張聲勢地揚言要在贛州養馬三月，以擾亂對手，一面暗中率領精銳部隊快馬加鞭地趕往廣東，與尚可喜、耿繼茂會師於三水。之後，又趕赴岡城，於十二月初十來到與新會近在咫尺的三洲，碰上了明軍的前哨部隊，一交手就打死了明軍副將梁大勳，獲得首級一百五十以及俘虜十餘人，奪取初戰的勝利，成功搶在新會失守之前趕到了戰場。

這時，李定國師老兵疲。由於瘟疫流行，軍中病死者為數不少，因而士氣日漸低落。這支部隊在劣境中迎戰初來乍到、氣勢正旺的八旗勁旅，後果難以預料。決戰的一刻很快到了。朱瑪喇經過三天休整，從容不迫地在尚、耿所部的配合下，於十四日浩浩蕩蕩地向新會猛撲過來，試圖解圍。形勢突變，明軍不得不分兵應付。李定國指揮部分兵力在江北阻擊清軍援兵，而周文湯、高文貴駐軍於江南，待機而動。進至江北的李定國所部共約四萬步騎兵，分屯於城北的諸山之間，並在峽口佈置紅衣大炮、排列戰象，打算迎頭痛擊來勢洶洶的對手。另派精兵勁卒屯於峽口左邊山峰，以居高臨下之勢，掩護側翼。

清軍力圖避開明軍大炮的打擊，因而沒有直接從戒備森嚴的峽口突入，而是選擇峽口左邊的山峰

作為突破點，一場激烈的山地戰就此緊鑼密鼓地展開。尚可喜命令轄下將領尚之信、盛登科率部登山仰攻，與從山巔疾馳而下的四千明軍近身肉搏，不惜一切代價終於湧上了山，控制了這個制高點。

隨著山峰的失守，列陣於峽口的明軍因側翼失去庇護而陣腳大亂。清將連得成、田雲龍、粟養志不失時機地統領步兵冒著炮火向峽口猛衝，與山巔的尚之信、盛登科所部一起，對明軍進行上下夾攻。清軍的火箭紛紛射向明軍的戰象，李定國倚重的十二頭大象讓火箭打得驚慌而逃。而不少明軍的身上穿戴了由紡織品製造的「棉甲」，一旦被火箭擊中，難免葬身於烈焰之中，因而紛紛手忙腳亂地閃避。八旗騎兵抓住稍縱即逝之機以閃電般的速度從兩翼突然殺出來，在戰場橫衝直撞，徹底奪取了主動權。全線崩潰的明軍在十八日這一天損失慘重，參戰的大象傷亡殆盡，大量士卒在後退時把兵器、盔甲丟棄於路上，事後統計，只有一半人歸隊。然而，清軍害怕誤中埋伏，僅追擊三、五里而還。

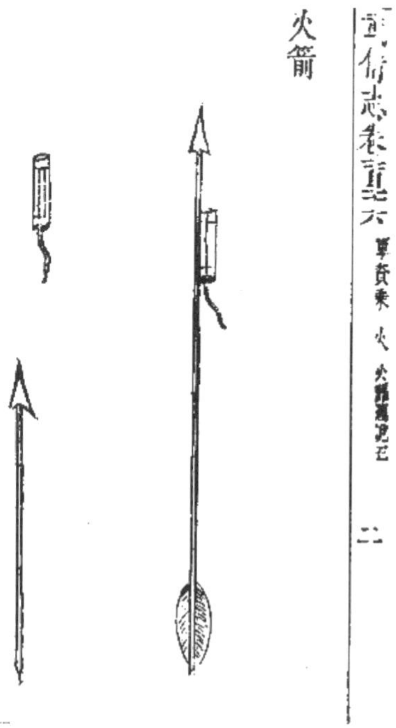

▲火箭。

值得注意的是，《小腆紀年》記載八旗軍中的「索倫勁騎」此役表現不俗，在摧毀明軍戰陣時發揮了重要作用。「索倫」原來指散居於黑龍江上游山谷之間的部分土著部落，那裡的人素來以射獵為生，最常捕殺的是鹿、貂，為此常常縱馬在綿亙蜿蜒的峰巒之中馳騁，騎術高超。索倫人「挽弓皆逾

十石」，據說有些藝高膽大的獵手能用強弓洞穿虎、熊等猛獸的軀體，再拉拽而回，剽悍異常。必須提及的是，他們在長期的狩獵生涯中還練成了跟蹤動物的絕活，如果有誰的馬匹逃逸，其中的佼佼者可以辨其痕跡，即便跟蹤數百里，也能重新尋獲。《龍沙紀略》、《朔方備乘》、《竹葉亭雜記》等書籍後來均認為「索倫」部落之人長於射藝，「洞兕虎，跡奔獸，雄於諸部」，故產生了「兵以索倫為強」的說法。以致後來許多原本不屬於索倫的關外部落也冒稱索倫，藉此自重身價。清朝入關之前已經多次進軍黑龍江流域，並透過招撫與用兵的方式全部控制索倫諸部，將留居於原籍的部眾編設為「索倫牛錄」組織，讓他們繼續承擔貢貂等職役，此外，又將在戰爭中俘獲的一些人口攜帶回遼東，編入滿洲牛錄，與八旗軍一起征戰沙場。

清軍入關之後，八旗軍中索倫人的數量持續增加，這是因為一七世紀初，沙俄勢力經西伯利亞入侵黑龍江地區，索倫諸部為了避免強敵騷擾，紛紛內遷。就連名聞一時的首領巴爾達齊也不例外，帶著自己的部族內附，於一六四九年（清順治六年，南明永曆三年）被清朝編入滿洲正白旗。清朝認為羅禪（指沙俄）人每年來犯，而北京距離邊疆路途遙遠，難以及時得知以及作出反應，因而也主動支持索倫部落向內地遷移。直至一六五三年（清順治十年，南明永曆七年）前後，大規模、有組織的遷移行動才漸漸結束（留在原籍的居民仍與清朝保持聯繫）。內遷的索倫人大部分居住在嫩江流域，少數編入京旗。編入滿洲牛錄之中的「索倫勁騎」在稍後的日子裡脫穎而出可能與滿蒙八旗之中能征善戰者日漸減少有關。上文提及，清朝檔案記載滿洲八旗的男丁在一六四八年（清順治五年，南明永曆二年）有五萬五千三百三十員，當時間過了五、六年之後，人口竟然出現不增反降的反常現象。

根據一六五四年（清順治十一年，南明永曆八年）的檔案，男丁已經減至四萬九千六百六十員，與

一六四八年（清順治五年，南明永曆二年）的資料相比較，減少了五千六百七十員，即減少了百分之十還多。蒙古八旗男丁數亦與此類似，一六四八年（清順治五年，南明永曆二年）有二萬八千七百八十五員，而一六五四年（清順治十一年，南明永曆八年）只有二萬五千八百三十七員，亦減少了百分之十。也就是說，滿蒙八旗男丁在一六四八年（清順治五年，南明永曆二年）至一六五四年（清順治十一年，南明永曆八年）間共減少七千六百一十八員（如果考慮到人口自然增長率的因素，那麼滿蒙八旗人丁實際減少的數量應該更多）。可以認定，戰爭傷亡與疾病肆虐是滿蒙八旗人口減少的主要原因。由此可知，這批索倫人適時入籍滿洲牛錄，可緩解滿洲八旗後繼乏人的危機。「索倫勁騎」能夠有機會在一六五四年（清順治十一年，南明永曆八年）的新會之戰中驚鴻一瞥般給人留下強烈的印象，並非偶然。

再說奉鄭成功之命南征新會的林察所部，乘坐大烏船、白艚船等船隻從銅山出發，一路拖拖拉拉，經南澳、海豐來到平海所等處，直到十二月十四日才與李萬榮、陳奇策等活動在廣東沿海的抗清義師接上了頭。就在同一天，清朝援軍已經在新會前線和李定國所部展開大規模的決戰。次日，林察所部來到距離廣州四百餘里的佛堂門一帶，進一步向目的地靠近。然而還沒有等他們到達新會，李定國所部已經堅持不住而全線潰退了。得知敗訊後的林察迫不得已取消原定的計劃，此後便在沿海地區徘徊，最終於一六五五年（清順治十二年，南明永曆九年）五月無功而返，黯然撤回福建中左所。

南明收復廣東的計劃已成泡影。李定國在新會之戰失敗後決定帶軍隊全部返回廣西。駐紮於肇慶附近的二千二百名步兵、一千八百名騎兵（包括兩頭戰象）與守禦高明的二百名步兵，八百名騎兵陸續撤離。留駐高州的一千步兵與四百騎兵（包括一頭戰象）也隨即揚長而去。唯有羅定有數千人繼續駐守，作為殿後，直到一六五五年（清順治十二年，南明永曆九年）正月才撤回。而率主力返回廣西

的李定國又在郁林補充了萬餘兵以及三頭大象，實力有所恢復。

順治帝在派遣朱瑪喇與敦拜南下時，已經作出指示：「如果明軍敗退回廣西，進入廣東的滿漢大軍可與當地駐軍『相機追捕』；若明軍『遁入雲、貴』，則要等候朝廷旨意再作定奪。」因此，清軍在新會取勝後開始向西征。敦拜等人率部在沒有經歷過什麼戰事的情況下便收復了大片失地。由於軍中的索倫人擁有追蹤動物的特殊技能，故有把握沿著明軍戰馬留下來的痕跡一路尾隨而進。十二月十五日，滿洲梅勒章京畢力免攜同尚可喜、耿繼茂轄下副將盛登科，甲喇章京劉國保等帶兵追到新興縣，但由於「馬匹瘦弱，山險道窄」，追不上明軍。故此，清軍另派一半官兵挑選堪用的馬匹，在敦拜的指揮下快馬加鞭地急追至高州，因明軍主力部隊已經撤回廣西，鮮有收穫。為了提高作戰效率，清軍在高州餵養馬匹十五日，等到戰馬的體力有所恢復，再於一六五五年（清順治十二年，

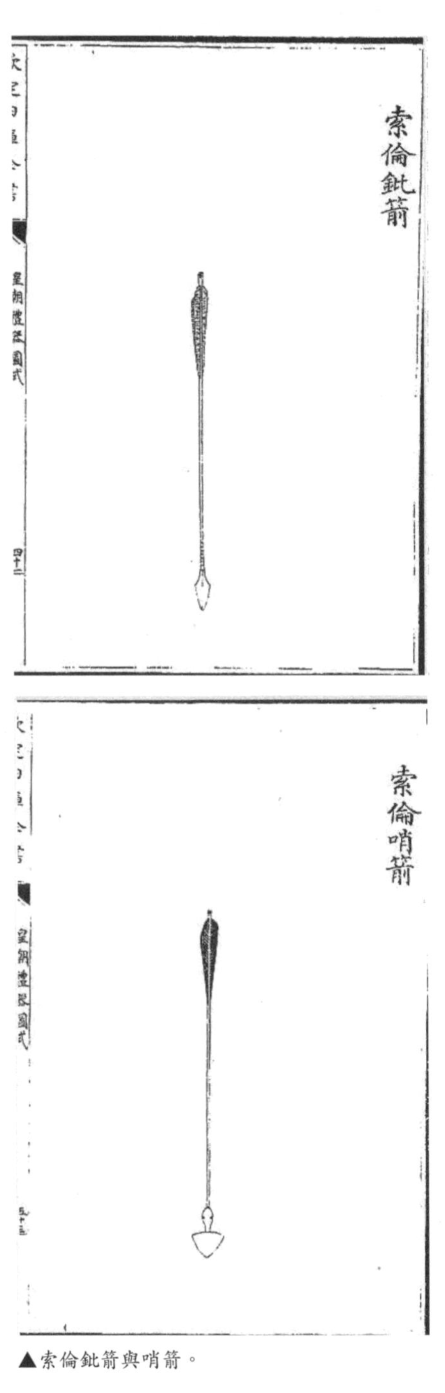

▲索倫鈚箭與哨箭。

南明永曆九年）正月二十五日才重新出發。經過兩天的行軍，在沒有受到任何抵抗的情況下到達廣西扶來。其後，清軍諸將經過商議重新規劃，決定由敦拜、畢力免等統領一支精幹部隊繼續前行，經北流縣一路深入，終於在二月初一如願以償地打了一仗。當時，梅勒章京敖拜、阿兒哈、纛章京來塔統領滿、蒙、漢八旗軍（每旗抽調章京三員、兵三十名）與葛布什賢超哈（前鋒）、巴雅喇（護軍）官兵走在前頭，敦拜、畢力免帶著其餘人馬尾隨在後，行到興業縣前四十里外時，突然與一支迎面而來的明軍不期而遇。

這是因為明軍內部生變，總兵孫際昌、中書楊琳在稍前叛變，藏匿於土司何美璜的寨內。李定國急令都督吳三省、總兵楊成、王三才等帶著一千二百步兵與四百騎兵（包括一頭戰象）前往剿殺，想不到意外地碰上了清軍，倉促之間在道旁列陣應戰。在這場狹路相逢的戰事中，明軍抵擋一陣後敗退，連安置妻兒子女的老營也在混亂中潰散。得勝的清軍長驅直入，挺進到橫州城外的江邊，在距離江岸二十里的地方追上了一支逃避不及的明軍，又殺死其中一些人，俘獲二頭戰象與二百六十八匹馬。最後，明軍殘餘部隊渡江後焚橋而去。而李定國本人已率主力經賓州撤往南寧。

明軍在這次漫長的撤退行動中受到了一定的損失，共有總兵一員、副將二員、中書二員、遊擊三員、都司五員、守備一員、千總六員、把總五員、知縣一員、州同一員，主簿一員等二十八名官員降清，與這批人一起投降的還有五百六十六名士卒以及七十四匹馬。而先前在雷州、高明這些地方被明軍俘虜的先啟玉、郭虎等清軍將領趁亂逃脫了。

由於兩廣地區雨水充沛，道路有時難免濕滑。清軍騎兵在追擊的過程中常常要經過「山險路窄」的地方，使得戰馬在急行軍時「倒斃甚多」，而倖存的馬匹經過一番折騰「又皆瘦弱」，在貧瘠的廣

新會之戰作戰經過（西元 1654 年）

比例尺　三萬五千分之一

▲新會之戰要圖。

西找不到合適的養馬處所，因而清軍在横州一帶停止追擊。尚可喜隨即向清廷建議將騎兵主力調回廣州與肇慶兩地休整。至此，追擊行動宣告結束，清軍此前已相繼收復廣東高、雷、廉三府所屬二州十縣，肇慶所屬六縣，羅定所屬二縣。並控制了廣西横州、鬱林州以及北流、興業、容縣、岑溪等縣。另外，尚可喜、耿繼茂的部分人馬還進入梧州、貴縣，威脅南寧等地，戰果豐碩。

儘管順治帝在戰前的諭文中叮囑朱瑪喇、敦拜到達目的地後，遇事要與尚可喜、耿繼茂以及李率泰商議而行，可是在廣東炙手可熱的是尚可喜、耿繼茂，兩廣總督李率泰似乎顯示不出封疆大臣的作用。《新會縣誌》所載的例子就很能說明問題，據說新會被圍期間，清軍在絕糧的情況下在城內掠人為食，連舉人莫芝蓮、貢生李齡昌、生員餘浩、魯鰲、李炅登等讀書人都不能倖免，成為砧上之肉。知縣黃之正無可奈何。當明軍撤圍後，李率泰入城觀察時面對慘狀唯有痛哭流涕而已。甚至在戰事已經停止了的時候，綠營軍之中還有悍卒在城中肆意搶掠民人的子女以及勒索財物，李率泰看不過去，挺身而出為之力爭，才救回極少數人質。至於耿繼茂部屬所掠取的百姓以及財物，就算李率泰出面也討要不回。

尚可喜、耿繼茂等將帥轄下的一些部隊在戰爭中出現了擾民事件，距離讀書人理想中的「仁義之師」不啻十萬八千里之遙，可是這些武夫畢竟打了勝仗，而勝利者一般是不受追究的。尚、耿等人戰後受到清廷的嘉獎。值得一提的是，順治帝「特喻」吏、兵二部，稱朱瑪喇：「率兵擊敗李定國，雪衡州、桂林之忿，令人快慰，應該不拘常例重賞這員八旗老將。」可見新會之戰在政治上產生的影響的確不容低估。史載經此一戰，李定國「不復侵廣東」，復明事業遭受嚴重挫折。

李定國經略廣東期間，孫可望在湖南也並非無所作為，而是踴躍參與策劃對清軍的進攻。南明內部有些顧全大局者，極力撮合孫可望與李定國重歸於好，其中鎮守南寧的朱養恩等人對此猶為積極。

孫可望或許是出於安撫內部異己勢力的需要以及試圖與李定國和解，不得不表明一下政治態度，要重新起用因在四川保寧打了敗仗而被奪去兵權的劉文秀，以彰顯自己不忘昔日兄弟之情。劉文秀因而在一六五四年（清順治十一年，南明永曆八年）正月被任命為「大招討」，準備統率湖南明軍，在長江流域展開軍事行動，與洪承疇較量。

清五省經略洪承疇履新之初，湖南局勢並不樂觀。貝勒吞齊於一六五四年（清順治十一年，南明永曆八年）四月班師。這支經歷過衡州、寶慶兩場血戰的滿漢部隊回京之後，包括吞齊在內的一批將領因衡州之敗而遭到了清廷的嚴厲處罰。湖南前線的明軍隨即奪回邵陽縣一帶的隆回、和尚橋等處，兵鋒已達寶慶城外一百里之處。洪承疇為此連忙派兵加強寶慶的防禦，以防有失。經過在前線地區的調查與摸底，洪承疇很快便在戰略上提出了一個全盤的構思，就是在湖北委託鄖陽巡撫以及加強鄖陽地區的兵力，以堵截西山劉體純、郝搖旗諸部；在湖南設立武昌城守以及洞庭水師，以壯大兩湖腹心地區的武備；分遣一提督、三鎮將進駐武陵，以鞏固辰州、沅州的門戶；增設一巡撫、兩鎮將於寶慶，以遏制武岡、靖州一線的孫可望所部。其他如永州、祁陽、衡州、湘潭、益陽、常德、彝陵、荊州、鄖陽、襄陽以及廣西的桂林、蒼梧等地，處處設鎮，由此使得長達「五千里」的邊防線，能夠做到「首動尾顧、此呼彼應」。當這條由北向南橫貫湖廣、

▲《皇朝禮品圖式》中的貝勒甲冑。

廣西地區的防線完善後，自然形成步步為營、處處設防的戰略佈局，讓各省「氣脈」貫通，渾然一體。這條規模宏大的防線需要源源不斷地經長江輸入江浙地區的物資，才能維持下去，正如史書所言：「轉漕吳、越，歲費百萬緡。」

為了備戰，洪承疇多方吸納各地的士紳人才，協助自己運籌帷幄，同時淘汰軍中的老弱士卒，積極練兵，爭取提高綠營的戰鬥力。他督促部隊屯田，並在控制區域之內增收九厘銀的田賦以及組織人員私下販鹽，力圖最大限制地舒緩糧餉緊缺的壓力。經過種種努力，湖南形勢有所改觀。不過，洪承疇對綠營兵還是沒有信心，堅持請求清廷派遣八旗南下助戰。順治帝也早有安排，在洪承疇離京南下之後即命令固山額真陳泰為寧南靖寇大將軍，固山額真藍拜、濟席哈，護軍統領蘇克薩哈等帶領滿漢大軍前往湖廣以防不測。這位皇帝在敕文中特別叮囑陳泰等將凡是涉及「用兵機宜」之事，都要與洪承疇商議之後才實行，並讓他們選擇湖南、湖北的「扼要之處」駐紮，以配合洪承疇注重防禦的作戰策略。

在劉文秀發起進攻之前，洪承疇已經進駐湖南約一年時間，並將主要精力放在建立五千里防線之上，以儘量爭取時間逐步完善兩湖地區的防務，就連李定國在兩廣的攻勢也聽之任之，沒有調派重兵支援尚可喜、耿繼茂等人。毫無疑問，當劉文秀來到湖南前線時，他的對手由於養精蓄銳而變得更加強大了，要想取得李定國在衡州那樣的戰績，已經難上加難。

史載明軍的作戰計劃是由賀九儀在武岡牽制當面的清軍，孫可望手下張、崔兩員部將與活動於川東、鄂西地區的夔東十三家一起襲擾彝陵，劉文秀則攻打常德。一六五五年（清順治十二年，南明永曆九年）四月，籌備已久的大戲開鑼了，劉文秀先是指揮部隊在辰州完成集結，然後與盧明臣、馮雙

禮諸將率領六萬官兵、千餘艘船由水陸兩路並進。其中，盧明臣帶著部分水師沿著沅江而前，搶先於四月十七日攻下桃源縣，欲奪取常德，一旦奪得這個戰略要地，將對洞庭湖造成嚴重威脅。洞庭湖北連長江，南通湘、資、沅、澧等江河，可將糧食物資運往周圍的長沙、衡州、永州、湘潭等處，是清軍運輸線中一個極為重要的中轉站，假若受制於明軍，不但前線清軍難以維持正常的後勤供應，就連周邊的長沙、岳州、武昌等城市也危如累卵。正因為如此，水戰將在常德一役中發揮重要作用。

明軍出師之時正值夏雨連綿，劉文秀選擇這個時候發起進攻並非毫無道理，在表面上至少有兩點有利因素：第一，雨季道路泥濘，對八旗軍騎兵的行動造成限制。而在昔日的寶慶之戰中，正是八旗軍騎兵在打敗孫可望所部時發揮了決定性的作用。第二，雨季容易產生夏汛，而暴漲的江河能讓遠航的明軍水師左右逢源。至於關外的滿人不耐南方暑熱以及頻繁的雨天會影響弓箭手的正常發揮，這些都已經是老生常談，不再贅述。綜上所述，明軍在這個季節出師似乎取勝的希望很大。

幾天之內，常德、寶慶、煙溪、新化、東安、益陽，處處傳來警訊。可是陳泰的八旗軍主力還沒有到達湖南，由於天氣幫了明軍的忙，使得途中江水氾濫，把湖北監利縣境內的河堤沖開了數十丈的缺口，讓這支南下的部隊在泥淖中舉步維艱，唯有派出固山額真濟席哈率領部分人馬先行出發，一路跋涉到衡州與洪承疇會師。

進駐衡州的洪承疇一時摸不清明軍的主攻方向，不便「輕動」，他惟恐明軍在常德與寶慶等處同時發起佯攻，而暗中取道煙溪、益陽，或者從安化、寧鄉，進犯兵力空虛的長沙，為此只想抽調兵力回防省城，因而暫且未能兼顧常德。幸而受困於湖北的陳泰已經搶先一步命令護軍統領（鑲白旗纛章京）蘇克薩哈率領一支前鋒部隊經荊州趕到了常德。然而，進駐常德的八旗軍人數既少，又來自北方，

不諳水戰，能否禦敵實無十足把握。可是，成災的大雨就像一把雙刃劍，一面對著八旗軍，另一面也對著明軍。因為溪水意外暴漲的緣故，使得明軍步、騎兵途中受阻，在桃源燕子砦一帶滯留了數十日，未能及時到達常德。只有盧明臣的水師一路暢通，於五月二十三日晚上來到常德城下，以孤軍深入的態勢與八旗軍對峙。

戰釁一開，八旗軍已占據優勢。蘇克薩哈布下伏兵，命令轄下的甲喇章京呼尼牙、羅和首先把一支誤入包圍圈的敵人打敗，取得首戰勝利。接著，甲喇章京蘇拜、希福等人率部乘船在沅江攔截，而八旗步騎兵也在岸邊予以配合，不惜血本地遏制了明軍水師的攻勢。不久，明軍水師重振旗鼓，再次排列戰艦衝了過來。親臨前線指揮的蘇克薩哈得到常德總兵楊遇明的協助，縱火焚燒江中船隻，打得對方大敗而回。盧明臣中流矢墜水而死。沅江發生激戰期間，八旗軍部分人馬在德山附近戰勝了明軍一部分步兵。其後，清軍乘勝直抵龍陽縣，又敗敵二千，最終贏得了會戰的

▲八旗騎兵。

勝利。根據清方的戰報，明軍除溺水而死的之外，「其解散逃奔者，約近兩萬」，而副將以下的將領共有四十餘人投降，隨同降清的還有三千多士卒。

明軍水陸兩路全部受挫，馮雙禮受傷而回。劉文秀所率的步騎兵主力由於滯後未能參戰，因而保持了實力。但他鑒於水師已經慘敗，無心戀戰，率部撤回貴州。武岡的賀九儀所部以及夔東十三家亦沒有什麼大的動作，常德之戰遂馬馬虎虎地結束了。

事後，洪承疇在評價滿洲八旗的表現時讚不絕口，說：「䕫章京（指蘇克薩哈）統率滿漢官兵設計制勝，以少擊眾，大獲奇捷，假若『專靠漢兵』則不能取得這樣的戰績，由此『益見深賴滿兵之力』，勝利才有保證。」這番言論表明不管洪承疇當上多麼大的官，還是得奉承滿洲八旗將士。事實上，常德之捷並非由洪承疇一手策劃所致，他在戰前摸不準明軍的主攻方向，甚至建議把常德的八旗軍調回長沙，只是未及實行而大戰已經爆發，才得以避免出現災難性的後果。難怪一些史籍歸功於及時派遣八旗軍進駐常德的陳泰，儘管遠在湖北的陳泰未能親臨前線參與指揮。八旗軍不諳水戰，可是劉文秀的水師顯然更加差勁，這是因為西南明軍本來就缺乏駛馭船楫競逐疆場的經驗，輸了並不奇怪。假如東南沿海的抗清艦隊能夠沿著長江浩浩蕩蕩地開入洞庭湖參戰，取勝的希望才會更大。

不少滿腹經綸的反清志士早已謀劃著要將東南沿海的抗清艦隊引入長江流域，千方百計地要把長江搞個天翻地覆。因為長江是一條大動脈，長期把江浙等地的財賦輸血一般地傳送給湖廣、江西、兩廣等明清拉鋸的焦點區域。這條大動脈一旦癱瘓，勢必讓清朝在南方各省的統治不穩。為了這個目的而殫精竭慮的是降清之後又心生悔意的東林黨領袖錢謙益，他在江浙地區暗中接洽西南和東南沿海的抗清勢力，利用自己舊友新知遍佈南方各省的優勢，採取寫信、派遣使者等方式四處聯絡同道中人，

費盡心機要促成其事。錢謙益的最重要的幫手是曾經在魯監國政權旗下作戰的姚志卓，此人長期不畏艱辛，來回奔走於明、清統治區域之間，鍥而不捨地在西南明軍與東南沿海的魯監國舊部之間穿針引線，終於得到了孫可望、張名振、張煌言等人的支持，使得爭霸長江有實現的可能。而孫可望委任劉文秀出征湖南，就是經略長江的重要一步棋。根據歷史學者顧誠先生的考證，張名振、張煌言等在一六五四年（清順治十一年，南明永曆八年）前後三次率舟師進入長江。其中，第一次持續的時間從正月十七日至三月六日，明軍經長江口進至江陰、瓜洲等地，並一度在鎮江一帶登陸，其後主動撤返。第二次從三月底持續到四月初，明軍到達京口，在儀真燒毀了數百艘鹽船，然後返回崇明附近沙嶼等基地。第三次從九月至次年初，明軍經上海、焦山等地直抵江寧燕子磯，再撤走。其間在江寧上元境內的朱家咀焚燒以及擄走了一部分運往江西的糧船。

三入長江之役雖然沒有發生過什麼大規模的戰事，但擾亂長江運輸線以及配合孫可望所部從湖南沿江東下的戰略意圖是比較明顯的。遺憾的是，在長江下游的有限度的騷擾並未能對湖南的戰局發揮多大作用，除非抗清艦隊能夠不顧一切地沿著長江直上，一路殺入洞庭湖中，可是張名振所部的力量不夠強大，只有得到鄭成功的全力支持，取勝的把握才更大。可是鄭成功當時正與清朝和議，對張名振等人的軍事行動也以觀望為主，他雖然應張名振的請求派出部將陳輝以萬餘兵力北上增援，但陳輝直到九月後才從福建趕赴江浙，並且到達長江口就與張名振因升降「旗纛」等瑣事而鬧翻，最終撤回，沒有參加長江之役。其後，鄭成功在給清福建巡撫佟國器的一封信對自己的心態作了剖白，清楚地指出：「江北錢糧皆取給東南，監課艚糧，關係國（指清朝）命。我師特扼江淮，不特南北截為兩段，將見畿輔（指北京）立斃矣。」在這裡，鄭成功指出了南方經濟對北方的重要性，只要出兵江淮，截

斷從南到北的漕運，北方的糧食等物資勢必難以自給，肯定會令北京城裡的清朝統治者如坐針氈。但鄭成功沒有點明的是，隨著長江運輸線的癱瘓，湖廣、江西以及兩廣等地的清軍得不到江浙物資的支援，也將陷入困境。這封信中，他自述與清朝議和時表示：「不佞（鄭成功的自我謙稱）遂按兵不動。即江淮截運之師，亦暫調回；遣進浙西之旅，亦戒安輯；孫、李（指孫可望、李定國）請援之兵，亦停未舉。此示信於清朝，不可為不昭矣。」從而揭示了鄭成功的某些自私的想法，即是把自身利益擺在第一位，而驅逐清軍、恢復河山的大業似乎已經成為次要的了。由此，他便在李定國兩次出征廣東以及張名振北上長江期間不合時宜地採取觀望態度，以致貽誤戰機。此外，孫可望所部由於內部矛盾也未能在張名振三入長江期間及時在湖南回應。與李定國政見相同的劉文秀願意效忠永曆帝，但遲遲沒有到前線主持大局。直至一六五五年（清順治十二年，南明永曆九年）年初才進至湖南，策劃並指揮了常德之役。而這時，張名振已經結束了長江的戰事，故劉文秀不得不孤軍向洪承疇以及蘇克薩哈等八旗將領發起挑戰，並以失敗而結束。

經過一連三年的連番血戰，到了一六五五年（清順治十二年，南明永曆九年），戰局仍然僵持不下，西南明軍與清軍的較量還在繼續。

第九章 以戰練兵

李定國、孫可望、劉文秀經略廣東、湖南的軍事行動均得不到鄭成功的真正支持。即使鄭成功與清朝和談失敗而終於決定動武時，他重視的仍舊是閩南、浙南與粵東沿海地區，而主力在很長一段時間內也主要在上述地方作戰，與西南明軍談不上什麼戰略上的配合。

閩南地區於一六五四年（清順治十一年，南明永曆八年）年底再度硝煙四起。鄭成功得知漳州千總劉國軒願意獻城投降，刻不容緩地派洪旭、甘輝、林勝、戴捷等將率部於十二月初一日夜間悄悄潛至漳州城下，用雲梯登上南門，與劉國軒會合。剛剛上任的漳州總兵張世耀對部隊情況不太瞭解，難以組織有效的抵抗，亦只好棄械而降。其後，鄭軍前鋒鎮赫文興、援剿左鎮林勝、中提督甘輝同北鎮陳六禦相繼襲破同安、南安、惠安。而安溪、永春、德化各縣隨之逐一易手，鄭成功乘勝移師於興化，攻破仙遊，圍攻泉州，淩厲的進攻一直持續到次年年初。

清軍似乎被打懵了，沒有立即反撲。鄭成功利用戰事暫緩的時機整頓部隊，並修築了丙州新城，以加強防禦措施。他還賞功罰罪，升遷了一批將領，而那些治軍不嚴的部將則得到懲處。在此期間，一系列的鞏固政權的措施也在加緊進行，一六五五年（清順治十二年，南明永曆九年）二月，他以「東征西討，事務繁多」為由要設立吏、戶、禮、兵、刑、工「六官」以及「司務（後改為都事）」、察言、承宣、審理」等職，分管「庶事」。其後，又增設「六察官」，主要負責監督與諫言。由此，這個另樹一幟的政權已經初具規模，而鄭成功不甘人後，欲獨霸一方的思想也昭然若揭。

專家考證，在一六五四年（清順治十一年，南明永曆八年）底至一六五五年（清順治十二年，南明永曆九年）初，鄭軍所部已達到七十二鎮，每鎮大約有官兵二千五百人，兵力達到十八萬左右，如果再加上五軍以及至少三十八個營（軍、營的編制以及人數不詳），那麼鄭軍總兵力無疑將超過二十

萬。為了徹底掌控這支數量龐大的軍隊，鄭成功專門設立了一套監察機構，並陸續委任相關的官員，以在軍中履行監督之責。能夠入選的官員都有自身的特長以及受到鄭成功的高度信賴（例如很多人出自「儲賢」、「育胄」二館。「儲賢館」裡面聚集的是透過考試、薦舉等方式從各地吸納的人才。「育胄館」以培養侯、伯等功臣的後裔為主，亦收容了一部分烈士子弟）。監察機構中的官員有：總理監營，左、右協理監營（總理監營的副手），大監督、監營、監紀、督陣官，大餉司等等。其中，總理監營與左、右協理監營均位高權重，主要的職責是監督軍中各提督，凡是軍機重務，必由監營上報。至於監督、監營、督陣官，則要隨同各鎮出征，他們被授予鐵杆紅旗一面，上面書寫著「軍前不用命者斬，臨陣退縮者斬」，而副將以下違令者，可「先斬後報」。監紀的職責是要把各鎮軍人的「功罪」記錄下來，每月彙集成冊，以備查閱。此外，大餉司負責稽查與審核各鎮的錢糧支出情況，以防貪腐。監察機構對部隊具有很大的約束力，連甘輝這樣的老將，也受到監察官員的有效監督，就此而言，鄭成功鞏固了軍中至高無上的地位，其對軍隊掌控程度遠遠超過了其他割據一方的南明軍隊首領（例如西南明軍的孫可望與李定國自雲貴出師後，即分道揚鑣，複合無望），從而成為新的弄潮兒，當仁不讓地負起中流砥柱的重任。

對於軍隊戰鬥力的提升，鄭成功也抓得非常緊。據《從征實錄》、《海上見聞錄》諸書的記載，鄭軍日夜操練，甚至在操場附近建起了演武亭，以方便官兵留宿。鄭成功對部隊原來的陣法不太滿意，於是讓其改練「五梅花操法」，並每日親自來到操場，逐隊進行指示。各隊士卒大都需要半個月的時間才能熟知陣法，做到步伐整齊。然後，各鎮集合起來一齊操練，力求井然有序。另據《廈門志》等史書記載，演武廳旁邊還有演武池，池中可停泊戰船，以作集訓之用。值得注意的是，鄭成功把水陸

部隊操練的陣法，皆印成書籍，讓有點知識涵養的官兵誦讀，最好達到滾瓜爛熟的地步。這一切，都是為將來的大戰做準備。

順治帝不會任由鄭成功在福建坐大，他起用濟爾哈朗的第二子濟度為定遠大將軍，隨同多羅貝勒巴爾處渾、固山貝子吳達海、固山額真噶達渾一起統率將士入閩「征勦」。濟度有權指揮福建綠營軍等地方武裝。按照順治帝事先的安排，「賊如登岸」，濟度可「相機勦撫」，賊如在海洋，則「駐紮要地」，等候朝廷的指示，再待機而動。

清朝調集重兵，企圖大打出手的行動瞞不過鄭成功，他雖然過去在海澄擊敗過以平南將軍之銜入閩的漢軍鑲紅旗固山額真金礪，可是和出任大將軍之職的清朝貴族統帥交過手時卻沒有必勝的把握。儘管他公開表示看不起濟度，視這位名氣不大的滿洲貴族為「乳臭姱子」，卻不敢輕視濟度轄下的威望素著的八旗勁旅。當他在一六五五年（清順治十二年，南明永曆九年）五月從情報中得知即將有三萬滿、漢軍到來，而一部分滿洲八旗騎兵作為前鋒已經先行入閩時，不敢怠慢，於六月巡視漳州備戰。並作出了一個重大決策，就是以虜（指清軍）「阻我餉道」，又「增兵入關」為由，傳令將活動於福、泉、興各州縣的官兵全部撤回漳州。這樣做的好處是不會讓兵力分散於各地，以免被敵人逐個擊破。而各部隊在撤退時奉命進行堅壁清野，把所占據的各州縣城牆，一律拆為平地，欲使清兵日後無城可守，以便捲土重來。

鄭軍主力集中於漳州東門外的蓮花浦等處，連日忙於操練。鄭成功一如既往地親自到場指導，但他似乎仍然沒有足夠的信心與八旗軍在漳州決戰，不久乾脆連漳州也放棄了，同時拆毀城牆。鄭軍在福建各地拆城所得磚、石、木材，均運回海澄、金門、思明州（根據周素、葉茂時等察官的建議，中

左所稍前已改名為「思明州」）等著意經營的沿海據點與島嶼，以備建築之用。從這些所作所為不難知道，鄭成功不想與八旗軍在陸地上爭霸，他最關注的仍舊是鞏固自己在海上的地盤，以便控制海外貿易。然而，這種避免在陸地上打硬仗的思想很難讓軍中的步騎兵真正提高戰鬥力，因為光靠在操場上練兵練不出一支所向披靡的勁旅。

鄭成功把兵力收縮回海澄、金門、思明州等老根據地之後，接著又分別派遣部隊乘船南下廣東以及北上浙江，意圖威脅入閩清軍的兩翼，誘使清軍分兵，以減輕海澄、金門、思明州等處的軍事壓力。同年六月，前提督黃廷奉命為正總督、後提督萬禮為副總督，率十三鎮南下。七月，鄭成功以右軍忠振伯洪旭為總督，提升原北鎮陳六禦為總制五軍戎政，同時，以甘輝為陸師正總督，王秀奇為陸師副總督，連同後衝鎮周全斌、中衝鎮蕭拱辰、援剿前鎮戴捷等將，率十二鎮北上。任務是「與定西侯（張名振）並忠靖伯（陳輝）等會師」，然後進入長江，直搗清朝心腹地區，使清軍「不得並力南顧」。而右協理監營鄭德帶著一批監督、監營、餉司、監紀等監察官員隨同北征，以履行督軍之責。由於後衝鎮的周全斌曾對部隊中的監紀表示不滿，認為這些人除了是剛剛得到提拔的文人之外，就是不曉世事的公子哥兒，哪裡懂得「軍中功罪為何物？」因而鄭成功專門委任柯平為周全斌所部的監紀，因為柯平不但「溫恭純厚」，容易與人相處，而且其父過去是周全斌的老上級，足以令周全斌不敢心存藐視。

南下與北征幾乎同時並舉。搶先一步南下廣東的六、七萬鄭軍開局順利，選擇的攻擊目標是「四面環水」，有河道直通大海的揭陽。他們一帆風順地開入揭陽港，駐營桃花山，於八月初五起在城外豎立木柵、挖掘壕塹，圍困揭陽縣，並令附近各鄉、寨運送糧食以補充軍需。其中，黃廷圍東門，萬禮圍北門，左先鋒蘇茂圍西門，戎旗鎮林勝紮營於人家頭鄉，以防清軍來援。忠勇侯陳豹也率抗清武

裝從南澳來會，使圍城力量更加雄厚。鄭軍還專門搬來磚、石、泥土等雜物，堆放在觀音堂與東門北，「各高二十餘丈」，上面架有巨炮數十座，日夜轟擊。城內街巷有不少行人被炮彈打死。

城外的屋、鋪早已被守軍全部焚毀，以避免成為攻城者的掩體。而城內還用杉木列柵，移石製壘，期望能拖延城池淪陷的時間，以等待救援。從廣州、潮州等處來援的數千綠營步騎兵果然來到了，屯於排浦埔。兩軍於十三日在油麻埔等處剛交鋒沒多久，鄭軍打得對手潰敗而回，斬首七百餘級，生擒中軍一員，奪取輜重一批。二十四日，清饒平鎮守將吳六奇會同惠州、程鄉等處地方部隊，以萬餘兵力，列營於鴛爪花埔。第二天，鄭軍以戎旗鎮為先鋒，各鎮奮勇出擊，在獅抛球這個地方再次取勝，斃敵千餘。

揭陽被困一個月後，糧食消耗殆盡。驚恐不安的守軍棄地而逃。鄭軍遂於九月初七佔領該地，隨後連克普寧、澄海，震撼了整個廣東。北上浙江的甘輝、王秀奇等將也按部就班地抵達舟山，聯絡活動在崇明一帶的張名振部，以數萬兵力以及過千戰船發動攻勢，於十月十七日由岑江口登岸，分作二路而進，兵臨舟山城下，一鼓作氣地殺向在城列陣迎戰的守軍。右提督右鎮陳瑞勇衝鋒在前，陣斬清將陳彪等數十人，迫使殘敵敗退入城。鄭軍於二十三日開始圍城。陳六禦派遣監督李化龍進城招降。清鎮守副將為蒙古人把臣功（後被鄭成功改名為把臣興），此人眼見外援斷絕，解圍無望，遂於二十六日獻城投降。舟山群島光復不久，定海關守將張洪德也棄家前來歸附。

鄭軍分兵南下廣東以及北上浙江，雖然頗有收穫，卻未能減輕福建沿海的軍事壓力。濟度統率數萬滿漢大軍仍按照原定計劃入閩，打算會合省內的綠營兵，一齊進攻思明州。而鄭成功由於分兵出征粵、浙兩省，只有後提督所部以及奇兵、左衝等鎮的部分人馬守衛根據地，兵力不足以禦敵，不得不

採取應急措施以防萬一，傳令把駐紮於思明州的官兵家眷搬往金門、浯州、鎮海等處，並允許當地的居民撤離。他援引三國故事為自己的所作所為辯護，稱這樣做是模仿著名的空城計：「昔孔明城上操琴而退魏兵，此意豈異耶？」並認為濟度在開戰之前必定會使人來講和，到時再將計就計，使敵「入吾彀中。」果然不出所料，濟度到達泉州，即致書鄭成功，意圖勸降。因信中直書鄭成功之名，無禮之極，鄭成功不予答覆。既然達成和議的希望不大，他在這年十月下令調揭陽的戎旗鎮與北上浙江的軍隊回思明州防守。

▲吳六奇之像。

戎旗鎮離開揭陽之後，當地鄭軍的實力有所削弱，清軍乘機於年底策劃反擊。正如兩廣總督李率泰所說的那樣：「揭陽『為潮州之門戶』，地理位置比較重要，若對鄭軍控制潮州地區的意圖放任不管，那麼廣西李定國所部一旦再入羅定、肇慶，將會對廣州形成夾擊之勢，後果堪憂。」主政廣東的清朝大員未雨綢繆，忙著制定針對揭陽的作戰計劃。尚可喜、耿繼茂、李率泰令總兵許爾顯、徐成功率部東進，會合潮州總兵劉伯祿以及饒平守將吳六奇的地方武裝，以一萬七千多的兵力迅速集結在揭陽城西二十里之外的琅山，築起四大營盤。

清軍由於兵力不佔優勢，故沒有立即攻城，而是從十二月底起採取騷擾戰法，時不時出動數百騎兵到西門挑戰。可是，每當鄭軍到城外迎戰，他們又迅速往回撤，使得鎮守西門的蘇茂產生了驕傲情緒，認為尚可喜、耿繼茂的部下也沒有什麼了不起。這時，守衛西門的鄭軍共有五鎮，營盤駐紮在城

門附近。西門之外是揭陽港，港上有一座釣鰲橋，而橋外的平埔是軍隊的操練之地。顯然，鄭軍將士仍然保持時時練兵的習慣。到了次年正月初，援剿右鎮黃勝、殿兵鎮林文燦、前衝鎮黃梧等人又帶隊前往平埔練兵，尚可喜轄下騎兵一如既往地過來騷擾。蘇茂再也按捺不住，堅決請戰，理由是清軍去年八月間連敗兩陣，已是「亡魂喪膽」，如今「雖有新援之兵，俱皆先年戰敗之餘，何足濟事？此來不過逼於靖（指靖南王耿繼茂）、平（指平南王尚可喜）二酋，來此塞責耳。豈敢戀戰？」因而自告奮勇，願領兵出戰。前提督黃廷召集諸將商議戰守機宜，也自以為有信心取勝，遂計劃以蘇茂所部為「頭疊」，黃梧與杜輝（護衛左鎮）所部為「二疊」，林文燦、黃勝所部為「後援」，大舉出擊。而黃梧與楊正（後勁鎮）等部伺機包抄敵人後路。由此可知，一部分鄭軍諸將雖然暫時不敢與濟度的八旗軍硬拼，但並不把尚、耿等人的部屬放在眼內。

大戰在二月初來臨了。打算先發制人的清軍在三更時分集中二千餘騎兵以及數以萬計的步兵，悄悄來到西門之外的農田間。其中，許爾顯、徐成功帶領騎兵分別列陣於西門之外的南、北方向，隨時準備從兩翼夾擊出戰的守城士卒。而吳六奇的步兵負責打頭陣，以吸引守城士卒的注意力。天將破曉時，清軍步兵開始衝鋒，同時炮擊對手的陣營，等到蘇茂等人督兵渡過釣鰲橋奮而出戰時，竟然發覺清軍騎兵一反常態，不再像以往那樣遊而不擊，而是仿似猛虎撲食般直闖過來。根據雍正年間編撰的《揭陽縣誌》的記載，清軍騎兵從南北方向合圍，會同步兵對準鄭軍行軍陣線的首、尾部位，發起猛烈的衝擊，一下子將之截為兩半。

遇襲潰散的鄭軍爭先恐後地往後撤，蘇茂在混亂中身中「二矢一銃」，帶傷突圍而回。更糟糕的是，很多人在撤過釣鰲橋時自相踐踏，紛紛墜入水中，連黃勝、林文燦也淹死於橋下。總共損失了四、

五千人。清軍在追擊時殺過橋，直至西門城下，連蘇茂在城門附近建立的營盤也拆毀了。幸而黃廷從東門出兵來援，清軍方才收兵回營。鄭軍的失利顯然與蘇茂等將領過於輕敵有關。金武營的郭遂第早在戰前已經極力反對出戰的計劃，並以先見之明指出釣鰲橋過於窄小，部隊一旦作戰不利勢必難以迅速退兵。可是黃梧口出大言，稱：「戰則必勝，何用退兵！」蘇茂等人也贊同黃梧的意見。當時，不少鄭軍將領誤以為經過一段時間的大練兵，部隊戰鬥力肯定今非昔比，誰知當與勁敵真刀真槍地在戰場較量，竟然如此不堪一擊，確實令人始料未及。這再一次說明，一支部隊僅僅在訓練場上流汗是遠遠不夠的。

步兵怎麼樣做才能擊敗騎兵？這是一個歷史悠久的難題。孫可望、李定國、劉文秀都不同程度地受此困擾。鄭成功反覆敦促手下練兵，力圖讓部隊排兵佈陣時做到「步伐整齊」，

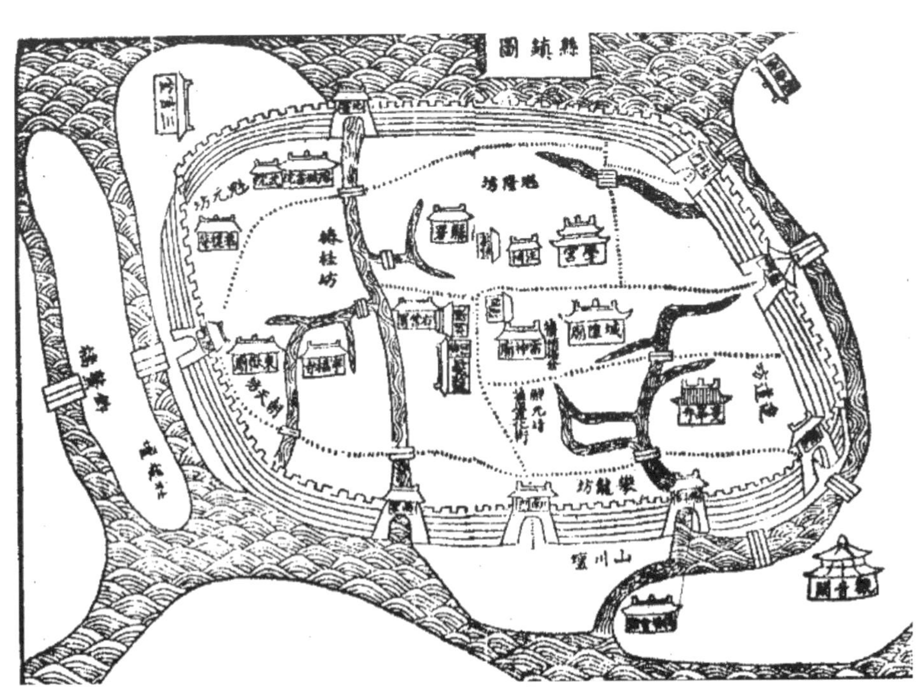

▲《揭陽縣正續志》中的縣城圖。

這對形成鞏固的陣線很有幫助，而在對付騎兵的衝擊時當然會有一定的積極作用，但到底應該採取何種軍械以及哪些戰術才能使自己的軍隊最有效地戰勝久經沙場的清軍騎兵，只能透過在實戰之中的反覆求索才能知道。反觀尚可喜、耿繼茂轄下之兵，自入關以來經過無數次出生入死的拼殺，而近段時間又與李定國在肇慶、新會打了兩場血腥硬仗，早已具備過人的野戰經驗，他們的戰鬥力逐漸趕上了八旗軍的精銳部隊，擊敗鄭軍並非僥倖，而是合情合理。

鄭成功得知廣東戰事不利，馬上委派五軍總制張英率戎旗鎮等部隊重返揭陽應援。可是清軍已經把營盤安紮在揭陽港附近，占據了地利的優勢，鄭軍一時難以攻下。揭陽附近的鄉紳、百姓紛紛將糧食物資搬入各鄉土堡之中，堅守不出，並拒絕向鄭軍納糧。在這種情況下，鄭成功於一六五六年（清順治十三年，南明永曆十年）二月決定放棄揭陽，命令蘇茂、黃梧、杜輝率大部隊撤回思明州，只留下黃廷、林勝等繼續在廣東沿海，探聽永曆朝廷消息。黃廷所部南下至碣石衛，軍中士卒因缺糧而出現逃亡潮，被迫回師福建。

南下廣東的計劃受挫，北征浙江的行動也暫時停止。一六五五年（清順治十二年，南明永曆九年）十一月十三、十四日，甘輝、洪旭等率主力從浙江返回思明州，只留下總制陳六禦與定西伯張名振、英義伯阮駿等鎮守舟山群島。其中，洪旭在回師時經過台州港，成功招得台州守將馬信來歸。

南下與北征的兩路鄭軍主力相繼返回後，清軍果然在一六五六年（清順治十三年，南明永曆十年）四月在福建沿海發動進攻。濟度調集船隻，令泉州城守韓尚亮統領水師，欲犯思明州，而自己親率步騎兵屯於石井，企圖攻打白沙城。另外，又有一支清軍打算撲向金門、浯州。鄭成功得到情報後，緊急傳令把部隊家眷以及居民搬移過海，準備應戰。

十六日，清軍船隻一齊駛出泉州港口。鄭軍聞風而動，水師左、右軍並援剿左鎮黃昌、信武營陳澤與水師內司鎮左右協等戰艦一擁而上，衝至圍頭之外迎敵。左協王明戰艦上的發熕（一種火炮）立了首功，轟隆一聲擊沉了一艘清軍船隻。其餘的清軍船隻聞風喪膽，紛紛掉頭而回。信武營等部隊正想擴大戰果，在後面乘勢猛追。忽然狂風大作，四周霧靄密佈，一片陰翳，船與船之間雖近在咫尺，亦難以望見。鄭軍水師及時收兵，就近泊於圍頭避風。

清軍船隻難以迅速返回泉州等港口，被狂風吹得七零八落。有的慌不擇路，誤入鄭軍控制的圍頭，成為俘虜；有的隨波逐浪而漂到青嶼、金門等處，以致不得不向駐守於當地的鄭軍乞降；還有的飄向了外面的大洋。此外，至少有三十餘條船在風浪中損壞以及被大火焚毀，僅有不滿十條船得以返回泉州港口。連統軍的韓尚亮亦沉入水中溺亡。

鄭軍得颶風之助而大獲全勝，俘獲大船十隻，凱旋而歸。鄭成功論功行賞，以王明為首功，其餘的人俱次功。同時命令將清軍俘虜割去耳鼻，然後釋放，並讓這些人傳話給濟度，勸其不要擅啟兵釁。濟度經此挫折，亦感嘆渡海作戰的難度不小，遂收軍返回泉州。不過，清軍在水戰中損失的主要是綠營兵，而跟隨濟度入閩的滿漢大軍實力猶存，依然能對鄭軍的根據地構成嚴重威脅。

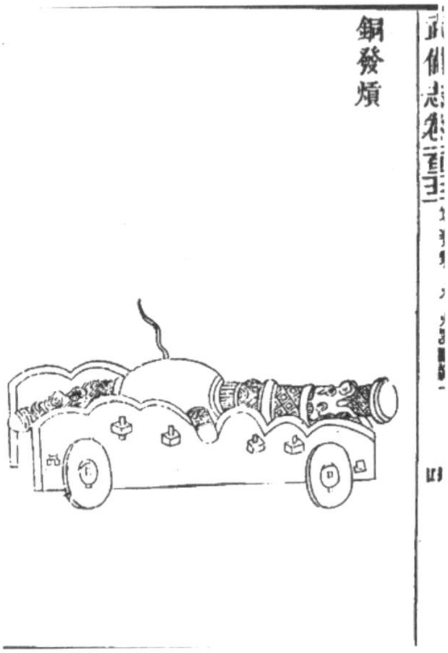

鄭軍在福建的戰局剛有好轉的勢頭，情況突然為之一變，迅速失掉了苦心經營的戰略據點海澄。這次

▲明代的發熕。

變故是禍起蕭牆之內，緣於鄭成功追究揭陽喪師的責任，為此處斬了蘇茂，捆打杜輝六十棍，黃梧也受到記責的處分。事後，黃梧心有餘悸，利用守衛海澄的機會串通副將蘇明與知縣王士元等，於六月二十二日突然殺死總兵華棟等四百多名將士，隨後帶領所部一千七百餘人降清。鄭成功得報震驚不已，連忙派甘輝、林勝、洪旭等將火速前往收復，可是八旗軍梅勒章京翁愛等部早已入城，一時難以奪取。唯有海澄城外的五都土堡屬於後衝鎮林明管轄，而林明與黃梧不諧，拒絕降清，於是甘輝等人所能做的只是掩護林明把土堡之內的糧食、軍器全部運回思明州。

海澄一直被鄭軍視為向大陸進軍的跳板，是一個非常重要的後勤輜重基地，裡面儲存了大量軍事物資，僅僅「糧、粟」就達到二十五萬餘石，還包括數不清的「軍器、衣甲、銃器」等裝備，至於軍中各鎮將領私下存放的東西更是難以統計。鄭成功為此慨嘆：「黃梧、王元士如此背負，後將何如用人也！」

海澄易手後，一千餘名滿漢八旗軍在固山額真圖賴的帶領下進駐其中，近距離監視著思明州與金門等地。鄭成功為了減輕空前的軍事壓力，重新施展「圍魏救趙」之策，企圖避實擊虛，從海路北征福建省會福州，藉以把在泉州等處虎視眈眈的濟度所部引開。分兵北上必然會減弱根據地的防衛力量，為此需要防患未然。他在此前已要求各處成立的鄉勇組織加緊招募人員，積極進行操練，還給這些人配備了銃、斬馬刀、木棍等武器。從這個時候起，每名鄉勇都要攜帶三粒銃彈在身，遇敵時以便「擲擊」，簡直到了處處設防的地步。

同年七月，甘輝、林勝、周全斌、楊祖等十五鎮官兵奉命乘船北征，而鄭成功率林明等將留守思明州。甘輝所部於初四日啟航，經了羅灣，於十八日攻破了閩安鎮。閩安位於福州以東八十里，是閩

江的入海口，歷來有「江海鎖鑰、省城門戶」之譽，鄭軍占得此地，很快從水陸兩路疾進，迫近福州南台城下紮營，準備攻城器械，大張旗鼓揚言奪城。

鄭成功這一招非常高明，正打中了清軍的軟肋。此前，濟度已為兵力不足的問題向清廷叫苦，聲稱沿海漳州等九處地方，俱應設兵防守，然而福建綠營軍缺額甚多，建議增設二千二百五十名騎兵與五千九百名步兵，以配合置於漳、泉二州的滿漢駐軍備戰。當時，閩安的失守與福州的告急，使清軍兵力不足的弱點暴露得更加明顯。遠在北京的清朝君臣也非常擔心鄭軍的動向，議政王、貝勒、大臣等開會討論濟度的增兵建議時，認為可以從江寧提督管效忠駐防的鎮江地區抽調八百名士卒，同時從杭州抽調六百名駐兵，連同福建原有的五百九十名漢軍，湊足兩千，再令每旗出動一名梅勒章京、兩名章京、一名驍騎校，由一名固山額真統率長期駐防福建。不久，諸王、貝勒、大臣同意再調一百名京城士卒以及九百名沈永忠的部屬，連同鎮江、杭州之兵一起南下。順治帝任命固山額真郎賽為這三千將士的統帥。可是，從鎮江、杭州南下的清兵還在途中（剛到達浙江衢州境內），福州已經烽火連天。

駐於泉、漳等州的濟度以及兵部左侍郎額赫里等人對此不能無動於衷，匆忙分兵四出。梅勒章京阿格商（又叫覺羅阿克善），委署（代理）護軍統領依巴克圖、格濟圖，營官星鼐、楚庫巴圖魯、楊孫等人奉命率部回防福州。梅勒章京阿育喜坐鎮福清，以便隨時增援與閩安近在咫尺的長樂。稍後，額赫里又親自出馬，帶著部分護軍趕往省城，以應付危局。在此之前，駐守海澄的圖賴本來準備率數百名護軍、騎兵會同新近投降的黃梧、蘇明之兵，意圖搶佔閩安附近的烏龍江渡口，後來改為與濟度共駐泉州，穩定閩南的局勢。因為在泉州、惠安的一些地方，兩軍小支部隊的摩擦時有發生。

福州附近的高齊、侯官縣、大漳河口、閩安等處衝突不斷。然而，福州沒有發生大規模的戰事，實行「圍魏救趙」之策的鄭軍不打算強攻這座大城市，只是對周邊區域擄掠了一番，便撤離了。據說軍中將士所獲的「輜重寶物」，「足償海澄之失」。戎旗左協黃安等人殺退追擊的清兵，駐營於閩安鎮羅星塔等一帶，伺機而動。

留守根據地的鄭成功從情報中獲悉「虜世子（指濟度）」把泉州一帶的滿漢大軍主力調回福州，終於如釋重負，知道思明州、金門等處的威脅暫時已經消除，他為了防止清軍捲土重來，不辭勞苦於八月十八日親自與林明等將一起率軍北上，以支援閩安的前線部隊，只留下黃廷等人守衛思明州。

九月初三日，來到閩安鎮的鄭成功經過實地察看之後，確信這一帶是往來福州的必經之地。隨即徵調民夫修建土堡、城寨等工事，以為長久之計，並制定了在閩安、羅星塔、閩清永福港、蕭家渡等處長期駐軍的戰略決策。而自己率主力繼續北上，經壺江、定海、鳳埔等地，襲取連江縣，於十月到達三都。其後令各鎮在福安等處徵糧。

鄭軍主力在閩東活躍異常，讓清朝福建當局如芒刺在背。濟度自忖水師較弱，不可能立即驅逐鄭成功，轉而命令福建與廣東交界的駐軍於初六由詔安出兵襲擊銅山，試圖從側翼威脅思明州、金門等處，迫鄭成功從閩東回師。可是襲擊銅山的清軍被留守當地的鄭軍後衝鎮華棟、護衛右鎮黃元等部殺得大敗，使得濟度的如意算盤頓成畫餅。

濟度不敢隨便出海與鄭成功較量，自入閩以來一直苦苦等待陸上作戰的機會。機會終於在這一年的年底來到，鄭成功竟然親自督師在梅溪登陸，欲佔領羅源、寧德等城，並且已經度過飛鸞、白鶴嶺，正在前往羅源的途中。濟度沒有錯過這個難得的戰機，馬上派遣梅勒章京阿格商、巴都、柯如良等帶

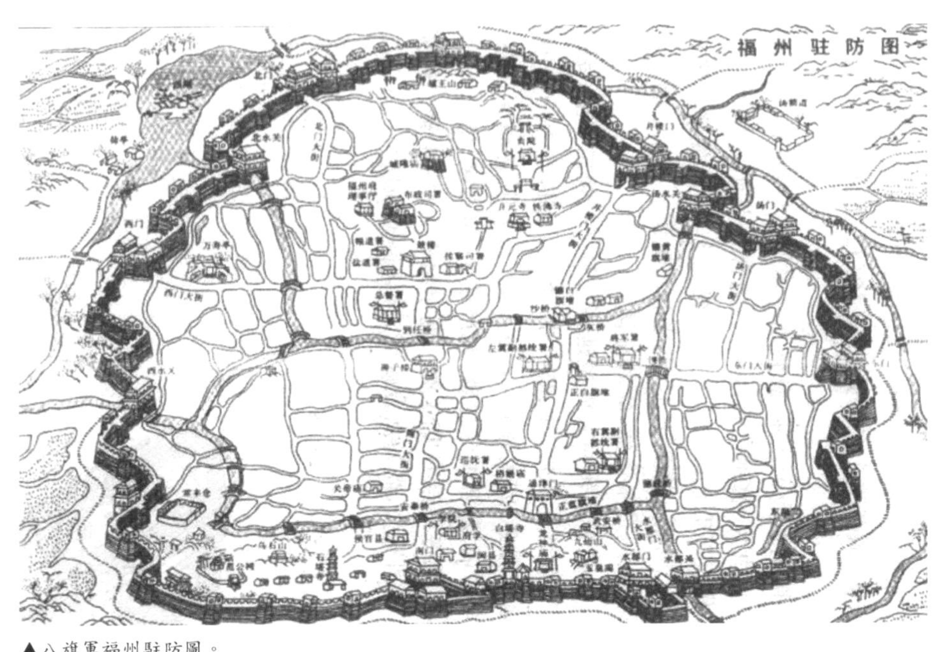

▲八旗軍福州駐防圖。

領滿洲八旗軍，並在部分綠營兵的協助下趕赴戰區。這支數千人的清軍欲從背後牽制、襲擾鄭軍，與之在陸地進行堂堂正正的野戰。

鄭成功揮師直薄寧德縣時，偵察得知阿格商所部就快從後面趕上來了。他沒有信心與這支來勢洶洶的滿漢軍隊決一勝負，遂帶主力撤退，只是令中提督甘輝、左先鋒周全斌、援剿後陳魁等將為全軍殿後，吩咐他們用「節節示弱」的辦法誘敵，等退到地形險要之處，再予以伏擊。

鄭軍在二十九日退師，清軍果然一直尾隨在後。阿格商率領數百滿洲騎兵一馬當先，很快便在護國嶺追上了負責殿後的甘輝。甘輝為了避免被滿洲騎兵快速包抄，便指揮部隊背靠山嶺嚴陣以待。不久，他又下令部隊登山，這樣做的好處是令敵人的戰馬難以在崎嶇的山地上任意地縱橫馳騁。

一身是膽的甘輝僅帶數十人在陣後掩護主力登山。先行上山的周全斌、陳魁已經各自秘密埋伏於嶺上的險要之處，只等敵人被甘輝引誘進入這個精

心佈置的口袋裡面，就馬上揮師從左、右方向進行夾擊。

阿格商不知有詐，不顧列將的勸阻，督促部隊上嶺，由於山路曲折狹隘，追擊的騎兵難以列隊前進。其後，《海上見聞錄》記載清軍不得不在隊形混亂的情況下與「從高趨下」、「揮刃大呼」的甘輝展開了殊死之戰。

倉促應戰的八旗將士使出拿手的技藝，紛紛張弓射出雨點般的箭，正在難解難分之時，冷不防又被一齊殺出的周全斌、陳魁所部打了個措手不及，被迫稍為退卻。不肯認輸的阿格商鑒於山上難以施展馬術，果斷命令所有的騎兵下馬，步行廝殺。

甘輝見狀對周全斌說道：「清軍騎兵善於駕馭戰馬打仗，『今下馬是來送死』，但聽說阿格商是名將，過去經常以死打硬拼著稱，如今敵眾我寡，面對的又是『真滿披掛（指滿洲八旗披甲之兵）』，即使是這些人下了馬，也未可輕視，應當智取。」根據《從征實錄》的記載，甘輝給出的對策是讓軍隊按照久經訓練的「操法」佈陣，以不斷退卻的誘敵戰術取勝。事實上，滿洲官兵披著沉重的鐵甲最利於騎在馬上作戰，而下馬在山路上來回跑動則容易疲憊，很難與輕裝上陣的鄭軍步兵長時間周旋。因而甘輝故意讓手下不停後退，目的是讓追擊的敵人快點疲憊，然後再一齊反擊，便可起到「以一當百」的奇效。眾所周知，鄭軍的長處是經歷過訓練場上的刻苦操練，對陣法比較熟悉，在且戰且退時，各部也能儘量按部就班地保持秩序，絕對不會像那些未經訓練的軍隊那樣亂作一團，當追兵

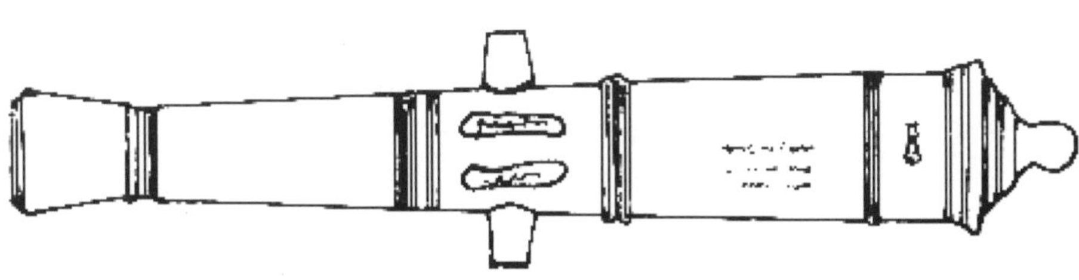

▲現存於世的鄭軍於南明永曆乙未製造的銅炮。

被拖得筋疲力盡時，便是死期已近。

一味窮追的清軍果然個個氣喘吁吁。各路鄭軍依計行事開始了大反攻。決定性的時刻到來了，勇將陳魁一手抓緊盾牌，一手提刀直取阿格商。兩人短兵相接，阿格商仗著一身鐵甲，在中了數刀的情況下仍負隅頑抗。打鬥中，陳魁掛了彩，幸而得到同袍陳蟒的協助，才依靠以多打少的優勢，專挑阿格商身上鐵甲庇護不到的地方下手，斬瓜切菜般地將其砍死於亂刀之中。形勢完全逆轉過來，輪到鄭兵乘勝追殺，清軍那些來不及上馬逃跑的殘兵敗將全部死於非命，出現「積屍遍野」的慘烈景象。遺棄在戰場上的弓箭、馬匹全都成了鄭軍的戰利品。

然而，戰鬥還沒有結束。因為逃出重圍的漏網之魚很快又冒死反撲，原來，阿格商已死，而巴都、柯如良等數將亦不見蹤影，一些倖存的清軍害怕就此撤退會被朝廷嚴厲追究責任，所以鋌而走險，重返戰場搶奪主將屍體。恰巧此時右提督馬信趕至，與甘輝等會合之後，鄭軍優勢更加明顯。以卵擊石的清軍殘部又死了不少，還有數十人被生擒，最後不得不失望地驅趕著數百匹戰馬絕塵而去，而阿格商之屍，再也奪不回來。

就在幾個月之前，鄭軍連尚可喜、耿繼茂的騎兵都贏不了，想不到如今竟然能在野戰中擊敗普天之下最負盛名的滿洲八旗騎兵，這在很大程度上歸功於甘輝的出色指揮，他歷來敢於與八旗軍拼殺，昔日在海澄之捷中厥功至偉，當時再立新功，不愧為鄭成功轄下的數一數二的勇將。同樣使用在訓練場上學來的「操法」佈陣，蘇茂的部隊在揭陽大敗，而甘輝卻在護國嶺得勝，顯示了根據具體情況制定適宜的戰法的重要性，這也證明鄭軍經過實戰中的屢次磨礪，已經取得了越來越多的經驗教訓，從而逐漸今非昔比。與此相反，滿洲八旗軍的表現又一次令人失望，本來山地戰是其傳統強項，無論是

清太祖努爾哈赤統一女真諸部的一系列戰事，還是薩爾滸與松錦兩次大決戰，八旗軍都憑著山地戰的強項在關外叱吒風雲，並發揮了至關重要的作用。可自從入關後卻光芒不再，阿格商這一次在護國嶺下馬作戰，本想故技重施，他萬萬沒想到敗得如此難看，竟然連性命也丟了。可謂一代不如一代。儘管新編入滿洲牛錄的索倫人剽悍依舊，但人數畢竟比較少，未能在這一戰中有所表現。

甘輝、馬信所部獲此大勝，使得八旗軍短期之內不敢出兵再戰。鄭成功信心大增，召集各部圍困寧德，下令官兵在縣城附近四散取糧，當掠奪的糧食足夠三個月之用時，再趾高氣揚地返回三都。

鄭成功在閩東打得比較順手，便於一六五七年（清順治十四年，南明永曆十一年）正月在經略福寧州的同時乘勢將戰火燒過毗鄰的浙江溫州金鄉衛等地，而東南沿海的硝煙氣息越來越濃郁。濟度已經束手無策，他把爛攤子留給了地方官員，於同年三月班師返回了北京。鄭軍卻未能進一步擴大戰果，因為恰巧在三月間，鄭氏集團當中具有影響力的鄭鴻逵病死於金門，故鄭成功一度回師思明州奔喪。直至七月才重新興師北征，經閩安於八月十二日在浙江台州海門港登陸，連下黃岩縣、台州府、太平縣、天臺縣、海門衛等處，讓浙江這個清朝的財賦重地危機四伏。

然而，鄭軍在浙江的舟山基地已經遭遇劇變。那是在一六五六年（清順治十三年，南明永曆十年）八月下旬，清朝寧海大將軍宜爾德經杭州、寧波來到定海，與綠營提督田雄一齊督師攻打舟山，在二十六日出動大小五百餘條船企圖登陸。由於鄭成功主力尚在福建，舟山守軍只能獨自禦敵，陳六禦、阮駿等守將帶領五十餘艘戰艦毫不畏懼地出海攔截，利用占據上風的優勢猛烈撞擊清軍船隻，使清軍受挫而回。次日，清軍水師改變了打法，象徵性地進攻了一下便佯敗而去。誤中其計的守軍急起直追，不知不覺來到了水流湍急的定關口，被早有準備的對手所圍困。陳六禦讓阮駿率兩艘戰艦為先鋒突圍，

阮駿不熟悉當地水流的趨勢，以致艦隊困於旋渦，進退失據。清軍認准陳六禦、阮駿所乘的戰艦，集中各種兵器一齊攻打。面對傾瀉而下的彈丸與利箭，難以抵擋的陳六禦自知脫不了身，在衡水洋口這個地方蹈海而死。阮駿點燃所載的火藥自焚，與化為灰燼的戰艦一起沉入海底。殘存的鄭軍戰艦無不四散而逃。清軍僅以損失兩條船的代價佔領舟山，打死總兵張洪德等人，隨後拆毀城邑，將居民全部遷走，以免日後被鄭成功利用。值得一提的是，魯監國舊部也參與了舟山保衛戰，張名振在戰前已經去世，張煌言成了這支軍隊的統帥，舟山失守後，他仍活動於東南沿海，繼續配合鄭成功伐清。鄭成功進軍台州時，本來可以乘此破竹之勢重占舟山，可是既缺乏西南明軍的有力配合，而後方又不穩，令這次北征面臨夭折的命運。

清福建當局正在策劃大舉進攻閩安，以消除省會福州的隱患。兩廣總督李率泰已經被清廷委任為浙閩總督，他從情報中得知鄭軍精銳北上浙江，留守閩安的多數是老弱之兵，便當機立斷，準備出動八旗軍，在綠營等部隊的配合下發動水陸進攻。而固山額真郎賽率領的三千援軍已經到達福建，也參與了這次軍事行動，承擔從陸路奪取閩安的任務。同時，固山額真圖賴督兵由水路攻打羅星塔。為此，福建當局於八月動用萬餘民夫，在古山、溪頭、煙墩寨腳等地修築通往閩安之路（至九月初十，基本修築完畢），以方便步、騎兵以及運載大炮的火器部隊經過，並從泉、漳兩州抽調人力物力，謀求更加有效的滿足水師的後勤需求。

閩安鎮守軍以五軍戎政王秀奇為總制。前提督右鎮餘程負責守衛閩安鎮寨城。而護衛前鎮陳斌、神器鎮盧謙守衛羅星塔。鄭成功北上浙江之後感到閩安駐軍兵力不強，又讓總理提塘徐日彩返回閩安，協助留守諸將進行防禦。

徐日彩到達閩安後，就當地的防務佈置向鄭成功作了回覆，聲稱閩安鎮寨城堅如磐石，煙墩、上寨等處「四面峻險」，敵人受制於地形，不能施放銃炮等火器。寨北山腰雖僅容納百餘人，但通道上已經設置地雷阻擊敵人。況且又有右鎮官兵駐紮，可保無虞。後山頂寨亦「四面險阻」，惟有一條寨西山徑可供往來，鑒於守軍僅有三、五百人，已抽調神威營陳興協守。言下之意，對守住閩安把握十足。他樂觀地估計敵人如果來攻，只能攻打一寨，不能同時攻打兩寨。假若後寨告急，則暫調上寨的餘程之兵幫助守禦。假若上寨告急，也可從後寨等地方抽兵來助。至於水師的鎮守之處，由於水流湍急，清軍船隻不能成行成列開過來，而鄭軍戰艦正好占據上風的有利位置，能乘東北風「衝犁（指撞擊）」清軍船隻。基於上述理由，他斷言留守的鄭軍有「必勝之勢」。

鄭成功看過徐日彩的報告後，驚訝不已，對隨軍諸將說：「閩鎮（指閩安）危矣！」接著分析道：「頗具軍事才能的李率泰如果真的向閩安發起進攻，必定以優勢兵力同時攻打『鎮上數寨』，讓守軍『左右支吾，首尾不能相應』，怎麼會專攻一寨，讓守軍從容不迫地集中力量於一處防禦？更糟糕的是，守軍沒有設立機動部隊應急，調來調去的全是守寨之兵，這樣會擾亂軍心。萬一被敵人摸清虛實，採取『聲東擊西』的打法，那麼守軍就會四處奔波，異常被動。」鄭成功又指出守軍水師的戰鬥力比較強，應該先發制人，豈可任由清軍船隻蜂擁而至？否則，「順流」而沖過來的清軍船隻就會「反客為主」，即使守軍水師能夠占據上風的有利位置，亦難以抵擋。當清軍水陸部隊俱兵臨城下，閩安必將難保！值此「黑雲壓城城欲摧」之時，心急如焚的鄭成功放棄了台州等新得的府、縣，慌忙率軍從浙江返回，他預計要過九月二十日之後才可回到閩安，假若清軍在此期間來攻，孤軍作戰的閩安守禦部隊危如累卵。

不等鄭成功趕回，閩安之戰已於九月初八日爆發。清軍以眾敵寡，連攻四個晝夜，銃炮之聲延綿

不絕，城垣中彈之處灰、粉亂揚，守卒難以站立。此情此景，與金礪當初炮轟海澄如出一轍。缺乏得力主將的守城部隊於十四日全線崩潰，餘程在頂寨戰死，守衛羅星塔的陳斌、盧謙降清之後被李率泰處斬，致使損失的兵員總數達到五、六千人。鄭成功在二十一日回到浪琦時才得知敗訊，已無法改變既成的事實。

從一六五六年（清順治十三年，南明永曆十年）七月攻克閩安起，鄭軍花了一年時間北征，將戰火從閩東燃燒進了浙江內陸，然而隨著閩安在一六五七年（清順治十四年，南明永曆十一年）九月失守，北征所得的地盤基本喪失殆盡。鄭成功重新撤返原根據地時，有效控制之處所不過是思明州、金門、南澳等寥寥數個沿海島嶼。他當然不會固步自封，又派遣軍隊南下潮、揭，攻破了鷗汀埧等拒絕聽命的寨子，繼續在清朝的統治區域掠取糧食，以便隨時執行新的作戰任務。

北征閩東、浙江期間奪取的地盤雖然未能鞏固下來，但是既受過挫折，也有過成功的經歷，尤其經過護國嶺等殘酷的殺戮，增添了鄭軍的實戰經驗。戰後，鄭成功親自查看了從戰場上繳獲的清軍鐵甲，並召集諸將總結教訓。他判斷阿格商能夠異於常人，敢於下馬打硬仗，靠的就是身上那一套鐵製重甲。為了改善部隊的裝備，因而決心依樣畫葫蘆，讓軍中的勇士披上厚厚的金屬外殼，使他們成為真正的「鐵軍」！不過，王秀奇略有顧慮地說：「全套鐵甲的重量超過三十斤，清軍有馬、駝運載，

▲李率泰之像。

故攜帶方便。至於戰時下馬打仗，由於身上披掛過於沉重，存在著『戰勝不能追趕，戰敗則難收退』的缺點。如今我軍戰士欲以一人穿戴三十斤重甲步行，雄壯者問題不大，可弱小者行動起來就不靈活了。」鄭成功仍堅持自己的見解，認為這些問題不大，解決的辦法是選擇軍中的「雄壯強健者」披甲。甘輝支持鄭成功的意見，並以歷史上著名的岳家軍與戚家軍為例，指出岳家軍攜帶的裝備也不輕，而「戚南塘（指戚繼光）」在操練時有意令士卒把沙袋綁於腳上，也不存在畏懼過重的思想，關鍵在於選擇人才以及訓練得法！由於存在爭議，只好先找人穿戴阿格商遺下的鐵甲，看看效果如何再說。左戎旗內一位膀大腰粗，能「力舉千斤」，並練過武藝的將領被選中了。這位將領叫王大雄，他披堅執銳之後，步伐整齊，行走如飛，彷彿與敵人作戰一樣。鄭成功大喜：「似此可縱橫天下！」決定在一六五八年（清順治十五年，南明永曆十二年）二月底著手佈置工匠日夜趕造鐵甲。諸將也紛紛表態贊成，並各自挑選身強力壯者進入新組建的「鐵軍」之中。不過，鄭成功的鐵軍與清軍不同，這支王牌軍以步兵為主，因為要想在東南沿海地區組建一支精銳騎兵，受限於優良馬種來源不穩定與缺乏優質的放牧草場等客觀原因，難度非常大。然而，千萬不要小看鐵甲步兵，如果指揮得當，他們完全有可能打垮八旗軍的鐵甲騎兵。

大家都知道，沉重的鐵甲會讓身體羸弱的士兵承受不起，因而普通士兵要想成為鐵軍中的一員，需要參加考試。考試時，他們要用手提起三百斤重的大石繞著演武廳走上三圈。達標者，才能證明自己具有異於常人的強健體魄，才有資格穿上鐵甲。鐵甲主要由鐵盔、鐵面、鐵臂、鐵裙等部分組成，其中鐵面上繪畫著令人目眩神迷的奇形異彩，目的是用來嚇唬敵人，具有很強的心理戰意義。從甲衣的樣式來看，既保留著明朝傳統的風格，也吸收了清朝的優點，它的外表排列著很多甲片，有點像清

軍明甲。此外，由於盔甲的各部分甲片之間要用鎖來固定，因而又具備鎖子甲的某些特點。全套鐵甲的重量高達三十斤左右，與八旗軍的差不多。

百裡挑一的鐵甲步兵剛組建時有數千人，散編入左右武衛鎮、左右虎衛鎮等軍事單位裡面。其中，左右虎衛鎮共有一千二百名成員（而在護國嶺之戰中與阿格商浴血奮戰的陳魁與陳蟒也同時出任虎衛鎮將領，分別統率左虎衛鎮及左虎衛後協），部隊編制是每一鎮管四協、每一協管四正領、每一正領管二副領、每一副領管十班。可見，這支王牌部隊以班為基本單位，每一班連同班長共有六人。俗話說：「平時多流汗，戰時少流血。」鐵軍每操練一日之後，即考試武藝一次。操練時，將士們早晚要披掛鐵甲，而考試時，武藝高超者可受嘉獎。

不過，士兵白天操練時鐵面會被太陽曬熱，活動頗不方便，時常要根據實際情況從臉上摘下來。除操練、比試之外，將士們一般在臨戰之前才會披掛全套鐵甲。那麼平時行軍如何處置這些東西呢？清軍的做法是動用馬匹與駱駝等牲畜運載，而鄭軍做不到這一點，只能用人力搬運，每一班六個人需要招募三名夥兵，負責挑載戰裙、鐵臂等物隨軍。

每班主要裝備的武器有盾牌、刀、弓箭等，史料記載「十班之中，弓箭居四，刀、牌居六」。武器的品種可以按實際需要酌情增加，在必要時還可以配備長槍等近戰利器。鐵軍作戰的基本戰術是讓手持盾牌的士兵在前，掩護後面的刀手與弓箭手等參戰將士。特別要指出的是，因福建盛產藤，故軍中很多盾牌由藤所造。藤牌的特點是重量輕，它用油浸透之後對弓箭與火槍的射擊有一定的防禦能力，而且浮力比較大，有利於渡河。另外，鄭成功為了更有效地砍殺清軍的戰馬，還煞費苦心地給鐵甲軍人配備了雲南砍馬刀，此刀是參考了西南地區刀具的特徵而製造，據說製成之前要經過百名鐵匠的輪

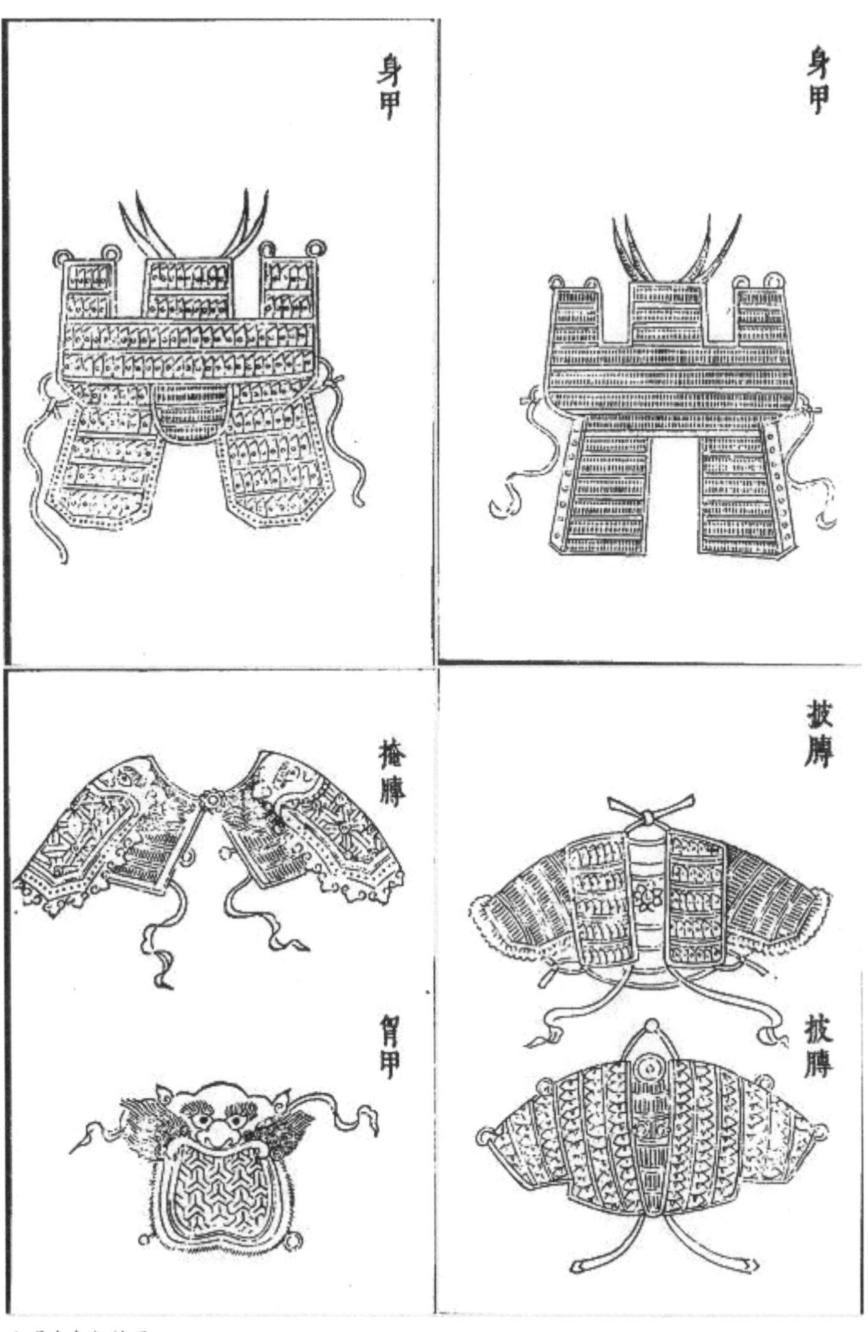

▲明代各類鎧甲。

流錘打，因而銳利異常。史載「一刀揮鐵甲，軍馬為兩段」。

以往的戰例已經反覆證實，盾牌與砍馬刀這兩類兵器組合起來就會有效克制騎兵。比如在南宋，由抗金英雄岳飛率領的「岳家軍」，曾經用「旁牌（一種盾牌）」掩護「麻笞刀」，專砍金軍的馬腳，贏得膾炙人口的「郾城」大捷。明朝的名將戚繼光在北方練兵時，也給步兵配備了大量利刀，以防備騷擾邊境的蒙古遊牧騎兵，他在《練兵實紀》中寫道：「藤牌兵一手持牌，一手持腰刀，此即岳飛旁牌與麻笞刀之制。令軍低頭，只砍馬足……其制雖稍有不同，其用則一。」如今，鄭成功吸收了前人的歷史教訓，給鐵軍配備牌與刀，讓他們從正面抗擊八旗軍鐵甲騎兵的衝擊，正是為了在未來的戰爭中「以步制騎」。巧合的是，李定國所部的精銳步兵也是同樣依靠大刀俯身直砍騎兵「馬足」而為衡州之捷立下大功。由此可知，李定國、鄭成功為對付騎兵而制定的戰法頗為一致，可謂「殊途同歸」。

鄭軍在不久之前的護國嶺之戰中巧妙利用地形優勢，使得八旗軍騎兵不得不下馬步行作戰，從而取得險勝。那麼，新組建的鐵軍是否能夠克制騎在戰馬之上風馳電掣般縱橫馳騁的八旗軍呢？還有待實戰的檢驗。但這支精銳部隊已於一六五八年（順治十五年，南明永曆十二年）四月上旬亮劍，參與討伐南洋海盜許龍，可是因對手不戰而逃的緣故而戰果不大，而這次牛刀殺雞式的行動未能使之名聲遠揚，要想名留青史，最好的辦法是戰勝享名已久的八旗鐵騎。

第十章

峰迴路轉

鄭成功於一六五四年（清順治十一年，南明永曆八年）年底至一六五七年（清順治十四年，南明永曆十一年）年底在粵、閩、浙與清軍進行的一系列戰事已經難以指望屢經挫折的西南明軍會予以有力的配合。當東南沿海殺聲震天時，湖南、廣西的敵對雙方仍舊繼續維持著僵持局面。儘管洪承疇在主持湖南軍政期間，八旗勁旅於一六五五年（清順治十二年，南明永曆九年）五月取得了常德保衛戰的勝利，但此後清軍裹足不前，沒有乘勢挺進西南。

洪承疇的保守戰略引起了一些主戰派人士的不滿，兵部左侍郎王弘祚上疏指責其：「『竭天下物力，止足支付軍需』，卻無助於統一大業。」四川巡撫李國英也在疏文中牢騷不斷，認為黔、滇「未靖」，讓朝廷不得不到處「徵兵轉餉」，造成了「因一隅未安之地，累數省已安之民」的後果。戰爭「曠日費時」地拖延下去，必然會「師老財匱」，這是「自困之道」。而西南未能一統並非「兵不強，餉不足」的緣故，實乃封疆之臣（指洪承疇）「畏難避苦」，存在著利害得失的私心，以致「貽憂君父（指順治帝）」。李國英甚至越俎代庖地提出了一個三路出師的建議，即從湖南、兩廣、漢中「分道並進」，「首尾夾攻」，可「一勞永逸」解決敵人。

面對質疑之聲，洪承疇進行了自辯，例如他在一六五五年（清順治十二年，南明永曆九年）十二月向朝廷呈遞了一個作戰方案，稱先要在湖廣與廣西增兵備戰，等到次年的「秋冬之交」方可討論大舉「進剿」問題。但前提是做到如下幾點：

一是清軍在廣西梧、潯二州打通前往南寧之路，堵塞雲南敵人的後路。

二是桂林駐軍分兵鎮守柳州、慶遠，「以扼靖州」，堵塞雲南敵人的另一條交通要道。

三是湖北夷陵增加水陸部隊，與荊州、襄陽、勳陽駐軍共同截斷夔東十三家與雲南敵人的聯繫。

然後攻取雲、貴的時機才逐漸成熟。

至於湖南這個作為向西南進軍的主戰場，他認為先要在益陽、祁陽等處增兵，再召集省內各鎮之兵，會同駐紮在荊州、長沙的「滿洲大兵」，或者由常德、澧州挺進辰州、沅州，或者由寶慶挺進武岡、靖州。同時，廣西的全州、柳州、潯州等處，亦要大張聲勢予以配合。此外，還要與四川的吳三桂、李國翰、李國英等人商議協同作戰問題，讓他們提早籌辦「兵馬糧餉」，至明年「秋冬之間」，可統兵從四川直取遵義，逼近貴州，或者出兵進攻重慶、夔門，以便打通前往荊州、襄陽之路，使四川、湖北官兵「取得聯絡」，「庶幾勝算在握」。可在目前的情況下，不但「兵未能齊」，而且「糧未能足」以及時機「未能湊合」，尚非大舉進軍之時。

順治帝仍然對洪承疇表示信任。洪承疇雖然判斷反攻時機尚未到來，可形勢的變化使得清軍不得不在廣西進行反攻。起因是李定國所部主力在一六五五年（清順治十二年，南明永曆九年）下半年突然離開廣西轉往貴州，從而給了清軍一次絕好的反撲機會。這次反撲由湖南與兩廣清軍聯合行動，尚可喜、耿繼茂、洪承疇以及廣西的線國安分別派遣部隊分進合擊。其中，耿繼茂與當時尚任兩廣總督的李率泰親自出馬，統兵在同年年底到達廣西梧州，經藤縣、平南等地於次年正月初十佔領潯州府。此前，明軍守將李承爵、李先芳等已經不戰而逃。繼續前進的廣東清軍在貴縣與廣西提督線國安、洪承疇轄下總兵南一魁、張國柱等部會師，然後取道橫州、賓州、武緣，到達南寧，時間是二月初四日。所過之處，明軍望風披靡。清軍從情報得知李定國已轉移到隆安，便以線國安、李茹春等將為先鋒，李率泰、耿繼茂以及尚可喜的部將吳進功等在後策應，又追至果化地方，無奈前路「山險水曲」，步步驚心的「石磴危岩」僅可容一人而行，「馬則難進」，更重要的是，經過連日的跋涉，「馬已疲羸，

倒斃甚多」，雪上加霜的是，後勤補給難以為繼，故此，這一路清軍被迫停止追擊，返回南寧休整。而尚可喜轄下廣西左翼總兵馬雄帶領另一路軍於初九日在瀨湍擊潰部分明軍，俘虜明將李先芳，斬其裨將杜紀等。至此，廣西大部分地區被清朝控制。根據李率泰的奏報，屢經戰亂的廣西「處處凋零，荊榛滿望，瓦礫徒存，村落丘墟，人煙寥寂，僅存鳩形鵠面之人」，完全是一幅殘破的景象。

清軍在這次反撲中既未能殲滅李定國部主力，又吃了不少苦，以致有得不償失的說法。根據洪承疇在一六五六年（清順治十三年，南明永曆十年）三月的奏報，湖南參戰官兵自上一年的十月出發，至今已歷時近半載；廣西官兵自上一年的十二月出發，亦歷時近四月。由於沿途「糧、料甚少」，再加上開始作戰時正值隆冬，使得部隊深受飢寒的困擾，「人馬病倒」的現象並不罕見，如今天氣即將轉變炎熱，而「春夏瘴癘猶厲」，官兵同樣「苦不堪言」。據此，洪承疇要求把湖南官兵撤回來，而廣西官兵也應該撤回桂林、梧州，這樣就能夠得到原駐地糧食的補充，以「恤兵飢疲」，他日敵人若有動靜，經過整頓的部隊再「合力蕩剿」。順治帝接納了洪承疇的意見，果然將廣東、廣西軍隊撤回梧州。

洪承疇知道自己的謹慎措施必然會招來越來越多的非議，他在一六五六年（清順治十三年，南明永曆十年）六月向朝廷自請「處分」，稱自己「六十有四」，鬚髮全白，牙齒已空，右目有「內障」之疾，不能久視，只剩左目「晝夜兼用」，既然「精血已枯」，同時在異鄉又水土不服，治起事來力不從心。自從出任五省經略一職「將及三載」，而「寸土未恢」，種種表現有負重托，因而引咎自責。實際是試探一下朝中君臣的態度。順治帝頂住壓力，對洪承疇的支持態度沒有變化。

然而前線的一些八旗軍將領卻不想安於現狀。此時，出任寧南靖寇大將軍的八旗軍統帥陳泰已經病死，繼承其位的是固山額真阿爾津。順治帝令阿爾津和固山額真卓羅、祖澤潤，護軍統領席卜臣，

梅勒章京禱喇、太什喀、覺羅斡爾馬等人繼續留在湖廣。為了配合洪承疇的保守戰略，朝廷的敕書只是讓阿爾津尋找適宜的地點駐紮部隊，沒有賦予其向雲、貴進軍的任務。其後，阿爾津、卓羅所部選擇荊州為駐防之處，而祖澤潤所部則進駐長沙。至於前線的「軍情事務」，八旗軍諸將仍須與洪承疇「計議而行」。阿爾津不甘於單純防禦，積極督兵搜捕出沒於宜昌、襄陽之間的土寇，平定了枝江、松滋諸縣，使湖北局勢日趨穩定，然後在一六五六年（清順治十三年，南明永曆十年）八月，攜同卓羅等將帶兵自澧州、常德進攻辰州。

辰州是劉文秀在一六五五年（清順治十二年，南明永曆九年）向常德進軍時的一個兵力集結點與出發地，攻勢受挫後，劉文秀率領主力退回貴州，只留下一部分軍隊駐防於此。當八旗軍大舉來攻時，寡不敵眾的明軍棄城而走，並放火焚燒沅江之中的船隻，但未能令追兵卻步。卓羅與梅勒章京太什哈、護軍統領費雅思等率部渡江一路追至瀘溪，頗有斬獲。一些明軍的殘兵敗將潛逃入山谷，參將段文科以及四員守備投降。辰州易手之後，寶慶、永順諸土司相繼歸清。緊接著，圍繞著辰州的防守問題，阿爾津與洪承疇爆發了衝突。阿爾津為了保住這個新得的地方，提出了兩個方案：

一是將常德守軍調來此地，而另派部隊屯於常德作為預備隊。

二是由轄下的京師勁旅承擔鎮守任務。

洪承疇對這兩個方案都加以反對，以「常德兵

▲洪承疇之像。

難分，勁旅不宜擅留」回覆。阿爾津在入關之前參加過松錦之戰，打擊過當時尚未降清的洪承疇，並立下戰功，儘管當時時移勢易，彼此不再是敵對關係，可阿爾津似乎囿於成見，對洪承疇的頤指氣使不太服氣，他頑固地堅持自己的看法，表示辰州境內之民以及各土司「相率歸順」，如果增兵守衛，「則沅、靖可達」。沅、靖兩州到手，又可進一步攻取黔、滇。如今放棄此地不守，必然被敵人占據。而我軍「士馬疲頓」，難於克服困難捲土重來。況且此地既已歸附，一旦棄之而去，不但令百姓失去「向化之心」，亦不能失信於後來欲歸附之人。阿爾津這個雄心勃勃的進取計劃又再被洪承疇拒絕。其實，洪承疇主張棄守辰州自有其道理，那是由於這個地方比較偏僻，糧食難以自給，而從後方運送物資救濟，又山長水遠，難解燃眉之急。他雖然早已派官員到常德等地雇用、製造了二百四、五十條船，預期每只船載米十四、五石，從水路送往前線。誰知地方官員在長達數月的時間裡僅給辰州運米一萬五千餘石，原因是籌糧不易，而船隻在途中也時常面臨擱淺與沖沒的危險。不得已，洪承疇只能將江西運來的四千八百石米送往辰州應急，同時挪用部分軍餉購糧以備不時之需。經過種種努力，辰州地區的糧食還是供應不足，駐於當地的滿洲大兵惟有靠著繳獲的糧食艱難度日，等到這些糧食告罄之時，終於出現了「食米不繼，懸釜待炊」的情景。在此期間，溆浦、辰溪、武岡等地的明軍也出現了明顯活躍的跡象，似乎正在策劃反攻。故此，洪承疇權衡再三之後不惜與阿爾津爆發衝突，力主棄守辰州。

順治帝得知洪承疇與阿爾津的爭執後，依舊選擇了支持洪承疇，把阿爾津召回京，改以宗室羅託為前線八旗軍的統帥。洪承疇不太在乎辰州等地的得失，他最在意的是常德、寶慶、長沙、永州、祁陽、桂林、蒼梧等幾個重鎮，力圖以幾個重鎮為支柱，在湖廣與廣西地區建起一條由北向南橫貫各省的數

千里防線，以「分守扼防」為要點，形成鞏固的防禦體系。這個戰守方略不是從天上掉下來的，而是與明朝滅亡之前在關外構建寧錦防線的方略非常相似。長達數百里的寧錦防線雖然直到明朝滅亡為止都未被對手徹底摧毀，可是由於大淩河、錦州等「前鋒要地」位置偏僻，距離關內過遠，不但難以及時運送補給品，而且在遭受敵人的攻擊時不容易救援，致使駐守於上述地方的關寧明軍在大淩河與松錦兩場大戰中損失慘重。當時身為明軍統帥的洪承疇亦在松錦之戰中被俘，他吃一塹、長一智，以後處理相似問題時就能注意避免重蹈覆轍了。因此，等到他在湖廣前線為清朝效犬馬之勞時，便毫不躊躇地放棄辰州等偏遠之地，只將兵力集中在能夠迅速獲得補給的地方。

平心而論，清朝採取保守戰略是大勢所趨，洪承疇在湖廣、廣西建立防線並非特例，就連東南各省也是如此。八旗除了仍舊在江寧、杭州駐防外，還於一六五六年（清順治十三年，南明永曆十年）五月派三千人駐防鎮江地區。次年又將兩千名八旗漢軍、一百名京城士卒以及九百名沈永忠的手下調往福州駐防。由此逐漸在長江下游與東南沿海形成了固定的駐防線，以防禦鄭成功的水陸大軍以及原魯監國部屬等反清勢力。不過，遠在北京的清朝君臣絕不滿足於單純的防禦，而是常常惦記著要轉守為攻，他們從一六五五年（清順治十二年，南明永曆九年）起時不時地催促洪承疇進軍西南，甚至朝中重臣濟爾哈朗在一六五五年（清順治十二年，南明永曆九年）五月臨終之前仍以「取雲貴、滅桂王（指永曆帝朱由榔）為念」。洪承疇總是以各種理由一拖再拖，就連前述的準備在一六五六年（清順治十三年，南明永曆十年）秋冬之間大舉進攻西南的計劃也以時機未到為藉口延期。到了一六五七年（清順治十四年，南明永曆十一年），湖廣與廣西地區聽命於洪承疇的軍隊經過數載的整頓已號稱「數十萬」，而糧餉也頗有積蓄。可他仍然不敢貿然行事，這已經讓朝中那些對他有很大期待的人失望了，

連順治帝也漸漸失去耐心。

對此心知肚明的洪承疇即使在有兵有糧的情況下也不敢輕啟戰釁，因為還要等待時機的「湊合」。他知道孫可望、李定國兩人勢如水火的事，遺憾的是西南明軍內部的矛盾遲遲未有激化，故無十足把握。儘管朝野之人左催右催，他始終一意孤行，按兵不動，這同樣應該是汲取了松錦之戰的教訓所致。過去他身為明朝薊遼總督之時，迫於明朝末代皇帝明思宗以及兵部尚書陳新甲等人的壓力，冒冒失失地率軍深入松、錦地區與清軍決戰，結果一敗塗地，如今他當然千方百計以免犯第二次類似的錯誤了。如果朝廷持續施加壓力，他只好撂挑子，請順治帝另請賢能。為此，他在一六五七年（清順治十四年，南明永曆十一年）六月給朝廷上疏，自稱年事已高，身體多疾，從本月十一日起，連病十九日，已經無法擔此重責了，懇求辭職。大失所望的順治帝一反常態，不再挽留，爽快地批准了，令其「解任回京調理」。就這樣，洪承疇心灰意冷地開始進行卸任準備，預期年底能夠回京。恰巧此時，突然傳來了西南明軍內訌的驚人消息，讓明清對峙的局面頓時完全改變。

孫可望與李定國的不和由來已久，當李定國於一六五三年（清順治十年，南明永曆七年）率部離開湖南轉入廣西後，從此再也沒有與孫可望見面。孫可望耿耿於懷，於次年悍然下令要把李定國及其部下留在雲南的家屬籍沒，欲「分配各營」，作為懲罰。後因雲南城守王尚禮的再三力爭，而未能真正實行，只是裁汰了安西大營（指李定國所部）的糧餉。根據《安西逸史》的記載，王尚禮暗中贈金幣於李定國夫人，使安西大營「賴以得濟」。孫、李兩人甚至爆發過軍事衝突。《殘明紀事》稱李定國於一六五三年（清順治十年，南明永曆七年）出征廣東不利而返回廣西柳州休整時，孫可望竟然落井下石，密令馮雙禮帶兵前往偷襲。不料李定國棋高一著，有意縱敵至遷江、來賓一帶，再派精銳部

隊迎頭痛擊。馮雙禮知道圖謀已泄，急退，卻被事先藏匿於柳州江口蘆葦之中的伏兵打得措手不及，混亂之中自投於水，希望能突圍而出，然而還是成為了俘虜。寬宏大度的李定國念及舊誼，赦免了馮雙禮，讓其生還。此後「雙禮傾心定國」，可謂「識英雄，重英雄」。

孫可望本人的軍事能力有限，不再覬覦李定國在廣西的殘餘地盤，而他著意經營的湖南戰局也沒有起色，北伐中原之路已被洪承疇所部以及屯於湖廣的八旗勁旅堵死，在拓土開疆無望的情況下，便加快了篡主奪位的步伐，意圖做獨霸一方的土皇帝。他自從把永曆帝朱由榔接到安龍後，視之為傀儡，始終沒有履行人臣之禮前往朝見，並完全按照「挾天子以令諸侯」的那一套行事，予智自雄。自作主張地設立內閣、六部等中央官署，完全把持了軍事、財政、人事與司法的大權，還大言不慚地在奏疏中用尖酸刻薄的話嘲諷朱由榔：「『今天子已不令自令』，我又怎能『挾天子之令』呢？」朱由榔身邊的一些權臣見風使舵，依附驕橫跋扈的孫可望，企圖促使朱由榔早日禪讓，以便向孫可望邀功。而另一些仍然忠於南明的臣子對此大為憤慨，彼此不能相容。史籍記載孫可望曾經在一六五四年（清順治十一年，南明永曆八年）五、六月間秘密從前線返回雲南昆明，迫不及待地打算坐龍椅、做皇帝。不料精心挑選的吉日竟然大雨如注，這個不好的兆頭使得兵、民議論紛紛。迷信的孫可望很不高興，他自知內部隱約存在反對的聲音，暫時打消了登基的念頭，以待他日另外選擇合適的時機篡位。

永曆朝廷對危機四伏的處境洞若觀火，知道有能力救難解危的最佳人選是孫可望的死對頭李定國。大學士文安之等人盤算著密召李定國勤王，不只一次地派人前往湖南、廣西等地尋找李定國的軍隊，終於與李定國取得聯絡。李定國讀了永曆帝的密旨後，坦述自己雖然與可望有兄弟之誼，可是在大是大非的問題上絕不含糊，「寧負友」而「不負君」。因為他明白，僅靠西南明軍難以完成恢復河山的

大業，必須得到其他地方抗清部隊的配合。而戰鬥在東南沿海的鄭成功、張煌言所部以及活躍在長江上游的夔東十三家，唯一承認的合法政權是永曆朝廷。也只有憑著永曆帝的旗號，他才能理直氣壯地與鄭成功等人打交道，討論協同作戰的問題，才有更多的信心繼續與清軍抗衡。相反，孫可望連大西軍餘部都難以統一，又怎能號令全國各地的其他抗清部隊呢？如果任由孫可望篡位的陰謀得逞，肯定會破壞全國各地抗清部隊奉行的「復明」的統一目標，鄭成功等人也不會原諒孫可望，雙方互為仇讎，只會讓清朝得益。故此，李定國積極想辦法阻止孫可望的僭越行為，並暗中爭取得到更多人的支持。

然而，事情走漏了風聲。永曆帝身邊的權臣馬吉翔得知李定國有意返回安龍救駕後，竟不惜叛主求榮，將這個消息密報孫可望。暴怒不已的孫可望馬上派親信於一六五四年（清順治十一年，南明永曆八年）正月初六日進入安龍追查到底。吳貞毓、張鐫、張福祿、蔣乾昌、徐極、楊鍾等十八名朝臣為了庇護皇帝而承擔了責任，最後被全部處死。

儘管形勢如此劍拔弩張，但李定國真正出兵搶奪永曆帝還要等到一六五四年（清順治十一年，南明永曆八年）冬圍攻新會失敗之後。退回南寧的李定國所部讓鎮守該地的孫可望部將朱養恩誤會，以為地盤難保，遂驚慌失措地派人入黔報警。身在貴陽的孫可望刻不容緩地派關有才統領數萬人馬進駐田州，監視李定國所部的動向。李定國正面既有虎視眈眈的清軍，而後路又面臨隨時被切斷的威脅，為了擺脫兩線作戰的困境而採納中書金維新等人的意見，決定率主力從間道直闖安龍，「迎天子入雲南」，名正言順地與孫可望分庭抗禮。於是，李定國攜同靳統武、高文貴以萬餘兵力從南寧出發，經過三天三夜的急行軍，飛也似地到達田州城下。田州守軍兵力雖眾，但很多是李定國的舊部，不敢認真抵抗，甚至有人跪於道旁迎接。關有才見勢不妙，落荒而逃。

孫可望判斷李定國此行的目的地是安龍，趕緊令大將白文選前往該地將永曆帝接到貴陽暫避。永曆朝廷君臣明知此行會有不測之禍，藉故諸多推搪，而宮中一片哭聲，悲淒異常。白文選不忍逼宮，同時對孫可望的倒行逆施不敢苟同，遂遲疑不決，以致遲遲未能成行。一直拖延至次年正月二十二日，李定國終於趕到了，白文選乾脆甩手不管，任由李定國入城，而自己率兵離開。李定國見白文選深明大義，派夏太監將其追回，以共謀大業。永曆帝與李定國見面後非常投緣，這位皇帝很樂意地於二十六日啟程，隨軍入滇，用了半個月左右的時間到達雲南曲靖。孫可望欲再派兵攔截，已經追之不及了。

自常德之敗後閒斌在家的劉文秀奉命出山收拾殘局，與王尚禮一起鎮守雲南昆明。儘管雲南駐軍擁有數萬兵力，可諸將各懷其意。無意為孫可望賣命的劉文秀親自帶著數名騎兵出城，對不請而來的李定國說了一番頗有意思的話：「『我輩為貪官污吏所逼，因而造反』，由此造成『朝廷社稷傾覆』的後果，『實我等有負於國家，國家無負於我等』。」這完全是「反貪官，不反皇帝」的老調重彈。接著，他剖明心跡，表示願意扶持永曆帝以雲、貴為基地恢復中原，「但我輩今日以秦王為董卓，恐董卓之後又換一個曹操」。借三國的典故奉勸李定國得志之後不要步孫可望的後塵，成為董卓、曹操那樣的奸臣。李定國當場指天發誓，消除了與劉文秀的隔閡。劉文秀既然站在李定國的一邊，其他身份、地位不能與之相提並論的雲南守將不再多言。其後，昆明大開城門迎駕，時間是三月二十六日。當時，永曆帝至少在表面上恢復了皇帝的威儀，他投桃報李，對擁立有功的文臣武將封功晉爵，其中，李定國封為晉王、劉文秀封為蜀王、白文選封為鞏國公、王尚禮封為保國公、王自奇封為夔國公、賀九義封為保康侯、張虎封為淳化伯、李本高封為崇信伯、艾承業封為鎮國將軍。此外，李定國的親信

金維新為吏部侍郎兼都察院，其他人等亦各自「升賞有差」。甚至連曾經投靠孫可望的錦衣衛馬吉翔，也因改過自新而沒有被追究。就這樣，永曆政權以全新的面貌出當時世人之前。

李定國兵行險著，奇跡般地把永曆帝從安龍護送到昆明，終於成功粉碎了孫可望篡位的陰謀。這並非是他的兵力有多麼強大，而是他的所作所為得到大多數西南軍民的擁護，以致所過之處，從者如雲，因而兵不血刃地達到了目的。這從宏觀的角度來看，對聯絡全國各地的抗清部隊，繼續維護「復明」大業無疑是有利的。但另一方面，卻削弱了西南明軍的凝聚力。本來，西南明軍一貫以孫可望為首，因為他曾經被張獻忠立為世子，而在歸附南明後，又成為獨一無二的「一字王」——秦王，因而軍中地位高於異姓兄弟李定國與劉文秀，具有統籌全域、乾綱獨斷的資本，可最大限度地防止西南明軍四分五裂，淪為一盤散沙。儘管李定國與他離心離德，但他還是在大部分時間裡基本控制住西南的局面，有條不紊地在雲、貴地區施政。然而，當李定國護送到永曆帝到昆明後，對外宣佈：「禮樂征伐自天子出。」無形中否定了孫可望繼續把持國政的合法性。可實際上，被推上前臺的永曆帝由於缺乏權力的根基，其傀儡的本質並未改變，故軍政大事主要靠李定國在幕後發號施令。

就此而言，局促西南一隅的南明政權要想順利施政，最好是加強李定國的地位，讓其擁有孫可望那樣的權力。遺憾的是，永曆帝卻濫封爵位，與李定國同時封王的有劉文秀，此外，還有一大班公、侯、伯。這些王、公、侯、伯的地位大都在伯仲之間，形成了鬆散同盟，而李定國就好像鬆散同盟的「盟主」。《安龍逸史》記載，八月十一日，在永曆帝的親自主持下，定國與文秀舉行割襟儀式，以「訂二姓之盟」，也說明了這一點。也許永曆帝有意一下子分封這麼多爵位，就是希望這些人互相牽制，以免再出現孫可望那樣飛揚跋扈的人物。南明朝廷過去也在大順軍餘部中實行過這一套，而軍中諸將彼此之

間分庭抗禮，確實也能避免出現藩鎮坐大的惡果。只不過，一支軍隊缺乏有力的領導核心慢慢會令整體作戰能力每況愈下。幸而這個弱點沒有迅速暴露，由於面臨著孫可望隨時反攻倒算的威脅，迫使昆明諸將更加緊密地團結起來。

李定國、劉文秀開始希望能與盤據貴州的孫可望和平共處。孫可望一時之間也無異動，使李定國、劉文秀覺得內戰爆發的可能性減低了，從而將很大精力投入到制定抗清計劃之中。永曆帝仍舊保留孫可望的秦王爵位，希望孫、李、劉「各將所部兵馬」，分別經略湖南、兩廣、四川等地，早日恢復大好河山。在此前後奉命經略四川的劉文秀積極調遣部屬活動於雅州、嘉定、建昌、黎州一帶，為未來與夔東十三家會師湖北做準備。而李定國的部將賀九儀也在年底攻破橫州，其後回守南寧。

事實證明，李定國、劉文秀對孫可望的真實意圖完全估計錯誤。本來，李、劉兩人先後委派白文選、張虎、王自奇到貴陽遊說孫可望化干戈為玉帛，一致對外。無奈孫可望不聽勸告，視李定國為仇敵，必欲視之而後快。張虎、王自奇深知敵對雙方的恩恩怨怨難以化解，為了自保而改弦更張，重新宣佈效忠孫可望。白文選也逢場作戲，假裝支持孫可望的動武政策，在挨了一頓板子的刑罰後總算保住了性命。之後，經過馬進忠等將的勸說，孫可望決定給白文選機會改過自新，準備起用。在此前後，清五省經略洪承疇由於對西南明軍的情況不太瞭解，極力主張從廣西南寧以及湖南辰州等地撤走清軍，也減輕了孫可望的部分軍事壓力，讓他有更大的信心揮師反攻雲南。同年八月，李定國把孫可望滯留在雲南的親戚送往貴陽，並命孫可望舊部總兵王麟護送。後來乾脆連孫可望的舊標人馬也送還了。這個善意的舉動反而讓孫可望更加肆無忌憚，加速了內戰的到來。

在永曆帝已經大封爵位的情況下，為了爭取人心，孫可望在一六五七年（清順治十四年，南明永

曆十一年）二月也給追隨者封官晉爵。其中，馬進忠為嘉定王、馮雙禮為興安王、張虎為東昌侯。經過一番準備，孫可望自認為人多勢眾，拿下雲南不在話下。他盤算著控制雲、貴地區，清除軍中的異己勢力，確定自己至高無上的地位，再與清朝爭霸天下。

一六五七年（清順治十四年，南明永曆十一年）八月初一，內戰爆發了。白文選奉命為征逆招討大將軍，帶兵從貴陽先行出發。孫可望以馬寶為先鋒，親自率部跟隨在後，共以十四萬人入滇，留馮雙禮鎮守貴陽。不少人不願意孫可望打內戰，其中比較有代表性的是馮雙禮，他痛哭上諫道：「出師獲勝亦『難辭犯闕之名』，假若受挫，則『黔土（指貴州）非復國主（指孫可望）有矣』！」孫可望不聽。

為了找一個理直氣壯的開戰理由，孫可望打出了「清君側」的口號，意思是清除君主身旁的奸臣，矛頭直指李定國。可是這個言不由衷的口號無異於仍然承認永曆朝廷的正朔地位，而到底誰才是真正的奸臣，在雲、貴兩省已是路人皆知。

雲南明軍兵力相形見絀。此前，李定國已經察覺到孫可望的異動，讓經略四川的劉文秀返回雲南備戰。而李定國所部在新會之戰中蒙受較大的損失，幸好他在西南等地招攏了一批舊部，兵力得到恢復。例如，駐於四川的龍驤營總兵祁三升是他的舊部屬，這時已遵命入滇候命。經過準備，雲南明軍可出動三萬人迎戰。

孫可望在進軍途中顯得不太順利，因為竟然連下了一個月的大雨。兵卒在泥濘之中行軍，不堪其苦。《殘明紀事》記載「營馬十斃五、六」。可是這支軍隊還是渡過盤江，向雲南腹地開進。九月，永曆政權宣佈撤銷孫可望的秦王爵號。李定國被任命為招討，全權指揮作戰，並獲朝廷所賜的尚方寶

劍，以便宜行事。劉文秀為副招討，從旁協助。兩人在出戰之前在昆明城內先安排，以防孫可望的奸黨興風作浪。敵對雙方於十五日狹路相逢於曲靖交水。李、孫兩人見孫可望所部頗具聲勢，相顧失色，進駐曲靖城中「躊躇兩日」，未能制定出合適的應戰計劃，只在城外加修木城，打算死守。

孫可望充分利用人多勢眾的優勢，暗中分派張勝、武大定、馬寶統領七千騎兵於十八日從小路偷襲昆明，以圖乘虛而入，劫持永曆帝以及李、劉所部留於城中的家屬做人質。如果這個計劃得逞，有助於脅迫屯兵於曲靖的李定國與劉文秀乖乖就範。為了讓張勝、武大定、馬寶有充足的時間完成任務，孫可望故意與李定國、劉文秀約定二十一日作戰，想把對方牽制三日，讓其不能及時抽兵加防。

表面上佔優勢的孫可望萬萬沒想到禍起蕭牆，大好形勢即將毀於一旦。因為軍中諸將對他的倒行逆施忍無可忍。不言而喻，如果一位統帥治軍過於嚴厲，常常會把一些部下逼向敵對陣營。歷史上不乏這樣的先例。過去，鄭成功嚴厲追究揭陽之敗的責任，結果逼反了黃梧，失去了海澄這個長期經營的戰略要地。而孫可望對軍隊的掌控程度比不上鄭成功，可他馭下也很嚴，就算是李定國、白文選這樣的大將，都挨過他的板子，而劉文秀、馬進寶等人更是被削奪過兵權，軍中難免會存在怨恨情緒。假若孫可望行事公平正派，所作所為能得到輿論的廣泛支持，軍中的反對勢力自然不敢輕舉妄動。可惜他鼠目寸光，竟敢冒天下之大不韙企圖篡位，自然會有很多人看不過眼，當時李定國帶頭與之對抗，暗中叫好的大有人在。就在孫可望計劃大打內戰期間，他不知道自己的部隊已經醞釀著內亂。由南明軍隊改編過來的馬進忠、馬惟興、馬寶等人因為同姓的緣故，早已秘密訂立攻守同盟，並聯絡「身在曹營心在漢」的白文選，隨時準備改投永曆政權。蒙在鼓裡的孫可望並不知道自己已經眾叛親離，還讓馬寶與張勝、武大定一起偷襲昆明。而馬寶在出發之前已透過寫信的方式暗中派人把軍情透露給李

定國，讓其有所防備。

李定國收到馬寶的信是在十八日晚上，經過對形勢的分析，知道只有擊敗孫可望，才能回援昆明。本來要打敗人多勢眾的孫可望難於登天，可是天無絕人之路，因為白文選利用征逆招討大將軍的身份以巡夜為藉口，冒險潛入曲靖與李定國、劉文秀會面，並主動提出要做內應，與李、劉一起裡應外合，夾攻孫可望。火燒眉毛的李定國、劉文秀沒有時間再猶豫下去，他倆同意白文選回營做內應，並果斷放棄與孫可望在二十一日作戰的約定，迫不及待地於十九日早上全力出戰，從正面向孫可望的軍營發起猛攻。白文選、馬惟興等人果然沒有袖手旁觀，而是聞風而動，在孫可望軍營的後面反戈一擊，並大呼：「迎晉王！」使得孫可望所部亂成一團，十幾萬人在遭到前後夾擊的情況下一下子戲劇性般土崩瓦解，四散奔逃。交水之戰以李定國、劉文秀所部全勝而告終，這次勝利不是取決於兵力的多寡，也並非取決於戰鬥力的高低，而是人心向背的結果。接著，「得道多助」的李定國從容揮師回援，在馬寶的配合下擊敗了企圖襲擊昆明的張勝，穩定了雲南全境的局勢。

孫可望在曲靖慘敗後帶著數十騎狼狽逃回貴州，途經普定時守將馬進忠拒絕接納。不得已，轉往貴陽。不料馮雙禮揚言追兵已定，催促孫可望帶家口離開。孫可望前腳剛走，對李定國傾心已久的馮雙禮就歸順了追入貴州的劉文秀。最後，如過街老鼠般的孫可望在人人喊打的情況下慌不擇路地流竄於湖南靖州、武岡等地，於九月底決意降清，派出部將程萬里等人到清湖廣中路總兵李茹春、右路總兵王平的軍營聯絡投誠之事。前線清軍及時出手，於沙子嶺擊退前來攔截的明武岡總兵楊武所部，接應孫可望到了寶慶。與孫可望同時投降的除了他的妻、小之外，還有總兵、都督二十二員，太僕寺卿一員，副將、參將、遊擊等一百餘員，內官二十二員，兵丁家口五百餘員以及馬、騾五百餘匹。

洪承疇從前線駐軍的報告中得知孫可望來降，喜出望外，便於十一月二十八日親自前往湘鄉，與之會面。孫可望為了取媚於人，在會面時一邊對清帝的大恩大德表示「感激」，一邊不忘奉承「滿洲大兵」與洪承疇，聲稱自己部隊打不過「精強」的滿洲軍，從而在寶慶與常德兩戰中損兵折將，同時洪承疇在湖南採取「以守為戰」之策也讓自己「無隙可乘」，「以致雲貴內變自生，人心解體」。之後，這批降人被接到長沙安頓。

在官場多年的洪承疇明白隨著孫可望的來降，西南戰局將出現有利於清朝的重大轉機。他對不久之前以病辭職的決定後悔不已，並馬上補救，向朝廷上疏自稱「病已痊癒」，請求留任。順治帝不會不知道洪承疇的用心，他允許洪承疇原職留任，於十二月初五令他同寧南靖寇大將軍羅託「由湖廣前進，相機平定貴州」。形勢發展到這一步，洪承疇也清楚到了

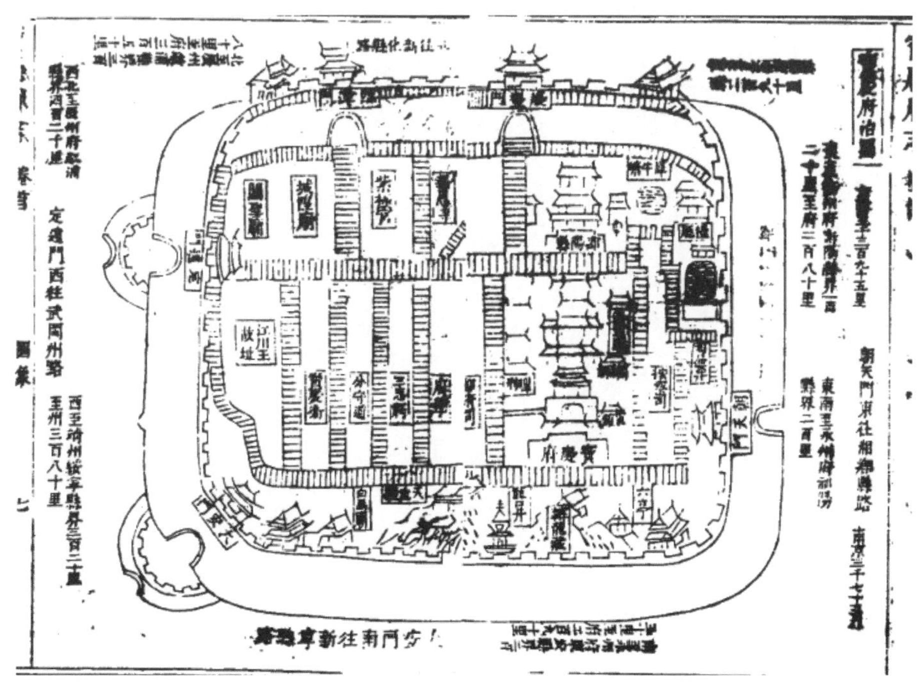

▲孫可望的庇護之地——寶慶。

轉守為攻的時候，策劃著要向西南明軍發起空前的攻勢。

清朝欲發起這一場空前的攻勢，自然需要孫可望以識途老馬之姿指點迷津，以便少走彎路。故順治帝在這一年的年底高調宣佈封孫可望為義王，派一批大臣到長沙冊封，再接其進京。當孫可望於一六五八年（清順治十五年，南明永曆十二年）五月初二到達北京時，先是被王公大臣盛情迎接，其後又在紫禁城見到了久仰大名的順治帝，受到規模極為隆重的款待。順治帝多次宴請以及賞賜孫可望，並好話連篇，認為「自古明君良佐，相得益彰」，自稱一看見孫可望這位「識時俊傑」，「莫不披肝膽，而嘆相見之晚」，因為清朝統治者知道這樣善待昔日的勁敵，自然會物有所值。孫可望也識時務地予以回報，他還在湖南時已向洪承疇多次提供有價值的情報，獻上雲、貴兩省地圖，以致西南地區的「山川曲折」、明軍諸將的情況以及「兵食多寡」，盡為清軍知曉。當時，他雖身處京城，可還是留下十多名親信在前線，做清軍的嚮導。後來，清軍正式進軍時，他又派遣奸細悄悄帶著自己親筆寫的書信到處招降昔日的部屬，聲稱自己已封王，級別等同於親王，在京「恩寵無比」。揚言諸將若肯降，皆可得「厚爵」，「惟定國一人不赦」。

臨戰的火藥味已經越來越濃。清廷於一六五七年（清順治十四年，南明永曆十一年）年底制定的一個分兵三路出擊的作戰計劃：西路以平西大將軍吳三桂同定西將軍李國翰為首，由四川進入貴州；東路以征南將軍趙布泰，提督線國安，梅勒章京富喀、莽吉圖等為首，由廣西前往貴州；中路以寧南靖寇大將軍羅託，固山額真濟席哈、特津、佟六十，護軍統領鄂鼐等為首，由湖南前往貴州。等到三路大軍佔領貴州後，再伺機向雲南發起總攻。值得注意的是，平西王吳三桂被任命為平西大將軍，這是繼孔有德之後第二位出任大將軍之職的漢將。另外，洪承疇在軍中的重要性有所下降，因為順治帝

一面強調洪承疇轄下之兵必須與中路軍一起進軍貴州，另一面卻在洪承疇到底要不要隨軍出征的問題上不置可否，他在敕文中沒有給洪承疇安排確切的任務，只是指示他與中路軍同行，或者尾隨中路軍之後亦可，至於應該怎麼做，由洪承疇自行「相機定奪」。敕文還提了一句：「如果洪承疇隨軍出征的話，那麼羅託等人有事亦可以與洪承疇『會議而行』。」由此可見，出征雲、貴的三路清軍中，洪承疇實際只能參與對中路軍的指揮。順治帝雖然同意「病癒」的洪承疇留任，但對他的重視程度已大不如前。

洪承疇似乎不甘心在到了收穫成果的時候卻叨陪末座，他還要繼續發揮五省經略一職的餘熱，便自稱過去曾經密會過孫可望以及「提督諸鎮將」，並經過廣泛的調查研究，對西南地區的地形「明如指掌」，因而大膽地上疏，反覆強調自己的觀點，指出清廷的軍事部署主要有兩大缺陷：

一、三路清軍齊進貴州之後，必由貴州的普定、安莊、關嶺、鐵索橋這一條「險徑」繼續前進。由於雲、貴兩省很多地方的地理特點是「山川峻阻，林叢深密，大路僅通一線，四圍盡屬險峒」，那麼敵人就可以屯兵於兩省的交界之處，集中全力「扼險拒守」，正好發揮阻擊的作用。

二、貴州從來是「最貧瘠之地」，「一省錢糧」比不上江浙一個中等縣城。當地「苗蠻甚多，漢人絕少」，「數萬」清軍一來到，百姓肯定四散躲避，很難就地獲得補給，必須依賴「楚、蜀、西粵」等地的物資供應。然而貴州與上述地方分別遠隔千餘里、七、八百里與四、五百里不等，而且並無水路可通，只能從陸路運輸。可是又難以徵調足夠的民夫、騾子隨行運載，若拖延時日，勢必糧餉不繼。

針對這些缺陷，他提議要對清廷的軍事部署作出重大修改，即是三路大軍不可同時出發，應該「前

後繼進」，如果有一路清軍先奪取貴州省城，則另兩路清軍可以分別選擇途中適當地點駐紮，既便於買米運糧，又避免齊集貴州省城，以致糧食難以供應。此外，三路大軍分開駐紮互為犄角，形成分進雲南之勢，可以讓很多士卒避免走冤枉路，同時又令屯兵於貴州與雲南交界之處的敵人「顧東不能顧西，顧南不能顧北」。因為對敵人來說，前面的「關嶺、鐵索」等已不足為峙，則後面「巴蜀、西粵」的門戶又洞開，哪能處處兼顧。

這些建議有理有據，但沒有全部被清廷採納，而三路大軍會師貴陽的計劃也沒有被廢止。洪承疇在軍中的地位也進一步下降。在此期間，清廷已經給這三路清軍委任了一位新的統帥，就是多羅信郡王多尼。多尼是多鐸的長子，雖然年僅二十三歲，沒有什麼值得誇耀的從軍履歷，可是身份顯赫，在那個講究家庭背景的時代有足夠的資格任職。這表明，清廷有意把摧毀永曆朝廷的歷史榮譽留給滿洲貴族，不容漢臣覬覦。多尼的正式軍職是安遠靖寇大將軍，與他一起從征的宗族貴族還有多羅平郡王羅可鐸，多羅貝勒尚善、杜蘭，鎮國公品級固山額真巴思漢，而隨行的八旗將領是固山額真伊爾德、阿爾津、卓羅等，其中，巴思漢、伊爾德都曾經跟隨尼堪參加過一六五二年（清順治九年、南明永曆六年）的衡州之戰，並因尼堪的敗死而遭受奪職或削爵等處罰，如今重新南下，即將與老對手李定國重新較量。不過，由於從京師到前線的距離比較遠，順治帝判斷多尼所部已經來不及參加進攻貴州的行動了，因而在敕文中交給多尼的任務是「專取雲南」。

一六五八年（清順治十五年，南明永曆十二年）二月，進軍西南的各路清軍行動了，《永曆實錄》記載參戰的滿、漢軍隊總數號稱「二十萬」，其中湖南與四川幾乎同時開戰。中路軍率先發起進攻，羅託與洪承疇在湖南常德會師，迅速佔領辰州、武岡、新寧、城步、綏寧、溆浦、沅州、靖州。湖南

明軍雄風不再，防線一觸即潰，馬進忠等部未能組織有效的抵抗，四處敗退，致使貴州藩籬盡失。一路如入無人之境的清軍又連下鎮遠、平越州等處，招降馮雙禮轄下總兵馮天裕、闗廷桂等，於四月間進入了省會貴陽。明安順巡撫冷孟飪敗死。洪承疇事後向朝廷奏捷，稱征途中「重關高嶺，石徑尖斜」，天氣又不好，「大雨將及半月，泥濘三尺」，就連滿洲士卒也說：「從來出師，未有如此之難，馬匹疲斃未有如此之甚。」然而他們「皆不顧艱險，奮勇爭先」。漢軍、綠營兵「緊隨而進」。不到五十日即平定貴州大部分地區。羅託也在戰報中稱先後共招降明軍四千九百九十餘人以及「男婦九千八百餘名口」，獲「馬一千四百餘匹，象十二隻」。

與此同時，吳三桂、李國翰的西路軍也與中路軍遙相呼應。吳三桂所部在保寧大捷後退回漢中休整，當時重新入蜀會合各路軍隊一起南下，經沔縣、朝天驛，於三月初四到達保寧，立即在當地徵調船隻，以運載軍糧。準備了三天後，重新起營南下。沿途所過之處大多荒蕪不堪，西充一帶，「猶見數家煙火」；過了順慶之後，「大路枳棘叢生、箐林密佈」，有時連嚮導也辨不清方向。參戰部隊只能向著有人煙蹤跡的地方，一邊砍伐樹木開路，一邊艱難地前進。三月十四日到達合州，發現四處是廢墟，「儼同鬼域」。吳三桂、李國翰指揮部隊跨過合州附近水勢洶湧的嘉陵江，取道銅梁、壁山繼續前行。凡是部隊休息駐營時，常常發現營地附近「滿地頭顱」，這是四川地區長期戰亂的結果。其間偶爾會碰見廬舍，裡面遺下的除了「殘書、壞券」之類的東西外，還有腐爛的屍體。跋山涉水的清軍於四月初三來到重慶，南明守將杜子香已棄城而逃。當時，川東、川西以及毗鄰湖廣的處所仍活動著為數不少的抗清武裝，吳三桂為了儘快到達貴州，沒有抽兵清剿，只留下嚴自明、程廷俊等將留守重慶，而自己和李國翰率主力急促南下。他們冒著溽暑渡過黃葛江、綦江，越過東溪、松坎、新站、

夜郎等地。這支風塵僕僕的隊伍從北向南貫穿了整個四川也沒打過一場像樣的仗，直到四月二十五日來到貴州桐梓境內的三坡、紅關等地形險要之處時，遭遇到明將劉鎮國所部，才發生了稍為激烈的戰鬥。吳三桂把軍隊中的步、騎兵混編在一起，同時派遣軍官「步步督戰」，讓士卒「節節前進」，很快擊敗擋在前面的明軍與大象，並一路疾追，迫使劉鎮國殘部由水西逃入雲南。通道打開後，清西路軍於三十日進佔遵義，「獲糧三萬餘石」，沿途招撫降兵五千餘人，再經新站、烏江、養龍、息烽、禮佐等地，如願以償地於五月上旬來到貴陽與羅託會合。

可是，西路軍與中路軍會師後，果然就如洪承疇在戰前所言的那樣，貴州出現了後勤供應不足的情況。《庭聞錄》記載城內「糧餉不繼，士馬疲困」，吳三桂不想手下將士餓肚子，便離開貴陽，另覓駐軍之地。不久，他打下息烽附近的開州，斬殺守軍二千有餘。兜了一圈之後，重新回到儲有糧食的遵義。在這段時間裡，來降的有明興寧伯王興、總兵王友臣、中軍朱尚文等七千餘人，而水西宣慰使安坤、西陽宣慰使冉奇鑣、藺州宣慰使奢保受等地方土著也先後歸附。

東路軍在趙布泰的率領下於二月初從武昌起程，會同部分湖南駐軍經衡州來到廣西，與線國安所部八千餘兵一起，經南丹州、那地州進入貴州，攻佔獨山等處，於五月間到達貴陽。

僅僅數月，清三路大軍便到達了會師的目的，異常順利地控制貴州大部分地區。同年春夏間，清軍與西南明軍在廣西橫州也展開數次較量。駐於南寧的李定國部將賀九儀於二月初七攻破橫州，但因孤軍深入，馬上又退回駐地。到了三月，李定國舊將閻維龍、曹延生捲土重來，又下橫州，可是在清總兵馬雄的反攻之下很快棄城而逃。五月間，雲南告急，李定國不得不調賀九儀回來，從此廣西被清軍佔領。

自從孫可望遭到驅逐後，很多人希望李定國、劉文秀能把雲南、貴州地區治理得日益完善，成為一個堅不可摧的抗清基地。不過，願望是美好的，現實是殘酷的。在敵軍大舉來攻時，西南明軍的反應顯得毫無章法，前線各路軍隊幾乎沒有進行過什麼激烈的抵抗，便丟失了大片土地，而這些部隊撤退時幾乎都顯得倉皇失措，甚至連「堅壁清野」亦未能做到。這樣的例子比比皆是，清四川巡撫高民瞻在給朝廷的報告中稱明軍放棄重慶時，城中遺留著「糧米」，清方得以「差官看守」，交由部隊「量給支食」。《庭聞錄》記載吳三桂拿下遵義時，獲糧三萬餘石。洪承疇也在疏文中自述他隨軍進入貴州，發現一些府、州、縣、衛、所存有「數百」或者「數千石米穀」，正好用來填飽八旗軍的肚子。到達貴陽後，又看見「省倉存米七千餘石、穀四千餘石，足支一月糧」。即使如此，清軍仍然非常缺糧，需要大費周章「募夫役」，從沅州等後方運糧支援前線。可以肯定，假若明軍能在撤退時徹底「堅壁清野」，清軍所遇到的困難將大得多。

明軍的舉止失措與其內部不和有關。而李定國與劉文秀互相傾軋要負很大的責任。這事要從西南明軍的內戰剛剛結束說起，當時，劉文秀在曲靖之戰獲勝後負責追擊孫可望，他進入貴州後陸續招撫了三萬地方部隊，把持了當地的軍政大權，可是李定國對孫可望順利逃離貴州並降清一事未能釋懷，懷疑劉文秀念舊而有意放走了自己的死對頭，就這樣，兩人的關係埋下了不和的種子。不久，劉文秀上疏請永曆帝移蹕貴陽的行為引起了李定國的強烈不滿，因為李定國希望永曆帝與自己一起留在雲南。為了避免讓劉文秀在貴州坐大，李定國竟然臨陣易帥，在一六五八年（清順治十五年，南明永曆十二年）三月建議永曆帝把劉文秀召回昆明。李定國同樣對歸附的孫可望舊將不太放心，採取措施打亂一些部隊建制，他聲稱要按功勞的大小作為重新分配兵力以及地盤的依據，由此造成了「兵失其將，將

不得兵」的後果，削弱了一些邊境駐守部隊的戰鬥力。儘管王自奇、張明志、關有才、張虎等被認為是效忠於孫可望的將領陸續遭到武力鎮壓，但李定國始終難以消除畛域之見，他甚至將孫可望舊部稱為「秦兵」，而自己的手下稱之為「晉兵」，彼此分得清清楚楚。《爝火錄》記載：「當清軍三路進攻的消息傳來，李定國考慮到降清的孫可望『熟悉險徑』，而前線很多將士『皆可望舊人』，難以付以重任，陸續將之全部調走，轉而令自己信得過的劉鎮國諸將守禦三坡、紅關等地。這些新換防的部隊倉促上陣，自然難以發揮應有的作用。」

另外，永曆朝廷在平定孫可望之叛後又大肆封官晉爵（其中，白文選、馬進忠、馮雙禮分別升為鞏昌王、漢陽王、慶陽王，馬寶、馬惟興升淮國公、敘國公，靳統武、祁三升、高文貴升為平陽侯、咸寧侯、廣昌侯），使得各路諸侯更加多，難免產生讓軍權進一步分散的反效果。綜上所述，由大西軍餘部改編而成的部隊實際已經四分五裂，軍中地位最高的李定國真正能如臂使掌地指揮的只有他的舊部。至於並非出自大西軍餘部的雜牌明軍，李定國也不敢真正信任，例如趙印選、胡一青等南明「宿將」，被「罷置不用」。據說，李定國制定了一條奇怪的軍規，即是與清軍作戰時，只許「一家去戰」，「別家不許相助，恐日後爭功」，這正反映了西南明軍內部派系林立，一盤散沙的局面。

正如《鹿樵紀聞》所評論的那樣，經過連年的戰爭，明軍的「勁兵猛將」，已「十損六七」，再加上軍隊內部缺乏凝聚力，戰鬥力已一落千丈。自從劉文秀從貴州返回雲南後，一直沒有合適的人員取代他的位置。此外，留守湖南、貴州的孫可望舊部由於受到李定國的排斥，也很難會心甘情願地為之賣命。而孫可望看準時機分遣使者到處招撫昔日的部屬，成功促使一些人在陣前倒戈投降。就這樣，離心離德、各自為戰的前線明軍被對手逐一擊破，貴州迅速失陷了。

閒賦在昆明的劉文秀意志消沉，對時局日漸失望，最終在四月二十五日病死。《求野錄》等史籍記載他臨死前還不忘國事，對永曆帝自稱有精兵三萬，在四川雅州、建昌、黎州等處，並藏有窯金二十萬，自己的部將郝承裔知道具體的收藏地點。他希望永曆帝在雲南發生變故時能夠遷往四川，因為自己的妻子部屬肯定會聽從永曆帝的指揮，如果能夠和夔東十三家之兵配合作戰，經略北方的「陝、洛」地區，就有很大的機會扭轉不利局面。從劉文秀的臨終遺言可以看出他把兵權託付給了永曆帝。這再一次顯示李定國雖然努力排斥異己，可最大限度地集中兵權的願望總是落空。

為了打退來勢洶洶的清軍，永曆朝廷資助土司羅大順部以糧餉，令其反攻新添等處。同時張先璧舊部也騷擾貴陽，但均無功而返。如果李定國在清軍開始發起進攻時就親自出馬進駐貴州，那麼戰局肯定不會這樣糟糕。根據後世史書的記載，在貴州受到攻擊的時候，馮雙禮曾經請兵增援前線，而李定國也準備出兵，在這個節骨眼上突然收到了洪承疇的詐降信，裡面說：「『某（洪承疇自稱）本待罪先朝』，志在與李定國同舟共濟，惟等『吳王（指吳三桂）』到達，再一起聽李定國指揮，『無煩王師（指西南明軍）遠出也』。」結果，李定國誤信了這番鬼話，拖延了出師日期，等到三路清軍殺入貴州已悔之晚矣。《安龍逸史》中還有一種說法，就是李定國受到江湖術士賈自明的擾亂。這個賈自明擅長「幻術」，口出大言，自稱懂得天文地理、陰陽象緯之術，能製木牛流馬以及火攻器具，李定國按照他的話製造遮牌、木柵等軍械，為此大肆砍伐樹木，運送昆明，既使得百姓深受勞役之苦而怨聲載道，又遲遲未能出師。後來，方知賈自明乃是洪承疇派來實行緩兵之計的奸細，李定國命令斬統武將之處死。

上述某些荒誕不經的說法難以讓人信服。李定國可能是想等待東南沿海的鄭氏集團以及夔東十三

家在清軍後方鬧個翻天覆地，再出師決戰。《永曆實錄》記載他在此前一年的年底已派人攜帶永曆帝的詔書以及自己的密信到東南沿海，約鄭氏集團於一六五八年（清順治十五年，南明永曆十二年）夏季「會師南都（指南京）」，並致書夔東十三家的王光興、李來亨等，約他們「會師荊州」。可這個計劃尚未來得及進行，清軍已搶先在一六五八年（清順治十五年，南明永曆十二年）四月間佔領貴州。因而，李定國必定會更加熱切地盼望鄭氏集團與夔東十三家能夠按原定日期依約行事，而將反攻時間延後也在情理之中。

西南形勢危急，被永曆帝於一六五七年（清順治十四年，南明永曆十一年）九月封為延平王的鄭氏集團首腦鄭成功不想置之不理，他知道如果再像一六五四年（清順治十一年，永曆八年）的新會之戰那樣袖手旁觀，西南明軍一旦被摧毀，那麼自己在福建沿海的根據地將要承受空前的軍事壓力，就連能否繼續存在下去都成問題。他深感唇亡齒寒，決定如約攻擊「南都」。《爝火錄》記載大將甘輝對此積極予以支持，並認為這是一次破釜沉舟的行動，成敗在此一舉，因而獻上三策：

上策是：從海路出發，在「順風揚帆」的情況下，「旬日外可抵旅順」。再以偏師殺向皮島，而以主力直搗滿人的「老巢」，可形成破竹之勢。滿人居中原未久，「老酋」皆有懷念故土的思想，當「建州」（泛指滿人的家鄉）失守的消息傳來，必惶恐不安而喪失固守關內之志。我軍乘機鼓行而入山海關，所向披靡，天下可傳檄而定。

中策是：從海路直達天津，四處掠奪糧食物資；再以精兵威脅北京。城內的清朝君臣坐困愁城，肯定有人來降。而中原豪傑也會乘勢回應，攔阻從外地趕來救援的清軍。

下策是：「由淮入江以圖金陵（指南京）」，即使迅速克城，亦僅能染指東南半壁而已。

從這番話可以看出，甘輝判斷清軍主力已經大部分開往西南地區，因而無論是關外、北京還是南京，全部兵力空虛。鄭軍如果乘虛而入，不管攻擊哪一處，都簡直是十拿九穩。最後，鄭成功決定出兵長江，「先謁孝陵、再圖北伐」。因為攻打「南都」是履行與西南明軍的約定，同時能夠擾亂清朝在長江的運輸線，對西南明軍可以起到直接的支援作用。

鄭成功率主力於五月十三日離開思明州進行北征，留守金門、思明州等根據地的僅有少量部隊。鑒於這次軍事行動關係重大，鄭軍動員了大部分兵力，人數達到十七萬，其中水兵五萬、騎兵五千、鐵軍八千，並出動了數以千計的戰艦。當時著名文人黃宗羲在文章中記錄這支軍隊對外號稱「八十萬」，而「戈舟」的數目為「八千」。清朝的檔案也可找到類似的佐證，例如清浙江巡撫陳應泰在給朝廷的報告中稱北上的鄭軍「有眾十餘萬，計船三千餘艘」。可見聲勢浩大，一時無兩。在此期間，進攻西南的三路清軍雖然號稱「二十萬」，可洪承疇在出兵前夕給清廷的疏文中承認計劃開入貴州的清軍只有數萬人。就此而言，北征鄭軍的規模與雲集西南的清軍相比，有過之而無不及。

鄭成功與張煌言等人會師後，在閩浙交界的前歧港登陸，為了籌集軍糧而先後佔領平陽、里安，並一度圍攻溫州，迫使清朝從江西、河南、山東等省調兵來援，但未能對清軍進攻西南造成多少影響。看來，殺入長江流域，切斷漕運，威脅「南都」等戰略要地，才是扭轉戰局的最好辦法。虛晃一槍的鄭成功在六月中旬收兵回船繼續北上，準備大幹一場。這支人多勢眾的部隊一旦進入長江口，註定將要像孫悟空鑽入鐵扇公主的肚子一樣，不鬧個昏天黑地誓不甘休。

鄭成功如約北上。那麼，夔東十三家又如何呢？出沒巫山地區的李來亨自從與李定國取得聯絡後，時常出兵長江，伺機攔截往來於江上的船隻，掠奪清朝的物資，並騷擾南漳、房縣、竹山等地，使得

清朝湖廣、四川的地方駐軍不得安寧，但與西南明軍「會師荊州」的計劃隨著清軍大舉進入貴州已不可能實現。在這種情況下，李定國派副將陳良鼎與五名太監帶著永曆帝的聖旨火速北上，催促夔東十三家與活動在嘉定、敘府一帶的抗清武裝攻打重慶，以切斷貴州清軍與四川保寧等處的聯繫。七月，在川、湖督師的明大學士文安之設法安排夔東十三家的劉體純、袁宗第、李來亨、譚文、譚詣、譚弘等率十六營水師襲擊重慶，希望拯救危局。就像已經升任川陝總督的李國英說的那樣：「『重慶為全蜀咽喉重地，南通滇、黔，東接夔關，西達成都，北連保、順』，為兵家必爭之地，不容有失。」因而重慶守軍憑著從陝西調來的火炮猛烈轟擊嘉陵江中的義師船隻，不惜代價地要死守城池。駐於遵義的吳三桂得知後院起火，被迫從貴州回師，以解重慶之圍。這樣一來，清軍對雲南的軍事壓力便減輕了不少。

在鄭成功北征與夔東十三家等抗清勢力攻打重慶期間，李定國果然出手了，以招討大元帥的顯赫身份，帶著永曆帝賜予的黃鉞，在七月制定了一個分路出擊的作戰計劃：他自己親率主力向貴州出發，移鎮安順；而白文選率偏師北上四川，經烏撒移鎮四川與貴州交界的七星關。為了保證計劃的順利執行，明軍每日役使萬餘民夫，分別運糧給安順以及烏撒，由於天下大雨，泥濘深達數尺，讓人舉步維艱。越來越多的民夫不堪負重而倒斃於溝壑之中。《安龍逸史》稱哀號之聲載道，不少人為了苟存於世而盼望清軍早點到來。

八月，正式出師的李定國由於受到雨天的影響，只能以日行三十里的速度緩慢前進。他抵達安順以東的關嶺，在拜祭「漢前將軍（關羽）祠」時發誓道：「定國奉命出師，不以身殉社稷佐中興者，神威當截其頭。」接著又令隨軍諸將發誓，大有捨身取義的氣概。

雖然吳三桂被迫回救重慶，可貴州境內的清軍實力仍很雄厚。各路明軍沒有踴躍出擊，而是互相觀望，以致反攻貴陽的行動未有實質性的進展。或許李定國想等到傳來鄭成功圍攻「南都」，擾亂清軍後方的消息時，再大舉反攻。

壯志淩雲的鄭成功一帆風順，經舟山於八月初九至羊山，眼看離長江的入口處所不遠了，而「南都」已近在咫尺。誰知人算不如天算，竟然在次日遭到颶風的襲擊。《從征實錄》記載當時天昏地暗，「風起浪湧，迅雷電閃，雨大如注」，「只聞呼死呼救、拆裂衝擊悲慘之聲」。一天之後，才風平浪靜。水師傾覆了一批船隻，器械也損失慘重。《爝火錄》等史籍稱八千餘士卒「漂沒」，淹死的人裡面包括鄭成功的六位妃嬪與三個兒子。此外，還有不少被颶風嚇得膽戰心驚的北方士卒做了逃兵。

沿海駐防的清軍俘獲了不少落海的鄭軍士卒，浙閩總督李率泰從俘虜的口供中得知鄭軍「損壞船一千六百隻，盔甲一萬三千有之」。據此，清方確信鄭軍短期之內難以重振旗鼓。事實正是如此，受此打擊的鄭成功嘆息天意難違，心灰意冷地道：「長江難進矣。」遂暫時擱置攻打江寧的計劃，經舟山南返，進行休整。

鄭成功意外被颶風所阻，未能對清軍發揮有效的牽制作用。而圍攻重慶的夔東十三家勢力也情況不妙。吳三桂迅速回援，配合重慶守軍解圍，用更猛烈的炮火轟擊嘉陵江中的義師船隻。死傷甚多的義師被迫退走。重慶雖然轉危為安，吳三桂仍放心不下，又調四川巡撫高民瞻、建昌總兵王明德到重慶坐鎮，而令留守的永寧總兵嚴自明等到王明德到任後，即回師遵義候命。而吳三桂所部最遲在十月上旬已重返貴州前線。從清西路軍的佈置可以看出，重慶、遵義兩地的防守受到特別的重視，只有保住這兩個地方，才能夠「固川、黔一線之脈」。

鄭氏集團與夔東十三家經略「南都」與重慶的行動先後受挫，李定國惟有獨力支撐危局，為了力挽狂瀾，他除了再令羅大順進攻新添之外，又派使者聯絡活躍於四川的抗清武裝首領王友進與夔東十三家的王光興，促使他們帶兵進入貴州參戰。王友進、王光興率部翻越大寶山，經思南府進入平越府，在九月間攻佔婺川、湄潭等處，活捉婺川知縣馬文驊與湄潭教官曠仁熊等人，並與經七星關到達馬場的白文選所部遙相呼應。從東西兩個方向對遵義形成夾擊之勢。這讓吳三桂擔心不已，為了防止在馬場一帶「倚恃山箐，靠險屯紮」的白文選糾集王友進以及王光興等一起發難，攻打遵義，他於十月十四日向洪承疇求援，希望洪承疇能把部分綠營兵調往石阡府的龍泉縣以及平越府所屬的湄潭縣「堵截」王友進、王光興。

隨著王友進、王光興的到來，西南明軍在十月至十一月間已經形成分作四路牽制前線清軍的態勢。根據洪承疇的情報，李定國駐於關嶺，欲「窺伺貴州」。祁三升經安順而前，會同李如碧等將以三十多營的兵力進駐距離貴陽約一百二十里的平壩等處，「逼近貴州之前」。王友進、王光興活動於思南府以及平越府一帶，「以逼貴州之後」。羅大順所部集結於喇啞、盧唐沖等處，「以窺伺貴州之肋」。

清軍作出針鋒相對的配置，寧南靖寇大將軍羅託駐於貴陽，與身在關嶺的李定國遙相對峙。提督張勇與梅勒章京李茹春，防守青崖，以互為犄角之勢監視著平壩等處的祁三升。而洪承疇於十月間急調駐於偏橋的左標提督李本琛前往新添，前標總兵南一魁進駐平越，後標總兵胡茂禎以及隨征雲南的益陽總兵馬鷂子各赴石阡府、思南府，以四路人馬圍剿羅大順、王友進、王光興等人。

清軍反牽制行動取得了一些效果，例如十月十四日，羅託下令滿兵在距離貴陽城外二、三十里的地方驅逐了數百名明軍前哨士卒。左標提督李本琛等四路人馬在思南一帶會剿時，也令羅大順、王友

進、王光興等「聞風遠遁」。

戰事斷斷續續地進行，明清兩軍的指揮層也發生了一些變動，例如清西路軍的李國翰與明軍宿將馬進忠等人先後病死。而最大的變化是多尼率領的京師勁旅在這年九月順利到達貴州。隨著多尼的到來，清軍的優勢更加顯著。此前，順治帝已根據形勢的發展重新調整軍事佈置，他認為由廣西進軍的趙布泰所部兵力單薄，派固山額真濟席哈率軍前往增援，並從多尼以及羅託所部中抽調部隊人馬交由趙布泰指揮。同時下令羅託在多尼到達貴州後相機帶部分人馬回防荊州，以免夔東十三家等抗清勢力在後方作亂。到了年底，清廷又計劃派固山額真明安達理為安南將軍，讓他和固山額真俄羅塞臣、賽音達理，護軍統領席伯臣、車爾布，梅勒章京覺羅巴爾布、科岳爾圖等一齊統領大軍，前往貴州參戰。

清朝的總攻開始進入倒計時階段，多尼以各路清軍最高統帥的身份開始著手策劃總攻雲南的軍事行動。十月初五，他在平越州的楊老堡召開戰前會議，洪承疇、吳三桂、趙布泰紛紛前來參加，共同商討進軍之策。會議決定兵分三路出擊：多尼率中路軍自貴陽挺進，經關嶺鐵索橋進至雲南省城，行程一千餘里；吳三桂率西路軍自遵義挺進，取道七星關入滇，行程一千五百餘里；趙布泰由於南寧方向有抗清武裝活動的緣故，自貴州、廣西邊境的平浪、永順壩、威透山進入雲南的安隆所、黃草壩、羅平州，行程一千八百餘里。按照這個作戰方案，行程最長的是東路軍，其次是西路軍，最短的是中路軍。因而東路軍比西路軍提前十五日出發，西路軍比中路軍提前十日出發。三路部隊預期在十二月會師於雲南省城。洪承疇沒有參與進軍雲南，他的任務是與羅託等留駐貴陽，安撫新平定的地方，並負責管理糧餉等後勤事宜。但他的部屬張勇等人跟隨多尼一起出發。

戰局發展到這一步，西南明軍恢復貴州的希望已經非常渺茫，不得不全線轉入防禦。李承爵所部

為左路，駐於黃草壩，計劃阻擊趙布泰。白文選所部為右路，從生界回師七星關，計劃阻擊吳三桂。馮雙禮、祁三升所部為中路，分別駐於距離貴陽數十里的雞公背與關嶺，計劃阻擊多尼。而李定國率領預備隊駐於北盤江一帶，打算起到居中策應的作用。在此期間，從三坡敗退回來的劉鎮國也得到增兵而守衛安莊。羅大順率部繞道水西騷擾清軍。

十一月上旬，多尼所部轉移至貴陽，隨後向西進軍；吳三桂、卓布泰也先後各自率領五萬軍隊大舉來攻，展開了最後的決戰。由於明、清在貴陽至關嶺一線重兵密佈，而且兩軍的距離也不遠，因而很快爆發了一系列激烈的衝突。從中路突進的多尼分派部隊擊敗騷擾水西的羅大順，然後迅速攻陷安莊，打死劉鎮國，直接威脅祁三升據守的雞公背。馮雙禮連忙從關嶺趕來增援祁三升，共同抵禦清軍。然而雞公背山高路險，糧食補給困難，而馮雙禮所部的到來，加劇了糧食短缺的危機，不少飢腸轆轆的將士自行撤離。馮、祁兩人見部隊已逐漸失去控制，也只好主動放棄這個險要，且戰且退。旗開得勝的清軍繼續向北盤江方向長驅直入。

明軍之中最會打仗的李定國本來堅守於中路的北盤江一帶，完全可以支援據守雞公背的祁三升，可是由於趙布泰所率的清東路軍已經突進至盤江羅炎渡口，直接威脅到李定國所部的側後，迫使這位西南明軍的統帥臨時改變佈置，率部緊急向羅炎河方向轉移，企圖與李承爵一起阻擊趙布泰。

李定國還沒有趕到目的地，戰場的形勢又發生了變化。盤江羅炎渡口的清東路軍沒有裹足不前，由於投誠的土司知府岑繼魯及時獻策，趙布泰得以從下游十里處打撈起此前被明軍沉於水底的渡船，並在夜色的掩護下偷運部隊過江，驅散了對岸之敵。接著，逼近涼水井，憑著兵力上的優勢，四面夾攻列陣於山谷口的萬餘明軍，以迅猛之勢打死明將李承爵。

李定國趕到戰場時已經晚了一步，但他還是帶著三萬人占據雙河口山頂，無畏地阻擊五萬清軍。激戰隨即開始，清朝的戰報稱趙布泰採取爭奪制高點的打法，派遣部分士卒強行登山，終於大破明軍的象陣，俘獲了一些大象。追至魯溝時，又被列柵而守的三十營明軍所阻。趙布泰分兵為三隊，從左右翼包抄，再次告捷。從《欽定八旗通志》等清代官書中可以看出此役打得異常殘酷，同書的《尹塔錫傳》記載一些明軍將領用繩子拴住士卒，以示共赴危難，並依靠陣前排列的火器，不惜代價地發起進攻，然而始終未能得手。關於明軍在此戰中倚重火器的情況，《求野錄》、《殘明紀事》也有紀載，據這些書的描述，明軍在羅炎河畔決戰時使用銃炮，清兵使用弓矢，遲遲未能分出勝負，忽然大風從北方刮來，把施放火器產生的濃煙以及火花吹回明軍陣營，在混亂中，發生了失火事件，附近「山茅野草」也燃燒起來，「煙焰障天」。清軍利用占據上風的位置，乘機「馳射」，成功擊敗恐懼不安的李定國所部。其後，連追四十餘里，又獲得不少大象與戰馬。然而，清軍亦有傷亡，護軍校色勒戰死。

羅炎河一帶發生的戰鬥是清軍為了進入雲南而作出的最重要的一次努力。雲、貴地區山多林密，清軍的騎兵未能發揮預期作用，最搶眼的是步兵。回顧八旗軍的歷史，不難發現「步戰」常常發揮著無可替代的作用。入關之前，這種戰法在清太祖努爾哈赤統一女真諸部以及征伐明朝的薩爾滸與松錦等大決戰中出盡風頭。入關之後，碰上最大的勁敵李定國時，八旗軍又相繼在廣東新會與貴州雙河口與之進行激烈的山地戰，使得「步戰」一再成為壓制對手的妙著。《欽定八旗通志》記載護軍校尹塔錫在雙河口「步戰破敵」，就是明證。

清軍步兵擅長射箭。李定國手下那些手持大刀的士卒對付重裝騎兵綽綽有餘，但與步兵弓箭手作戰就束手束腳了。因而，明軍只能倚靠火器部隊在貴州崎嶇的地形上與清軍的弓箭手作戰。從表面上

看，火器與弓箭各有所長。就以明軍慣用的銃炮等火器為例，雖然具有射程遠、威力大等優點，可也存在射速慢以及長時間發射會過熱與爆膛等缺點。相反，清軍弓箭的射程與威力比不上銃炮，而弓箭手在反覆操作的過程中也容易疲憊。但優點是射速快，不用擔心過熱與爆膛的問題。然而，無論是哪一類的兵器，都是由人操作的。不管是誰，只要能夠成功摸索出一套適合自身裝備特點的戰法，克敵制勝的把握也就越大。早在清太祖努爾哈爾剛剛開始向明朝發動進攻時，善於使用弓箭的八旗軍已經摸索出了一套對付火器的辦法。就拿發生在一六一九年（明萬曆四十七年，後金天命四年）的具有歷史轉移意義的薩爾滸大決戰來說，八旗軍已經知道利用風向作戰。當大風把那些施放火器時產生的濃煙吹回明軍陣地時，明軍銃炮手必定會因視野模糊，難以開火，從而抵抗不了順風而來的八旗軍。這一招數十年來屢試不爽，就連鄭成功也在一六五二年（清順治九年，南明永曆六年）的漳州之戰中被故技重施的金礪擊敗。如今，李定國也步上了鄭成功的後塵，又一次吃了大虧。可見八旗軍能夠叱吒風雲，絕非一時僥倖所致。

南明的失敗還與其內部不穩有關。戰前，明軍盛傳孫可望的扈衛康國臣為清軍嚮導，讓李定國顧慮重重，他擔心部隊裡面那些孫可望的舊將會乘機作亂，難以放手與強敵一搏。話又說回來，兵力處於劣勢的明軍在失敗後還能將大部分人員安全撤回，也顯示出了豐富的戰鬥經驗以及靈活機動的戰鬥作風。羅炎河之戰後，李定國所部向中路的北盤江一帶撤離。而趙布泰揮師直插黃草壩，企圖包抄敵人後路。李定國知道多尼的中路軍也打到了北盤江，為了避免腹背受敵，他下令放火焚燒江上的鐵索橋，與馮雙禮等人往後退，終於搶在後路被切斷之前奔回雲南。

明軍的貴州防線就這樣徹底崩潰了。清中路軍搭浮橋渡過北盤江，如入無人之境地向前疾進，東

路軍也浩浩蕩蕩殺向普安州。兩支部隊互相呼應，直搗雲南。

清西路軍在吳三桂的統領下也沒有落後，逼近了七星關。七星關居於峭壁聳立的山間，山上樹木參天，號「天生橋」，史稱「飛猿不能渡也」。而經過此地的河流水勢洶湧，也自然而然地形成了屏障。吳三桂看見守將白文選搶先占據地利優勢，心知難以硬攻，遂在嚮導的帶領下走間道，繞過水西苗疆，於十二月初到達天生橋的背後，截斷了七星關的後路。此時，在貴州被多尼擊敗的祁三升經畢節向嚮水河撤退，意欲投奔白文選，不料引狼入室，將窮追不捨的一支清軍帶到了七星關附近。這支清軍的首領是達克薩哈、張勇，他倆奉多尼之命追擊，竟然歪打正著地起到了配合吳三桂的作用。在此期間，科爾昆（此人過去參加過衡州之戰，因在戰後向朝廷奏報時沒有提及主帥尼堪戰死一事，竟遭到奪去世職的處罰。當清軍向西南大舉進攻時，他也奉命來到貴州，隨軍效力）帶著另一支清軍也經羅平來到此地。四面楚歌的白文選只能棄關而走，退往一處名叫「可渡」的橋。到達時，發現守橋的馬寶早已撤離，遂放火焚橋退往沾益。至此，清東路軍亦完成了入滇的任務，並乘勢佔領烏撒。

三路清軍均已打開雲南的通道，僅靠西南明軍自身之力無法確保永曆政權的安全，因而更加迫切地需要東南沿海與蜀、楚等地的抗清勢力的支援。鄭氏集團剛剛遭受颱風的打擊，元氣尚未恢復，唯有夔東十三家武裝勢力能對清軍發起牽制性攻擊。儘管劉體純等人在同年七月襲擊重慶的計劃失敗，可是，到了十一月底，在李定國、白文選的授意以及永曆政權監軍太監潘應龍的聯絡之下，義師從川東捲土重來，計劃在大學士文安之以及劉體純、袁宗第、党守素、賀珍、譚文、譚詣、譚弘等人的率領下，再次襲擊重慶，試圖威脅吳三桂的後路。譚文、牟勝帶著先頭部隊於十二月初一逼近重慶，並於次日指揮七千人發起進攻，動用一百五十八條船「蔽江而上」，以多支兵力分別攻打重慶朝天、保

江、臨江、千廝、南紀、出奇、金子等城門。守軍用大炮、鳥槍、弓矢抵抗，同時派遣奇兵於城外長江岸邊埋伏，意外地捉到了奉李定國之命與夔東十三家聯絡的副將陳良鼎。但義師的攻勢仍未減緩，還陸續有援兵到達。當戰事持續到十三日時，譚詣又帶著六、七千人以及一百多條船經涪州趕來，與先頭部隊會合，從水陸兩路，一齊攻城。困守城內的四川巡撫高民瞻估計城會失陷，為了避免成為俎上之肉，竟然貪生怕死地脫離崗位，逃離了危城。

此時此刻，進入雲南的吳三桂已是遠水難救近火。駐守保寧的四川總督李國英設法抽調部分兵力於十一日南下救援，並在途中碰到落荒而逃的高民瞻，知道重慶形勢不妙。無奈前路「叢莽窄徑」，又恰逢「天雨泥淖」，「跋涉甚艱」，一時難以到達。重慶眼看就要變換主人了，誰知義師竟然在十五日發生內亂。事情的起因是遲遲前來參戰的譚詣令眾人不滿，再加上他不肯盡力與殘留於城內的清軍作戰，引起了譚文、牟勝的疑心。譚詣乾脆先下手為強，刺殺了譚文，派總兵馮景明暗中經臨江門入城與清軍聯繫投降事宜，相約內外夾攻以解重慶之圍。十六日黎明，留於城內的清重夔總兵程廷俊、建昌總兵王明德，署守東道周憲章與巡上東道賈還真等督兵三路出擊，與譚詣所部合力擊潰了圍城義師，追到銅鑼峽口，才得勝回營。

▲練箭的清兵。

川東義師對重慶的圍攻持續了十五天便告敗，未能對雲南戰局產生重大影響。西南明軍盼望外部勢力牽制清軍的願望又一次落了空。先後入滇的三路清軍，順利在十二月下旬會師於曲靖、羅平等處，然後集中絕對優勢的兵力向昆明撲來。

永曆朝廷知道昆明的失陷只是遲早的事。朝中文武諸臣在十二月上旬商討著何去何從的問題，並向永曆帝提出各種建議。有人主張死守，李定國對此強烈反對，指出如果死守，若「一跌不復」，將「悔不可追」，不如暫且轉移到外地，「再圖恢復」。劉文秀的部將陳建等人根據劉文秀的遺願，懇請永曆帝轉移到四川。李定國躊躇再三，認為明軍在四川擁有的建昌等地盤太小，難以容納以及供養從雲南撤出的十萬之眾，不如轉移到湖南或者廣西，情況危急時還可以退入交趾，伺機「航海至廈門（指思明州），與延平王（指鄭成功）合師進討」。反對者認為清軍已經越過黃草壩，切斷了東進之路，而新敗的明軍一時難以打開通道，故並非良策。眾人議論紛紛，各抒己見。討論還沒有結果，三路清軍已經從臨沅、廣南、沾益、馬龍逼近宜良、嵩明、通海、昆陽一帶。昆明城裡四處是難民，哀號之聲震天。無論是北上還是東進，都已經越來越困難了。黔國公沐天波等雲南籍人士不太願意離開故土，便聯絡朝中的馬吉翔等人建議轉移到滇西，必要時可避入緬甸，在當地獲得糧食，等到清軍攻勢稍緩，再據「大理兩關之險」，以便能東山再起。李定國為形勢所迫，只好同意了。

永曆朝廷撤退昆明的時間是在十二月十五日，臨行前，永曆帝降旨宣稱為了避免清軍來到昆明後因缺糧而殘害百姓，要求李定國、白文選等不要燒毀倉庫裡儲存的糧食。可能是當初這位落難天子進入昆明時，該城的老百姓「遮道相迎」的盛情款待給他留下了深刻的印象，以致作出了這個迂腐的決策。結果，清軍大部隊在一六五九年（清順治十六年，南明永曆十三年）正月初三入城時，在昆明等

地繳獲足以食用半年以上的糧食。由於不必擔憂在雲南這個貧瘠的地方餓肚子，清軍官兵執行追剿永曆朝廷的任務時能更加專心致志。

明軍護送著永曆帝向滇西撤退，隨行的百官扈從以及逃難的百姓，共約數十萬人，日行不過三十里，由李定國率部分人員殿後。一些人悲觀失望，暗中盤算著叛變。艾能奇的兒子艾承業糾集狄三品等人，以千餘驍卒伏於道旁的寺院中，意圖劫持李定國北上建昌，後因李定國所部戒備森嚴，而未能得逞。很多不願意西行的將領選擇了北上四川，除了與李定國離心離德的艾承業之外，還有馮雙禮、陳建、王會等。其中，馮雙禮與狄三品一起撤往四川建昌衛時，在一六五九年（清順治十六年，南明永曆十三年）上半年被狄三品用計捉獲，獻給吳三桂作為投名狀。

西南明軍已經正式四分五裂。而昆明淪陷之後，明將胡一青、劉之扶，許大元、王宗臣、王有德與土司龍世榮等相繼降清。李定國仍然不改初衷，護送永曆帝經楚雄至大理。途中，由於疾病、飢餓的困擾，有的人掉了隊，還有的見勢不妙做了逃兵，隊伍逐漸減員一半以上。永曆帝不敢久駐大理，繼續向永昌方向西行。留守的李定國帶著一百多名親兵趕赴下關，與率萬餘殘兵潰敗而至的白文選會面。白文選流著淚怒叱李定國：「主上（指永曆帝）以『全國全師』委託於王（指李定國），想不到形勢糟糕到這個地步，應該追究誰的責任？」李定國當即向南面叩首，自稱願以一死贖前罪。白文選知道繼續責備李定國於事無補，便勸其以大局為重，趕快護主西行，而自願殿後。

昆明易手後，由多尼坐鎮城中主持大局，而負責追擊的吳三桂、趙布泰很快殺到鎮南州。清軍偵察得知白文選所部屯於玉龍關，隨即派遣前鋒統領白爾赫圖等進擊。白文選與張光翠等人一邊退卻，一邊抵抗，經永平縣渡過瀾滄江時把江上的鐵鎖橋燒毀，其後由沙木和、右甸、鎮康轉往木邦。吳三

桂等在追擊中生擒明總兵呂三貴，繳獲「鞏昌王金印一顆」與「象三頭，馬一百四十匹」，並乘夜編筏過江，攻克永昌。

此前，得知玉龍關敗訊的李定國早有準備。他先讓總兵靳統武以四千人護送永曆帝離開永昌前往騰越暫避，然後繼續留下來與清軍周旋，準備痛痛快快地打一個殲滅戰，伺機收復昆明。李定國自從退入雲南後，接二連三地喪師失地，給人留下了雄風不再的印象。然而，這位百折不撓的統帥絕不會一蹶不振，只要捕捉到戰機，必定會進行破釜沉舟式的反擊，以制止對手的肆意橫行。麻痺大意的清軍尚未察覺，自進入西南以來最險惡的一戰正悄悄地迫近。吳三桂、趙布泰佔領永昌後，馬不停蹄地向騰越前進，於二月二十一日渡過水勢洶湧，瘴氣出沒的潞江，毫無戒心地來到了距離潞江二十里的磨盤山。

位於西南邊陲的磨盤山（即古羅岷山，又叫高黎貢山）山高路陡，「有石門一道，長亙五里許，曲而險隘」。山上的羊腸小徑「徑隘箐深，屈曲僅容單騎」，部隊難以並列透過，是一個打伏擊戰的好地方。明軍經過對地形的細緻勘查，由李定國拍板，選擇適當的地點豎立木柵數重，布下首尾相應的三個伏擊點。第一、第二與第三個伏擊點分別由泰安伯竇名望、廣昌侯高文貴、武靖侯王國璽所部潛伏。並在山谷埋下地雷，相約等待敵軍全部進入伏擊圈，由竇名望率先出擊，點燃地雷，然後高文貴、王國璽應聲而起，同時猛擊敵軍的首、尾部位。按照計劃，每一個伏擊地點埋伏著二千將士，共六千人參戰。這點兵力雖然難以在平原與人多勢眾的清軍抗衡，可是在磨盤山卻能發揮以少勝多的奇效。因為進入埋伏圈中的清軍勢必擁擠在山間的羊腸小徑，不能把部隊疏散開來排列陣營，由於前路不通，後路堵塞，只能處於被動挨打的狀態，弄不好甚至會被殺個片甲不留。

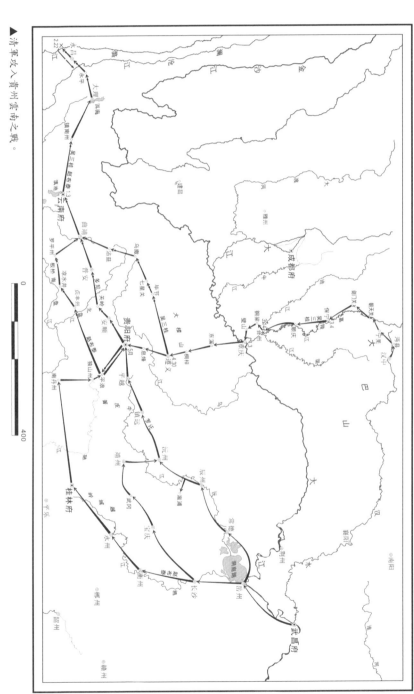

貴州雲南之戰（西元1658年至1659年）

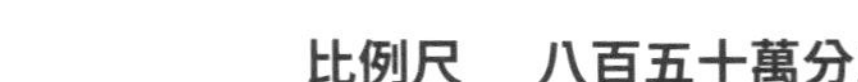

▲清軍攻入貴州雲南之戰。

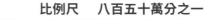

李定國判斷屢戰屢勝的清軍已成驕兵，難逃「驕兵必敗」的規律，便靜下心來在伏擊圈中等待。為了杜絕煙火，以免被敵哨察覺，他派人在四十里外的橄欖坡造飯，再悄悄送來前線。經過數日的潛伏，山間冰凍的氣候與寒冷的飯菜令很多將士苦不堪言，然而皇天不負有心人，敵人的蹤跡終於出現了。

連續追蹤了數百里的吳三桂、趙布泰於二月二十二日早晨先後來到了磨盤山前，由於沒有碰到一個敵人，他們以為明軍早已潰不成軍，帶著滿漢大軍大搖大擺地上山。這支隊形散亂的隊伍漸漸進入了伏擊圈，前鋒已經深入到第二個伏擊點，眼看難以逃脫被一網打盡的命運。誰知明軍內部出了叛徒。李定國信任的光祿寺少卿盧桂生出人意料地離隊投奔清軍，洩露了明軍的伏擊計劃。吳三桂聞訊大驚，慌忙傳令前鋒後撤，並讓部隊下馬步行，開炮轟擊山間那些可能藏匿伏兵的叢林。同時，派遣精銳部隊四出搜索。潛伏於第一個伏擊點的竇名望不得已，帶領手下發炮應戰。第二、第三個伏擊點的明軍也相繼聞風而起，加入戰團。這一仗從早晨打到中午。第一個伏擊點周圍發生的戰鬥特別慘烈。《八旗通志》記載了前鋒統領白爾赫圖的血腥廝殺過程。他在戰鬥剛開始時下馬「據石而立」，連發三箭，射死三人，然後與前鋒侍衛達克薩哈等一起衝鋒，硬闖明軍的木柵，斬殺竇名望。

關於竇名望之死，各種說法不一。例如《安龍逸史》稱他被流矢射中目部，自刎而死。《小腆紀年》稱他被槍彈穿肋而過，持刀突圍而出，僅走了數里因失血過多，僕地而亡。《庭聞錄》亦記下了一些軼事。據傳這位將領生得「短小精悍」，每次臨陣之前常常飲酒數升，再摘下頭上的兜鍪而戰。磨盤山之戰時，他對人說：「我姓竇，而山叫『磨盤』，天下哪有『豆』（隱喻「竇」）入磨而不爛？『今日是我死日』！」遂飲酒，免胄而出，「手刃百餘人乃死」。

雙方傷亡慘重，史稱「僵屍如堵牆」，除了竇名望之外，據說王國璽也死於此役。坐鎮山巔的李

定國在戰鬥開始後聽見「信炮失序」，驚駭不已。甚至有清軍發射的炮彈落於身前，致使面部被濺起的土塊擊中，可見氣氛之緊張。《續綏寇紀略》、《西南紀略》諸書記載他得知「前軍」已潰，憤而發「後兵」決戰。清軍雖然又得到多尼所部的增援，前後參戰兵力號稱「十萬」，但由於地形不利，被迫後退三十里，撤回潞江一帶。明軍僥倖得勝，可部隊傷亡很大，並且盧桂生等降清的「奸人」已洩露軍情，李定國為防不測，率部連夜撤出了騰越地區。

然而，《安龍逸史》、《殘明紀事》等史籍認為取得最後勝利的是清軍。其中比較有代表性的是《庭聞錄》，書中還記錄了明軍的傷亡情況。稱清軍出動一萬二千餘人上山搜索時，射出的箭與彈丸如雨點般灑落。明軍將領不知伏擊計劃已洩露，沒有及時發炮應戰，使得六千明軍伏兵有三分之二死於「林箐」之中，而後來應戰的二千人也被「殺戮盡絕」。

李定國所部的案卷喪失殆盡，因而明軍的戰鬥表現只能從清朝檔案、官修史書及民間野史中尋找。《清世祖實錄》收錄一份由多尼、吳三桂、趙布泰等人聯名的疏報，惟妙惟肖地描述清軍分八隊衝擊磨盤山。其中特別提到「前鋒統領白爾赫圖等領前鋒先登，斬偽伯竇名望」，而「固山額真沙里布等繼進」，合力取勝，最後「賊（指明軍）遁入石門，是夜逸去」。其實，這是一份報喜不報憂的戰報，因為裡面沒有說明沙里布在「短刀肉搏」的過程中當場陣亡。雖然根據《八旗通志》諸書的統計，死亡的還有梅勒章京琿錦、多頗羅，護軍統領圖納等，但死者之中職位最高的正是出任固山額真的沙里布。自從八旗軍入關以來，固山額真陣亡的事比較罕見，想不到這一次竟然在所擅長的山地戰中被李定國以弱勢兵力打得如此狼狽，可謂奇恥大辱。

北京的順治帝以及王公大臣們當然不會輕信前線的戰報，曾經組織人員反覆審核部分參戰部隊在

磨盤山失敗的經過，並為此於一六六〇年（清順治十七年，南明永曆十四年）六月處罰了一批將領，其中多羅信郡王多尼罰銀五千兩、多羅平郡王羅可鐸罰銀四千兩、多羅貝勒杜蘭罰銀二千兩、固山額真濟席哈「革一拜他喇布勒哈番並所加級」，梅勒章京莽吉圖、傅喀、剋星格「各革一拖沙喇哈番」。至於征南將軍趙布泰，在兩軍對壘之際，竟然對吳三桂說要為戰死的侄兒多婆羅收屍而擅自離開，「不在陣前」。事後又犯下包庇親信、污蔑同僚以及咆哮公堂等罪行，受到革職為民的嚴厲處分。最幸運的是吳三桂，沒有受到任何懲罰，這可能是朝廷念及其放清軍入關以及轉戰各省時勞苦功高的緣故。

關於清軍的傷亡，清朝的官書失載。野史說法不一，例如《爝火錄》中的資料是「滿兵」共死八千人，而書中認為隨軍的貝勒、貝子也在陣上斃命，則可能失實。《小腆紀年》的數據是「王師（指清軍）亡都統（指固山額真）以下十餘人，喪精卒數千」，可供參考。

李定國在逆境之下策劃的磨盤山之戰雖然未能殲滅清軍主力，然而擊斃的滿蒙八旗軍總數與昔日的衡州大捷相比，恐怕有過之而無不及，再一次顯示了令對手心驚膽戰的指揮才能。然而，《求野錄》記載李定國所部在磨盤山之戰後餘眾不過數千，兵力與全盛時期相比有天壤之別，很難扭轉戰略上的被動局面了。

清朝在此戰中損兵折將，不敢窮追到底。來到騰越之西一百二十里這個「中原界盡」的地方，便見好就收，班師返回昆明。繼續西撤的李定國卻再也見不到永曆帝了。因為這位南明的最後一任皇帝已經離開了中土。當永曆朝廷一行人馬在此前經騰越於一六五九年（清順治十六年，南明永曆十三年）閏正月二十六日退至距離緬甸邊境不遠的布嶺時，靳統武的部將孫崇雅率領部分護衛軍嘩變，大肆搶掠永曆君臣財物。永曆帝在天威營的保護下連夜逃往鐵壁關，經曩本河，意欲進入緬甸避難。靳統武不想逃

循異邦，率部屯於鐵壁關不前。需要說明的是，永曆帝入緬之事從沒有與李定國商量過，他只是受到馬吉翔等隨行人員的蠱惑而臨時作出的決定。而隨行的文臣武將不到兩千，完全是一派窮途末路的景象，不少人盼望暫時能找到一處地方棲身。在沐天波的出面斡旋之下，邊境守關的緬甸軍人允許永曆帝入境暫避，條件是入境人員要解除隨身攜帶的兵器。永曆帝同意了這個苛刻的條件，一時之間邊境的「弓刀盔甲」等器械堆積如山，就這樣，這夥不能操縱自己命運的人，赤手空拳地踏上了異邦的土地，以求苟延殘喘。

事後，李定國從靳統武的報告中得知永曆帝躲入情況不明的緬甸，震驚不已，派高允臣快馬加鞭地趕去勸阻，可惜已經太遲了，緬甸官員拒絕交回永曆帝，並殺害了高允臣。這樣就使得李定國不得不考慮用武力奪回永曆帝，而西南邊陲的形勢也更加波譎雲詭。

第十一章

大江狂瀾

一場精心策劃的大戰即將發生在一六五九年（清順治十六年，南明永曆十三年）的長江下游地區。此前一年，清軍集中力量向盤據西南的永曆政權發動全線進攻，致使南明最後一個朝廷奄奄一息。抗清大業到了生死存亡的危急關頭。西南明軍賴以生存的根據地基本喪失殆盡，無力轉危為安。活動在四川與湖廣諸省的夔東十三家等抗清勢力曾經企圖救援西南，並多次出兵重慶等地，但由於實力有限，也難以力挽狂瀾。環顧海內，有能耐扭轉危局的只剩下活躍於東南沿海的鄭成功。與內部派系林立的西南明軍以及夔東十三家等抗清武裝不同，鄭成功所部組織嚴密、號令統一，完全能夠步調一致地執行軍事任務。為了拖住清軍向西南進軍的後腳，鄭成功早就計劃殺入長江，奪取「南都（指江寧）」，攔腰切斷西南清軍與大後方的聯繫，以此瓦解清朝對永曆政權的攻勢。

他曾經在一六五八年（清順治十五年，南明永曆十二年）從福建出發，會合浙江沿海抗清的張煌言，率部從海路北征，然而不幸於八月受到颶風的阻擾，不得不無功而返，流連於浙江、福建沿海的象山、台州港、海門所、磐石衛、樂清縣、沙關等處。經過休整後，他於一六五九年（清順治十六年，南明永曆十三年）二月下旬來到磐石衛，開始策劃重新北上，準備與清軍逐鹿於長江下游地區。幾乎與此同時，李定國在雲南發起了磨盤山之役，可惜未能達到預期目的，使得鄭成功策劃的北征成了南明反敗為勝的最後希望。

鄭成功北上之前，留下部分兵力守衛思明州、金門等據點。為了以防萬一，他乾脆允許官兵攜帶家眷隨征。故此，水師以一鎮的兵力，在陳輝、陳澤等將的統率下，專門保護運載家眷的船隻。

由於「風信未順」，拖到一六五九年（清順治十六年，南明永曆十三年）四月才正式出發。鄭成功召集諸將商議時直言要「進取南都」，可是擔憂在進軍途中會被駐於浙江定海的百艘清軍船隻騷擾，

故企圖「先聲奪人」，拿下此地，既能補充人力物力，又可以為以前在浙江沿海附近戰死的將士報仇，尤為重要的是，在戰略上起到了聲東擊西，牽制敵人的作用。因為定海清兵受到攻擊時必然向江浙一帶的駐軍求援。然而援兵來到時，鄭軍正可避實擊虛，乘機「揚帆直取金陵（指江寧）」。這樣一來，清軍疲於奔命，鄭軍以逸待勞，實乃「百戰百勝之道」。諸將聽後，紛紛恭維：「藩主（指鄭成公）算無遺策，定當照辦。」於是，鄭軍依計行事，在二十八日到達定海，次日奪其城池，乘勝進入寧波港，焚燒了一批船隻。五月初，估計清江浙援兵將至的鄭成功認為乘勢殺入長江，「攻其無備」的時機來到了，遂率部離開定海，繼續北征。並在途中公開申明自己「親統大師，不憚數千里，長驅遠涉」的最終目的是要「進入長江」，儘快恢復失地，並毫不諱言「我師」的「一舉一動」，將被「四方瞻仰，天下見聞」，因而影響重大。他指出隨軍諸將的「功名事業，亦在此一舉」，提醒大家要「同心一德，共襄大事」。務必軍紀嚴明，以爭取民心為上。

臨戰準備也在緊張的佈置中，由於鄭軍裝備比較精良，很多將士全身披掛盔甲，因而臨陣之際，耳朵會被頭盔掩蓋，而鐵甲在磕磕碰碰時產生的響聲也會帶來干擾，以致聽不清金鼓的號令，延誤了戰機。鄭成功為了解決這些難題，以「耳聞不如目睹」為由，特別設立紅、白兩種高招旗，打算戰時讓人拿著在陣中揮舞，用來指揮三軍進、退。又傳諭軍中的大小船隻，無論是行軍還是停泊，都必須井然有序，不能「混雜而行」。考慮長期活動於東南沿海的「南船」不熟悉「長江港路」，便煞費苦心地派遣一些老水手引路。這些人所坐的船隻稱為「引港船」，白天在桅上掛著高招旗，夜晚則亮燈，以作信號。此外，水師還用發射火炮、火箭等手段進行聯繫。

這支十多萬人的隊伍乘坐三千餘艘戰船，對外號稱「八十萬」，一路經羊山、崇明新興沙，於

十九日取道吳淞港口順利進入了長江。再在永勝洲紮營，操練了數日，意圖在長江流域打幾場大仗。在此期間，鄭成功知道清蘇淞提督馬逢知（即曾任浙江金衢總兵的馬進寶，當時已改名為馬逢知）有反正之意，令監紀劉澄與之聯絡。馬逢知猶豫未決，意圖等鄭成功拿下南都後再作定奪。

可是，向南都進軍的路程並非一帆風順。鄭軍經順江洲、江陰縣、焦山塔，直逼瓜洲，終於碰到了清軍設置的重重障礙。諸將召開戰前會議。鄭成功在發言中稱：「瓜洲是南都門戶，敵人必有重兵鎮守。此地擁有堅固的工事，既在譚家洲、瓜洲柳堤建了可以互相對射的炮臺，又有『滾江龍』攔截，不能輕敵。」（所謂「滾江龍」，意即用鐵索繫於巨艦之上，攔腰截斷江面。據清代史學家全祖望在《鄞張公神道碑銘》中的追記，當時清軍在金、焦兩山之間以「鐵索橫江」，以遏制從水路來犯之敵）。

據此，鄭軍的佈置是：派遣部分兵力由水路攻打譚家洲，奪其大炮；另調水性好的人潛入水中，斬斷滾江龍。同時出動大部隊直搗瓜洲，務必使守軍「左右支吾，聞風膽破」。鄭成功在十五日揮師進至瓜洲北岸時，又專門強調要適時攻取矗立於瓜洲上流的「滿洲木浮營」。這些木浮營用很多大杉木板釘成，可容納五百名士卒以及四十門大炮，並儲存了大量的火藥、火礶，可以炮擊江中的船隻，最為犀利。

次日早晨發動進攻。當天的天氣很好，東南風盛發，有利於鄭軍水陸部隊疾進，可謂未戰已「先得天時」。鄭成功偵察得知清操江巡撫朱衣助同遊擊左雲龍率滿漢兵馬數千，屯於瓜洲城外迎戰。遂令左右武衛居中，中提督甘輝、左先鋒楊祖所部居左，左提督翁天佑所部以及五軍居右。後提督萬禮負責率部包抄瓜洲後路，並埋伏於揚州大路，既承擔阻援任務，又伺機圍剿潰逃之敵。

敵對兩軍隔著一個小港而列陣對峙，只用火器與弓箭互相射擊，尚未靠近廝殺。不久，材官張亮立下首功，他蕩舟而進，指揮手下泅水砍斷了「滾江龍」。鄭成功乘勢下令發起總攻，各路部隊冒著

清軍的炮火一齊突進。左衝鎮周全斌的部屬紛紛跳落水中，衝向小港對岸；然而，一些地方的水特別深，致使很多身披鐵甲的兵丁由於不堪重負而沉下水底，慘遭沒頂之災。儘管這樣，他們還是前赴後繼地上了岸，與守兵廝殺。擊潰敵人阻攔後，周全斌以雷霆萬鈞之勢來到城下。正兵鎮韓英乘勝豎梯登上城牆，左先鋒楊祖迅速跟上，佔領瓜洲。到了中午時分，右提督馬信拿下了譚家洲，令守軍的大炮啞了火。張煌言、羅蘊章所轄的水師也奪取了三座滿洲木浮營。

清軍損失慘重。遊擊左雲龍陣亡。江防徐騰鯨逃走。操江巡撫朱衣助與數十名滿兵藏匿於衙門之內被搜獲，成了俘虜。鄭成功處死了滿兵，卻認為乞降的朱衣助是「腐儒」，「殺之徒汙吾劍」，釋之反而顯得寬宏大量，遂放其回家。後來發生的事表明，鄭成功看走了眼，犯了放虎歸山的錯誤。

戰後，鄭成功以援剿鎮劉猷鎮守瓜洲，監紀柯平督理江防，並根據張煌言的意願，讓其統領部分兵力進入蕪湖，一來可以追擊從瓜洲敗退的清軍水師，二來又揚言攻打南都，以牽制一部分敵人，掩護鄭軍主力攻打鎮江。

戰火很快燃燒到大江對面的鎮江去。鎮江作為長江的咽喉要地，是通往江寧的必經之道，因而成了清朝嫡系部隊八旗軍的固定駐防地點之一。早在一六五五年（清順治十二年，南明永曆九年），清朝入關後的第一位皇帝順治帝就命令久經沙場的將領管效忠為昂邦章京，率領八旗軍駐防鎮江。次年又加強了該地區的兵力，總共駐有滿漢官兵三千，其中包括不少剽悍善戰的騎兵。

清軍將領不願意將精銳的騎兵用來守城，只希望打野戰，因為這是八旗軍的強項。清朝能從關外的白山黑水一路凱歌進入關內席捲大江南北，名聞遐邇的鐵騎立下了不可磨滅的功勞。當時，管效忠與江寧巡撫蔣國柱一起躊躇滿志地率領著由駐軍與部分援兵組成的一萬五千人出城迎戰，當中據說有

一半是騎兵。部分騎兵穿戴著雪白的鐵甲，非常引人注目，他們行軍時浩浩蕩蕩，紮營時嚴陣以待。

十九日，鄭軍開始在鎮江南岸的七里港登陸，立足未定，清軍已分路湧到跟前。然而大仗一時打不起來，因為清軍將領發現鄭軍人多勢眾，自知無必勝把握，遂主動後退十里，在銀山一帶安營。鄭軍亦步亦趨地進駐在銀山對面的山上。企圖與鄭軍保持一段距離的清軍很快又轉移至銀山下面的大路，只在山上留下數百人做疑兵。

儘管雙方都不敢輕舉妄動，但一場龍爭虎鬥不可避免地即將開始。鄭成功在戰前偵察時發現銀山靠近鎮江府，離清軍大營不到三里，位置比較重要。假若控制此山，取得居高臨下的優勢，山下的敵人必定進退失據。不過，白天搶佔山頭有很大困難，因為部隊在集結以及登山的過程中，很有可能會遭到敵騎的拚命攔截，故非萬全之策。為此，他仔細地觀察銀山地形，將山上道路的位置調查得一清二楚，甚至連各部隊紮營的具體位置都預先安排妥當。之後，在二十二日夜間二更時分下令全軍向銀山前進，趕在天亮之前登上了山頂，迅速控制了整座山，前鋒距離敵人陣營不過一、二里。等到山下的清軍將領醒悟過來，已經晚了。他們大驚失色，馬上揮兵佈陣，籌備反攻，血戰就此展開。

迎戰的鄭成功布了一個三疊陣。站立在第一線的是眾望所歸的鐵軍。這支處心積慮組建的鐵甲步兵除了裝備盾牌、砍馬刀、長槍之外，還有「滾被」。所謂「滾被」，是一張厚達二寸的大棉被，張開可以遮掩射來的箭雨，它的作用不遜於盾牌。就這樣，鐵軍每一名將士既有鐵甲，又得到「滾被」與盾牌的雙重保護，砍起敵人騎兵的馬腳來可以心無旁騖。

搶先進攻的清軍分作五路殺來，他們有充分的信心擊敗對方的步兵。根據以往的作戰經驗，凡是騎兵遇上步卒，就讓敢死隊打頭陣，只要他們首先退後數丈，再快馬加鞭地向前猛衝，等到敵陣一亂，

便勝券在握。跟在後面的精銳部隊立即乘勢從突破口殺入，在陣內大肆蹂躪，無往而不利。過去，太多的抗清武裝在作戰時敗於這種風馳電掣般的戰術之下。當時，鐵甲步兵能否有效克制清軍鐵騎，將快要在實戰中得到檢驗了。

五路清軍之中，有一路清軍攻打的目標是鄭成功所在的中軍營，他們故技重施，選派一千八百餘騎打頭陣，這些人一齊在躍馬奔騰的那一刻大吼三聲，分作三批以泰山壓頂之勢勇往直前。鄭軍左、右武衛的鐵甲步兵迎戰。排在前面的二百多人與最先到來的八百餘敵騎打成一團。激戰中，有三百名清軍騎兵成功突破鐵軍的第一疊陣線，繼續死命向第二疊衝刺，他們明白，只要把對手的陣營打穿，勝利就有把握了。可是，奇跡出現了，鐵軍沒有一觸即潰。這支部隊的第一疊陣線雖然被突破，但將士們恃著鐵甲的保護，不管敵騎如何在身邊穿梭不停，全部臨危不懼，只管揮刀砍劈。第二疊的鐵甲步兵則以逸待勞，排成橫隊以盾牌自蔽，遠遠望去好像一堵牆，將清軍阻於牆前，使得敵人的戰馬似熱鍋上的螞蟻團團轉，不得其門而入。古語有云：「強弩之末，不能穿魯縞。」如今清軍正是這樣，由於陷在鄭軍兩個疊陣之間，處於前後都是敵人的窘迫狀態。他們進退兩難、徘徊不定，並缺乏迴旋餘地，因而實際已經從進攻轉入防禦狀態。騎兵的優勢在於進攻，而不是防禦，這是一個軍事常識。當騎兵被迫待在原地進行防禦時，就意味著已經失去了主動權。果斷反擊的鐵甲步兵快步挺進，攻上前來，使出了「三人一隊」的戰法。也就是說，用三名步兵圍剿一名騎兵，其中一名士兵手執盾牌在前，另外兩人拿著刀跟在後面，以最快的速度接近對手，既砍馬、又砍人。那一些走避不及的清軍剎那之間成了活靶子，竟被銳利的雲南砍馬刀打得人仰馬翻。剩餘的清軍趕緊掉轉馬頭，一溜煙撤了回來。

這時，清軍第二批精銳部隊已經到達，按照原計劃他們應從突破口一擁而入，可是眼見頭批騎兵

已被打得喪魂落魄，哪個還敢重蹈覆轍上前送命，唯有勒馬站於原地，紛紛射箭。弓箭對鐵甲步兵不能造成嚴重的傷害，因為頭盔、面具與肢體的鐵臂、鐵裙具備一定保護作用，可是鐵軍當中有些人是漁民出身，習慣了赤腳在沙灘上行走，故沒有穿鞋。當這些人不幸被弓箭射中腳時，便拔箭再戰，真是「輕傷不下火線」。他們吶喊著向前衝鋒，迫使敵騎退回一箭之地。

經過多次碰壁，打頭陣的三批清軍騎兵不得不後撤，他們在血的教訓面前知道眼前強大的對手與過去明軍那些疏於訓練、沒有披甲的烏合之眾不同，不能再按照老皇曆辦事，遂決定改變打法。為了避免戰馬被對方的砍馬刀所傷，作出了全部下馬作戰這個無奈的選擇。這些騎兵下馬之後與隨後趕到的步兵會合，因為他們披著鐵甲，擁有比步兵相對要好的防禦能力，所以仍然要衝鋒在前。他們身上的鐵甲雖然不遜於鄭成功的鐵軍，可是手中的矛槊、馬刀只適用於馬上作戰，而在徒步近戰中比不上福建藤牌與雲南砍馬刀，故此，即使尚未交鋒，誰優誰劣已昭然若揭。如今，最前面的清軍已管不了那麼多，在弓箭與火器的掩護下前進。當兩軍距離逐漸縮短時，便齊齊亮出兵器打成一片。摩肩接踵的鄭軍在各種遠射兵器的配合下放手大開殺戒，很快把送上門來的清軍打得望風披靡，死傷累累。

這一路清軍徹底失敗了。其餘四路清軍見勢不妙，馬上集中三路兵力飛速趕來增援，僅留千餘騎兵另作一路，專門負責牽制周圍的鄭軍。

鄭成功及時補充兵員，重整陣線，迎戰捲土重來的敵騎。軍中的火炮部隊待機而動，只見陣中一員將領在適當的時候舉起旗幟用力一揮，身處第一線的鐵甲步兵馬上與對手脫離接觸，向兩邊散開，而來不及疏散的士兵，立即伏倒在地，目的是讓開位置，使陣後的炮兵能夠毫無障礙地射擊炮彈。一些初來乍到的清兵騎兵可能一廂情願地以為對手將要逃跑，便策馬向前，想不到正好撞在鄭軍的炮口

上，在隆隆的炮聲中東倒西歪，栽倒一片。本來，按照明軍傳統的打法是首先發射火炮遠距離殺傷敵人，然後再讓步兵進行白刃戰。可是，鄭成功為了出敵不意，採取了作戰次序相反的新戰法。不過，這種戰法重複使用會讓敵人產生心理準備，不再那麼輕易上當。另外，火炮的缺點是不能迅速連射，炮兵射擊一次需要花費良久的時間裝填彈藥，因而，最後解決問題還是要靠王牌鐵軍硬拼硬！事實正是如此，散開的鐵甲步兵在最短的時間之內重新聚集於陣前，形成了一條完整的防線，紛紛用砍馬刀劈向那些被打得暈頭轉向的清軍鐵騎，轉眼間，已有兩名騎兵頭目被斬翻在地。

清軍騎兵不得不結束了虎頭蛇尾的衝刺，讓所有的人都下馬，企圖破釜沉舟、死中求生。可是，這種自殺行為無異於重演飛蛾撲火的悲劇。決戰時刻到了，鄭軍發射數不清銃炮、弓矢、火箭，然後，拿著盾牌與利刃的步兵如潮水般沖下來，一下子就淹沒了對面的清軍，致使清軍傷亡慘重，其陣線頃刻瓦解。無論是在山坡上，還是河溝旁邊狹窄的道路裡，逃亡者自相踐踏、屍横遍野，只有少數幸運兒突圍而出，撿了條性命。

清軍五路進攻，四路全敗，剩下的一路無心戀戰，飛也似地奔逃。其中，蔣國柱在混亂中逃往常州，而管效忠則逃往江寧。關於管效忠的表現，時人所著的《明季南略》中有戲劇性的描述，據說他在戰鬥時「多備戰馬，刀斫至，急避之。馬頭落，效忠躍上他馬；須臾，馬頭三落，效忠三躍以避」。鄭軍將領見其「勇健絕倫」，欲生擒之，故沒有痛下殺手，不料最後卻被其逃脫。類似的說法也許是根據民間傳說寫成，頗有演義的成分。不過，管效忠的確是在鐵軍的刀下撿回了一條性命，只是他直屬的數千兵，僅剩下一百四十餘人得以脫身。戰後，這員老將也不禁嘆息道：「吾自滿洲（滿洲本是滿族的族名，在這裡泛指關外地區）入中國，身經十七戰，未有此一陣死戰者！」

鄭軍趁熱打鐵，馬上搜山，殺死不計其數的殘兵敗卒，還繳獲了很多馬匹、駱駝以及盔甲、弓箭、鳥銃等兵器。而鄭軍的損失微不足道，據《先王實錄》的說法僅僅被炮打死數人，還有數人被箭所傷。這個輝煌的勝利使鄭成功一嘗所願，他的鐵甲步兵終於乾淨俐落地擊敗了清軍鐵騎。儘管這次勝利仍舊與地利有關，因為長江沿岸的崎嶇山道與水網河流限制了騎兵迂回敵陣側後的行動，迫使其只能從正面強攻。然而不可否認的是，類似的地形在大江南北很常見，如果鄭成功運用得當，他的鐵軍完全可以重複類似的勝利。需要提及的是，清軍步騎兵敢殺上銀山，也是自恃山地戰的能力了得，哪會料到竟然被「海寇」打得這麼慘。

鄭軍在銀山獲勝之後，馬上包圍鎮江，於六月二十四日迫使鎮江守將高謙與知府戴可進等獻城投降。鎮江地區作為八旗軍眾多駐防據點中的一個，它的失守，是清朝入關之後前所未有的。鎮江一失，附近的句容、儀真、滁州等州縣紛紛歸降，江寧門戶洞開。

為了慶祝這個非凡的勝利，鄭成功在二十五日舉行大閱兵，以弘揚軍威。然而，當時軍中有人只想鞏固目前的戰果，不願意冒險深入江寧。例如《閩海紀要》記載甘輝提出了如下的建議：「斷瓜洲，則山東之師不下；據北固（指鎮江境內的北固山，在此泛指鎮江），則兩浙之路不通，但坐鎮此，南都可不勞而定也。」意思是只要控制瓜洲、鎮江這兩處長江下游的戰略樞紐地方，既能阻止北方軍隊渡江，又截斷了漕運之道，而受到孤立的江寧將不戰而下。謀臣潘庚鍾存在類似的看法，《臺灣外記》記下他當時的話：「如今一鼓而克瓜洲，江南門戶已破。雖然軍聲大振，天下撼動，然而未可驟然進兵。應當暫駐於此，派遣眾將士分別占據淮陽諸郡，扼其咽喉之地，再收拾人心，等待時機，然後主力齊進。況且北京聚居的滿、漢軍民『不下百萬』，一旦糧道斷絕，嗷嗷待哺，兩月之內，其兵必潰、其民必亂，

如此可不戰而定。」最後以三國故事中的官渡之戰為例，稱：「此正曹公（指曹操）之所以取勝於官渡也。」另一位謀臣馮澄世也認為：「南都『城池廣闊』，不易攻取。不如一面駐於瓜洲，實行斷敵糧道等措施，一面派人秘密趕赴雲南請求李定國等人前來會師，方為上策。」

但鄭成功認為此時與三國的形勢不同。因為清軍憑藉明朝內亂入關，本為「鼠竊烏合，狐假虎威」之輩，如今「大兵一至，自然瓦解」。若不果斷進兵，恢復舊業，呼召天下豪傑，乃是「自老其師」的下策。倘若清朝徵調的各省兵馬齊至，首尾合擊我軍，豈不陷於孤軍作戰的劣境？基於種種理由，他堅持執行攻打江寧的原定計劃。然而，到底應該從水路進軍還是從陸路進軍？諸將有不同的意見。甘輝認為「兵貴神速」，最好是乘勝由陸路長驅直入，晝夜「兼程而進」，以破竹之勢，可「一鼓而收」南都。如果做不到，則採取圍攻的辦法，斷絕敵援，先拿下南都附近區域，則孤城可「不攻自下」。若由水路而進，會因為此時「風信不順」而致使「時日稽遲」，敵人必然四處召集援軍，攖城固守，進行抵抗，那時要想得城需要多下一番工夫了。不過，一些將領以為軍中將士遠道而來，「不習水土」，再加上部隊攜帶的裝備比較多，單兵負荷很重，值此「炎暑酷熱」之際，很難在陸路兼程而進。這些將領的反對意見也有一定的道理，恰巧這段時間下起大雨，陸路上的溝壑積水、河流暴漲，不利於跋涉，鄭成功經過考慮，採納了從水路進軍的意見。周全斌、黃昭、高謙等人奉命留守鎮江府，鄭成功率主力出發。

鎮江與南都兩地的距離有一百二十里左右，從陸路長驅直入大約需要一、兩天的路程。如今鄭成功讓部隊坐船逆水而上，結果行軍速度緩慢，一直拖到七月仍未到達。

長江下游很多地方的清軍處於風聲鶴唳、草木皆兵的狀態。七月初一發生的一件事就說明了問題。兵部中軍楊嘉瑞派遣的四名哨兵深入蕪湖偵察時誤入浦江港，看見虎衛將四名鐵軍士卒正在岸邊與

二百清軍步兵對峙，便立即登岸協助。想不到惶恐不安的清軍不戰而退回江浦縣，會同城裡的官員從北門逃遁無蹤。乘勢追至的八名鄭軍將士在當地士民的迎接之下從南門入城，不費吹灰之力控制了這個地方。他們以少勝多的英雄事蹟四處傳播，以致當地的童謠唱道：「是虎乎？否。八員鐵將，驚走滿城守虜！」這支來自東南沿海的部隊一時名動四方，聲威所及，六合縣、浦口鎮、太平府、蕪湖縣、當塗縣、繁昌縣相繼來降。

初五日，到達七里洲的鄭成功與先到一步的張煌言會面，他讓張煌言率領部分戰船沿江而上，希望能收復上游更多郡縣，同時攔截湖廣、江西等地的清軍援兵，以協助自己攻取江寧。

兩日後，聲勢浩大的鄭軍主力終於到達了江寧外城的觀音門附近。感慨萬分的鄭成功在此期間賦詩一首，即《出師討滿夷自瓜洲至金陵》：

縞素臨江誓滅胡，雄師十萬氣吞吳。
試看天塹投鞭渡，不信中原不姓朱！

在選擇適當地點登陸之前，鄭成功打算留下左衝鎮黃安負責管理江中的船隻以及船中的家眷、糧食、器械等。由於此處水網縱橫，交通發達。「上通九江、黃河，北連蕪湖、採石，南達京口」，很多地方駐有清軍水師，隨時存在著進犯的可能。針對這種情況，黃安提出採取新的戰法，他認為過去軍隊在海中作戰時常用大船「乘風沖犁」，然而在「風微流急」的江中不再方便實施這種戰法，因而建議使用體積小一些的船隻。每船配備長櫓等工具，依靠人力劃動，船上運載銅百子、銅花干銃之類

的火器，可利用輕便快速的特點，靈活機動地打擊敵人。同時，水師應該儲備足夠的火藥、火箭、火罐、火炮等，以防患於未然。鄭成功深表贊同。其後，黃安受命為水師總督，帶著一批戰船前往三叉河口等要點「日夜嚴加提防」，以免清軍艦隊乘虛而入。

江寧城宏大雄偉，外城有相當長的一段城牆面對長江，這為鄭軍船隻繞城航行提供了便利。兩天之後，鄭成功選擇在長江岸邊登陸，直逼江寧內城的儀鳳門。儀鳳門與坐落於城西北，「視之若狻猊之蹲踞」的獅子山相連（其中有一段城牆繞山而建），而山下又有一條長河流過，直通十餘里外的長江，使得此門有依山傍水之勢，易守難攻。城外的河上建著一條石橋，是進出城池的必經之路。橋的北面又有一橋，控制著前往旁邊白土山的通道。扼守這些要點，有助於切斷門內外的聯繫。

鄭軍陸軍分散駐於城周圍。鑒於儀鳳門的位置特別重要，由前鋒鎮余新、中衝鎮蕭拱宸駐於獅子山，負責堵塞城外通道，同時以左提督翁天佑為應援。前鋒鎮之後，是中提督甘輝、後提督萬禮、左先鋒楊祖所部，他們駐營於第二大橋頭的山上（其中甘輝居中，萬禮居左，楊祖居右）。同時，又有部分水師奉命隨時應援儀鳳門。此外，鄭成功督領左武衛林勝、左虎衛陳魁、右虎衛陳鵬以及張英的五軍屯於獄廟山「相機進取」。右提督馬信、宣毅後吳豪駐於漢西門教場，作為偏師。各部隊設立鹿角、木柵，挖掘深溝，並「安設大炮地雷」，製造雲梯，準備打一場大仗。

據城內清軍的觀察，鄭成功陸軍共立營八十三座，與長江中的水師遙相呼應。在此期間，丹陽縣、寧國府、合山縣、來安縣、和州、池州府、上元縣、溧陽縣、安慶府、徽州府紛紛歸順。江西九江等處也有義兵回應。據《聖武記》的統計，先後共有「四府三州二十四縣望風納款，繼揚、常、蘇旦夕待變」，東南地區呈現變天的跡象！形勢大好。鄭成功率領甘輝、馬信等將領與幾百名侍衛到鍾山視

察地勢，並遙祭明孝陵，可謂志在必得。

長江下游地區戰火連續不斷，南北消息隔絕。身在北京的清朝順治帝心急如焚。他最先接到的是瓜洲與鎮江受到攻擊的報告，便連忙於一六五九年（順治十六年，永曆十三年）七月初八令內大臣達素為安南將軍，與固山額真索洪、護軍統領賴達等率兵「前往征剿」。過了幾天，遠在二千四百餘里的江寧又告急，北京氣氛更加緊張。

當時身在北京的西方傳教士湯若望由於與皇室關係密切，對宮中之事頗知一二，並在事後進行了回憶。當時他聽說江寧城裡共有六千守軍，其中僅有的五百名滿洲將士「對漢人軍隊又是懷著猜疑態度的」。因而估計該城的陷落已是早晚間的事了。這位元傳教士親眼目睹這個壞消息傳來時，「一些膽怯的人已經為了首都的安全而驚恐起來」，而順治帝方寸大亂，「完全失去了他鎮靜的態度，而頗想作逃回滿洲之思想」。可是「皇太后向他加以叱責，她說：『祖先們勇敢得來的江山，怎麼可以這麼卑怯地放棄了呢？』他一聽皇太后的話，這時竟突然暴怒。他拔出他的寶劍，並且宣告為了他絕不改變的意志，要親自去出征，或勝或死。為堅定他的這言詞，他竟用劍把一座皇帝御座劈成碎塊。只要有人對於這御駕親征的計劃說出一個不字，他會照對御座那樣對待他們。」「皇太后嘗試著用言詞來平復皇帝的暴躁。另派皇帝以前的乳母，到皇帝面前勸誡皇帝，因為乳母是被滿人敬之如自己生身母親一般的。這位勇敢的乳母很和藹地向他進勸，可是這更加增加了他的怒氣。他恐嚇著要把她劈為碎塊，因此她就驚恐地跑開了。各城門已貼出了官方的佈告，曉諭人民，皇上要親自出征。登時全城內便起了極大的激動與恐慌。因為許多人不得不隨同出征，所以不僅是老百姓，就是再體面的人，也一樣激動恐慌。皇上的性格的暴烈，極有可能在疆場上遇到不幸，而一旦如此，那麼滿人的統治又要受

江寧之戰作戰經過圖（西元 1659 年，農曆七月七日至二十一日）

比例尺 十三萬分之一

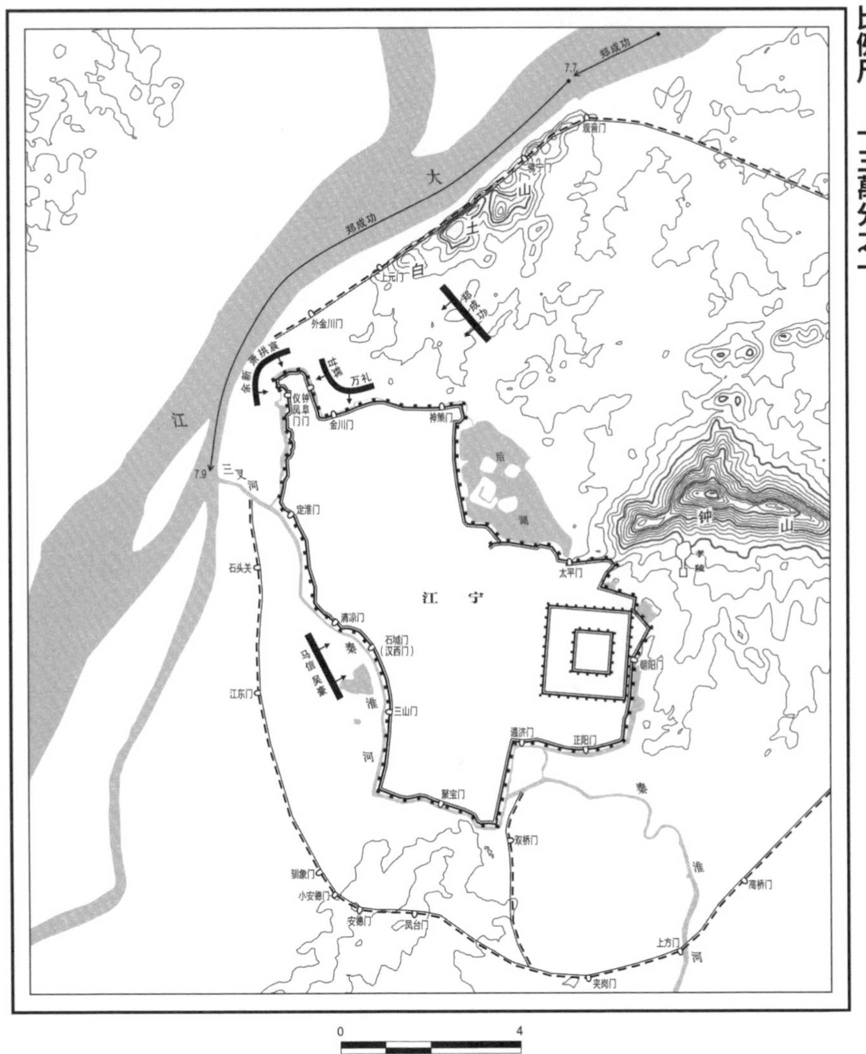

▲江寧之戰作戰經過圖（一）。

危險了。」

其後，在湯若望的親自勸說之下，順治帝總算打消了親征的念頭。可是又沒有派遣王公貴族率勁旅南下，只是令江西提督楊捷與寧夏總兵劉芳分別出任隨征江南左、右路總兵官，帶著幾千綠營兵到江寧救急。不久，精奇尼哈番董學禮奉命為左都督，出任隨征浙江總兵官。戶部尚書車克也緊急前往江南，催收「各省額賦」，準備製造戰船。由此可見，當時清朝佈置重兵於雲、貴兩省對付西南明軍，其他地方難以籌集足夠的軍隊應付長江下游的危局。

顯然，江寧城內的總督郎廷佐、昂邦章京喀喀木等地方官員只有自救，才能「置之死地而後生」。這座城市從一六四五年（清順治二年，南明隆武元年）起駐有二千名滿蒙八旗，如今由於遠征雲貴，調走了不少兵員。城裡的綠營兵有江南總督轄下二千人，城守協副將轄下一千一百八十餘人。這點兵力與鄭軍相比可謂微不足道。不過，江南省（轄區大致包括江蘇、安徽）的綠營兵約有五、六萬名，分散駐於全省各地，雖然在不久前的瓜洲、鎮江等戰事中損失了一批人馬，可是省內剩餘的水陸官兵相繼入援。鎮江守將管效忠在銀山戰敗後率殘部搶在鄭成功的前面迅速退到了這裡。就連從鎮江獲釋的朱衣助也單騎跑入城中，為守軍出謀劃策。甚至外省的駐兵也趕到了，從貴州凱旋而回的梅勒章京噶褚哈、瑪律賽正巧率部分滿洲八旗欲撤返北京休息，得知

▲湯若望。

江寧有變，馬上從荊州「星夜」趕來增援，於六月十八日順利到達，不過，在這支剛剛從西南前線回來的部隊裡面，大部分人沒有攜帶戰馬、盔甲以及弓箭，需要在當地籌集軍械。儘管如此，兵力還是不足，清軍不得不龜縮於江寧內城之中，並提早採取堅壁清野的政策，拆毀與焚燒了外城很多房屋，強行把附近十里的居民遷入城中。

然而，鄭軍登陸後遲遲未攻城。有一種說法認為鄭成功中了敵人的緩兵之計。《臺灣外記》記載城內守將根據朱衣助的計謀派出使者到鄭軍營中假裝聯繫投降事宜，鼓動如簧之舌聲稱：「本應大開城門，無奈清朝有例，守城者能支撐三十日，即使城失守也不會罪及妻孥。如今城中各官家眷全在北京，乞請藩主（指鄭成功）『寬三十日之限，即當開門迎降』。」鄭成功信以為真，以致貽誤戰機。他還在軍事上犯了一項重大錯誤，就是未派兵扼守句容、丹陽等通往江寧的咽喉要地，使得蘇、松等處的清軍得以繼續入援。

▲順治帝。

七月十五日，蘇松水師總兵梁化鳳帶著三千步騎兵經句容入城。此外，江寧巡撫蔣國柱抽調蘇松提督標下遊擊徐登第所轄的三百名步騎兵、金山營參將張國俊所轄的一千名步騎兵、水師右營守備王大成所轄的一百五十名步騎兵相繼趕到。浙閩總督趙國祚、昂邦章京柯魁同樣沒有坐視不顧，從駐防杭州的八旗軍中選出五百人，由協領雅大里、參領佟浩年等率領赴援。遊擊劉承蔭所轄的五百綠營兵奉浙江巡撫佟國器

之命也接踵而至。隨著各地的清軍援兵不斷來到，原本只有數千人的守城清軍在短時間內增加了一倍以上。城裡文武官員的信心越來越大，不只一次地主動出擊。

早在鄭軍主力尚未到達之前，江寧清軍已經於六月三十日襲擊了途經此地駛往蕪湖的張煌言所部，但不敢沿著長江窮追。鄭軍於七月初九日在儀鳳門登陸後，清軍偃旗息鼓了一段時間。等到梁化鳳等人來到，又在十六日對城外發起試探性攻擊，與儀鳳門外的鄭軍前鋒鎮發生了小規模的衝突，然後退回城中。

然而，江寧城裡的清軍來自各地，建制不同，既有剛從長江上游退下來的殘兵敗將，又有從貴州前線回來，缺乏兵器的輪換之兵。這些臨時雜湊的軍人與不久之前那支裝備齊全，各部隊隸屬關係井然有序的鎮江駐防大軍相比，相形失色。鄭成功有能力在鎮江摧毀數以萬計的清軍，擊敗江寧之軍似乎不成問題。

甘輝不願意看到攻城良機就這樣失之交臂，在十七日提醒道：「大軍久屯於城下，『師老無功』，恐怕敵援陸續趕到，將多費一番工夫，因而請求迅速攻城。」固執己見的鄭成功反駁：「自古攻城略邑，必然會加大傷亡，之所以未立即攻城，正欲等待敵人援兵齊集時，再加以殲滅。手下敗將管效忠『知我手段，不降亦走矣』。何況附近的府州縣陸續歸附，南都淪為外援已絕的孤城，『不降何待』？」接著，他又以銃、炮未佈置妥當以及有意反正的清蘇淞提督馬逢知尚未趕來參戰為由，認為還需要等候一兩日再攻城。

時間一天天地過去，圍城的部分鄭軍將士產生了麻痺鬆懈的情緒，有人離開汛地砍柴刈草，還有人到江邊捕魚。特別是駐於儀鳳門這個關鍵位置的前鋒鎮，紀律不嚴的問題暴露得最為嚴重。鄭成功為了

保險起見，在十八日欲增派左提督翁天佑所部與前鋒鎮一起駐紮。前鋒鎮將領余新卻存在爭強好勝的心理，自以為完全有能力執行軍事任務，不願意別人分功，便頭頭是道地說：「儀鳳門前只有一條大路。路左邊的城下乃大河深溝，沒有地方容納兵馬，敵人不可能從此處來犯。右邊是長江，江上有水師把守，防備也很嚴密。惟有門前大路兩旁的房屋已經拆光，敵人可能會在那裡埋伏兵馬。故前鋒鎮的對策是設立路障，堵塞城內外出入的通道，並在營中佈置三排大炮備戰，可謂『嚴密如鐵桶，雖飛馬難過』，清軍哪敢從此處進犯？況且，前日已經擊退過敵人的騷擾。當時為了麻痺敵人，不過故意示弱『以誘之』。」余新斬釘截鐵地保證，倘若敵人真敢來犯，他將與中衝鎮所部一起迎戰，不用再派別的部隊協防。最後，他甚至立下軍令獎：「如有疏忽，情願被軍法處置。」而自己也沒有顏面活著見藩主（指鄭成功），「以立於三軍之上」。鄭成功見其勇於擔當，又有一定的作戰能力，遂取消了調派翁天佑助戰的計劃。

好消息不斷傳來。鄭軍截獲了大量清朝往來的緊急公文，其中一封來自南方的公文寫有「燕都（指北京）不通文報，近一月矣，南都未知明清」之句。而另一封來自北方的公文附有家書，裡面一位清朝官員吩咐家人，稱：「『南都音信久絕，傳聞鐵兵（指鄭軍中的鐵甲步兵）難敵，有遷都遠避之議，大事可知。可令子與弟先投國姓（指鄭成功）』，以便『為我（官員的自稱）』將來投降預做準備。」諸如此類的言詞比比皆是。連居住在杭州的前明大臣徐渭之子徐楷也暗中報稱：「杭州部隊調入江寧參戰，城中空虛，正在尋找機會『據城迎降』。」又透露：「杭虜（指駐於杭州的八旗兵）與家人永訣赴京，云：『戰甚利害，有機會必投順』。」反映了清朝官員人心惶惶的情況。很多人認定鄭成功必勝，最顯著的例子是漕運總督亢得時，他迫於清朝的嚴酷的法令不得不從高郵出發赴援江寧，但在途中於二十一日投水自盡，以免死於鄭軍的鋒鏑之下。

鄭成功終於打算發起總攻了，在二十日傳令各提督、統領加緊在前線佈置攻城大炮，限兩日之內完成。又以駐於漢西門的馬信等人兵力稍弱，先後令韓英、黃安率部前往助戰。而黃安所轄的水師暫時委託部下管理。二十一日，接到塘報，得知清軍屯集兵馬，「欲來衝殺一陣，以決勝負」。鄭成功判斷敵必先進犯儀鳳門、漢西門兩處駐軍，派遣翁天佑所部移駐於王家擺渡洲頂一帶，與儀鳳門、漢西門兩處的軍隊互相策應。同時再派人催促蘇淞提督馬逢知儘快動身，趕來參戰。

江寧城裡的清軍不肯坐以待斃，時刻企圖捕捉戰機，以轉危為安。總督郎廷佐、駐防江寧的昂邦章京喀喀木以及梅勒章京噶褚哈、瑪律賽等經過商議，認為應該出城迎戰。而為了避免兵力分散，首先選擇的攻擊目標是活動在儀鳳門、鍾阜門外的鄭軍。他們決定把軍隊分為兩部分，一部分由郎廷佐、管效忠、梁化鳳轄下的綠營兵組成，出城擔任主攻任務（這部分綠營兵分為六路出戰，其中，郎廷佐、管效忠所部分為三路，梁化鳳所部也為三路）；另一部分由從貴州前線返回的滿兵、江寧守軍以及協領雅大里、參將佟浩年所率的杭州駐防旗兵組成，擔任阻擊任務，負責攔截鄭軍援兵。

在各路清軍之中，梁化鳳所部是主力，負起了殲滅儀鳳門之敵的重大責任。管效忠早就知道梁化鳳的能耐，曾經撫其背說：「此賊之破，專賴將軍。」梁化鳳亦以此自許。這位足智多謀的綠營將領曾經在戰前親自來到儀鳳門附近的獅子山上進行偵察，他看到余新的部隊將門外的石橋截斷，以樹木堵塞城外的要道。此外，鄭軍所有營壘都朝著城門，又恐側翼遭到清軍騎兵的突擊，因而橫向設置了木柵等障礙物。這個陣地表面上戒備森嚴，但經驗豐富的梁化鳳認為存在重大隱憂，因為城外的鄭軍列營於江邊的山巒之間，「前扼後阻」，兵力在不利的地形上難以充分展開，故而敵人雖眾，可是能夠與清軍作戰的不過位於陣營前列的數千人，只要「一處摧敗」，其餘的「勢必自散」。他蔑視鄭軍

為「草竊烏合之眾」，自信可一戰而勝！

二十二日天色微明，清軍密謀已久的反擊開始了。戎旗遊擊朱鴻祚、郝進孝帶領五百騎兵出外扼守要道，阻擊鄭軍援兵。梁化鳳在此前以態度強硬地對他們說：「我在儀鳳門作戰時，絕不能被一名從白土山方向衝過來的鄭軍騎兵威脅側後，否則，將處死你們！」當清軍的輕騎突然出當時戰場時，很快完成了既定任務，一些措手不及的鄭軍士卒連鎧甲也來不及披掛，四散而逃。

在梁化鳳所部的三千人之中，騎兵很少，主要依靠徒步作戰。他與提標遊擊徐登第等人一起，按原定計劃挑起了最為激烈的儀鳳門之役。清軍先用炮火開路，在與鄭軍對射的過程中奪取了優勢，將堵塞在路口的鄭軍炮架全部擊碎，直至打得鄭軍士卒無法立足為止。其後，大批清軍步兵衝了出來，還有的爬上樓房屋頂，用強弓往下射箭，或者拆卸磚瓦投擲。接著分路突擊。梁化鳳親率署奇營遊擊王龍等將從中路突破，與鄭軍爭奪石橋。王龍素來以膽大著稱，帶頭摧鋒陷陣。化鳳提刀緊跟不舍。在他們的身後，有不少人冒死披甲泅水，一齊向橋湧來。經過一番血戰，清軍過橋的過橋，上岸的上岸，迅速匯聚在一起，紛紛衝過鄭軍設置的木柵等障礙，闖入營壘之中。

前鋒鎮余新督兵迎戰，各營卻袖手旁觀。因為以前作戰時，曾經發生過各鎮爭功而互相攻訐的事，被惹火的鄭成功鄭重宣佈：「今後沒有我的命令而『擅自進兵者』，軍法處置！」想不到這條軍規竟然起到了適得其反的作用。各營在一時未能得到軍令的情況下，不敢出戰。只好眼睜睜地看著前鋒鎮一敗塗地。余新撤往蕭拱宸之營。蕭拱宸也抵擋不了清軍如飛雹般射來的箭，敗下陣來。

梁化鳳所部進展順利。而朱鴻祚、郝進孝也分派騎兵與督標遊擊白士元的部屬一起攔截鄭軍水師，使潰敗的鄭軍無船接應，被迫擠於營中亂成一團。這些軍營大多用木板築成，並張開帳幕為宿舍，立

旃為門，再加上東西相連的數十道木柵，最容易被烈焰吞噬。清軍四處放火的同時大加屠戮，「斬首以萬計」，俘虜無算，並繳獲了大量軍械。

儀鳳門外的鄭軍就這樣被全殲了。余新、董廷等大小將領陷敵。中衝鎮副將蕭拱柱陣亡，主將蕭拱辰跳水而逃。遠在獄廟山的鄭成功難以遙控指揮，他緊急調翁天佑所部來援，可惜已經太晚了。二十二日的戰事以鄭軍告負而結束。

輸了一陣的鄭成功實力猶存，他不敢怠慢，在甘輝、林勝的勸說下改變作戰佈置，把陸軍主力移往觀音山以及觀音門附近，與衝出內城的清軍遙相對峙。鄭軍在這一帶佈置了四道陣線：第一道陣線的部隊處於前面，由後提督萬禮、宣毅左鎮萬義所部組成，主要任務是監視城外大橋及主要通道，負責攔截向觀音門方向殺過來的清軍；第二道陣線的部隊由左武衛林勝、左虎衛陳魁所部組成，列陣於長江岸邊的觀音山山腳；第三道陣線的部隊由中提督甘輝所部以及張英的五軍組成，埋伏於群峰起伏的觀音山山谷裡面；最後一道陣線的部隊駐屯於觀音山山頂，由左先鋒鎮楊祖、援剿右鎮姚國泰、後勁鎮楊正、前衝鎮藍衍所部組成，以居高臨下的態勢俯瞰整個戰場，準備隨時增援前線。鄭成功本人率領右衝鎮萬祿、右虎衛陳鵬做預備隊，在觀音門來回巡視以應急。其中，鐵甲步兵散佈於各條防線之中，無論是城門之外，還是觀音山之巔，都有他們的身影。而原先駐紮於漢西門之外的馬信、吳豪、韓英已奉命改由水路躡敵之後。黃安專門督領水師負責江防。

鄭成功圍繞著觀音山而制定的這個作戰計劃，其特點是由低至高、層層設防，他可能試圖照搬銀山獲勝的經驗，想再次把對手的精銳騎兵引到山地上決戰。如果清軍真的發起正面進攻，必須從城外一路仰攻，要想打上觀音山山頂，簡直是「難於上青天！」因為與白土山相連的觀音山，矗立於長江

岸邊，具有峭削壁立的地形，是一個防禦的好地點。

二十二日勝了一陣的清軍果然再接再厲，準備於二十三日五更時分主動發起新一輪的進攻，並以滿、蒙、漢旗兵以及護軍，綠營兵混合在一起編隊、列陣，分作四路從水陸出擊。根據安雙成先生摘錄的《滿文兵科史書》的記載：

第一路軍由正藍旗協領呼圖、正白旗梅勒章京瑪律賽、鑲紅旗梅勒章京吳孝力、鑲藍旗漢軍營總馬如江等人率領江寧、杭州部分八旗駐防部隊以及從貴州前線返回的八旗護軍營、馬軍行營、蒙古行營、漢軍等，會同梁化鳳所部綠營兵，同時從西南、西北、東面、東北、東南、南面六個方向攻山。

第二路軍由正白旗協領拜之虎、杭州駐防八旗協領雅大里、正白旗護軍統領巴哈塔、蒙古正藍旗營總阿杜賴、漢軍鑲藍旗營總趙錫章率領江寧、杭州部分八旗駐防部隊以及從貴州前線返回的八旗中抽出部分人馬，向山的西面進攻。

第三路軍由杭州駐防八旗參領佟浩年率領江寧、杭州部分八旗駐防部隊以及從貴州前線返回的八旗中抽出部分人馬，向山的北面進攻。

第四路軍由鑲黃旗協領紮爾布巴圖魯、鑲白旗協領費雅住巴圖魯、鑲黃旗章京布顏、正白旗章京黑弗納、鑲白旗章京巴隆、正藍旗章京喀福納以及水師提督管效忠、督標副將馮武卿、參將朱朱、遊擊吳鎮元等率部從水路進攻，意圖焚燒鄭軍船隻，截斷鄭成功的退路。

根據這個作戰佈置，清軍的進攻重點在陸路，作戰的主要目標是觀音山。這似乎與鄭成功的原意相符，而讓清軍重蹈銀山之敗的覆轍正是他孜孜以求的目的。遺憾的是，鄭成功低估了清軍。滿軍將領不再是關外茹毛飲血的野蠻人，他們在關內轉戰多年受到漢族文化的薰陶而變得更加老謀深算，並

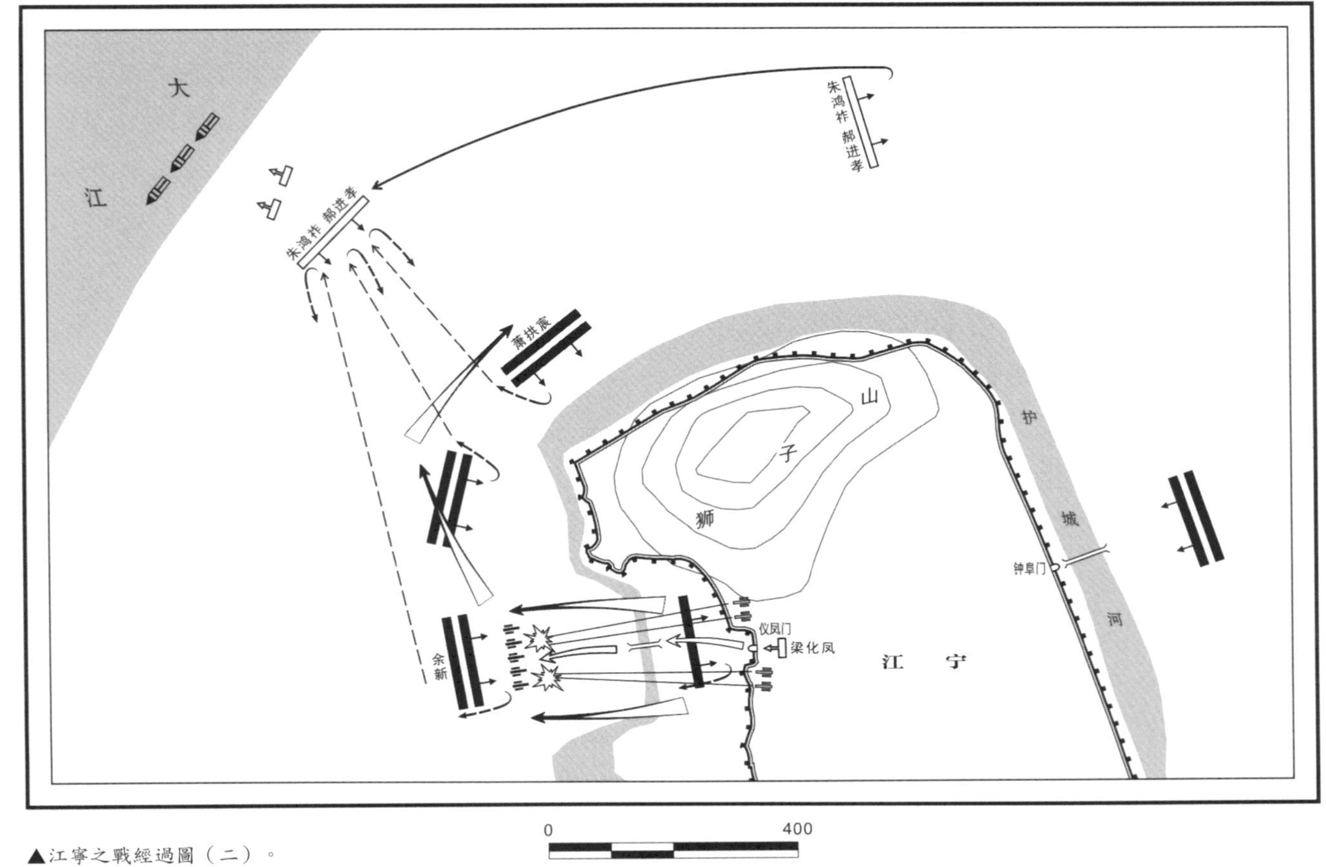
江寧之戰作戰經過圖（西元1659年，農曆七月二十二日）
比例尺 一萬三千分之一
大江
朱鸿祚 郝进孝
萧拱宸
余新
狮子山
仪凤门
梁化凤
江宁
钟阜门
护城河
0
400

▲江寧之戰經過圖（二）。

且在漢族將領的有力協助之下如虎添翼。他們汲取了銀山之敗的慘痛教訓，當時根本不打算集中力量從城外一路仰攻至觀音山山頂，而是絞盡腦汁想出了一套新的戰法。參加這次反擊的大部分清軍步騎兵都要首先避開鄭成功設在城外交通要道以及觀音山下、山谷的數道防線，他們必須秘密兜路，想方設法繞到觀音山的側、後方，再從背後出其不意地給敵人致命一擊。

在清軍各路部隊之中，梁化鳳轄下的綠營兵當仁不讓地擔負起打頭陣的任務。此前梁化鳳在城上偵察敵情時，有一次巡到城牆的東北角，忽然憶起此處原本有一個城門，名叫「神策門」，過去因從此出入的人比較稀少，故將之堵塞，不復使用。如果能乘夜將此門悄悄挖開，殺向外面的白土山，將可起到出其不意的效果。因為門外的荻草長達數尺，鄭軍不可能知道這裡隱藏著一處出口。主意一定，梁化鳳開始組織人手挖掘城門，他考慮到軍隊內部或許潛伏敵軍的探子，故儘量採取保密措施，沒有通知城內的其他部隊。然而，消息靈通的管效忠還是接到了「梁化鳳乘夜挖開城門通賊」的急報，幸而管效忠瞭解化鳳的為人，當即斷言：「梁將軍素心忠貞，決無是事，其中定有隱情。」沒有進行干預。到了二十三日總攻發起之前，城門終於神不知、鬼不覺地挖開了。

五鼓時分，梁化鳳與中軍遊擊李延棟，署後營遊擊周垣，署奇營遊擊王龍，提標遊擊徐登第，戎旗遊擊朱鴻祚、郝進孝，左協副將袁誠，九江副將姜騰蛟，金山參將張國俊等綠營將領帶領部隊走出神策門。與此同時，滿洲軍隊也從金川門出來。袁誠、張國俊兩營官兵其後被喀喀木調走，跟隨滿洲軍隊行動。各路清軍一起翻山越嶺，向觀音山方向前進。

為了隱蔽行蹤，梁化鳳抄小道而行，從山後攀登。在山間，他俯瞰著下面泊於江津的敵船，發現岸邊的軍營星羅棋佈，裡面的軍人「或起或臥」，軍紀鬆懈，便傳喚周垣到跟前，指示道：「這些皆

是敵軍之中的老弱之輩，當中半數平日裡做著划船之類的雜役，一旦遭到我軍的襲擊，必然逃走。因而是放火焚燒敵船的好機會，以斷敵後路。」並吩咐周垣，可割取沿江的蘆荻，作為縱火的工具。周垣受命而去，雷厲風行地帶人執行任務。

目的地越來越近了。梁化鳳冷靜地做好戰前準備，先派遣李延棟、王龍率部分兵力監視觀音門前的鄭軍，然後再與朱鴻祚、郝進孝、徐登第等將一起攻打山頂的敵人。

在觀音山上設防的是左先鋒鎮楊祖等人。他們的陣地比較堅固，很難在短時間內奪取。清軍從拂曉打到日上中天，射擊用的彈丸逐漸消耗乾淨，就連攜帶的十萬支箭亦已用盡，仍未打破僵局。而自身的傷亡與鄭軍差不多。疲憊不堪的中軍守備常春來到梁化鳳的坐騎之前請示下一步應該怎麼辦？梁化鳳不假思索，立即棄馬步行，徑向前衝，同時叫道：「我親自上陣！」常春見狀回覆：「公（指梁化鳳）不怕死，我輩豈敢甘為人後？」於是，又與裨將劉大受、張撫民、張國傑、張廣士、陳舉等從後趕上，加入戰團，繼續與對手進行著殊死的較量。

駐紮於此地的鄭軍全力抵擋著，而鐵甲步兵臨危受命，準備用白刃戰的老辦法把清軍趕下山。他們身上的鐵甲堅固異常，手中的雲南砍馬刀鋒利無比，綠營兵慣用的矛、槊等兵器很難與之對抗。然則，衝殺在最前面的綠營士卒都是有備而來。據《梁宮保壯猷記》的描述，

▲ 明代踏青畫中的「連枷」（摘自馬明達著的《說劍論叢》）。

手牌

手牌宜用白楊木、或輕松木爲之、取其輕而堅也、每面長五尺七寸、闊一尺上下兩頭比中間闊三四分、俱小尺、

推牌

推牌亦用白楊木爲之、每面長五尺、闊一尺五寸、上頭比下畧小四五分、俱小尺、用繩索及木橄欖挽之、

燕尾牌

燕尾牌、廣中狼柳之兵用之、其長與手牌相似、但闊不滿尺、背如鯽魚、故側身前遏、雖當利刃而不能斷、其體輕、故運如鳥翼、而一切矢石皆可避、以柁木桐木爲之、

藤牌

老粗藤如指、用之爲骨、藤篾纏聯、中心突向外、內空、庶箭入不及手腕也、週簷高出、雖矢至不能滑泄及人內、以藤爲上下二環、以容手肱執持

▲明代各種盾牌。

為了對付鄭軍的雲南砍馬刀，梁化鳳的手下事先準備了「夾連棒」等針對性很強的軍械。「夾連棒」源自古時農夫在打麥場上所使的「連枷」農具，它的基本構造是由一短一長的兩節木棍組成，中間用繩連接。普通棍子連續砸擊物體時會對使用者的手部產生反作用力，久而久之，手就感到疲憊，甚至疼痛。而「連枷」則不然，它的第一節短棍可以憑著靈活、飄逸的甩動最大限度地消除對人體的反作用力，並有效減少手臂的疲憊程度。同時，短棍能借助長棍運動的慣性，風車般旋轉爆發出強勁的打擊力。因而「連枷」被部隊看中而引入軍中不是偶然的。它成為兵器之後不斷得到改良，有的木棍外表包上了鐵皮，有的裝上了鐵箍，有的甚至整體用鐵製成，而棍子與棍子之間鑽有鐵環，繫以鐵鍊，這樣一來，便能夠大幅度提高打擊能力。它在不同的朝代有多個不同的名稱，宋代的《武經總要》稱之為「鐵鍊夾棒」，而明代的軍事百科全書《武備志》中對它亦有記載。當時清軍除稱其為「夾連棒」之外，有時還叫它做「連枷棒」。這類武器發展到後來樣式各異，既有一節棍短、一節棍長；也有兩節棍一樣長的。而且，它們的長度與重量各不相同，騎兵與步兵都能使用，並廣為流傳。東至朝鮮半島，西至西域，都可見到它們的影子。

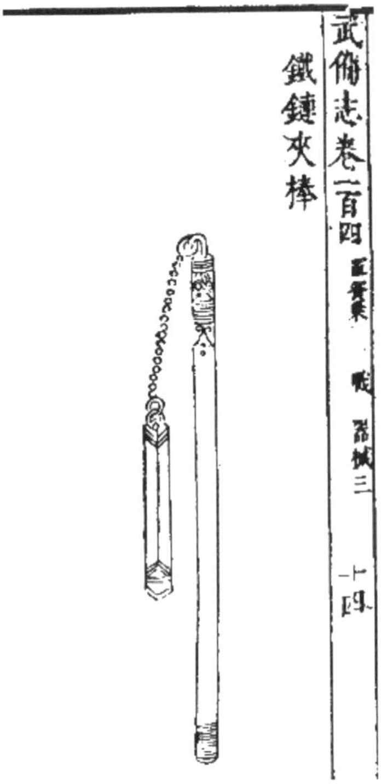

▲ 鐵鍊夾棒。

《大清會典》記載清軍之中裝備「連枷棒」這類兵器的主要是八旗漢軍與綠營軍（軍中絕大多數是漢人）。而在觀音山上向鄭軍鐵甲步兵發起挑戰的各路清軍中，表現最搶眼的是梁化鳳的手下，他們拿著長達丈餘「夾連棒」專門與敵軍的雲

南砍馬刀對打，並憑著強大的砸擊功能將其刀刃砸鈍、砸碎！無巧不成書，「夾連棒」也對鄭軍慣用的藤牌形成了威脅，每當它的一節長棍砸中藤牌，頂端的另一節短棍即如鞭梢一般甩打，往往能命中藤牌背後的對手，並造成傷害。因為對方的全套鐵甲雖然可防利器的砍、割、切、刺，但卻防不了重物砸擊。衝鋒陷陣的綠營兵為了能夠以最快的速度翻山越嶺，沒有披掛沉重的盔甲，由於身上的負擔比較輕，因而更加靈活、更有耐力、更加適合山地戰。相反，鄭成功的鐵甲軍人在山地上移動緩慢，這些人雖然身體強健，但即使是鐵打的身軀在劣勢的格鬥中也會因左閃右避而漸漸筋疲力盡，稍一不慎便有失足跌倒的危險。時間一長，鐵軍最終抵擋不住一波接一波猛衝上來的清軍，四散而逃。

鐵甲步兵的表現令人大失所望。鄭軍希望炮兵能挽回劣勢。排列於軍營之前的火炮有數十重，順風發射時釋放出大量的煙霧。不料風向突然逆轉，鄭軍炮手被反吹回來的滾滾濃煙遮住了視線，如墜五里霧中，不一會兒，就被登上山巔的清軍殺入營中。恰巧在此期間，泊於岸邊的鄭軍水師遭到周垣所部的突襲，船隻焚燒時冒起的火焰與硝煙從山後扶搖直上，映紅了江水。山上的鄭軍將士知道後，無不掛念留在船中的家眷與輜重，遂失去鬥志，一個接一個地掉頭往山下飛奔。可嘆的是，一些鐵甲步兵身上的盔甲過於笨重，成為累贅，再加上山間樹木叢立、

▲八旗與綠營前鋒。

枝杈縱橫，使崎嶇不平的道路更加難以通行，如果跑在前面的人一個趔趄倒了下去，就很難迅速爬起來，甚至會把跟在後面的人絆倒在地。他們不死於互相踩踏之中，也死於清軍的重棍之下。

山下以及觀音門外的鄭軍沒料到後山竟然首先受到攻擊。當山上的左先鋒鎮楊祖等人在力戰時，其他部隊沒有接到鄭成功的號令，不敢擅出。而山下山上又距離較遠，只隱約聽到廝殺之聲而已。鄭成功等到醒悟過來的時候，已經太晚了，急令萬祿、陳鵬帶兵往援。無奈山高路陡，難以及時爬到，全線崩潰的局面已不可挽回。

梁化鳳殺了孤立無援的楊祖，打死藍衍，又從山巔以猛虎撲羊之勢一路向山下衝過來，與八旗軍會合，漫山遍野地進行追殺。萬祿、陳鵬所部一觸即潰。據時人誇張的描寫，當時地上堆滿了屍體，到了「血流有聲」的地步。逃兵遺棄的戈、甲等軍械，高度竟然與山「相埒」。

埋伏於山谷之內的甘輝、張英等將，未得號令，不敢亂動，以致被下山的清軍所困。分頭禦敵時，張英中箭身亡。甘輝竭力抵抗，雖然手刃數十人，可左右皆亡，難以殺出條生路。在清軍士卒紛紛彎弓，正欲亂箭齊射的情況下，乃大叫道：「我甘國公也，勿射，可擒去請功！」遂被梁化鳳手下王永順活捉。

山下剩餘的各營將士還不敢隨便奔走，以免隊形散亂，被敵騎乘虛而入，因而存在著被各個擊破的危險。危急關頭，眼見萬祿等敗下來的林勝挺身而出，冒著違反軍令的危險自作主張地命令部隊迎擊。他緊急喚來中協金岸與領兵康龍，說道：「敵人雖勝兩陣，其實沒有多少騎兵，藩主出於謹慎不發總攻號令，是錯誤的！你兩人可統兵出戰，我督領後軍接應。」金岸、康龍連忙帶領部屬掉轉矛頭，飛奔出營，和左衝右突的梁化鳳大戰，打得難解難分。在城內蟄伏的清軍騎兵見時機已到，突然從鍾阜門殺出來，林勝慌忙督後軍返回抵抗，可是倉促間難以重整隊形，所部很快就被清軍騎兵沖潰，部

將魏雄戰死。金岸、康龍在大勢已去的情況下難以支撐，各自散去。

下山的清軍一直殺到城門外的大橋旁。鄭軍一個個營壘被擊破，後提督萬禮被亂箭穿身。宣毅左鎮萬義跳水而逃。一度上山觀戰的鄭成功在萬祿打敗仗的時候，便打定主意，欲下山催促水軍從後包抄敵軍。他對潘庚鍾說：「你立於黃蓋之下，代我指揮。」還特別叮囑不能去掉黃蓋。因為既可以擾亂敵人，又能避免影響軍心。說完後，他帶十餘員健將下山，試圖乘船駛往江中，無奈正值潮退，一時難以到達。梁化鳳與城內諸軍會合，見山上張著黃蓋，知道此物為鄭成功所獨有，遂用手遙指，道：「擒賊當擒王！」又冒著如雨般的矢、石，揮軍殺來。潘庚鍾揮劍督領護衛死戰，沒於軍中。左虎衛陳魁因林勝受挫而帶兵繞道撤退，驟見敵騎逼近鄭成功營壘，立即回援，在鏖戰中，被箭射死。黃宗羲的《鄭成功傳》記載陳魁轄下的鐵甲步兵損失慘重。他們身上的鎧甲過厚，難以砍壞，一些清軍徑直使用大斧劈下，有時竟可起到削鐵如泥的奇效。就這樣，梁化鳳等人率部從後向前相繼摧毀了鄭軍的第四、第三、第二與第一線部隊，最後與從城中衝出的清軍騎兵前後夾擊，圍殲了鄭成功留在戰場的親軍，依靠新穎的戰法獲得了險勝。

好不容易返回江中的鄭成功遙望江寧城外，看見自己的部隊兵敗如山倒，便打消讓水師前去增援的念頭，最終與殘部一起退回停泊於長江之中的艦隊。清軍的戰船蟻集蜂攢般齊擁過來。殿後的左衝鎮一面堵禦，一面保護乘載家眷之船離開，同時乘隙打撈起數千名跳水逃命的士卒，最終還擊沉了兩艘清軍船隻，使對手不敢窮追到底。

二十四日，鄭軍返回鎮江，仍有官兵由水、陸兩路逃返。此戰，大將甘輝、萬禮、陳魁、藍衍、林勝、張英，副將魏標、樸世用、洪復與戶官潘庚鍾、儀衛吳賜等沒有回來。他們或死或被俘，結局不佳。

例如《小腆紀年》記載甘輝成為俘虜後被押至城南金水橋時，看見前一日已身陷囹圄的余新正在沮喪地屈膝於路旁，不禁怒火中燒，抬腳踢了過去，大聲嚷道：「我甘國公頭可斷，志不可易也。」遂遇害。余新隨後也被殺。

鄭軍經此重挫後，史稱「惟左右提督、右虎衛、右衝鋒、援勦後鎮軍獨全」。鄭成功唯有嘆息不已，並在四日後率師離開長江。經狼山、吳淞港，於八月初八駛至崇明港。鄭成功還想打個勝仗，召集諸將道：「前不久的戰事雖然受挫，但『全軍猶在』，我欲攻克崇明縣以作老營，然後從思明州調換前提督等部，再圖進取。一來可以促成和局，二來可以探訪失蹤諸將生死資訊，三來使敵人知道我軍雖敗，尚有能力攻城，而不敢南下追襲。」此外，當時清朝到處大張告示，稱鄭軍水陸部隊全軍覆沒，鄭成功亦戰死陣中，因而攻打崇明也是用事實反駁謠言。於是，鄭軍水陸部隊又有了用武之地，並於初十日登岸紮營，逼近崇明縣城。其中右武衛攻打西門；宣毅後鎮攻打北門橋；正兵鎮攻打東北角；後衝鎮攻打西南角。右提督馬信所部為預備隊。左提督翁天佑所部駐紮的土堡為老營，接應北門。

然而，崇明守備已得到加強，因為鄭成功的勁敵梁化鳳已經預先做了準備。這位綠營將領在二十七日追至鎮江一帶時，江寧巡撫蔣國柱也正從丹陽向鎮江趕來。這兩人商量後，認為鄭軍雖然損失慘重，可是剩下的戰船還很多，恐怕會危及崇明的安全。因而梁化鳳一面飛檄守衛崇明的遊擊仝光英、陳定等人嚴加提防，一面派鎮標遊擊劉國玉、奇營遊擊王龍、福山營遊擊陳國隆等將趕回崇明，以防鄭軍攻打。劉國玉、王龍連忙啟航渡海，比鄭成功提早一天到達崇明港，唯有陳國隆尚未趕至。

儘管崇明守軍已得到增援，可是鄭軍仍然於十一日早晨開炮轟城。至中午，城西北角坍塌數尺，磚土填滿河溝。守軍死戰不退，不斷發射與拋下矢、石。正兵鎮韓英攀登城牆時被火銃擊中左腿，從

梯子跌下來。監督王起俸也受傷而退。由於城堅難克，鄭軍不得不暫時休戰。數日後，韓英、王起俸傷重而亡。鄭成功計劃重新攻城，可右武衛周全斌有不同意見，認為：「『此城深溝高壘』，守軍也不少，難以驟拔，而官兵受挫，無意戀戰。何況就算得此『孤城絕島』，也是無益，不如南下休養，養精蓄銳，等候明年再進長江，以圖大事。」鄭成功認為有理，隨即傳令班師。九月初七日，全軍返回了思明州。

深入長江的張煌言在寧國府得到鄭成功戰敗的消息，連忙返回蕪湖，由於退路已斷，遂改而西進，在八月初七日碰到從湖廣荊州到來的清安南將軍明安達理所部，相繼接戰於繁昌、獲港等處，其後棄船上岸，輾轉於皖、鄂地區，經過艱難跋涉進入浙江。在此期間，原本已擴至萬人的軍隊因人心不穩而陸續潰散，最後剩下兩名親信跟著他到達沿海的寧海一帶，終於與海上的抗清武裝取得聯繫，重新歸了隊。

轟轟烈烈的北上長江之役就這樣失敗了，鄭成功在軍事上受挫的主要原因有四點：

一是進軍速度過慢。鄭軍奪取鎮江後，距離江寧約百里，從陸路進軍，快則一、兩天，慢則五天，就可兵臨城下。然而鄭成功卻從水路拖拖遝遝地向前，一共航行了近十天，才在儀鳳門登陸。此後，這支部隊又在城外停留十餘天，一直沒有組織進攻，致使多支清軍援兵在此期間陸續入城，從而增加了作戰的難度。

二是主帥與各部的聯絡不暢通。鄭成功作為主帥，事先規定「無令不許輕戰」，可是戰時又往往不能及時傳遞命令，以致很多部隊在受到攻擊時不敢主動迎戰，錯失戰機。

三是隨征家屬成了累贅。鄭成功率領主力北上長江時，由於擔心福建的根據地因兵力空虛而受到襲擾，隨軍攜帶了大量家屬。但在大江兩岸作戰期間，家屬的安危又會讓將士分心，難以集中精神應

付敵人。梁化鳳在觀音山獲勝的原因之一就是分兵襲擊了鄭軍設在山後的營地，使得很多鄭軍士卒為了拯救營裡的家屬而紛紛急撤下山。史載張煌言在剛剛到達長江口時，曾經建議鄭成功奪取崇明島。作為安置家屬的基地，再向江寧進發。假若鄭成功能夠聽從，將會提前與駐防崇明的梁化鳳交手，無論結果如何，歷史都將會是另一種寫法。

四是因循守舊，未能及時更新戰術。甘輝曾經在一六五六年（清順治十三年，南明永曆十年）的護國嶺之戰中打贏過八旗軍，山地戰克敵制勝的經驗從此受到更多的重視。鄭成功對在這一戰中繳獲的精良鎧甲推崇備至，以此為契機組建了由鐵甲步兵組成的王牌部隊，試圖在未來的山地戰中大放異彩。到了一六五九年（清順治十六年，南明永曆十三年），鐵甲步兵果然沒有令人失望，成了銀山大捷的主角。促使鄭成功在稍後的圍困江寧時如法炮製，希望鐵甲步兵能夠在山地戰中再創佳績。萬萬沒想到戰鬥開始後，竟被一支裝備簡陋的綠營兵打得落花流水。雖然梁化鳳首先攻山的舉動的確起到了出其不意的效果，但如果鐵甲步兵能在觀音山上頂住綠營兵的攻勢，鄭軍的防線肯定不會被迅速突破，也不會敗得那樣慘。不難看出，鄭成功苦心經營的王牌部隊對江寧城下的慘敗負有不可推卸的責任，在關鍵時刻竟然起到了適得其反的作用。

發人深省的是，在觀音山上雄冠三軍的不是裝備豪華的鐵甲軍人，而是外表寒磣的普通將士。過去，清朝的鐵甲騎兵與鄭軍作戰時不只一次地失敗，當時卻憑著沒有鐵甲的步兵而反敗為勝。由此可知，不同的兵種之間可以互相牽制。在銀山，鐵甲步兵有能力克制鐵甲騎兵；在江寧城外，沒有鐵甲的步兵又有能力克制鐵甲步兵。真是一物剋一物！戰鬥的勝負與指揮員能否正確使用各類兵種與各樣兵器有關，上一次戰鬥的勝利者由於固步自封就可能會成為下一次戰鬥的失敗者。

江寧之戰作戰經過圖（西元 1659 年，農曆七月二十三日）

比例尺 八萬分之一

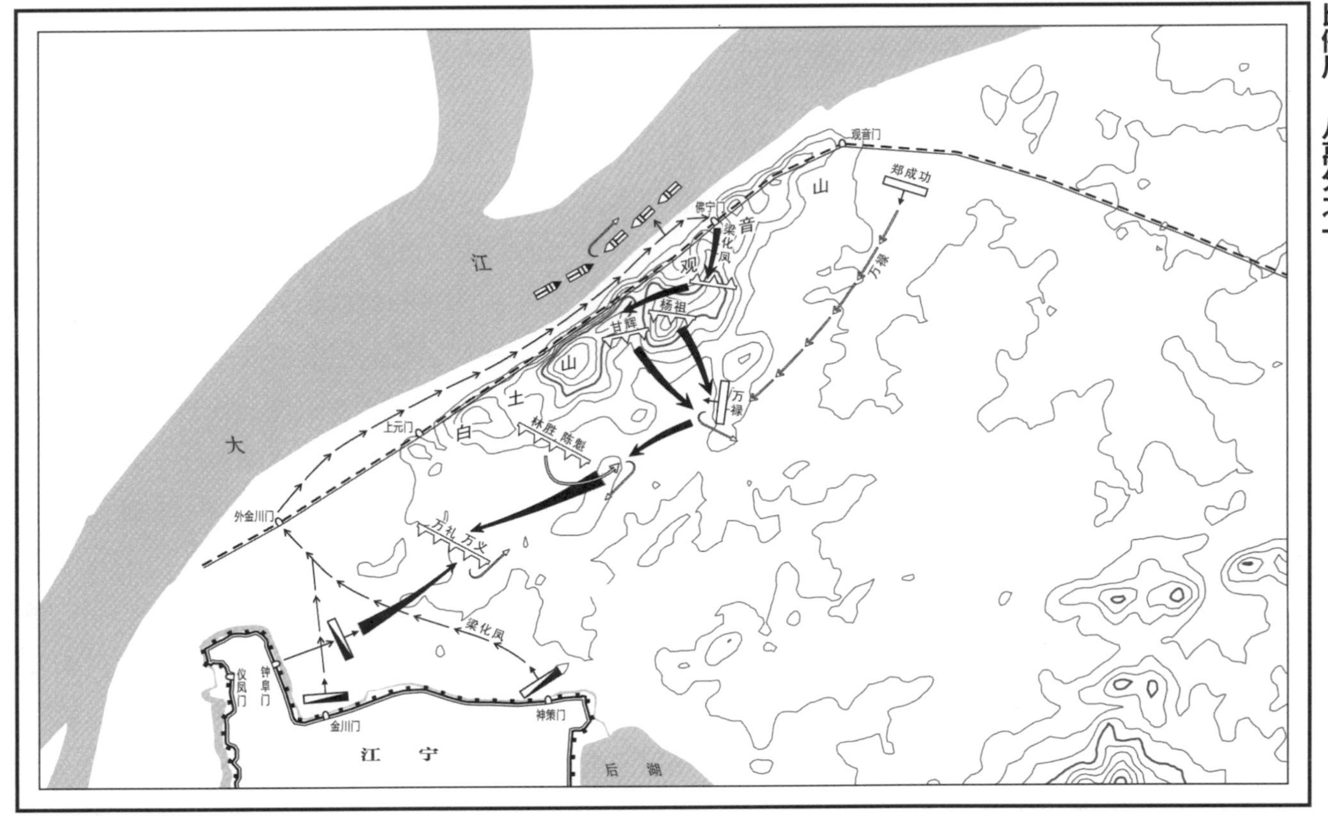

▲江寧之戰經過圖（三）。

江寧城下發生的這一場大戰可謂跌宕起伏、驚心動魄。而風頭最勁的將領無疑是一鳴驚人的梁化鳳，這位出生於陝西長安縣的綠營將領在此戰之前名氣並不大，他是一六四六年（清順治三年，南明隆武二年）的武進士，以此為契機踏入軍界，並曾經跟隨英親王阿濟格出征山西，參加過討伐姜鑲之役，獲得了實戰經驗。一六五一年（清順治八年，南明永曆五年）後，他調到南方，在江浙地區與抗清武裝打過一些小規模的仗，先後出任參將、副將、總兵，負責崇明的防務。《東南紀事》記載，當江寧被圍時，他率數千人赴援，怎料剛入城，就因為「漢兵」的身份而遭到城內八旗將領的蔑視，甚至聯手下乘坐的馬騾，也被上司強行奪走了不少，以轉交給剛從貴州返回的滿洲大兵。他的部卒經常與那些自大的八旗兵爭吵，可即使受到捆綁、甚至鞭打的處罰，也往往仍舊自恃其勇，不肯屈居人下。梁化鳳也為此惱怒不已，因而決意在戰場一展身手，力求取得傲視滿人的資本。果然，他後來在戰場上的表現被八旗將領「嘖嘖稱嘆」，也贏得了來之不易的尊重。他以擊退鄭軍為榮，曾標榜自己以三千人，「破十萬之賊」。《臺灣外記》稱順治帝很想見一見這位奇人，無奈「海疆未靖」，難以令梁化鳳暫離崗位入京一聚，只好讓畫工描繪梁化鳳的面貌「進覽」，以先睹為快。戰後，梁化鳳即出任蘇淞提督，進一步高升。

鄭成功北上長江之役就這樣虎頭蛇尾地結束了。而南明最後一線復興的希望也在長江滾滾的流水中化為了泡影。

第十二章

周旋到底

鄭成功撤出長江後，那些望風歸附的州縣又重新被清朝控制，而當地反正的軍民也遭到了殘酷的鎮壓。就連與鄭成功多次聯絡的清蘇淞提督馬逢知也由於事發，在一六五九年（清順治十六年，南明永曆十三年）年底被逮往北京，使鄭成功失去了一個潛在的內應。

清朝統治者開始在戰略上採取亡羊補牢的措施，不斷調兵遣將，增強東南沿海各省的軍事力量，作出了攻守兼備的佈置。八月初五，固山額真劉之源出任鎮海大將軍，同梅勒章京張元勳、周繼新率領所屬兵丁前往鎮江，以加強駐防力量，穩定長江下游的局勢。從荊州順流而下的安南將軍明安達禮雖然來不及參與江寧解圍之戰，可如今奉命移師前往舟山，計劃奪取這個戰略要點，嚴密監視浙江沿海的動靜。從北京出發的達素帶著萬餘滿漢騎兵正在快馬加鞭地趕往福建，企圖以狂風掃落葉之勢殲滅鄭成功的殘餘兵力，奪取思明州等地。江浙、廣東等數省之地的清軍水師也聞風而動，準備配合達素發起進攻。

退回思明州的鄭成功已經預料到清軍將大舉來犯，他抓緊時間檢修船隻，製造軍械。同時派遣部分兵力分別駐於蓁嶼、三都、南日、舟山等地枕戈待旦，以備不虞。一些部隊在隘頑所、沙園所等處征餉以及招兵時，與清朝地方軍隊發生衝突，援勦後鎮劉猷與左協方英戰死，加劇了沿海地區的緊張氣氛。

當時，福建的情況與四年之前不同。當時清定遠大將軍濟度督師進入閩南欲大舉進犯，鄭成功的對策是分別派遣部隊北上以及南下，攻擊浙江舟山、廣東揭陽與福州附近的閩安等處，終於把屯於泉州、漳州等處的清軍主力引開，讓思明州轉危為安。可如今鄭軍剛剛從江寧受挫而回，士氣低落，一時之間沒有信心與清軍在陸上爭鋒，不但不敢再像過去那樣分兵出擊浙、粵以及福州一帶，以引開當

面之敵，反而將一批活動於浙、粵沿海地區的軍隊陸續撤回，集中防守思明州等老根據地。這種不得不採取的消極防禦之策能否令根據地化險為夷，就連鄭成功心裡也沒底。他有意派部分部隊越過臺灣海峽，前往平定荷蘭人占據的臺灣，作為安頓將士家眷的處所。而在這個計劃實現之前，軍中的家眷暫時搬往金門，由英兵鎮陳瑞所部保護。

思明州根據地內的老弱婦孺基本撤離後，相當於一處只有部隊駐紮的大兵營。坐鎮於此的鄭成功一六六〇年（清順治十七年，南明永曆十四年）三月獲悉達素已到泉州，準備擇日進犯，遂令宣毅前鎮陳澤、奇兵鎮黃應、援剿左鎮黃昌等各部水師泊於惠安東南的獺窟澳等處，堵塞泉州港的出入通道。並催促南下粵東籌糧之兵儘快回防。在此前後，他派遣水師停泊於崇武，監視泉州港的動靜，並加強海門、裂嶼尾、高崎、倒流寨等處的防禦，千方百計要保住自己最後的地盤。

為了打好這一仗，鄭成功殫精竭慮。他在二十四日指示各水師將領：「我軍船隻眾多，遇敵之時，經常爭先恐後地擁擠在一起前進，這是一個弊病。水師應分作『頭疊』以及『二疊』迎戰。遇敵時，頭疊船負責向前衝鋒，二疊船作為預備隊，相機赴援。由於敵軍並無大船，因而我軍可用中號船贏取勝利。每鎮應該挑選『二號中船』與『水艍』作為頭疊，而『一號大船』留做二疊。頭疊與二疊之船，都要分別在桅尾掛旗為號，以作辨別。各船務必挑選得力將士駕馭，另外再在船上配備精兵。大船約需精兵四十名，中船約需二十名，水艍則需十五名。精兵的任務是與敵船相碰時跳過去廝殺。」正所謂「重賞之下出勇夫」，他不吝錢財，慷慨對那些準備跳過敵船廝殺的軍人許諾，可以「先領元寶一錠，以養銳氣」，若能得勝奪船，另有獎賞。此外，軍中那些不太堪戰的大船，可跟在船隊後面，以壯聲勢，但不許先行以及亂闖亂動，以免擾亂隊形。

從以往的戰例可知，喜歡排兵佈陣的鄭成功不只一次弄巧成拙，然而這一次卻不容有失，否則的話，極有可能會像李定國一樣流離失所，以致浪跡天涯。可是，這次戰事不僅僅局限於福建。清軍制定了跨省作戰計劃，準備調遣鄰省之兵入閩參戰。保存至今的清朝檔案記錄廣東總兵吳六奇早在三月初八已得到浙閩總督的李率泰要求助戰的通知，為此，他將要與蘇利、許龍二鎮的水陸部隊前往福建沿海，會同當地駐軍，預定於五月初八一齊殺向思明州。浙江的清軍也難以置於事外，《從征實錄》記載本年的四月初九，防守舟山一帶的水師前鎮阮美得到情報：順治帝已令安南將軍明安達禮、提督田雄等統領水陸大軍，會合從吳淞、寧、紹、溫、台等地徵調的五百餘條戰船，運載大量糧食物資，欲取道舟山南下，估計在五月初攻擊思明州。

如果粵、閩、浙各省的清軍真的能夠一齊

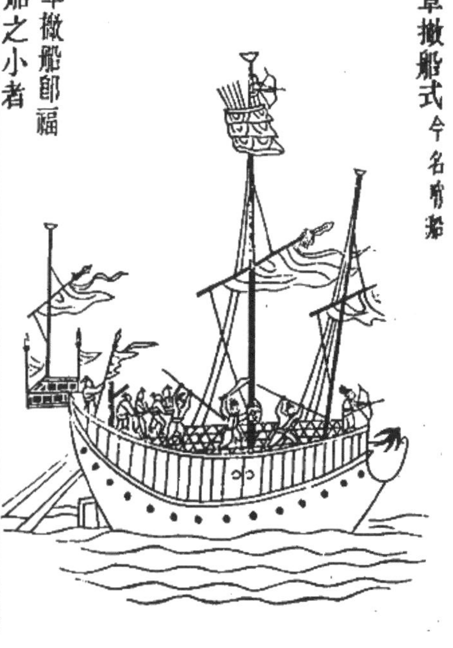

大福船式
福船一號喫水大深起止遲重惟二號福船今常用之

▲明代的戰船。

在五月上旬來攻思明州，鄭軍勢必左支右絀，難以應付。更嚴重的是，此時鄭成功尚未知道軍隊內部已經出了內奸。奉令守衛五通、高崎等處的右虎衛陳鵬已秘密和李率泰取得聯繫，並約定戰時只放空炮，讓開通道，以便清軍能順利經過五通等處直取思明州。難怪李率泰對形勢的發展很樂觀，認為只要思明州一到手，鄭成功就成了海上「遊魂」，「易於撲滅」了。

還沒有等鄰省的清軍到達，福建清軍已經迫不及待地動手了。四月二十六日，泉州港開出二百餘條船，駛向洋芝澳。其後，步兵上山紮營，並不斷放炮，以掩護在山下航行的戰船向圍頭挺進，目的是前往同安港以及漳州港和當地的清軍大部隊會合。然而一連兩天，始終被林察、蕭拱宸等人率領的水師攔截在圍頭與劉五店一帶。

同安港內百餘條清軍船隻躍躍欲試。漳州港三百餘條船隻也計劃在五月初一日出師。鄭軍偵察得知，漳州港內的敵軍將分批來犯，而「頭疊」戰船運載的全部是滿洲八旗將士，「二疊」戰船裡面的部隊則滿、漢混編。清朝還有意讓背叛鄭成功的黃梧與施琅（即施郎，降清後改名為施琅）等人參戰。這些降將轄下之兵全部配備八槳快船出海。此外，督陣的達素已來到思明州對面的星嶼，親臨前線指揮戰事。其中，有兩支八旗兵分別進駐潯尾、劉五店附近，準備乘坐小船向思明州以東的東渡以及並岻頭、五通、湖連等處出發。另一支滿漢混編的水師由新城進犯赤山坪，力圖形成對思明州的合圍。

到了五月初八，清軍的配置基本完成。李率泰、黃梧率領一百艘乘載有滿洲官兵的大船向海澄港、同安港方向出發，沿途徵集了一批小船，欲大舉進攻。而安南將軍達素與同安總兵施琅率領另一路軍隊，計劃乘船橫渡高崎。兩路清軍一前一後踏上了征程，正式展開了對鄭軍的分進合擊。

鄭軍一直有條不紊地進行著備戰。此前，鄭成功已令行戶官鄭泰把派駐圍頭的一部分官兵調往金

門，泊於城保角，以防廣東清軍以及海上敵對勢力的侵擾；又撥右虎衛陳鵬守五通、高崎等處；援剿前鎮戴捷守高崎寨；殿兵鎮陳璋、前衝鎮劉俊、智武鎮顏望忠守蟹仔並赤山坪；游兵鎮胡靖防守東渡寨。同時委任戎政王秀奇、協理戎政楊朝棟進駐高崎、東渡等處，加強前線各鎮的指揮。下令仁武營康彥邦駐於崎尾，並向神武一帶警戒；宣毅後鎮吳豪、後衝鎮黃昭、援剿後鎮張志以及陳廣、吳裕所部水師在戰鬥發生時，負責支援高崎、五通等處。可謂處處設防。在大戰前夕的五月初一，忠靖伯陳輝、閩南侯周瑞、援剿右鎮下楊元標、前提督下方左營等等奉命泊於海澄港；前提督黃廷、右提督、右武衛周全斌、援剿左鎮黃昌、援剿右鎮林順、正兵鎮楊富泊於海門，共同攔截漳州方向的清軍。而鄭成功從思明州趕往海門，意欲親自出馬，與部將攜手作戰。

初十日早晨，籌備已久的大戰爆發了，從漳州港出發的清軍一路上糾集了大小四百餘艘船隻，乘潮逐漸逼近思明州。嚴陣以待的鄭軍水師誓死要截斷通往思明州的海上通道，不讓對手有登陸的機會。兩軍在海門附近的圭嶼迎頭相碰。鄭軍水師的停泊位置正巧與潮水的走勢相逆，因而鄭成功派陳堯策傳令各部不准啟碇，等到「潮平風順」的時候再說。這種過於謹慎的應戰方式頓時讓參戰部隊極為被動。特別是排列在前頭的戰船，遭到順流而來的清軍的猛烈攻擊。其中，忠靖伯陳輝與閩安侯周瑞曾經在戰前主動表示願意帶頭「衝鋒殺虜」，讓他倆始料未及的是，戰鬥剛開始就被數十艘敵船圍攻，同時被困的還有援剿右鎮下楊元標乘坐的戰船。由於其他將領不敢啟碇來救，故陳、周、楊所部在寡不敵眾的情況下傷亡慘重。楊元標最先戰死，所在的戰船被清軍俘獲。不久，周瑞同樣陣亡，連傳令至船中的陳堯策也遇難。最終只剩下陳輝率領殘部在另一條船上拼命抵抗。當兩百餘名滿洲八旗兵如蟻萃螽集一般跳過船來，以為必定會有所繳獲時，陳輝快速撤回船倉，然後下令點燃船上的火藥，炸

得船板四裂，令來犯之敵在轟鳴聲中紛紛葬身火海。意外的是，這艘千瘡百孔的船竟然沒有就此沉沒，船上殘餘鄭軍士卒伺機砍斷碇索，逃出了重圍。而陳輝也得以倖免於難。

鄭軍將士的捨命行為讓敵人大為震驚，從此不敢輕易上船搏鬥。此後在圍攻鄭軍其餘戰船的過程中，清軍水師主要採取撞擊的戰術，而船上的滿、漢將士只是以發炮、射箭等遠距離作戰的方式顯示自己的存在而已。鄭成功遙遙望見周瑞，陳輝所部作戰不利，而清將黃梧率領的舟師亦即將加入戰團，不得不改變打法，乘浪潮稍微平緩之機下令「速發火炮」，讓軍中諸船啟碇迎戰！他叮囑何義留守龍熕船，而自己親自跳下八槳快船，在海面上來回穿梭，親自督戰，但也難以挽回劣勢。

儘管進軍的過程不太順利，乘潮直進的清軍水師還是逼得鄭軍船隻連連後退，距離思明州的港口也越來越近。清軍步兵眼看就要登陸，取得朝思暮想的勝利了。

可惜天不遂人願，偏偏在這個緊要關頭吹起了南風。鄭成功見海面上「潮平風順」，知道反攻時機已到，在中午即將來到之際下令各船與洶湧而來的清軍船隻對撞。轉瞬之間，兩軍各式各樣的船隻互不相讓地進行角逐，擠在一起。前提督黃廷、右武衛周全斌奮力迎擊，指揮配備火炮的戰船左衝右突，不斷轟擊。《海上見聞錄》記載船上配備了正、副龍熕兩種火炮，最厲害的是正龍熕，可發射重達十餘斤的大彈丸或者一斗小彈丸，凡是被擊中的，「船中頃刻間不見形影」，把對手打得鬼哭狼嚎。

清軍水師不甘心功虧一簣，仍然糾纏不已。隨著時間的推移，乘風反攻的鄭軍水師逐漸控制了主動權。右武衛周全斌擊斃了滿洲八旗先鋒昂邦章京章紅眼等人，並與前提督左鎮翁求多、忠靖伯陳輝的部下王錫、正兵驍翊顏奇等人一起「馳騁衝擊」，奪取了章紅眼的戰船。又生擒「真滿哈喇土心」以及侍衛十餘員。右武衛轄下驍翊嚴保、領旗張盛俘獲八旗軍先鋒烏沙所乘的一艘船。前提督黃廷俘

獲梅勒章京耿勝的一艘船。就連楊元標死後被清軍擄走的戰船，也被右武衛協將蕭泗駕小船奪回。另外，鄭軍還燒毀了一些運載八旗軍的船隻，生擒「真滿呢馬勒」與「石山虎」。黃梧等叛將見勢不妙，不敢前進，只是遠遠觀望。

中午過後，南風盛發。清軍水師完全處於被動挨打的狀態。戶官鄭泰從金門率領五十艘船及時趕到，與從鼓浪嶼方向殺來的宣毅鎮黃元一起向拼命掙扎的敵人猛衝過去。各路鄭軍從四面八方進行合圍。如雷的炮聲不絕於耳，揚起的火焰與煙霧迷漫海中，咫尺不辨。這一支清軍再也支援不住，大敗而逃。在血戰中，共有十三艘清軍戰船被俘。

值得一提的是，擔任先鋒的三艘清軍船隻在慌張撤退時由於辨不清方向，擱淺於圭嶼的灘頭上。三百餘名滿洲八旗兵「前無去路，後有追兵」，只得棄船登岸，欲登山頑抗到底。鄭成功讓馬信前往招撫，作出了「不殺來降」的承諾。次日，發覺這些人毫無降意，遂盡沉之水中。唯有哈喇土心、呢馬勒與石山虎等少數滿洲將領因誠心誠意投降，才得以保存性命，並因擅長「弓馬」而在鄭軍繼續服役。

鄭成功在圭嶼激戰時，想不到後院起火。因為另一支由同安南北港來犯的清軍在安南將軍達素、總兵施琅的指揮下駕船急趨高崎，意圖與鄭軍內奸陳鵬裡應外合，奪取思明州。一路上經過圭嶼，來到尼牟嶼，從赤山坪上岸，清軍自恃有內應，船未到岸各部就爭先恐後地跳落水中，向岸上湧去，很快突破前衛翼黃麟設在灘頭上的防線。殿兵鎮陳璋及時趕到，指揮部屬下水攔截清軍，可惜由於兵力過少，漸漸不支。

右虎衛陳鵬果真遵守與清軍的約定，禁止部下出兵迎戰。但陳鵬與親信密議降清之事卻不敢預先告知左營陳蟒，因陳蟒為人質樸篤實，不會搞陰謀詭計。無巧不成書，清軍的登陸地點正好接近陳蟒

的防區。陳蟒驟然發現清軍竟然在自己的眼皮底下棄船登岸，覺得沒有時間向陳鵬請示，便自作主張地率部向前衝過去。清軍看見陳蟒及其手下士卒身披「金龍甲」，正是陳鵬所部的標誌，誤以為是前來迎降的，不加提防，結果被突如其來的炮彈擊倒一批人員。霎時間，本來「矢如雨下」的灘頭上戰況更加激烈，打得火花四濺、血肉橫飛。

本想迎降的陳鵬沒料到部下會與清軍發生戰事，頓時驚愕不已。他知道這個錯誤已無法補救，而自己從此以後再也難以得到清軍的信任，看來最好的辦法是將錯就錯，乾脆把上岸的清軍消滅個一乾二淨，以殺人滅口。由於情況有變，前協萬宏、領兵林雄等人請戰，再加上負責監軍的戎政王秀奇也在力促，陳鵬便順水推舟，命令林雄與領旗協劉雄出擊，配合從東面殺來的前衝營劉俊，共同協助陳蟒作戰。各路鄭軍接踵而至，欲竭盡全力堵死敵人的上岸之路，不過，暫時仍分不出勝負。其後，宣毅後鎮吳豪駕馭戰船趕到了，並順著潮水的走勢衝過來，撞沉了一些清軍船隻，無奈他的部隊以大船居多，速度既慢，又害怕擱淺而不能過分靠近灘頭，還是讓越來越多的清軍乘坐小船上了灘。

此刻正是漲潮的時候，灘頭一帶水淺泥深。首先上岸的清軍官兵由於腳上穿著靴履，在泥淖中「不陷即滑」。鄭成功的部隊則相反，據鬱永河《偽鄭逸事》記載，鄭軍將士的盔甲主要遮蔽頭部與身軀，而腳丫卻是光著的。若有人穿上靴履入見，必遭鄭成功的叱罵。原因是「海岸多淤泥陷沙」，惟有赤腳才能免於「黏滯」，有「往來便捷」之效。故這一仗打到最後階段時，健步如飛的鄭軍士卒如砍瓜切菜般逐個把行動遲緩的清軍步兵剿滅乾淨。

清軍水師的情況也不妙。因為後衝鎮黃昭、左衝鎮領兵陳廣並吳裕、輔明侯林察、中衝鎮蕭拱宸、宣毅前鎮戴捷等陸續從高崎、新城港、劉五店等處趕到。當時間差不多到正午時分，已被撞沉數艘戰

船的清軍只得灰溜溜地退回港口，重返尚潯尾營地休整。但戰事仍持續至十三日，中衝鎮、宣毅前鎮所部還在海上追殺未能及時撤走的敵船。

此役，清軍陣亡以及淹死無數。老本酋長被生擒。其他一些俘虜被「斬手割耳」後釋放。但各書所載清軍的損失數字相差比較大。《小腆紀年》認為「王師（指清軍）死者千六百人」。而《海上見聞錄》統計：「數日間，浮屍海岸萬餘，其中長髮者（指束髮的鄭軍將士）占十之二、三，短髮者（指剃髮的清軍）占十之七、八。」也就是說，清軍死了七、八千以上。

對於這一次慘敗，清朝統治者似乎諱莫如深。例如清代國史館編撰的《滿漢名臣錄》以及參考國史館資料選錄的《清史列傳》中，在達素、李率泰、黃梧、施琅等人的傳記裡面，根本找不到思明州（廈門）之戰的記錄。不過，紙包不住火，《欽定八旗通志》等史籍還是露出了蛛絲馬跡。據記載，滿洲鑲白旗固山額真索渾跟隨達素征討鄭成功時，於一六六〇年（清順治十七年，南明永曆十四年）在廈門發生激戰，由於「官軍不習水戰，失利」。戰後，索渾成了替罪羔羊，在一六六二年（清康熙元年）被朝廷追究，受到「罷任，削世職」的處罰之後，立即死去（《閩海紀略》諸書認為達素敗退後受朝廷斥責，吞金而死。然而《清史列傳》稱達素活到了康熙年間。看來，《閩海紀略》諸書很可能是將索渾誤作達素了）。值得注意的是，《欽定八旗通志》中收錄了一大批陣亡者的名單，其中包括：署前鋒統領吳沙，前鋒參領佟濟、前鋒侍衛鄂爾吉納，空銜前鋒侍衛董安，前鋒校鄂爾布、瑚星阿，護軍參領多羅星阿，護軍參領博啟，護軍校達度護、巴蘭、希岱、尚機圖、阿里善、瑪喇奇，委署護軍校綏哈，署護軍校安塔錫，護軍校委署章京納瑪爾岱，驍騎校哈尼、五爾護，委署參領納海，牛錄章京滿都護、金州，三等侍衛噶賴，一等護衛雅圖、赫虎，二等護衛鄂邁，三等護衛達爾馬、達蘭、納

青、嵩伊納，長史鄂善、穆舒、鼗圖，過去因功獲得世職的有二等阿達哈哈番（二等輕車都尉）齋三，拜他喇布勒哈番兼拖沙喇哈番（騎都尉兼一雲騎尉）古蘭泰，拜他喇布勒哈番（騎都尉）噶布喇。世職之號為拖沙喇哈番（雲騎尉）的漢軍鑲黃旗人傅進忠也在陣亡的名單中。還有一些人疑似死於此役，例如跟隨達素出征福建的護軍校穆雅納，於順治十七年「死於同安縣地方」，而同樣跟隨達素南下的雲騎尉赫達子則沒有記載具體的死亡時間。至於那些死後獲得朝廷追賜世職之號的八旗軍人名單，不必一一列出，以免過於囉嗦。

毫無疑義，八旗軍在此戰中損失慘重，僅僅是軍官的陣亡人數，就超過了一六五二年（清順治九年，南明永曆六年）的衡州之戰，可以說打破了自入關以來的傷亡紀錄。

清軍敗得這麼慘，與其事先制定的軍事計劃難以執行有關。依照計劃，粵、閩兩省的駐軍將要一齊出擊思明州。可是真打起來的僅有福建駐軍，外省部隊不見蹤影。因為廣東的清軍出了意外，總兵吳六奇派遣其左營馬嵩帶兵至潮州，紮營於韓愈祠廟附近時，竟然被刺客所殺，趕赴思明州參戰的行動也泡了湯。而蘇利、許龍兩鎮的水陸部隊出港後，見鄭軍據守的南澳有備，只是徘徊觀望，沒有迅速向前。這支廣東部隊在戰事結束兩天後才趕到福建，得知達素、李率泰的兩路清軍皆已失敗，遂撤還。浙江駐軍也沒有任何實質性的動作，鄭成功早在四月初九接到明安達禮、田雄等人將要取道舟山進犯思明時，就預感到浙江清軍只是「虛張聲勢，斷無來犯之理」，因為戰機稍縱即逝，有時就算咫尺之間，尚不能相援，豈有遠在千里之外的海上，能準確預測途中天氣、風向的變化，帶領水師如期赴約的？實際上，清廷擔憂鄭成功在達素進攻思明州時逃往舟山，只是命令明安達禮「暫守舟山」，故明安達禮與田雄根本沒有南下思明州。田雄甚至沒有信心與鄭成功交手，他在一六六〇年（清順治

十七年，南明永曆十四年）七月底給朝廷的疏文中估計鄭軍有數千餘艘船，因而清軍必須出動兩、三千戰艦以及數萬將士，才有勝算。可是福建雖然有數百艘船，然而其中「新造堪戰者僅一百餘隻」，其餘的只可供「擺渡、哨探」之用，浙江省的情況更差，戰船「僅寥寥一百六十餘隻」，其餘的皆是用來哨探的「沙唬小船」，不能作戰，言外之意是還不具備與鄭成功在海上較量的實力。疏文中，田雄還特別把水上戰鬥與陸地戰鬥作了一番對比，他認為「陸地得一良將，千萬人皆如臂指」。但在水上，船隊裡面每一艘船都要專門有人指揮航行，而飄洋過海時，需要「視風潮，審礁脈」，然後才能遠航。假如「背風而行」，「則寸步千里」。就算「順風揚帆」，來到不熟悉的海域，也不可能瞭解那些妨礙航行的礁石的位置。倘若「一遇賊舟」，只好「船自為鬥，人自為戰」了。不難理解，善於陸上作戰的良將不一定能勝任水上的戰鬥任務。田雄的這些話是在思明州之戰結束後說的，正好對一些在陸地上耀武揚威，卻在海上折戟沉沙的八旗將領作了一個絕妙的總結。

鄭軍水陸部隊既能在自身熟悉的海域與島嶼上作戰，自然顯得如魚得水。然而，南明國勢已是江河日下，思明州之捷只不過是迴光返照式的勝利，未能起到挽狂瀾於即倒的效果。戰後，鄭成功又一次對軍隊進行整肅。而陳鵬在此前的反常舉動引起了他的警惕，經過調查後，他命忠振伯洪旭與戎政王秀奇一齊逮捕了陳鵬，並拘留其家屬，公佈其「通虜遏師」之罪，處以寸磔酷刑。同時晉升對陳鵬叛變一事毫不知情的陳蟒掌管虎衛右鎮。

清軍雖然敗退，但實力猶存。鄭成功為了盡可能地殲滅更多敵軍，採取激將法，遣人給達素、李率泰送去婦女的飾物，暗諷這兩名福建清軍的統帥柔弱如女子，希望此計能誘使對手再次出海，以便乘機予以重創。無奈達素、李率泰安之若素，只是循例回書一封了事。

達素、李率泰並非不敢再與鄭成功作戰，他們只是在靜待朝廷的援兵。因為順治帝正在緊鑼密鼓地給福建前線補充兵力。剛剛從貴州前線返回的羅託奉命再度出征南下，會合在江南催收「各省額賦」的戶部尚書車克等人，準備率部趕往福建。計劃在該省「領兵主將、總督、提督、巡撫等」的配合下、大戰一場。這意味著，大批從西南返回，征塵未洗的「得勝之師」將重返東南沿海與鄭成功作戰。順治帝在諭文中宣告：「若賊（指鄭成功所部）撲滅，當取廈門（指思明州）。儻賊未靖，即取廈門，不准論功。」可見，此戰的主要目的是清除鄭成功這個心腹大患，並消滅其主力，而奪取思明州等島嶼還在其次。

鄭成功對自己的處境心知肚明，認為：「彈丸兩島（指思明州與金門），難以抗天下兵。」此時西南明軍敗退於滇緬交界之地，不可能對清朝發起牽制性的攻擊。而他在這年七月派遣兵官張光啟往日本借兵又遭到拒絕。無奈之下，只想率部轉移到一個進可戰，退可守的好地方，以此作為和清朝對峙的新根據地。然而理想的根據地不可能在各省沿海的島嶼中找到，鄭成功只好把目光投向海角天邊的化外之地。從某種意義上說，這與西南明軍向域外的緬甸方向撤退如出一轍，都是在清朝強大軍事壓力之下的無奈之舉，反映恢復中原的事業已經逐漸有窮途末路之勢。

鄭成功既要為思明州的安全費盡心機，又要積極尋找孤懸海外的新根據地，無暇顧及遠在西南抗清的明軍殘餘部隊以及躲避入緬甸的永曆朝廷。在明清戰爭接近尾聲的時候，永曆朝廷的安危對於南明的存亡仍具有很大的象徵意義，特別對維繫西南抗清將士的信心尤其重要。

永曆帝自逃到緬甸後，經蠻莫於一六五九年（清順治十六年，南明永曆十三年）閏正月三十日到達伊洛瓦底江一帶。從騰越出發的數千隨行人員如今已不足一千五百人，而途中又有不少扈從遭到當

地人的劫殺，經過千辛萬苦後，剩餘的人員於一六五九年（清順治十六年，南明永曆十三年）四月十八日來到距離阿瓦（緬甸都城）不遠的井梗，暫時以此作為歇腳地點，希望能苟全性命。

永曆帝逃入緬甸的行為給李定國造成很大的困擾，他和清軍抗衡的同時不得不分心與緬甸人打交道，並始終想方設法接回永曆帝。為了解開困局，他在二月間與屯兵於木邦的白文選取得聯繫，共謀計策。當時，永曆帝迫於緬甸方面的壓力，發佈了「漢兵毋入關」的敕文，故李定國認為若率兵貿然深入，「恐變生不測」，而清兵萬一尾隨而來，在無險可恃的情況下，難以迎戰。不如在邊陲一帶選擇妥善地點整軍飭武，等待復興的機會。白文選的看法不同，他憂慮永曆帝入緬後沒有「重兵護衛」，人身安全得不到保障，因而著急地想去「護駕」。兩人商議後，決定分頭行事。由於李定國所部消耗較大，特別是在磨盤山之戰，僅剩數千人，難以有大的作為，因而引兵從孟定進至耿馬、托猛緬等處駐紮，相繼收攏從各地退下來的殘兵敗卒，並與帶著萬餘精兵從廣南轉移到此的賀九儀會合，使得兵力有所加強。這支部隊在邊陲地區抓緊時間休整，力圖早日恢復實力。而堅持「護駕」的白文選獨自帶兵開入緬甸境內，在磨整、雍會等處與阻攔的緬軍發生激烈衝突，並在得勝後焚掠一番，逐漸逼近城池。居住在阿瓦城裡的緬甸國王聞訊充滿疑慮，認為永曆朝廷並非來「避亂」，而是想裡應外合進行顛覆活動，遂不惜與永曆朝廷兵戈相見。恰巧此時，永曆帝的部屬潘世榮帶著千餘明朝官兵於三月十七日先行到達阿瓦城外，由於不知白文選與緬軍交戰之事，在毫無防備的情況下遭到緬軍的包圍，並被強行囚禁於附近的村落中。這些人妻孥難保，連行李、馬匹等物也悉被奪走。不少人慘死於異域。緬王還遣人氣勢洶洶地質問永曆帝為何縱容部隊在地方上肆意殺掠，永曆帝為了自保，下達了退兵的敕文。白文選從緬甸使者手中接受敕文後，只得悻悻而退。

一波未平，一波又起。流落到緬甸邊界的廣昌侯高文貴、懷仁侯吳子聖帶著一路人馬於四月循著永曆帝入緬之道殺了過來，企圖迎駕。緬王故技重施，脅迫永曆帝發佈敕文強令明將退兵。君令難違，高文貴、吳子聖只能照辦。其後，憂心如焚的高文貴鬱鬱而死。

事情發展到了這一步，永曆帝在緬甸的處境已經非常尷尬。《狩緬紀事》記載這位元傀儡皇帝為了與麇集於邊境的西南明軍撇清關係，授命馬吉翔等人發敕文給緬甸守衛關隘各官，宣佈：「『朕已航閩』，其後再有各營官兵入境，緬軍『可奮力剿殲』。」知道此消息的西南明軍迎駕將士無不為之氣餒。值得注意的是，從文中的「朕已航閩」可知，永曆帝的如意算盤似乎是盼望世守雲南的沐天波能對緬甸執政者施加影響，讓自己有機會經緬甸從海路繞過中南半島，再經南洋到達福建，進入鄭成功的地盤避難。但西南明軍諸將是不會輕易同意永曆帝離開的，因為這將不利於雲南的抗清大業，而僅靠李定國與白文選兩人難有足夠的威望在這個非常時期裡號召各路抗清武裝。就算是在清軍大舉進犯之前的一六五八年（清順治十五年，南明永曆十二年），李定國尚且堅決不同意永曆帝離開雲南前往劉文秀所駐守的貴州，何況如今這個生死繫於一線的關鍵時刻。或許基於上述理由，西南明軍在永曆帝尚未離開緬甸時不斷施加軍事壓力，要求緬方交出永曆君臣。收留永曆朝廷的緬甸主政者左右為難。他們除了受到西南明軍的壓力，還接到清朝的恐嚇文書，更加不敢隨便放永曆君臣離開，只好先將這些人扣留起來再說。不過，到底是把永曆帝交給西南明軍還是清軍，緬甸人還一時猶豫不決。

▲鄭成功之像。

五月初七，走走停停的永曆君臣終於到達了阿瓦城，但未被允許入城，而是在城外的河邊用竹子、茅草等物修建房屋，作為臨時居住地。潦倒失意的永曆朝廷既遭受緬甸國王的蔑視，一舉一動又在每日派駐的百餘緬軍的嚴密監視之下，處於軟禁狀態。

李定國、白文選等人千方百計想迎回永曆帝，而與緬軍的戰事也斷斷續續進行著。其中，白文選所部甚至在一六六〇年（清順治十七年，南明永曆十四年）七月初由木邦至錫薄，一直打到阿瓦附近。偵察得知緬王居於新城，乘其不備之際發起急攻，幾乎破城。緬王使出緩兵之計，自稱三日之後大開城門，放回永曆帝。白文選相信了這番話，退兵十里。然而三日很快過去了，緬人卻沒有遵守諾言。自知中計的白文選再引兵來攻，可是阿瓦城防已經得到加固，難以迅速攻下，遂引兵退回孟艮與李定國會合，以圖日後捲土重來。

西南明軍殘部將很大一部分精力投入到與緬甸軍隊的作戰中去，讓清朝有充足的時間鞏固雲南的統治秩序。自從佔領昆明後，清廷上下普遍瀰漫著樂觀的氣氛，認為西南平定只是時間問題。駐於貴陽的寧南靖寇大將軍羅託回京休整已成定局，而貴州則交由五省經略洪承疇鎮守。然而，身在昆明的安遠靖寇大將軍多尼自稱對雲南的「土俗民情」尚未瞭解，難以處理繁多的事務，懇請洪承疇過來協助。洪承疇也認為自己有責任兼顧雲南這個新辟之地，遂上疏請求將貴州暫且交由其他官僚管理，隨後攜帶著數萬餉銀前往雲南昆明。

洪承疇入滇後，發現情況不太樂觀。當時省內各地受到戰亂的嚴重破壞，很多地方的秩序蕩然無存，搶劫風行，家破人亡的百姓比比皆是，尤其是永昌一帶，出現了「周圍數百里杳無人煙」的慘況。當時的永昌、大理、楚雄等要地名義上已攻取，可沒有派人駐守。清軍只把主力集中於昆明，讓城裡

的糧食供不應求，而「軍民飢餓載道」，殆無虛日。洪承疇於一六五九年（清順治十六年，南明永曆十三年）三月二十六日入城後，採取種種善後的措施，例如建議把部分人馬分流到宜良、富民、羅次、姚安等處「就糧」，減輕省城的負擔。同時又將情況如實向清廷反映。順治帝獲悉，命令發「內帑銀」三十萬兩，解於前線，其中一半用來賑濟雲、貴兩省窮人，一半用來接濟當地駐軍。

不言而喻，要想真正平定雲南，必須摧毀永曆朝廷以及西南明軍殘部，因而兵部在磨盤山之戰結束的幾個月後，再次督促前線清軍向緬甸方向進軍。洪承疇於八月上疏唱反調，列出時機未到的理由，主要有三個：

一、李定國所在的孟艮等處，地處偏僻，瘴氣嚴重。這些害人的瘴氣產生於每年的二月間，要到「霜降後才消解」，可供利用的時間不多。考慮到清軍出師時有相當多的時間消耗在半途上，真正能夠順利作戰的時間僅有四個月，不可能對殘敵「窮追遠剿」。

二、雲南清軍主力向緬甸進軍時，廣西部分與李定國有勾結的土司恐怕會乘虛突襲雲南省城。

三、雲南省內經過戰亂後經濟凋敝，當務之急是恢復農業生產，使得數萬駐軍糧餉不乏，得以「養銳蓄威」，才能更好地履行「居中制外」的任務。

一言以蔽之，洪承疇的意見是：須先「安內」，方可「剿外」。他預料「潛伏邊界」的李定國所部「無居無食」，再加上極易受到「瘴癘」的侵害，必然會催生「內變」，到時清軍可坐收漁翁之利，一勞永逸地解決問題。清廷對此疏文很重視，議政王、貝勒、大臣等專門開會討論，終於同意了洪承疇這位識途老馬的「暫停進兵」意見。

雲南清軍轉而將精力集中於維持控制區的穩定，並平息沅江土司那嵩等人發起的叛亂。雖然洪承

疇不主張出兵與李定國作戰，可仍舊關注永曆朝廷以及殘餘明軍的動向。他與欽差大臣庥勒吉等寫了「最後通牒」式的書劄，要求緬甸、蠻莫等處的主政者能及時判明局勢，交出永曆君臣以及李定國，揚言如果「藏匿一人」，將會帶來「累及疆土」的不測之禍。不過，洪承疇已經不打算親手殲滅所有的殘明勢力了。他自稱年老體邁，眼疾越來越嚴重，發病時不但辨不清人影，連寫字也困難。到了這年十月，就以眼疾為由向朝廷乞求解任，並很快得到了順治帝的首肯。

洪承疇雖然即將離開雲南，但是在任上的措施卻影響深遠。特別是他在此之前已向清朝提出要讓「吳兵」鎮守「山川峻險、幅員遼闊，非腹里地方可比」的雲南，這樣才能「俾邊疆永賴輯寧」，實際上是企圖模仿元、明兩代用王公貴族鎮守雲南的先例。由於滿洲將帥不耐南方溽熱，因而他建議讓自己的門生吳三桂長期留鎮雲南，成為把持一方軍政大權的漢人藩王。京城裡的議政王、貝勒、大臣們經過對洪承疇疏文的認真討論後，也認為應該讓吳三桂、尚可喜、耿繼茂這三藩分別進駐雲南、廣東與四川，並指出吳三桂原來鎮守的漢中「已屬腹里，兼有四川阻隔」，不必再派藩王駐防。至於這三人具體應該進駐哪一個省份，則由順治帝裁定。順治帝果然順應洪承疇的心願，命吳三桂鎮守雲南。而尚可喜與耿繼茂分別駐鎮廣東與四川。

吳三桂對洪承疇的盛意不會不懂，《庭聞錄》記載他在洪承疇回京之前專門與之會面，並請教「自固之策」。洪承疇意味深長地回覆：「不可使滇一日無事也。」言外之意無疑是提醒吳三桂注意兔死狗烹的歷史教訓，切不可令雲南的戰火平息，只要戰火一日不息，清朝就一日也不敢不重用吳三桂。本來，對於洪承疇在即將大功告成之際卻自願離職的行為，後人作了很多猜測。其中清史學家孟森先生的評論有一定的代表性。他認為洪承疇甘願自解兵柄，乃是「不忍向前」，不想對永曆朝廷繼續進

行追殺，這是「稍解儒書」，「天良之微存一線」的表現。但從洪承疇對吳三桂所說的話來看，這位老於世故的官僚之所以有意讓永曆朝廷多存在一段時間，不過是在玩弄「養寇自重」的把戲而已。吳三桂「頓首受教」，表示要遵照洪承疇的教誨行事。

此時在位的順治帝對吳三桂青眼有加，在一六五九年（清順治十六年，南明永曆十三年）十二月專門下達諭令，表揚吳三桂「忠勤素著，練達有為」，足以勝任鎮守一方的任務。接著鄭重宣佈將雲南省的軍事、民政、人事以及財政大權全部交由吳三桂管理，以便達到「事權歸一」的目的。並提醒朝廷「內外各該衙門」不得掣肘。次年十二月，甚至連貴州也照雲南之例劃歸吳三桂管理。順治帝雖然聲稱一些地方省份在數年後大致平定時，吳三桂需要恢復地方官員原有的權力。可是，吳三桂的權力至少在目前得到空前的增長，成為了權傾一時的人物。

▲吳三桂之像。

隨著洪承疇的北返，多尼也統兵回京。吳三桂開始按照自己的意願發號施令。然而形勢的變化卻迫使他另行一套，不得不對殘明勢力窮追猛打，力圖儘快平定雲南。起因是清朝醞釀著要裁軍。

雲南本就屬於貧困省份，如今又恰逢戰亂，經濟幾近崩潰，當時米價竟然上漲至二十餘兩一石，軍民苦不堪言，需要外省的救濟才能勉強度日。而清朝動用舉國之力向西南源源不斷地輸送物資，加重了財政困難。戶部官員承認「天下正賦」僅八百七十五萬餘兩，而雲南一省就需銀九百餘萬，

以致「竭天下之正賦，不足供一省之用」。在這種情況下，清朝統治者不想再在西南邊陲大動干戈，有意讓殘明勢力在邊境附近的瘴癘之地自生自滅。順治帝特別叮囑吳三桂在西南採取保守策略，「若勢有不可行，慎勿強行」。而裁軍節省費用自然而然提上了議事日程。據統計，吳三桂直屬部隊的人數過萬，連同綠旗軍以及投誠之兵，共有六萬兵力。此外還有八旗軍協防。裁軍的目標當然不會是清朝的嫡系部隊八旗軍，只能是綠旗軍與投誠之兵。朝中經過商議後，提出雲南應該停止招募綠旗兵，而投誠兵「願為民者、令其為民」，意思是要一批人收拾包袱離開，計劃把吳三桂的部隊裁減至三萬為止。另外還以「各省軍需」俱「取之本省」為理由，讓吳三桂想辦法在雲南就地取材，籌集軍需，外省僅輸送部分「月餉」即可。順治帝為此在一六六〇年（清順治十七年，南明永曆十四年）六月徵求吳三桂的意見。

假若裁軍之議真能實行，大量被裁掉的投誠兵勢必會給省內治安帶來嚴重的隱患，甚至不排除一些人重新進行反清活動，危及吳三桂在當地的統治。同時吳三桂也極不情願實力受到削弱，為了讓裁軍之議胎死腹中，他轉守為攻，堅決請求出兵以掃清殘明勢力，並修改洪承疇當日制定的先「安內」，後「剿外」之策，轉而選擇先「剿外」，後「安內」。他上疏朝廷為開戰辯護，文中聲稱過去佔領雲南時，由於人心向背未定，內部事務繁多，實施「內重外輕」的政策是恰當的，可是自從他出兵平息沅江地區土司的叛亂後，省內的猶豫觀望之輩，知道難以變天，開始服從起來，內部秩序逐漸穩定，然而「逆渠（泛指永曆君臣以及李定國、白文選等抗清將領）」還在邊疆活動，「終為隱禍」，故今日出現了「內緩外急」的新情況。具體有「三患」與「兩難」：

其一，李定國、白文選、賀九儀、祁三升等分駐三宣六慰、孟艮一帶，打著永曆的旗號以擾亂世

人之心，倘若不乘此有利形勢大舉入緬，以斬草除根，萬一此輩立定腳跟，整頓殘兵敗將，將又會再度活躍起來，無休無止地騷擾邊防。此乃「門戶」之患。

其二，南明殘餘勢力可能會以爵號、俸祿為餌，號召「內外諸蠻」。而各地那些反覆不定，惟利是圖的土司萬一被煽動起來，省內隨時會戰火重燃，烽煙四起。此乃「肘腋」之患。

其三，新近投誠的官兵，恐怕並未徹底革面洗心。一些人暗中可能會對逃入緬甸的永曆念念不忘。萬一邊關有警，此輩極易滋生異心。此乃「腠理」之患。

其四，雲南省內難以就地籌糧，需要各省接濟餉銀。而外省的餉銀常常不能如期送到。況且即使有銀，也買不到足夠的糧食，因為大量銀子投入市場，只會帶來米價進一步上升的惡果。此乃「措餉」之難。

其五，凡是徵購糧草，民間百姓必須負責運輸到官府的指定地點。如此年年徵購，歲歲運輸。民力盡用於運輸官糧，而荒廢了耕種，勢必導致逃亡潮。此乃「培養」之難。

綜上所述，唯有及時出兵才是上策。只要大局一定，則邊境不存在隱患，土司不會受到如簧之舌的蠱惑，降人不再猶豫觀望，地方經濟得到復甦，民力也可稍得寬舒，真是「一舉而數利存」。他認為應選擇「霜降瘴息」的時機大舉出邊，而軍事行動持續到次年二月「百草萌茅」之際，即「旋師還境」。預計參加征伐的除了八旗兵與吳三桂部屬，還有綠旗兵、投誠兵、土司倮儸兵等，共約十萬餘人。

吳三桂意圖以兵力上的絕對優勢，「一勞永逸」解決殘明勢力，徹底穩定雲南的局勢。顯然，這與洪承疇留下的「不可使滇一日無事」的教誨背道而馳。吳三桂哪能不懂鳥盡弓藏的道理，但眼前最重要的是搶在裁軍之前弄垮永曆政權，讓自己有好日子過，至於以後的事，暫且管不得那麼多了。不

▲綠營軍。

過，對於吳三桂的出兵之舉，不同時代與不同的人都有不同的解讀。例如多年後乾隆帝在《通鑑輯覽》中評論道：「吳三桂暗中企圖『據滇、黔而有之』，而朱由榔、李定國、白文選的存在，讓其難以如願以償，故必欲滅之而後快！」因而吳三桂表面上為清朝出力，其實所作所為皆為自己打算，將之貶為「權奸」。這樣的指責顯然與吳三桂暮年因不滿清朝的削藩政策而最終豎起反幟有關，由此亦可見洪承疇的先見之明。

不管怎麼說，吳三桂此時此刻主動請纓的行為令清廷非常重視。但他在疏文中要求朝廷再額外撥銀「二百二、三十萬餘兩」以支持這次大規模的出擊，又讓順治帝左右為難，這樣會使得原來已經嚴峻的財政形勢更加雪上加霜。為了慎重起見，學士麻勒吉與侍郎石圖奉命前往西南進行調查與評估。經過再三斟酌，順治帝最終決定暫時中止裁減雲南軍隊，轉而全力

支持吳三桂的出兵意見，於同年八月令內大臣愛星阿為定西將軍，攜同固山額真卓羅、果爾欽、遜塔，護軍統領畢力克圖、費雅思哈，前鋒統領白爾赫圖等率領京師勁旅前往雲南，與吳三桂一起「相機征討」殘明勢力。

這次籌備已久的大規模軍事行動於一六六一年（清順治十八年，南明永曆十五年）初正式開始。就在大軍臨行時，卻突然生變，因為從京城傳來皇帝駕崩的消息。順治帝是染上天花於一六六一年（清順治十八年，南明永曆十五年）正月初七病死的，年僅二十四歲。他臨終前下了一道罪己詔，其中自責「漸習漢俗」，改變了滿洲「淳樸舊制」，致使國家治理得未盡如意。另一大罪過是沒有汲取明朝亡國在於「偏用文臣」的教訓，相反卻重用漢官，即使是「部院印信」，亦令漢官有機會掌管，以致滿洲大臣「無心任事，精力懈弛」。這些言辭預示在清朝的統一大業接近尾聲之際，漢官的地位反而有下降的趨勢。一些人難免在心中抱怨統治者過河拆橋的做法。

吳三桂接到順治帝駕崩的消息後，由於局勢撲朔迷離，一度猶豫不決，想取消進軍緬甸的行動。可是愛星阿以「君命不可棄」為由反對，並督兵先行。吳三桂在軍中的職務雖然比愛星阿大，可是不便與這位來自京城的滿洲貴族發生衝突，按兵不動了三日之後，不得不尾隨京師勁旅，向邊境出發。這時四川、貴州、雲南等省大部分地區已被清軍牢牢控制。馬惟興、馬寶、馬自德（馬進忠之兒）、李如碧、楊國明、武國用、杜學、郝成裔、陳建等一大批散佈於各地的將領因對形勢絕望已陸續投降。就連從廣西趕來雲南邊陲的賀九儀，因為涉嫌降清，也被李定國下令杖殺。

即使清軍壓境，李定國與白文選也沒有放棄從緬甸迎駕的努力。白文選於一六六一年（清順治十八年，南明永曆十五年）二月二十八日暗中委託緬甸人送奏疏給永曆帝，自稱「不敢速進」，「恐

驚萬乘（指天子）」，他認為最好的解決辦法是緬人能和平送駕出關。至於迎駕之軍到底何去何從，還須等候皇帝的指示。這時，永曆帝也許已經知道航海前往福建的希望越來越渺茫，遂在回覆的璽書表達了希望西南明軍能夠迎駕的想法。稍後，白文選秘密在距離瓦城六、七十里之處搭造浮橋，企圖出其不意地接近永曆帝的駐蹕之地，但被緬軍察覺而功虧一簣。可他仍不死心，與李定國會合併「刑牲歃血」，發誓要達到目的。

緬王已有準備，令邊牙鲊等人為大將，帶兵十五萬以及大象千餘到錫波江邊攔截明軍，而布下的陣營橫亙二十里，其中排列著不少銃炮，在震天的鼓聲中呼噪而進。明軍迎駕之兵不及當面之敵的十分之一，而且缺乏軍械（《求野錄》記載其所裝備的惟有「長刀、手槊、白梧（即白棒）而已」），但擁有豐富作戰經驗的李定國抓緊時機揮師橫擊，大敗緬軍，斃其萬餘人。殘存之敵退入「蔭達百里」的榕樹林中，在夜色的掩護下撤走了。

明軍遂渡錫波江，進至大金沙江，逼近瓦城。緬軍把江中船隻燒盡，在對岸據險設炮防禦。兩軍對峙月餘，李定國轉而率師北進鬼窟山，伐林設廠，欲造舟渡江，不料遭到緬軍的突襲，江上搭造的浮橋被擊斷，連工廠也被搗毀。這時，明軍缺糧的情況非常嚴重，再加上疫病流行，死了不少人。由於存在大批隨軍家屬，行軍打仗時非常不方便。不得已，李定國只得撤離，於四月退往渺賴山。

自從明軍三番四次入緬以來，給當地造成很大的破壞。緬人對國王越來越不滿，於是上下互相猜忌。國王的弟弟莽白在五月下旬乘機拉攏一批官員發動政變，處死緬王，然後自立。新上臺的緬王決定與永曆朝廷公開決裂，他以「吃咒水進行盟誓」的名義把永曆帝身邊一大批隨行的官員騙過江來，出動三千士卒圍攻，殺死了沐天波、馬吉翔等數十名官員。然後，大量緬軍湧入永曆君臣的暫住地點，

四處擄掠，致使大批女眷自縊於樹，而永曆帝以及太后、皇后等二十五人被押入一小屋內，得以保全。經過一番紛擾後，通事才引導緬甸大臣來到現場制止緬軍的暴行。至此，倖存者僅剩三百四十餘人，他們聚在一起痛哭，聲聞一、二里。

驚恐過度的永曆帝病倒了。緬甸執政者擔心其病死，難以向氣勢洶洶的吳三桂交代，便派人前來敷衍一下，解釋國王別無他意，請勿再耿耿於懷。同時又把永曆君臣的居住地打掃乾淨，並送上華麗的被服以及食物器具，讓永曆帝安心養病，避免其在清軍到來之前死去。

李定國得知緬軍殺害永曆帝扈從，知道事勢緊急，於八月再次救駕，分路進至洞烏，以十六條船載兵渡江，但與攔截的緬軍作戰時傾覆了五條船，只得於十八日退回洞烏。殿後的白文選所部士氣低落，其中將領張國用、趙得勝兩人私下裡交談時認為這一帶地區瘴癘嚴重，令很多士卒染病，如果再深入，在炎熱的氣候下，全軍非死盡不可，得出了「寧出雲南，無作緬鬼」的結論。他們煽動軍中士卒乘夜挾持白文選改道退往雲南。白文選知道眾意難違，只得與李定國分道揚鑣，跟隨著部屬連趕七十里路。天亮後，李定國發覺白文選不辭而別，不安地質問：「鞏殿下（指被封為鞏昌公的白文選）欲何往耶？」並派兒子李嗣興率兵尾隨其後，但又告誡李嗣興不得與白文選發生衝突。

兩軍一前一後地行了五日。負責殿後的張國用與趙得勝等到白文選走遠後，在黑門檻據險扼守，發射矢、石，阻擊追蹤而來的李嗣興。李嗣興大怒，正欲調兵迎戰，卻被及時趕到的李定國制止。李定國無限感慨地說道：「昔日與我一齊起事的共有數十人，現存於世上的僅剩文選一人，怎能忍心自相殘殺呢？我軍尾隨其後，是希望他能產生悔過之心。但他仍一意孤行，那就由他去吧。我只須做好自己的分內事就行了。」言畢，率部向洞烏方向撤去。

連走三日的白文選在孟定碰到了吳三省所部。他看見吳部在長途跋涉的過程中，隨行的馬匹已全部死掉，但仍堅持著步行而進，欲入緬救駕，因而又自責不已，流著淚說道：「我辜負了皇上與晉殿下（指晉王李定國）。並希望得到吳三省的幫助。」吳三省察顏觀色，知道白文選所部有投降之意，就有意揚言：「雲南降清之人難以得到妥善的安排而皆盡怨恨，『人心思明』，故我輩全都自願步行至此。」白文選聽後感到前途未卜，躊躇不前，甚至連張國用、趙得勝也打消了前往雲南的念頭。正巧有徽州人汪公福冒險攜帶著鄭成功的「約請出師之表」潛入雲南，輾轉到此，交給了白文選。文選遂決定暫駐於錫波，派遣一位姓蘇的總兵前往木邦約李定國共同出兵。可是滯留了一個多月，沒有獲得李定國的回信。

轉戰邊陲的各路明軍聯絡不明，短時間內不會改變混亂不堪的現狀。這是清軍大舉出擊的絕佳時機，奉命征緬的吳三桂與愛星阿由大理、騰越出邊，於一六六一年（清順治十八年，南明永曆十五年）十一月初八日會師木邦。李定國所部撤往景線。清軍偵知白文選在錫波據江而守，派兵自木邦晝夜疾行三百餘里，造筏渡江攻克錫波，將白文選逼退到茶山。吳三桂害怕白文選襲擾木邦，威脅清軍後路，又令總兵馬寧與南明降將馬寶、祁三升等率偏師殺向茶山。這支清軍在孟養與白文選不期而遇，經過馬寶的力勸，白文選帶著四百九十九名官員、三千八百餘名兵丁與七千餘名家屬終於投降了。

占據錫波之後的吳三桂、愛星阿帶領主力入緬，並先行派人傳諭緬王，令其交出永曆帝。當清軍在十二月初一日逼近瓦城時，緬王終於決定獻出永曆帝以求自保。次日，一支緬軍來到永曆帝的住處，佯言：「李定國軍隊又來到了，共有數萬步騎兵列於城外的江邊，『索帝甚急』！」然後把永曆帝強行抬走。而太后、皇后、太子以及其他隨從也被押送出外。一齊步行五里，再乘船渡河。在彼岸久候

的一名漢人將領不等緬軍駕馭的船隻靠近，便涉水而來，背著永曆帝登岸。永曆帝還以為此人是李定國的手下，便問：「卿為誰？」漢人將領回覆時自稱是平西王吳三桂手下的前鋒章京高得捷！永曆帝聽後始知上當，默默無言。

吳三桂達到目的後，於初九日班師，將永曆帝押回昆明。城中百姓紛紛聚集於街巷中圍觀，成千上萬的人當場痛哭失聲，清軍不能制止。吳三桂與愛星阿害怕發生意外，將俘虜囚禁在世恩坊的一座高宅之內，嚴加看守。他們知道若把俘虜押往北京，途中難保不出意外，便提議就地處決，並很快得到清廷的批准。

四月二十五日，章京吳國寶奉命帶人把永曆帝抬入門首的小廟中，用弓弦勒死。同時被處死的還有太子以及國戚王維恭之子。至此，南明最後一位皇帝在世間銷聲匿跡。

此前，李定國在清軍大舉來犯時，率五、六千人自瀾滄江下游一帶，轉移到景線，計劃在江中架起浮橋，經交岡進入廣東，然後與車里、古剌、暹羅等處的執政者取得聯絡，欲籌集人力物力抗清。當永曆帝死亡的噩耗傳來，李定國僕倒於地，痛哭不已，知道自己勞苦奔波的復明事業即將化為烏有，由於悲傷過度，於六月十一日生病，十六日後死去，時年四十二歲。死前，他給兒子李嗣興、部將靳統武以及總提調馬思良等人留下「寧死荒徼」也不要投降的遺言。靳統武不久也病死。李嗣興、馬思良沒有遵守李定國的遺教，陸續率部返回雲南投降了清朝。

飽經戰火的雲、貴兩省總算基本平定下來。在此期間，清朝也調兵遣將鎮壓了兩廣地區的多支抗清武裝部隊。但鄭成功在東南沿海的抗清活動仍舊讓清朝統治者如芒在背，始終沒有忘記調集重兵圍剿。本來，與尚可喜同駐廣東的耿繼茂將要移師至四川，可由於福建形勢動盪不安，遂於一六六〇年

（清順治十七年，南明永曆十四年）七月奉命前往福建鎮守，與安南將軍羅託以及總督李率泰一起對付鄭成功。

鑒於思明州等處與福建內陸近在咫尺，鄭成功不想將主力留在這些地方繼續與清軍拼消耗，而企圖另外尋找一個新的根據地。他在一六六〇年（清順治十七年，南明永曆十四年）六月召集軍中的洪旭、馬信、黃廷、王秀奇、陳輝、楊朝棟、林習山、吳豪、馮澄世、蔡鳴雷、薛聯桂、陳永華等商議，說：「臺灣離此不遠。」意欲奪取。因為他在前年得到閩人何廷斌所獻的一幅臺灣地圖，發現那裡「田園萬頃，沃野千里」，而聚居的百姓頗眾，奪取後，可征「餉稅數十萬」，而「造船製器」也很方便。把這個地方建設為根據地，作為「安頓將領家眷」的處所，以後出外東征西討，必無內顧之憂。不過，此舉遭到不少反對的聲音，有的意見認為臺灣戒備森嚴，難以佔領，還有的認為此地「風水不可，水土多病」，不一而足。但鄭成功在楊朝棟等人的支援下，決意擇日出征。

當時，臺灣已被荷蘭殖民者所霸佔。荷蘭作為歐洲新興的資本主義國家，早在一六世紀末來到了東方，在爪哇建立商館，成立了「荷蘭東印度聯合公司」，開展海上的殖民爭霸。這個國家的船隊在萬曆年間來到中國沿海的閩粵地區，打著通商的幌子而伺機佔領了澎湖列島，但最終在一六二四年（明天啟四年，後金天命九年）正月被福建當局派遣的軍隊渡海驅逐。然而，離開澎湖的荷蘭人沒有返回爪哇，而是退到了臺灣，在島上修建了熱蘭遮城等堡壘，進行殖民統治，並繼續騷擾福建沿海，對中國與日本、菲律賓等地的海上貿易購成了嚴重的威脅。

活動於福建沿海的鄭氏集團不可避免地與西方殖民者打交道。鄭成功的父親鄭芝龍曾經與臺灣的荷蘭人合作，時常與之做買賣，賺取過豐厚的利潤。後來，鄭芝龍不斷增長的實力影響了荷蘭殖民者的商

業霸權，雙方逐漸離心離德，甚至爆發過武裝衝突。然而隨著明朝的滅亡，鄭氏集團受到入關清軍的牽制，對海外的荷蘭殖民者一直採取容忍的態度。直到一六六〇年（清順治十七年，南明永曆十四年），由於西南永曆政權失敗的命運已經難以逆轉，而思明州等據點難以確保無虞，鄭成功遂掉轉矛頭，水到渠成地作出了把荷蘭殖民者驅離臺灣的重大決策。

經過周密的準備，鄭成功在思明州、金門、南澳一帶留下了部分兵力，自己帶著二萬五千人於一六六一年（清順治十八年，南明永曆十五年）二月初三日乘坐數百艘船隻從料羅灣啟航，向臺灣海峽前進。次日，收復澎湖，留下三千兵力及十二艘戰船駐防，然後再透過鹿耳門港，順利抵達臺灣禾寮港。鄭軍主力登陸後快速包圍了赤嵌地區的要塞普羅民遮城，荷蘭守將描難實叮及其部屬二百餘人難以抵擋，只得獻城投降。接著，鄭成功指揮部隊於四月初七開始了對荷蘭軍隊在臺灣最大的據點熱蘭遮城的合圍。他事前樂觀地估計「城中夷夥，不上千人，攻之可唾手得」。可是卻遇到頑強的抵抗。其後，第二批攻台部隊共五千餘人亦渡海抵達戰區，致使鄭軍的總數超過三萬，從而得以徹底切斷熱蘭遮城與外界的聯繫，並擊退從瓜哇乘船趕來的數百

▲熱蘭遮城。

名荷蘭援軍。熱蘭遮城裡面的荷蘭人在被圍的八個多月時間裡因傷病而致死者達到五百餘人，城中堪用的戰士已不足四百，逐漸喪失了堅守下去的信心。當鄭軍在十二月初六出動火炮猛攻，幾乎盡數摧毀城堡的週邊工事時，荷蘭長官揆一不得不率領精疲力竭的全部守軍於十三日宣佈投降。

鄭成功將殖民統治臺灣三十八年的荷蘭人驅逐出境，贏得了歷史性的勝利。然而，臺灣這個新根據地距離抗清前線過於遙遠，鄭軍主力屯集於此有時反而對復明大業不利。在鄭成功攻打臺灣期間，銅山守將蔡祿、郭義降清。忠匡伯張進不願意投降而自殺身亡。叛軍把銅山搶了個精光，然後在清軍的接應下進入福建內陸的清朝統治區域。當時，很多鄭軍將士不願意漂洋過海到水土不服、瘴癘肆虐的臺灣，而逃亡者也日漸增多。為此謠言四起，有人聲稱鎮守南澳的忠勇侯陳豹不願送家屬到臺灣，準備降清。鄭成功在沒有查清楚的情況下就派人前往討伐，陳豹難以辯解，被迫率部真的向廣東清軍投降。即使來到臺灣的將士，也暗存「但願生入玉門關」的心意。這就使得鄭軍內部出現分裂的危險，而鄭成功欲殺鄭經一事成了導火線。

鄭經是鄭成功最為倚重的兒子，此人在留守思明州期間同四弟的乳母陳氏通姦生下一子。遠在臺灣的鄭成功於一六六二年（清康熙元年）四月得知這一家醜後暴跳如雷，立即差人到思明州問罪，欲斬鄭經等人。同時要以「治家不嚴」的名義處死鄭經的生母董氏。與鄭經一起留守思明

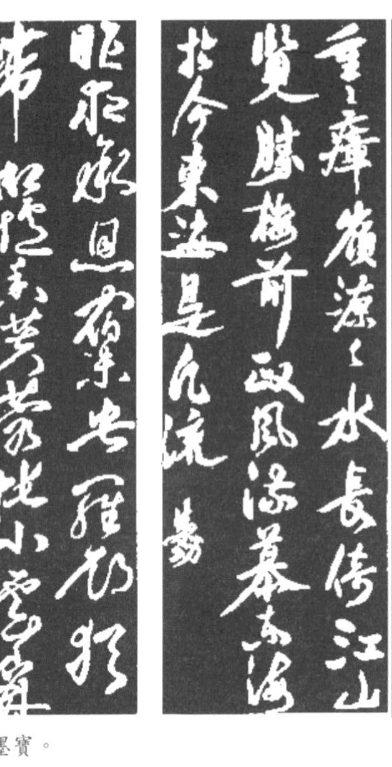

▲鄭成功墨寶。

州、金門等處的黃廷、洪旭等將試圖從中調解，並殺了與鄭經通姦的乳母以及私生子，可鄭成功仍舊不依不饒，鐵了心要追究到底。恰巧這時鄭成功的堂兄鄭泰以搬運家眷為名從臺灣過來，他與鄭成功關係不諧，乘機從中挑撥，稱藩主（指鄭成功）誓要趕盡殺絕，並要追究那些執行命令時陽奉陰違的人，甚至可能會株連黃廷、洪旭諸將。眾人聽後惶恐不安。為了自保，洪旭獻上一計，認為：「鄭經作為兒子，『不可以拒父』；留守諸將作為臣子，『不可以拒君』；惟有鄭泰可以憑著兄長的身份名正言順地拒絕執行從臺灣傳過來的命令，因為『兄可以拒弟』。」這個看法得到了大家的認同。最後，鄭經在留守諸將的支持下，聯合鄭泰，扣留了鄭成功的親信周全斌等人，宣佈在思明州、金門等處另起爐灶，不再聽從鄭成功的號令，也斷絕了與臺灣的聯繫。

鄭成功怎麼也想不到軍隊竟然會因此而分裂，心情自然惡劣到了極點。再加上此前親生父親鄭芝龍以及弟弟、侄兒等十一名遭到囚禁的親屬被清廷下令處死，已令他在精神上飽受折磨。連番打擊之下，就算是錚錚鐵漢也支持不下去，因而從五月一日起，染上了風寒。

這時，復明的希望非常渺茫。鄭成功已經在一個月前會晤過從雲南逃出的林英，得知永曆帝已被清軍俘殺，但他仍奉永曆之號以維繫人心。在養病期間，國仇家恨難免一一湧上心頭。到了初八這一天，他登上將台，用千里鏡向澎湖方向觀望一番，可依舊沒有船隻從福建沿海駛來。然後失望地返回書房，捧起《太祖（指明太祖）祖訓》閱讀，命左右進酒，閱讀一會兒，飲一杯酒。不久，喟然嘆息道：「吾有何面目見先帝於地下也！」接著「以兩手抓面而逝」，時年三十八歲。

鄭成功死後，以衣缽傳人自居的鄭經乘機率軍登陸臺灣，控制了鄭成功遺留下來的根據地。他雖然不守小節，卻沒有失去大節，仍繼續打著抗清的旗號。他與鄭成功一樣，不肯奉曾任監國的朱以海

為帝，引起張煌言等人的不滿。朱以海於一六六二年（清康熙元年）十一月病逝於金門後，始終拒絕遷往臺灣的張煌言在沿海一直堅持到一六六四年（康熙三年）。由於對前途悲觀失望，他遣散了跟隨自己的少數部隊，隱居在舟山附近的一處孤島。不久被清軍搜獲，最後在杭州就義。

清廷為了切斷鄭氏集團與內陸百姓的聯繫，早在一六五五年（清順治十二年，南明永曆九年）就下達過禁止「片帆入海」的命令，但並未認真執行。直至一六六一年（清順治十八年，南明永曆十五年）開始，才雷厲風行地推廣沿海遷界令，涉及的省份有直隸、山東、江蘇、浙江、福建、廣東，其中，福建、廣東與浙江三省執行得最為嚴格。具體辦法是用武力強行將海邊居住的百姓遷入內地，距離從三十里至二、三百里不等，並把遺留下來的房屋、船隻等物拆毀或者放火焚燒，目的是讓海濱地區變成人跡罕至的荒蕪之地，使得鄭氏集團不能從內陸得到釘、鐵、麻、油、火藥、糧食、紡織品等海上島嶼難以生產的物資。出於貫徹這一政策的需要，清朝在禁區邊界採取挖掘深溝，搭建木柵以及築土牆等手段，對居民的活動範圍加以限制，並派遣大量兵丁駐紮在禁區一帶，如果發現有擅自越界者，格殺勿論。這樣做的後果是加重了沿海百姓的苦難，破壞了當地的經濟，損害了對外貿易，也使得政府的財賦收入下降不少，可是未能徹底切斷鄭氏集團與內陸百姓的聯繫。有的人為了生存，也有的為了牟利，不惜鋌而走險地越界與鄭氏集團進行商貿往

張煌言

▲張煌言之像。

來。擔任捕盜、守衛、巡邏等職責的地方駐防兵丁也常常睜一隻眼閉一隻眼，他們一方面不想斷人財路以致引火焚身，另一方面又藉此以權謀私，因為包庇越界貿易者往往可以從中漁利。因而清朝的遷海令未能最大限度地發揮經濟封鎖的作用。

清朝沒有能力把鄭氏集團的所有根據地搗毀。以鄭經為首的鄭氏集團也暫時不想逐鹿中原，因而實際處於偏安一隅的狀態。雖然敵對雙方仍免不了發生衝突，但在未來的很長一段時間裡，對峙的僵局不可能打破。

▲輔政大臣鰲拜。

順治帝之後的清朝新皇帝是年僅八歲的愛新覺羅・玄燁，因年號為「康熙」，又稱「康熙帝」。他是順治帝指定的繼承人。此外，順治帝死前還安排索尼、蘇克薩哈、遏必隆、鰲拜這四位異姓權貴為輔政大臣。這種做法雖然改變了由皇族推選皇帝以及宗室攝政的慣例，可清朝仍然保持政治上的穩定，對關內殘餘抗清武裝的圍剿也沒有停頓。

由大西軍餘部改編而成的西南明軍覆沒後，夔東十三家餘部成了關內最大的一支抗清武裝，因而成為清朝必欲除之而後快的又一個目標。在四川總督李國英的請求下，清廷調兵遣將，舉行四川、湖廣、陝西三省會剿，目標是活動在湖北荊州、鄖陽以及四川東部等地的「闖逆餘黨（指大順軍餘部）」。榜上有名的是郝搖旗、李來亨、劉體純、賀珍、袁宗第、党守素、塔天寶、王光興等。會剿的具體地

點有遠安、興山、歸州、巴東、施州衛、房縣、竹溪、大寧、大昌、夔州、巫山、建始、興安等處，涉及範圍遼闊，橫亙數千餘里。

這些聚集在夔東的部隊缺乏一個堅強的領導核心，處於鬆散的聯盟狀態。其中，綽號「一隻虎」的劉體純作為夔東基地的主要創建者，被時人視為夔東義軍諸部的盟主。而在抗清戰場上素有威名的郝搖旗所部以及忠貞營也不容忽視。正如清陝西總督白如梅所說：「諸逆之中，唯郝搖旗賊兵最眾。」郝搖旗自從歸附南明以來，在湖南、廣西等地打過不少仗，最廣為人知的是在全州大敗勁敵尚可喜，深為何騰蛟所倚重。隨著何騰蛟的死亡以及南明軍隊在南方的節節失利，郝搖旗由於對時局的失望，率部離開烽火不斷的湘、桂前線，從貴州轉移到此處，休生養息已經超過十年了。而顯赫一時的「忠貞營」自從李錦、高一功死後，由李錦的養子李來亨統率，這支部隊離開兩廣前線，經湘西也向夔東轉移，到達目的地的時間比郝搖旗要晚一點。「忠貞營」的人數雖然比不上郝搖旗所部，可作為李錦親手帶出來的嫡系部隊，戰鬥力有過之而無不及。

這些聚集於夔東的部隊雖然時不時會騷擾一下周圍地區，還曾經出兵重慶等地以牽制清軍對西南的進攻，但無可否認的是，他們已經不是抗清戰場上的主角，而多年來比較安逸的生活也消磨了不少人的鬥志。

清軍這一次會剿的具體作戰部署是：李國英率一萬七千餘綠營兵於十二月十二日從四川萬縣出發；陝西提督王一正以三萬綠營兵從陝西出發；湖廣提督董學禮以三萬綠營兵從湖廣出發。共同約定於十二月二十日逼近敵境。同時，四川、陝西、貴州、湖廣等省的官員也要派兵扼守各處要道，以防對手突出重圍。

李國英最為賣力，他出師後不畏艱險，於一六六三年（清康熙二年）正月初一日由夔州「沿崖前進」，經下關城來到羊耳山，首戰告捷，打敗袁宗第的阻擊部隊，冒著連綿的雨雪，越過重山峻嶺，在初三日早晨渡河佔領大昌縣。此舉起到敲山震虎的作用，夔東諸部中的一些人在空前嚴峻的形勢下動搖了，例如富平伯賀道寧（這時賀珍已死，部屬由兒子賀道寧帶領）派部將王繼祖拿著賀珍遺留下來的印信，於十六日到清軍駐地聯繫投降事宜。

旗開得勝的李國英從二十一日起命令部將陳福、趙平等人分作兩路，沿著「深山密箐」的「羊腸鳥道」襲擊袁宗第所在的茶園坪山寨。同時，派出程廷俊、梁加琦率部分人馬截斷郝搖旗與劉體純的來援之路。而他本人與趙文魁、張萬倉等將一起「居中調度」。陳福、趙平所部經甘溝關、平底河，一前一後地對茶園坪形成夾擊之勢，經過二十三、二十四日的多次激戰，奪得此地，打死與俘虜近三千人。連戰連敗的袁宗第乘夜跳崖，逃往巴東，投靠劉體純。李國英由於前進過快，糧草補充不足，於二十八日暫時收兵回大昌，不久又佔領巫山。

在此期間，從陝西出發的王一正經白土關，連克竹山、竹溪，直搗房縣，迫使寡不敵眾的郝搖旗在六月下旬率部離開根據地（郝搖旗後來經上龕路，於七月上旬輾轉來到吳家垣子，依附劉體純）。而從湖廣出發的董學禮已佔領了香溪口，威脅李來亨所在的興山縣。

三路清軍咄咄逼人，勝利似乎觸手可及！然而，很多義師將領不甘束手待斃。先後接納了袁宗第與郝搖旗的劉體純深感唇亡齒寒，經過與眾人商議後，決定搶在各路清軍形成嚴密的包圍圈之前，集中全力反擊。這個計劃得到了李來亨的積極回應，而反擊戰也首先在李來亨的根據地一帶打響。

《永曆實錄》記載李來亨此前已經故意派一些剃髮的士卒偽裝售賣雜貨的小販，混入清軍的駐營

地偵察，盡知其虛實。當各路明軍開始反攻時，清軍營中的內應忽然揭起大旗，四處呼號，放火焚燒營舍。李來亨乘機縱兵擊潰清軍，殺傷數以萬計。在七連坪等處慘敗的湖廣清軍一路潰退至南陽河、興山縣，後來經香溪、魚刺坡撤返彝陵等地，因喘息未定，一時不敢輕動。

湖廣清軍的潰敗給四川清軍造成了不利的影響。總兵程廷俊、梁加琦本來奉李國英之命率部分人馬向陳加坡出發，企圖聯合陝西清軍，聲援董學禮，合擊劉體純的根據地。這路人馬進至秦羅坪與木瓜溪這些地方時，便與夔東義軍的阻擊部隊發生了斷斷續續的衝突，可是當他們得知董學禮所部在七月二十三日慘敗於七里坪等處後，馬上後撤，聯合作戰的計劃自然也泡了湯。

由於秋雨連綿，晝夜下個不停，彌漫的江水封鎖了山峽道路，以致「上下聲息不通」。李國英沒料到窮途末路的對手還能夠保持著如此旺盛的鬥志，因而哪裡再敢輕言進攻，早就盤算著如何收縮防線，保全身家性命了。他一時打聽不到董學禮的下落，對整個戰局的發展態勢未能了然於心。不過在此之前，一位名叫何義的「順民」從劉體純軍營中逃出來，向清軍報告自己曾親耳聽見劉體純與郝搖旗商量著要選擇巫山、大寧以及大昌作為反擊目標。據此，李國英判斷對手的下一步極可能是向著被譽為「蜀楚咽喉」的巫山撲來，在「秦、豫之師屢催未至」的情況下，他明白惟有依靠自己的部下抵擋渡過難關。為了避免兵力分散，他暫時顧不上大寧、大昌，只想將主力集中於巫山。其後，總兵程廷俊、梁加琦，副將陳福，遊擊劉體君等人相繼帶著軍隊趕到了，甚至連夔東叛將譚詣、譚弘所部水師也前來協助，使得李國英死守下去的決心更加堅定。

巫山南面臨江，城的西、北兩面有山坡矗立，本是一個易守難攻的要隘。但李國英仍不敢大意，他發覺城牆年久失修，倒塌了一部分，於是令人緊急修葺，並清除城外河道的淤塞，挖掘壕溝。同時

在城的東北角以及城外的西山觀等要點建起寨城、敵樓、炮臺，以互為犄角。當一切佈置妥當後，就靜靜等候敵人的來臨。

七連坪之戰後，李來亨據守的興山縣已轉危為安。接著，夔東各路義師調兵西進，控制大寧、大昌，奪回了原屬袁宗第管轄的部分地區，但要徹底收復袁宗第失去的所有土地，還必須攻克巫山，殲滅李國英的主力。如果李國英步董學禮的後塵而潰敗，那麼僅靠王一元的孤軍勢必難以顛覆夔東基地。而清朝的整個會剿計劃也接近破產了。故此，巫山之戰的成敗關係匪淺。

八月十九日，劉體純、郝搖旗、李來亨、袁宗第、党守素、塔天保、馬騰雲等七位將領集中五萬兵力，分路從巴霧、大昌附近渡河而來，駐紮於城外山間，連營二十餘里。從二十五日的三更時分開始，義軍逼近城池，並製築土囤作為掩體，不分晝夜地攻打。有的士卒戴著皮盔，有的用布匹纏頭，還有的穿上棉甲，各自以挨牌、雲梯作為攻城工具，冒著遭受鳥槍、火箭、火罐與矢石的打擊，一批批地洶湧而上。由於雨天路滑，經過幾天血戰，未能取得進展。後來又挖掘地道助攻，但在守軍的嚴防之下，也沒有見效。

清軍憑著堅固的工事拼命抵抗，又出動火炮與義軍對射，擊毀了城外不少的土囤。久經沙場的李國英沒有一味困守城內，而是悄悄派遣少數精幹部隊潛出城外襲擊大昌茅坪、三會鋪、七時闕、秦羅坪鴛鴦池、小新灘等處的義軍糧道，極力破壞對方的後勤補給。

那時淫雨霏霏，江河暴漲。義軍後勤人員踩著泥濘不堪的路向前線運糧本來已經非常困難，如今又時常受到清軍的騷擾，根本完成不了既定的任務。因而，前線的義軍難免食不果腹，他們既然不能迅速拿下城池，被迫撤退只是時間問題。

戰事拖到九月初七，李國英認為反攻的時機已經成熟，令各營官兵在黎明時分兵四路出擊，一直打得中午，連破七處營壘。無力扭轉劣勢的義軍不得不於初八日全部撤離。清軍戰後統計，打死六千九百九十二名義軍將士並俘虜百餘人。

打贏巫山之戰的清軍沒有停止對夔東地區的會剿。而七連坪、巫山等地的戰鬥損失也很快得到補充。但是清朝統戰者對綠營的表現不是很滿意，因而這一次讓八旗軍介入。固山額真穆里瑪、圖海分別被任命為靖西將軍與定西將軍。他們攜同固山額真穆琛、覺羅巴爾布，護軍統領孫達里、科爾昆等率領京師勁旅南下湖廣，將會同董學禮的殘部一起作戰。西安駐防八旗軍在西安將軍傅喀禪、梅勒章京杜敏的帶領下入川，經水路抵巫山，配合李國英的軍隊行動。清軍這次作戰的重點對象是李來亨，由京師勁旅以及湖廣、陝西的綠營兵負責殲滅。西安駐防八旗軍與四川的綠營兵負責牽制郝搖旗、袁宗第與劉體純等人。

夔東義軍在巫山受挫後，既沒有積極策劃新的攻勢以粉碎清朝的會剿，又沒有打算主動撤離根據地以保持實力，而是採取被動的措施，將部隊分散駐防。其中，袁宗第退回大寧、大昌，劉體純返回陳家坡，李來亨返回興縣。而郝搖旗由於失去房縣的地盤，只能與袁宗第一起駐於大寧、大昌一帶。由此，他們在清朝即將發起的新一輪進攻中處於各自為戰、窮於應付的狀態。

清朝大舉來攻的前夕，退回大寧、大昌的郝搖旗、袁宗第又移營通城等地。他倆知道前途暗淡，軍心已亂，本來希望透過扣壓部屬家眷為質等手段以防止有人叛變，以穩定內部秩序。萬萬想不到手下諸將竟然集體嘩變，爭先恐後地與李國英聯繫，在十二月間陸續向清軍投降。致使郝搖旗、袁宗第兩人僅帶著不到一百人的小隊伍又一次逃往巴東，投奔劉體純。

根據李國英的報告，在十二月間來降的郝搖旗部下有掛印總兵馬進玉、王之炳、張大盛、武自強、徐自望與副將侯守鳳，而袁宗第的部下有掛印總兵鄧秉志、楊洵、趙雲與副將高三魁等。在抗清戰爭中名揚一時的郝搖旗所部，最後在風聲鶴唳中未經一大戰而自行解體了。

李國英重新控制了大寧、大昌。而京師勁旅也陸續到達指定位置，對夔東義師的包圍圈越來越小。總攻的準備正在加緊進行著，靖西將軍穆里瑪於十月二十七日從荊州起行，十二月十二日到達七連坪，與從當陽來到此地的董學禮會師。定西將軍圖海於十二月初二自襄陽起身，經房縣向彈子溪等處前進，配合穆里瑪等人對李來亨據守的興縣形成夾擊之勢。而李國英為了及時完成牽制劉體純的任務，以免耽誤會剿日期，只盼望西安駐防八旗軍能夠早點到達。他考慮到八旗軍的馬匹在棧道中行走容易疲勞以致瘦弱，隨即下令將綠營軍的馬匹讓給八旗軍騎乘，並鼓勵「漢兵（指綠營兵）荷戈」步行。

傅喀禪、杜敏率領的西安駐防八旗軍終於趕到前線了，他們於十二月十八日與李國英所部一起分三路前進，五日後逼近劉體純所在的陳家坡，逐一擊破義師在山上據險而設的各個陣營，將對手驅逐到了天池寨。隨後又予以追擊，「登山入箐」，徒步攀援而上，奪取了老木崆隘口。義軍總兵鎖彥龍、吳之奇、王加玉、李之翠、劉應昌、胡君貴、田守一、王之禮，副將宋承印、李之楹，都司蔡騰龍等先後投降。大勢已去的劉體純將兩個女兒勒死以及殺掉所有的妻妾後，再自縊而亡。

郝搖旗與袁宗第逃至黃草坪，被「連夜冒雪攀崖」的清軍追上了，儘管他倆「各執利刃」，拼死抵抗，但還是在二十六日被敵人捉獲，同時成為俘虜的還有部院洪育鰲等人，這些人後來被押到巫山處死。而永曆帝派來的監軍太監潘應龍因難以逃脫也在後溪河自縊。劉體純所部覆沒前後，義軍的重要將領王光興、馬騰雲、党守素、塔天寶等人也相繼投降。在「大廈將傾」的情況下，唯有李來亨在

興山縣境內繼續與清軍周旋。

興山地勢陡峭，峰巒連綿。而壁立千仞之處比比皆是，號稱「人馬不能飛度」。山間通道曲折連綿，其中不乏「一夫當關，萬夫莫開」的隘谷，便於扼險而守。李來亨本有三萬兵力，因戰局不利，現已退守興山縣西五十五里的茅麓山，堅拒穆里瑪所率的十萬滿漢大軍。

最先到達茅麓山的是巴雅喇纛章京（護軍統領）科爾昆與葛布什賢噶喇依（前鋒統領）昂邦賴塔所率的五千人，他們不分晝夜地作戰，擊破義師以大刀、藤牌為武器的阻擊部隊，向李來亨的大寨前進。科爾昆發現李來亨倚靠譚家寨屯糧為持久之計，遂分兵攻克石坪，進圍譚家砦，斷其後路。守將李嗣名被清軍用箭射死，高必玉等人出降。

不久，穆里瑪與圖海率主力趕到與科爾昆會合，他們仗著兵多將廣，更加不把對手放在眼內，想一口氣打上茅麓山，便急不可耐地發起總攻，在後山長樂嶺等處多次與義師交手，並攻克了阻路的城堡，一路跋山涉水地向上攀登。不料在強攻茅麓山的營寨時遇到了空前頑強的抵抗，鑲紅旗梅勒章京賀布索等人戰死，很多將士在混戰中墜下懸崖，或者失足陷入溪澗裡面，一命嗚呼。穆里瑪等人碰壁之後，遂放棄速戰速決的企圖，等待援軍到達，再作打算。

李國英應穆里瑪的要求而緊急赴援。他與重夔總兵程廷俊等統率綠營軍冒雪而進，在山間披荊斬棘，開闢道路，到達茅麓山是二月初五，下營於李來亨營寨南面的黃龍山。提督鄭蛟麟與署總兵梁加琦所統的兵馬已先行到達，紮於茅麓山西南通梁一帶。隨著四川等地綠營軍的來到，八旗軍已經沒有必要再做打頭陣的苦差事了，很多滿洲將士適時撤了下來，在後面督陣。

進駐前線的四川綠營軍在二月間發起兩次進攻，連奪通梁兩個山　，逼近李來亨營寨的前門。但

是前進路上依舊步步維艱。二月十五日夜間，李來亨組織千餘人反擊，把清軍設立在山路上的木塹砍斷了不少，並攻擊了綠營軍的營壘，然後撤回寨內。綠營軍為了自保，在寨前的山 之上堅起樓櫓，增加了更多的銃炮，希望能順利打退對手的下一次反撲，實際上處於轉攻為守的狀態。

穆里瑪與圖海知道難以指望綠營軍迅速拿下敵寨，他們便約李國英一起視察陣地，打算用長期圍困的辦法對付李來亨。穆里瑪比較擅長這一手，他在過去的軍旅生涯中，最重要的一役是參與包圍南昌，並最終困死了叛將金聲桓，由於戰功顯赫，他很快從甲喇章京升為固山額真。但是要想重演昔日的輝煌，又談何容易。山石險峻的茅麓山並非南昌，而要想在山區重施故技，難上加難。

儘管困難重重，李國英還是同意穆里瑪的意見。他察覺茅麓山上的營寨「高險異常」，而周圍一百五十餘里，地勢廣闊，只有把散佈於山間的清軍各營有效地組織起來，讓他們井然有序地分守各個汛地，才能防止敵人突圍。

京師勁旅以及四川、陝西、湖廣等地的綠營軍奉命在汛地「高築營壘，挑濠樹塹」，耗時費力地修建與完善各類防禦工事。穆里瑪、圖海親自到各營的汛地巡視，又不時派人突擊檢查，如果發現有個別工事在雨中傾圮，立即下令補修，不敢有任何疏忽大意。同時，分遣士卒不分晝夜地「披甲執戈」，嚴加戒備。

經過一番興師動眾，各個清軍營壘終於星羅棋佈地屯於黃龍山、相平、顯靈觀、大茶坪這些地方，從四面八方堵塞茅麓山與外界的通道。

不過，夔東地瘠民貧，清軍難以就地獲得補給，需要從外地源源不斷地運來糧食。徵糧的地方既包括附近的荊州、襄陽，也遠及長沙、瀏陽等處。役使的百姓絡繹於途，如果加上沿路監督與護送的

地方部隊，涉及的人數可能達到百萬之巨。只有在統一戰爭接近尾聲，關內秩序日趨穩定的情況下，才能更順利地進行這樣廣泛的動員。那些從數千里外起程的人為了籌集路費而往往破家鬻子，苦不堪言。由於興縣境內山石嶙峋，岡巒起伏，難以出動大船航運，需要依靠人力用肩挑背馱等原始方式運至茅麓山戰區，致使很多櫛風沐雨的民夫因過度疲憊而喪命於路上，崖谷之間死者枕藉。

義師本想利用茅麓山的地形扼險而守，以為清軍到了缺糧時就會自動退走。想不到穆里瑪、李國英等人不按常理出牌，竟然不惜勞民傷財而繼續賴在山區，不達到困死義師的目的誓不甘休。當李來亨發覺已經置身於死地時，顯然太晚了。他當時完全陷入欲進不能，欲退無路的絕境。而茅麓山營寨裡面儲藏的糧食有限，守軍必須爭取在糧食吃完之前突圍，除此之外再也沒有別的辦法。

破釜沉舟式的突圍行動在六月十五日深夜開始了，李來亨親率五名總兵以及數千士卒沿山而下，分路殺向督標左營將領談國經、右營遊擊黨世昌與撫剿署總兵梁加琦位於三對河等處的汛地。儘管他們越過縱橫交錯的溝壑時已被敵哨發覺，但仍舊抬著雲梯、挨牌，冒著雨點般的彈丸與利箭，用鉤鐮大斧猛砍清軍設立的木樁，破除路上的木塹，拼命向前突進。與此同時，三名義軍總兵帶著另一路偏師，抬著雲梯等戰具，攻向遵義鎮標署副將陳福駐於通梁的汛地，以便牽制。此外還有數千義師將士埋伏於河灣，待機而動。

洶湧而來的義師雖然發起一次又一次的進攻，嘗試突圍，可在清軍火炮、鳥銃、火箭、火罐的一齊轟擊之下，無不受到挫敗。滾下山崖而跌死者甚眾，而身負重傷的人也不計其數。他們惟有在日出之前，利用雲霧的遮蔽，拖著戰死者的屍體，背負著受傷的人，翻過溝溝坎坎，磕磕絆絆地撤回寨內。由於山間的峭壁與深溝之中，「密佈擂石」，清軍未敢窮追。

同樣的一幕發生於閏六月初九日夜間，李來亨再次率領數千名士卒分頭突圍，並集中三路兵力齊攻署副將陳福在通梁的汛地，就像上次一樣，他們抬著雲梯、挨牌，手拿鉤鐮大斧，在滂沱大雨中「奮臂爭呼」，猛砍前路上的木樁，試圖搗毀那些攔截的木塹。但未能在清軍援兵到達之前攻克陳福的汛地。隨著時間的推移，倒臥在嶺脊與懸崖底下的傷亡者也越來越多。經過連續五次不惜代價的進攻後，無計可施的義師只能在黎明之前黯然撤回。

突出重圍的希望雖然破滅，可李來亨依然拒絕降清而堅守於寨內，直到最後一刻。到了八月初四日，飢腸轆轆的義師終於產生內鬨，總兵陳經帶著三百人出寨投降。李來亨在混亂中將妻子殺死，放火燒屋，然後自縊。殘部四散奔出寨外，或死或降。

茅麓山的失守意味著夔東抗清基地的徹底覆滅。《八旗通志・穆里瑪傳》記載這次會剿總共招撫了一王、三侯、一總督、一百九十六名各級將領以及千餘士兵。《欽定八旗通志・圖海傳》收錄的數據又有所不同，據載來降的公、侯、將軍以下各級官員有五百八十餘名，而士兵有八千八百餘名，另外成為俘虜的家屬有三千多。

八旗軍也有一定的損失。除了鑲紅旗梅勒章京賀布索之外，還有不少戰死者的名字收錄在《欽定八旗通志》裡面，其中包括護軍統領敖艾，護軍校薩音圖，委署護軍校穆德、富和甲，驍騎校薩弼，牛錄章京拉布士喜，二等阿思尼哈番（二等男）覃恩，拜他喇布勒哈番兼拖沙喇哈番（騎都尉兼雲騎尉）莽色，一等阿達哈哈番（一等輕車都尉）桑圖、孟額圖等。

回顧歷史，不難發現八旗軍入關後的第一仗是與大順軍作戰，而最後一仗也是與源自大順軍餘部的夔東義師在茅麓山展開生死較量，這個巧合耐人尋味。如果把李來亨比喻為水滸英雄式的人物，那

麼茅麓山就相當於英雄們落草的水泊梁山。隨著這個山頭的淪陷，明清之間曠日持久的逐鹿中原之戰正式畫上了句號。正如明末清初著名學者王夫之所中肯地指出的那樣，李來亨敗沒後，「中原無寸土一民為明者」，雖然鄭氏集團仍寄居於海外，但已改變不了清朝入主中原的事實。血流漂杵的統一戰爭也暫告一段落。

▲王夫之之像。

尾聲

餘波未了

清朝問鼎天下離不開「天時」、「地利」、「人和」等因素。天時是指從一七世紀前半葉起，關內外自然災害頻繁，進入了所謂的「小冰河時代」。那時地球表面的氣溫下降明顯，據科學家研究，竟然降到了一〇〇〇年以來的最低點，以致農業歉收，並出現了接連不斷的飢荒。而揭竿而起的災民在顛覆明王朝時發揮了至關重要的作用，讓內部秩序比較穩固的清朝得以乘機入關，坐收漁人之利。

地利是指清朝所擁有的地理優勢。這個新興王朝在入關之前，控制的勢力範圍東起遼東、西至漠南蒙古，已經對關內的京畿、山西、陝西等地區形成了戰略包圍的有利態勢，因而入關後得以因勢利導、多措並舉，經常讓腹背受敵的大順軍顧此失彼。

▲旗人表演馬術。

尤其重要的是，清朝在入關後的次年就未經大戰而占據了江南這個「財賦重地」，等於在統一戰爭剛剛揭開序幕不久就掌控了關內最主要的經濟命脈，此舉將為未來十多年的南征北伐奠定良好的經濟基礎，使得清軍在大部分的時間裡總是獲得比對手更多的糧餉。而隨著疆土的不斷開拓，清朝統治者也越來越財大氣粗。據《清史稿》對全國賦稅的統計，稱「順治季年，歲征銀二千一百五十餘萬兩，糧六百四十餘萬石」。這個資料雖然不能精確反映清朝在不同時期的經濟狀況，但還是具有參考價值。

而這個新興王朝的主要對手則相形見絀。據歷史學者楊彥傑的估計，鄭成功平均每年在海外貿易中獲利約二百五十萬兩銀，而他的軍隊即使冒險在浙、閩、粵等地的一些城鎮強行索取糧餉，也不過是「大縣十萬，中縣四萬」，總體經濟力量比清朝差得遠。名聞遐邇的大西軍餘部雖然曾經控制過雲、貴等省，並努力振興當地經濟，但由於根據地大多地處邊陲，物質財富始終有限。這一點連清朝方面的官員都洞若觀火，洪承疇在進軍西南之前，於一六五八年（清順治十五年，南明永曆十二年）二月向朝廷上疏聲稱：「貴州從來是『最貧瘠之地』，境內苗民甚多，而漢民很少，『一省錢糧不及江浙一中縣』。雲南的情況比貴州稍好，然而與富饒的江南相比仍然不可同日而語。」可見掌握地利的確讓清朝在統一戰爭中起到了事半功倍的作用。

人和是指清朝一反大順軍實施的「追贓助餉」之類的錯誤政策，制定了正常的賦稅制度，以免將官紳地主階級推向對立面。同時，滿洲貴族統治者還聽從范文程、洪承疇等漢人官僚的建議，為明思宗服喪並予以禮葬，以順應輿情。並優待來歸的明朝宗室貴族，承諾照舊錄用明朝舊官，還揚言要將大順軍強行奪取的財產與土地「歸還本主」，以儘量爭取官紳地主階級的支持。甚至，他們採取了減輕百姓負擔的一些措施，比如公開宣佈免徵明朝未亡時加派的遼餉、剿餉與練餉等三餉，雖然這些措施沒有得到嚴格的落實，但無疑起到了安撫人心的作用。

特別需要指出的是，清朝能夠最終問鼎天下，吳三桂發揮了無可替代的作用。這位遼東漢族軍閥打開山海關的大門放清兵入關，不但在軍事上起到了出其不意的效果，將李自成的大順軍打得措手不及，而且讓清朝得以打著「為明復仇」的旗號，占了輿論的優勢。正如當時出任南明官職的馬紹愉在致書吳三桂時所說的：「清軍殺退逆賊，恢復燕京，又發喪安葬先帝，舉國感清朝之情可以垂史書，傳不朽矣。」南

京兵部尚書史可法在與多爾袞通信時也肯定了吳三桂放清兵入關的行為，只是要求清朝不要借入關之機征伐南明，否則就是「以義始而以利終，為賊人所竊笑」。明朝遺民認同清軍入關攻擊大順軍的舉動，而滿洲貴族統治者也以此自矜，多爾袞在出兵江南之前公開聲稱新近到手的北京是「得之於闖賊，非取之於明朝」，並譴責身處南方的明朝臣子們對清軍「代為雪恥」的行為不但沒有「感恩圖報」，反而想「雄據江南」，他斷言這種行為會令彼此儼然為敵，以此作為吞併江南的藉口。在清朝巧令辭色的宣傳之下，關內部分漢人降清時也變得心安理得，其中一些人參與鎮壓義軍以及討伐南明的軍事行動時更加理直氣壯。

毋庸置疑的是，清軍入關之初，實行「圈地」、「投充」、「逃人」與「薙髮」等弊政，確實起到了激化矛盾的作用。為了緩和緊張的局勢，清朝統治者對上述政策作了調整。其中，「圈地」、「投充」先後在康熙與乾隆年間被中止實行，而「逃人法」與「薙髮令」在實際執行的過程中也日益寬弛。就以清朝消滅南明弘光政權後頒發的「薙髮」為例，這個命令要求關內百姓參照滿人的模樣把腦袋四周的頭髮剃光，只在腦後留一小撮頭髮，同時又要改穿滿人服飾（也就是「易服」），因而引起了強烈反應，無數世人不願意風俗習慣被征服者強迫改變而拿起武器奮起抗爭，使得反清浪潮驟然高漲起來。特別是由大西軍餘部改編而成的西南明軍，收編了大批由土官管轄的少數民族士卒，給清軍造成了極大的威脅，促使清朝統治者出於懷柔的目的不得不放寬對「薙髮令」的執行。比較有代表性的是戶部右侍郎王弘祚在一六五三年（清順治十年，南明永曆七年）六月的上疏，他建言對於雲貴兩省的土司應該「暫從其俗」，等平定之後再「繩以新制」。言下之意是暫且推遲在兩省的土司政權之中推行薙髮、易服等政策，以此攏絡人心。另外，五省經略洪承疇在參與指揮進軍雲貴時，也在一六五九年（清順治十六年，南明永曆十三年）正月向朝廷上疏，稱貴州的土司苗蠻已經「漸次歸誠」，但「裹頭跣足未經剃髮」，

「妝束衣飾皆照舊例」，而他考慮到「貴州初辟，人心未定」，若突然下令「移風易俗」，恐怕苗人會「驚畏逃匿」，因而允許「土司苗蠻」，「照舊妝束」。洪承疇的意見得到了順治帝的支持，據說省內的「土司苗蠻」，為此無不鼓舞，爭先恐後地出山進行「貿易、耕鑿、運交米糧」等經濟生產活動，使當地的秩序得到穩定。這項新政策因效果顯著，在湖南、貴州、雲南、廣西等地得到推廣。

清朝不但因地制宜地對苗民網開一面，而且對漢人也執行得不像過去那樣嚴格。《撫浙檄草》記載漢軍正藍旗人秦世禎從一六五四年（清順治十一年，南明永曆八年）起出任浙江巡撫，他在任上發現「薙髮令」已經頒佈了十年，然而民間很多百姓沒有按照規定穿戴清朝的冠帽，他最初因念及貧困之人難以更換新裝，姑且不加追究，豈料到後來街上各鋪公然出售前朝的違禁衣服，故不得不多次進行訓誡。指出清朝的服飾制度是「小頂辮髮，窄袖圓襟」，可是路上大量的人仍舊是「大頂挽髻，全似未剃髮」，而穿著「長領寬袍，方巾大袖」者也不在少數。他承認地方官員對此「不能禁約」，但警告地方百姓不要心存僥倖，因為一旦被從京師南下路過此地的一些滿洲貴族以及八旗將士看到以及詰問，可能會累及「身家性命」。

從秦世禎的言論可以看出一些地方官員對於漢人違反「薙髮令」的現象已難以禁止。而康熙帝上臺後，類似情況同樣存在。例如，在清初繪製《康熙耕織圖》、《康熙萬壽圖》等圖畫中，田夫野叟仍舊挽髻，沒有留辮子，穿著也與明代的樣式差不多。而平民婦女的髮型與服飾亦甚少變化。據此可知，清初推行的「薙髮令」，只是在漢人的文武官員之中得到貫徹，而不少地方的平民百姓僅僅在前額剃去一部分頭髮而已，而髮型與衣飾基本照依舊俗。

清朝統治者顯然汲取了在民間強行「移風易俗」而導致激烈反抗的歷史教訓。康熙帝為此說過：

「朕意以為俗尚不能驟變，當潛移而默導之。」意思是不能過於依賴法令與武力來改變百姓的習俗，而應當採取潛移默化的手段來誘導。當「尊卑大小自有辨別」之後，老百姓「不須法令」，也會「皆遵行定制」。事實也是如此，隨著清朝統治的日漸鞏固，各地衙門的大小官吏以及地方權貴全部剃髮留辮、穿著長袍馬褂招搖過市時，自然會讓越來越多的平民羨慕不已，並加以模仿，由此不知不覺地帶來「移風易俗」的效果，新朝推行的冠服制度也逐漸在民間蔚然成風。

不過，清朝有時仍然使用武力進行「移風易俗」，即使是曾經被順治帝恩准「妝束衣飾」照舊的一些南方苗民也不例外。例如《清史稿》記載，鄂海在一七一〇年（清康熙四十九年）出任湖廣總督時，鎮壓了鎮筸邊外反叛的苗民，而讓接受招撫的毛都塘、盤塘等一百三十五寨的寨民「剃髮」，作為「歸化」的標誌。鄂爾泰在一七二六年（清雍正四年）夏以雲南巡撫代理總督一職時，出兵鎮壓苗民之亂，招降廣順、定番、鎮寧、永寧、永豐、安順等二千零七十八個寨的寨民，辟地千餘里，並令部隊在新附之地執行「易服剃髮」的政策。上述記載顯示「剃髮」與「易服」之策在關內的統一戰爭基本結束之後仍在斷斷續續地進行。

儘管清朝統治者採取種種手段推行「剃髮易服」之策，可是直至清朝於一九一二年滅亡，也不可能讓關內全部百姓都「移風易俗」。《聶榮臻回憶錄》記載晉察冀根據地在二〇世紀三〇年代創建時發生的一件事就比較有代表性，因為抗日將士發現：「有些很偏僻的深山地區，山溝裡只有幾戶人家，那裡的人們與外界很少接觸，高達千仞的山巒，使他們和外界隔絕起來，形成了一個獨立的世界。像房山、宛平和淶水、淶源交界的『野三坡』，那一溜幾十個村子，一直過著與世隔絕、自給自足的生活。他們長時間打著反清復明的旗號，到民國十八年（一九二九年）才知道清朝已經滅亡了。『野三坡』

的群眾說：『就是燕王掃北的時候，也沒有到過我們這兒。』他們推舉三位元老人管理這一地區的事情，老人去世一位再替補一位。這裡的男人不剃頭，女人不裹腳，清朝的統治始終沒有能進入這一地區。」可見，北京附近地區尚且有人始終不剃髮，更遑論其他「山高皇帝遠」的地方了。

堡壘最容易從內部攻破。南明諸政權的滅亡首先歸咎於自身的原因。由於沒有能力對積重難返的軍政制度進行大刀闊斧的改革，始終存在軍閥割據、派系林立的情況下，難以集中力量與新興的清朝抗衡。與清朝作戰表現最搶眼的不是南明的嫡系部隊，而是「流寇」、「海寇」部隊。其中，由大西軍餘部改編而成的軍隊以及東南沿海的鄭氏集團，在很多的時間裡實際上已成為抗清的中流砥柱。

回顧歷史，在參與逐鹿中原的諸多抗清將帥之中，佔領黔、滇地區的大西軍餘部首領孫可望是最有希望成功的人。對他個人而言，歸附南明永曆政權無疑是最大的失著。這樣做的後果是削弱了自己在大西軍餘部裡面的號召力，讓李定國、劉文秀等軍中潛在的競爭者得以名正言順地奉永曆帝為最高領袖，到後來甚至打著永曆帝的旗號另起爐灶。

特別需要注意的是，南明一貫沿用的為防止藩鎮割據而採取的某些措施對歸附的大西軍餘部造成了很大的影響，特別是永曆帝濫封爵號等行為，使得孫可望的集權努力化為烏有。

過去有論者認為，大順軍與大西軍餘部歸附南明政權，可團結各地的官紳地主階級，對抗清有利。這種說法在隆武帝主政期間有一定的合理性，因為轉戰湖廣的大順軍餘部與實力猶存的何騰蛟等南明官員合作，可以避免打內戰，使抗清勢力不至於互相消耗。然而，轉戰西南的大西軍餘部卻有所不同，那時，兵多將廣的孫可望已經控制了雲、貴兩省，而永曆朝廷的軍隊與地盤卻所剩無幾，故孫可望仰人鼻息的行為只會束縛自己手腳。況且，不一定非要歸附南明才可以取得官紳地主階級的支持，只要採取比

較合理的賦稅制度，也同樣能達到攏絡人心的目的。如果認為歸附永曆朝廷可以在戰略上得到東南沿海抗清勢力與夔東十三家的有力配合，那麼事實證明類似的期盼往往以失望告終。孫可望奉永曆帝為主後，又不顧內部的強烈反對而企圖篡位，那更是錯上加錯了，最終因此眾叛親離，讓清朝坐收漁人之利。

與功虧一簣的孫可望相反，隱約以隆武帝繼承人自居的鄭成功只是遙奉永曆正朔，他手下諸將也沒有與永曆帝發生過直接接觸，只是敬而遠之。而鄭氏集團對軍隊的掌控程度遠勝於大西軍餘部。這是因為鄭氏集團內部以血緣關係為紐帶，其凝聚力比大西軍餘部諸將所推崇的異姓結義要強，故南明政權濫封爵位等舊制度帶來的影響也相對要小一些。

鄭氏集團擁有強大的軍事力量，而水師的戰鬥力在東南沿海中首屈一指。這個集團在抗清戰爭中的立場往往對南明諸政權的興盛衰亡起到至關重要的作用。弘光朝廷主政期間，鄭鴻逵所部參與組織長江的防禦陣線，可是在多鐸大舉南下之際，卻沒有認真抵抗而率水師撤回福建，以致以步、騎兵為主的清軍得以奇跡般渡過長江。故弘光朝廷的顛覆與鄭氏集團的首鼠兩端存在不小關係。其後，鄭氏集團雖然在福建擁立以朱聿建為帝的隆武朝廷，可是該集團的首腦鄭芝龍卻對光復事業三心二意，並最終屈服於清朝的軍事壓力而選擇投降。寄人籬下的隆武朝廷也隨之灰飛煙滅。到了明清戰爭中具有決定意義的一六五四年（清順治十一年，南明永曆八年），誠心誠意扶持永曆朝廷的李定國制定了與鄭成功會師廣東，進而染指江南的宏圖偉略。然而，鄭成功卻因為希望與清朝達成和議而未能及時出兵回應，使得這個最有希望成功的軍事計劃毀於一旦，而南明光復的良機也隨之煙消雲散。

從鄭鴻逵、鄭芝龍、鄭成功等人的所作所為可以看出，他們的思想中一脈相承地存在著割據一方，為了自身集團的私利而惘顧大局的思想。各種抗清勢力互相傾軋是抗清戰爭失敗的主要原因之一。

清朝統治者為了在逐鹿中原時取得最後勝利而挖空了心思，除了依賴軍事打擊，還要對敵人進行政治上的招撫，為此積極策反明軍的上層人士，甚至採取了威迫利誘等種種辦法。翻閱各類史籍，不難發現清方經常透過扣壓人質等手段來要脅對方的軍政要員。

早在明朝尚未滅亡時，清太宗皇太極於一六二九年（明崇禎二年，後金天聰三年）首次繞道入關作戰就曾專門派兵到永平一帶的村落中搜捕遼東名將祖大壽的族人，成功扣壓了祖大壽兩個兒子與四、五個親戚，企圖利用這些人質招撫祖大壽。就連那些在戰場上被八旗軍俘虜的祖大壽部屬，也常常被動員起來寫信對祖大壽進行勸降。後來，當祖大壽兵敗錦州不得不降時，滿洲貴族統治者又讓其想方法招徠未降的寧遠總兵吳三桂，因為吳三桂是祖大壽的外甥。由此可知，清朝注重利用已降的明人透過親屬、同鄉、同僚、部曲等各種裙帶關係來招撫未降的明人，以達到不戰而勝的目的。清軍下江南之前，多爾袞在一六四四年（明崇禎十七年，清順治元年）寫給南京兵部尚書史可法的信中，意味深長地自稱與史可法降清的堂弟史可程相識，並曾托史可程向史可法問安，話中隱藏機鋒，暗含招撫之意。與史可法相比，另一位南明重臣何騰蛟的親屬就命運坎坷得多了。清軍專門於一六四七年（清順治四年，南明永曆元年）十月派兵數百到五開衛捉拿了何騰蛟的母親以及家屬，送至靖州扣為人質。何騰蛟雖然沒有就此屈服，可是難免憂心忡忡。《三湘從事錄》記載他於湘潭被俘後，曾經下拜於漢軍正藍旗固山額真佟圖賴之前。因為佟圖賴善待囚於武昌的何騰蛟之母，故孝順的何騰蛟用這種方式當面答謝。至於鄭成功的父親鄭芝龍被清朝扣壓的經過，前文已有記載，不再贅述。甚至連大西軍餘部的首腦孫可望，也有十六名親屬於一六五五年（清順治十二年，南明永曆九年）在家鄉延長縣被陝西清軍查獲，成為政治上極有利用價值的人質。

史可法、何騰蛟、鄭成功、孫可望等人的際遇已經充分說明清朝統治者是如何利用各種各樣的裙

帶關係來破壞、分化與瓦解敵對勢力的。在親人被扣的情況下，南明一些軍政要員即使不投降，有時也難免投鼠忌器，以致影響抗清事業。鄭成功是其中比較典型的一例。

話又說回來，清朝能夠在問鼎中原的戰爭中取得最後勝利，主要依靠武力。八旗軍作為嫡系部隊，功不可沒。這支部隊入關後仍大量沿用傳統的戰法，比如由清太祖努爾哈赤制定的「專打頭目」這一招，就屢試不爽，由此死於清軍利箭之下的著名的人物有張獻忠、四鎮將領之一的黃得功以及隆武帝等。另一個典型戰法是「利用風向克制火器」，清軍曾經使用這招在福建的海澄、貴州的羅炎河畔以及江寧的觀音山，先後打敗了裝備大量火器的鄭成功與李定國所部。

善於克制火器的清軍本身也裝備了不少品質上乘的火器，早在入關之前，八旗漢軍之中已經組建了使用紅衣大炮的炮兵（滿語叫做「烏真超哈」，意思是「重兵」），掌握了先進的火器鑄造與使用技術，入關後，更是多次在作戰中動用火器取勝。最明顯的例子是一六五三年（清順治十年，南明永曆七年）的海澄之戰，鄭成功本來已經在海澄的防禦工事中安放了三千餘門大大小小的火銃，可當清軍將領金礪指揮數百門大小銃炮轟擊時，鄭軍仍然抵抗不住，以致很多營壘被擊碎，毀壞如平地，差點一敗塗地。另外，一六五九年（清順治十六年，南明永曆十三年）的江寧儀鳳門之戰中，清軍先用炮火開路，壓制了鄭軍預先佈置的三排大炮，將堵塞在路口的鄭軍炮架全部擊碎，直至打得圍城的鄭軍士卒無法立足為止，為最終勝利鋪平了道路。由此可知清軍武器裝備的精良，就連八旗將士身上披掛的鐵甲，在同類產品中都是首屈一指，難怪被鄭軍大量仿製。八旗軍在繼承傳統的軍事制度、武器裝備以及戰略戰術的基礎上，又有所發展。

其中比較有代表性的是軍隊駐防制度。這種制度雖然誕生於關外，可是在關內卻得到廣泛的推廣。

為了鎮壓全國各地風起雲湧的抗清活動，部分八旗軍將士在順治年間不得不離開京師，攜同家屬到京師周圍與各省擔任長期駐防任務。由此逐漸形成數條駐防線。具體有：

京畿駐防線，駐防點是采育里、昌平州、順義縣、三河縣、東阿縣、保定縣、良鄉縣。

長城駐防線，駐防點有喜峰口、古北口、獨石口、張家口。

運河駐防線，駐防點是滄州、德州。

此外，西安駐防點的設立也意味著黃河駐防線的開始形成。隨著江寧、鎮江、杭州、福州等駐防點的設立，也相應在長江、沿海等處形成了互相呼應的駐防線。

▲ 漢人藩王尚可喜。

然而，八旗軍人數有限，不可能處處設防，故此，深受清朝統治者信賴的孔有德、耿仲明、尚可喜、吳三桂、耿繼茂、沈永忠等漢人勳臣被委以重任，先後出鎮漢中、湖南、廣西、廣東、福建等處，成了討伐抗清武裝的急先鋒。此外，清朝入關後收編了大量降軍，並由此而組建了綠營部隊，分散在各地以維持秩序。

綠營軍制受到明朝舊制度的影響日漸明顯，這一點連清朝官員也不諱言。比如都察院禦史施維翰在一六五九年（清順治十六年，南明永曆十三年）上疏朝廷，要求參照明朝的辦法加強對各省提督等綠營武官的管束。兵部在回覆中也同意施維翰的看法，認為「提鎮之權太重」，各督巡撫、巡按等有責任加以監督。這意味著一些地方文官的權力將在武官之上。不過，綠營軍雖然稟承明制，但又有所區別。就以總督、巡撫為例，出任這些封疆要職的不一定是文官，武夫也能染指。特別是那些早在關外就降清的

明朝將領，入關後成為封疆大吏的比比皆是。這樣能在一定程度上避免「以文馭武」而產生「文武不和」等弊端，有利於戰鬥力的提高。清朝統治者亦願意讓旗人以及關外歸降的漢官統率綠營軍，希望能最大限度地掌控這支部隊。

清朝軍隊裡面，漢人占了絕大多數，因而滿人的思想在耳濡目染之下難免有所改變。過去，滿洲統治者總是在軍隊內部刻意維護舊俗。清太宗皇太極在關外主政時，曾以「未有棄國語反習他國之語」為理由，把原來襲用的明朝官名改為滿文。可是清朝入關後卻逐漸反其道而行之，並在一六六〇年（清順治十七年，南明永曆十四年）將八旗統率官的官職改為滿、漢文並用（比如「固山額真」、「梅勒章京」、「甲喇章京」、「牛錄章京」、「昂邦章京」的漢文為「都統」、「副都統」、「參領」、「佐領」與「總管」）。管中窺豹，可見一斑。這表明漢化是大勢所趨，就連八旗軍也未能置身事外。

▲ 雍正之像。

清朝軍隊裡面的絕大多數漢人在統一戰爭中厥功至偉，可謂史不絕書。雍正帝在《大義覺迷錄》中所說的：「世祖章皇帝（指順治帝）入京師時，兵力不過十萬。……其時統領士卒者，即明之將弁，披堅執銳者，即明之甲兵。」（這種觀點得到了現代歷史研究者的認可。例如蕭一山在《清朝通史》中認為清入關後，「剿寇平敵之功，以漢將居多」）。漢將之中，佼佼者有吳三桂、孔有德、耿仲明、尚可喜、耿繼茂、梁化鳳等，除了武將之外，還有洪承疇等老於兵事的文官。按照常理，清朝統治者對幫助自己打江山的漢人降臣應該給予正面的評價，可事實

正好相反，這些人得到的常常是負面評價。

早在入關之前，第一位投降的明將李永芳就曾經受過清太祖努爾哈赤的怒斥。這事發生在一六二三年（明天啟三年，後金天命八年）五月，努爾哈赤聽說復州漢人欲叛，計劃出兵鎮壓。李永芳以傳聞尚未證實為由進行勸阻，結果惹來一頓臭罵。《滿文老檔》記載努爾哈赤叱斥李永芳有意偏袒漢人，最後還憤憤不平地說道：「蒙古、朝鮮與漢人都知道我招你（指李永芳）為婿，倘若為此問罪於你，恐遭他人恥笑。然而我心中怨恨難平，不吐不快！」《清太宗實錄》也記載努爾哈赤的繼任者皇太極在一六三九年（明崇禎十二年，清崇德四年）攻打松山失利後，把作戰不力的八旗漢軍將領石廷柱、馬光遠等人罵了個狗血淋頭，反覆質問他們是不是不想攻擊明國以及是不是害怕擊傷漢人？這類責難只是針對個別漢人降臣，暴露的也僅僅是局部的民族矛盾。那麼，清帝坐穩江山後，這類責難就已經上升到大是大非的高度，並波及到了所有的漢人降臣。康熙帝後來專門為鄭成功所寫的一聯就頗具代表性：

> 四鎮多異心，兩島屯師，敢向東南爭半壁；
> 諸王無寸土，一隅抗志，方知海外有孤忠。

顯然，昔日的敵人鄭成功被視為忠臣而受到稱讚。相反，降清的四鎮諸將卻因為對前朝不忠而受到新主子的奚落。在這裡，完全沒有提及「胡漢恩

▲ 鄭成功夫妻之像。

仇」式的矛盾，只從儒家倫理角度對歷史人物進行針砭。反映滿人入關後更加推崇程朱理學，奉行儒教治國的狀況。正如康熙帝所說的：「……非此不能治萬邦於衽席，非此不能仁心仁政施於天下，非此不能內外為一家。」

到乾隆年間，清廷嘗試從儒家倫理的角度，對明清易代時的很多政治人物進行褒忠貶佞，蓋棺論定。乾隆帝一方面公開表彰殉難的明朝忠臣義士，稱讚寧死不屈的史可法、劉宗周、黃道周為「一代完人」；另一方面又將降清的明臣貶為「貳臣」。所謂「貳臣」，即「二姓之臣」，隱含著一僕二主的意思，是指那些先效忠於明朝的朱姓皇帝，後來又降清，奉愛新覺羅氏為主的人。乾隆帝認為這類人在艱難時世由於貪生怕死，不能為原來的君主「臨危授命」，轉而靦顏來降，致使「大節有虧」，「豈可複謂之完人？」他還專門點了洪承疇、李永芳等人的名，指出洪承疇、李永芳身居明軍要職，在作戰中「一旦力屈」，則或俘或降，然後皆成為新朝顯要，違背了「有死無貳」的倫理道理，對這些人的失節行為不能諱莫如深，儘管在這些貳臣的子孫後代中，還有不少人做著清朝的官，但出於為「萬世子孫樹綱常」的目的，還是應該秉筆直書，「而待天下後世之公論」。因而，國史館奉命編撰《貳臣傳》，以鞭策後人。《貳臣傳》分為甲、乙兩編。其中，降清後立有功勳的李永芳、祖大壽、張存仁、孔有德、耿仲明、尚可喜、洪承疇、李國英等五十餘人編入甲編。而寫詩文暗中「詆毀」清朝的錢謙益以及投降後「毫無事蹟足稱」的龔鼎孳，均不能與洪承疇一同列入甲編，而被編入乙編。此外，名列乙編的還有沈志祥、左夢庚、劉良佐、唐通、白廣恩、孫可望、白文選等，總共超過七十人。

乾隆帝也許覺得不能太過羞辱一些為清朝統一大業做過貢獻的開國重臣，又說洪承疇等「能效忠於本朝」，即使在《貳臣傳》中榜上有名，也不算受到過分的譏諷。還認為貳臣之所以失節，「非其

臣之過，皆其君之過」，試圖把最大的責任推給了昏庸無道的明朝皇帝。可是不管怎麼樣說，乾隆帝表彰「完人」，希望臣子能向「完人」看齊的同時又別出心裁地編撰《貳臣傳》，無形中讓這些貳臣成為反面教材。

乾隆帝欲為「萬世子孫樹綱常」，一代接一代的八旗後裔自然不願仿效貳臣之所為。洪承疇等人就這樣在無數人的口耳相傳中逐漸變得聲名狼藉起來，直至清朝滅亡之後還是這樣。李紱仁在《西安八旗小史》中回憶晚清時的親見親聞，聲稱在駐防西安的八旗軍裡面流傳著一種說法，即是派遣八旗軍駐防各省要地這一政策是洪承疇向攝政王多爾袞建議的，目的是讓八旗軍化整為零，以分散兵力。甚至連不准經商以及擅自離開駐防地點等禁例也是洪承疇有意制定的，使得旗兵喪失了謀生能力，只能倚仗朝廷的糧餉過活，經過「坐吃享受二百年」後，「個個變成腐化無用的廢物」。無獨有偶，另一位八旗貴族子弟張廷棟在清朝滅亡後寫了《駐防營與旗人生活》一文，也提到駐防杭州的八旗軍內部存在著類似的傳說，據稱在杭州旗營建立之初，當時總督張存仁等人故意不選擇城區西南一帶的高地作為營址，反而把地勢平坦的湖濱一帶讓給旗人居住，致使旗兵生活在這個燈紅酒綠的「文人遊覽觴詠之地」，過著縱情聲色的生活。結果是傳統的「武略雄風」在悠悠歲月中消磨殆盡，一旦發生戰事，便變得不堪一擊，就像甕中之鱉，束手就縛。諸如此類的傳言無疑與事實有不少差距，僅僅反映了一些八旗子弟對洪承疇、張存仁等貳臣的偏見。

▲乾隆之像。

有關貳臣的事蹟在八旗子弟裡面一代接一代地流傳著，即使是清朝滅亡已近百年後，也仍舊如此。例

如洪承疇的故事至今仍在某些八旗後裔的聚居點中成為茶餘飯後的話題。著名文化人英未未曾經在二〇〇四年到過福建長樂市航城鎮琴江地區的八旗水師營遺址，她在《福建奇異地保留著一個滿族村》一文中敘述的所見所聞就很好地說明了這一點。這個駐防地點設立於一七二九年（清雍正七年），目的是監視閩江口以及緝私，最初的駐防兵有五百一十三名，他們所住的「滿城」按太極八卦的樣式建築而成，在東西南北方向各開了四個城門，裡面的街、巷達到十六條，可謂「麻雀雖小，五臟俱全」。雖然清朝已亡了差不多一百年，可八旗後裔依然聚居在這裡。最有意思的是，此地每一戶人家的家裡都有一扇「六離門」。這個源遠流長的習俗源自閩劇《六離門》。劇情內容與出生於福建泉州南安的洪承疇有關，講述出任明薊遼總督的洪承疇在關外兵敗降清後仍然官運亨通，並在多年後榮歸故里。可是他的母親卻對這種喪失氣節的行為感到恥辱，拒絕讓兒子進屋。並將之訓斥一番，讓他失望而回。這一扇把洪承疇擋在屋外的矮門，就是「六離門」了。至於琴江村每戶人家為何都有「六離門」？村中老人解釋道：「因為此地過去是兵營，格外重視氣節教育，而『六離門』就是要隨時提醒居住在屋裡的人要寧死不降。」據說，為了避免出現洪承疇式的「貳臣」，家家戶戶都留下了「永不投降」的家訓。從這個意義上說，乾隆帝用儒家倫理道理來教育八旗軍，還是對後世產生了一定的影響。

▲清代，正在練習射箭的北京八旗駐軍。

清朝在問鼎中原的過程中，朝政始終被滿洲貴族統治集團牢牢地控制著。清帝最為倚重的是由親王、郡王、貝勒、貝子與議政大

臣組成的議政王大臣會議。滿人也在中央以及地方的許多要職上占有一席之地。漢人官紳階級在政治上已經失勢，社會地位隨之下降。就拿文官之中負有盛名的洪承疇為例，他被門生董文驥以及內閣中書張宸等人大肆吹捧，被比喻為歷史上著名的賢臣周公、召公，還可以和漢代的開國名臣蕭何、曹參、陳平、周勃相提並論，甚至功業已經超過了明初的劉伯基。可惜的是，這些溢美之詞只不過是文人之間的相互抬舉，清廷不可能給予一位漢人文官這麼高的評價。洪承疇從西南前線卸任返京後，僅得到了一個「三等阿達哈哈番」的卑微世職，不但與封王的吳三桂有雲泥之別，而且比不上一大堆獲得公、侯、伯、精奇尼哈番、阿思尼哈番等世爵或世職之位的朝臣。雖然滿洲統治者的做法似乎有「過河拆橋」的嫌疑，但卻真實地反映了文官在清初的急劇下降的政治地位。

▲ 乾隆所推崇的史可法。

官紳階級雖然在抗清戰爭中湧現出史可法、劉宗周、黃道周、何騰蛟、瞿式耜等人，可是這個階級在戰爭中的總體表現乏善可陳。他們崇高的政治聲望與實際的施政能力不符。這個階級的權力隨著明朝以及南明各個朝廷的相繼滅亡而受到大幅度的削弱，甚至難以在表面上維持著原先的威儀。特別是，由官紳階級菁英分子組成的「東林黨」以及「復社」之中，產生了大量變節人士，進一步損害了這個階級的名譽。正如清人所嘆的：「讀書怕見《東林傳》，為有儒生入《貳臣》。」難怪在清初出現了余英時先生所說的「儒家反智識主義者」，代表人物是顏元，此人把朱熹的書稱為砒霜，形容讀書、研習空洞

的理論等於吞砒霜，痛心疾首地抨擊「千餘年來」，讓天下人沉迷於故紙堆中，「耗盡身心氣力，作弱人、病人、無用人者，皆晦庵（即朱熹）為之也」。辛辣地諷刺「宋元以來」的儒者「無事袖手談心性，臨危一死報君王，即為上品矣！」可這樣的行為對救國救民沒有任何用處。為此，他不但反對討論「宋明性理」，甚至上自「漢唐箋注訓詁」，也全都一概偏激地視為「無用」，而極力提倡動手做實事，注重實踐以及由此帶來的實用價值。然而，這種思潮不可能得到主流社會的認可，那時的絕大多數士子仍舊對於程朱理學手不釋卷，因為這是應付科舉考試的必讀之書。

清朝在關內的統治逐步穩固之後，採取了壓制漢族官紳階層的政策，尤其是對有故國之思的江南文人屢次進行打擊。具體措施有：

一是興起文字獄，對文人無視清朝「正統」的言詞加以追究。

二是禁止生員「上書陳言」，也不許他們「糾黨、立盟、結社」以及「把持官府，武斷鄉曲」，連一些人的著作也不准「妄行刊刻」，此後，類似東林黨、復社這類組織逐漸絕跡了。

三是嚴查科舉考試作弊的行為，以防主考官與徇私錄取的士子將來結成朋黨。其中，對於涉事的江南人士特別加以重罰。

四是通海案，因鄭成功北伐直搗金陵期間，江南各地不少縉紳以各種方式予以回應。鄭成功敗退後，清朝開始秋後算帳，羅織罪名對付那些暗中希望匡復明室者，只要查出有人與「海客」往來，即視為「通寇」，立即鎮壓。

五是哭廟案，順治帝於一六六一年（清順治十八年，南明永曆十五年）正月去世後，蘇州百餘生員至文廟哭臨後，又大鬧府堂，控訴吳縣地方官員貪贓枉法，聞訊趕到聲援者達到千人。江寧巡撫朱國治

以驚動先帝之靈為名，將為首的倪用賓與金聖歎等十八人處死。

六是奏銷案，朱國治處理完哭廟案，在朝廷的支持下決定再滅一下江南文人的威風，下令在蘇、松、常、鎮四府以及溧陽縣等地追查縉紳歷年拖欠的賦稅，凡是被查出有問題者，進行「黜革」功名或「降調」職務等處分。《閱世編》記載四府一縣共欠銀五萬多兩，而遭到「黜革」的縉紳有一萬三千餘人。就連士林領袖吳偉業、徐乾學、汪琬等人亦不能倖免，其中昆山探花葉方藹因拖欠一厘也在「黜革」之列，致使民間出現「探花不值一文錢」的戲說。《昆山縣誌》與《新陽縣誌》中的「風俗條」記載，「奏銷案」之後鄉紳已經不像以往那樣獲得閭巷居民的尊敬。一些「狡猾不逞之徒」看見士紳也無所畏懼，甚至乘機欺侮。紳士也不太敢聲張，只是垂頭喪氣。可見風俗已為之一變，斯文掃地的江南文人如今風光不再。

▲ 康熙之像。

不過，清朝統治者雖然對漢族官紳階層有所排斥，但治理國家又離不開這些人，故常常使用打擊與拉攏並重的策略。例如一六六三年（清康熙二年）一度廢除以八股文取士，可是在禮部侍郎黃機與儀制員外郎王士禛等人的一再疏請之下，為了安撫與科舉制度息息相關的漢族官紳階層，後來又在一六六九年（康熙八年）准以恢復舊制。因而《清代野史大觀》卷三《攏絡漢族之改變》一條評論道「自此以後，漢族始安，帝業始固」。經過一輪改朝換代之後，一個滿漢並存的新王朝逐漸步入了正軌。

主要參考書目

1.《滿文老檔》。
2.《清太祖實錄》。
3.《清太宗實錄》。
4.《清世祖實錄》。
5.《清聖祖實錄》。
6.《清高宗實錄》。
7.《大義覺迷錄》。
8.《攝政親王起居注》。
9.《八旗通志》。
10.《欽定八旗通志》。
11.《八旗滿洲氏族通譜》。
12.《滿漢名臣錄》。
13.《清史列傳》。
14.《清史稿》。
15.《東華錄》。
16.《御批歷代通鑒輯覽》。
17.《大清會典》。
18.《清稗類抄》。
19.《清會典事例》。
20.《練兵實紀》。
21.《綏寇紀略》。
22.《續綏寇紀略》。
23.《流寇志》。
24.《懷陵流寇始末錄》。
25.《剿賊圖記》。
26.《石匱書後集》。
27.《沈館錄》。
28.《燕都日記》。
29.《甲申核真略》。
30.《燕行錄》。
31.《明史》。
32.《明史紀事本末》。

33.《弘光實錄鈔》。
34.《謏聞繼筆》。
35.《纖言》。
36.《南渡錄》。
37.《三垣筆記》。
38.《過江七事》。
39.《維揚殉節紀略》。
40.《揚州十日記》。
41.《蘼蕪紀聞》。
42.《四憶堂詩集校箋》。
43.《江陰城守後記》。
44.《山海關志》。
45.《永平府志》。
46.《昆山縣誌》。
47.《新陽縣誌》。
48.《汀州府志》。
49.《肇慶府志》。
50.《海澄縣誌》。
51.《廈門志》。
52.《揭陽縣誌》。
53.《寶慶府志》。
54.《衡陽縣誌》。
55.《巫山縣誌》。
56.《興山縣誌》。
57.《所知錄》。
58.《三湘從事錄》。
59.《閩海紀要》。
60.《行朝錄》。
61.《從征實錄》。
62.《海上見聞錄》。
63.《臺灣鄭氏紀事》。
64.《偽鄭逸事》。
65.《臺灣外記》。
66.《亂離見聞錄》。
67.《燔火錄》。
68.《東南紀事》。

69. 《西南紀略》。
70. 《南疆逸史》。
71. 《滇粹》。
72. 《狩緬紀事》。
73. 《安龍逸史》。
74. 《殘明紀事》。
75. 《滇緬錄》。
76. 《明末滇南紀略》。
77. 《皇明末造錄》。
78. 《嶺表紀年》。
79. 《小腆紀傳》。
80. 《小腆紀年》。
81. 《小腆紀敘》。
82. 《鹿樵紀聞》。
83. 《東山國語》。
84. 《罪惟錄》。
85. 《國壽錄》。
86. 《永曆實錄》。
87. 《嶺海焚餘》。
88. 《梅村家藏稿》。
89. 《鮚琦亭集》。
90. 《讀史方輿紀要》。
91. 《明季北略》。
92. 《明季南略》。
93. 《金瓶梅》。
94. 《三國演義》。
95. 《隋唐兩朝志傳》。
96. 《唐書志傳通俗演義》。
97. 《殘唐五代史》。
98. 《水滸傳》。
99. 《新編全相說唱足本花關索傳》。
100. 《聖武記》。
111. 《龍沙紀略》。
112. 《朔方備乘》。
113. 《竹葉亭雜記》。
114. 《清代野史大觀》。

115.《閱世編》。
116.《庭聞錄》。
117.《天香客隨筆》。
118.《桂林詩稿》。
119.《荷牐叢談》。
120.《香祖筆記》。
121.《嘯亭續錄》。
122.《池北偶談》。
123.《五石瓠》。
124.吳晗輯：《朝鮮李朝實錄中的中國史料》，中華書局1980年版。
125.張煌言：《張蒼水全集》，上海古籍出版社1985年版。
126.遼寧大學歷史系：《清初史料叢刊》（1～13冊），遼寧大學出版社1979～1983年版。
127.「中央研究院」歷史語文研究所：《明清史料》甲編、乙編、丙編、丁編，北京圖書館出版社2008年版。
128.「中央研究院」歷史語文研究所：《明清史料》戊編、己編、庚編、辛編，中華書局1987年版。
129.中國人民大學歷史系，中國第一歷史檔案館合編：《清代農民戰爭史資料選編》，中國人民大學出版社1984年版。
130.孟森：《明清史論著集刊》，中華書局1959年版。

131. 譚其驤：《中國歷史地圖集》，中國地圖出版社1982年版。
132. 王鍾翰：《清史雜考》，人民出版社1957年版。
133. 商鴻逵：《明清史論合集》，北京大學出版社1988年版。
134. 田培棟：《明史披揀集》，三秦出版社2012年版。
135. 張晉藩、郭成康：《清入關前國家法律制度史》，遼寧人民出版社1988年版。
136. 劉小萌：《滿族從部落向國家的發展》，吉林文化出版社1995年版。
137. 定宜莊：《清代八旗駐防研究》，遼寧民族出版社2003年版。
138. 顧誠：《明末農民戰爭史》，光明日報出版社2012年版。
139. 顧誠：《南明史》，中國青年出版社1997年版。
140. 蕭一山：《清朝通史》，華東師範大學出版社2006年版。
141. 郭影秋：《李定國紀年》，中國人民大學出版社2016年版。
142. 王兆春：《中國火器史》，軍事科學出版社1991年版。
143. 安雙成：《清初編審八旗男丁滿文檔案選譯》，《歷史檔案》1988年第四期。
144. 中國社會科學院歷史研究所清史研究室：《清史資料（第二輯）》，中華書局1981年版。
145. 廈門大學臺灣研究所歷史研究室編：《鄭成功研究國際學術會議研究論文集》，江西人民出版社1989年版。
146. 廈門大學臺灣研究所與中國第一歷史檔案館編輯部編：《鄭成功檔案史料選輯》，福建人民出版社1985年版。

147. 廈門大學臺灣研究所與中國第一歷史檔案館編輯部編：《鄭成功滿文檔案史料選譯》，福建人民出版社1987年版。
148. 《文集》編委會：《顧誠先生紀念暨明清史研究文集》，中州古籍出版社2005年版。
149. 鄭天挺：《清史探微》，北京大學出版社1999年版。
150. 王景澤：《清朝開國時期八旗研究》，吉林文史出版社2002年版。
151. 楊海英：《洪承疇與明清易代研究》，商務印書館2006年版。
152. 杜家驥：《八旗與清朝政治論稿》，人民出版社2008年版。
153. 滕紹箴：《三藩史略》，中國社會科學出版社2008年版。
154. 王志宏：《洪承疇傳》，紅旗出版社1991年版。
155. 紀德君：《明清歷史演義小說藝術論》北京師範大學出版社2000年版。
156. 孫述宇：《水滸傳：怎麼樣的強盜書》，上海古籍出版社2011年版。
157. 沈從文：《中國服飾史》，陝西師範大學出版社2004年版。
158. 余英時：《中國思想傳統的現代詮釋》，江蘇人民出版社2006年版。
159. 帕萊福等：《韃靼征服中國史・韃靼中國史・韃靼戰紀》，中華書局2008年版。
160. 古洛東：《聖教入川記》，四川人民出版社1981年版。
161. 任桂淳：《清朝八旗駐防興衰史》，生活・讀書・新知三聯書店出版社1993年版。
162. 魏斐德：《洪業：清朝開國史》，江蘇人民出版社1995年版。

致謝

作者在寫作的過程中得到很多人的鼎力支援，特別是王曉明先生，精心為本書繪製了十二幅軍事形勢圖，在此表示衷心的感謝。

大清　八旗軍戰爭全史（下）：皇太極、順治與康熙的盛世霸業

作　　者　李湖光

發 行 人　林敬彬
主　　編　楊安瑜
編　　輯　林子揚、李睿薇
內頁編排　方皓承
封面設計　李偉涵
編輯協力　陳于雯、林裕強

出　　版　大旗出版社
發　　行　大都會文化事業有限公司
11051 台北市信義區基隆路一段 432 號 4 樓之 9
讀者服務專線：（02）27235216
讀者服務傳真：（02）27235220
電子郵件信箱：metro@ms21.hinet.net
網　　　址：www.metrobook.com.tw

郵政劃撥　14050529　大都會文化事業有限公司
出版日期　2020 年 06 月初版一刷・2022 年 03 月初版三刷
定　　價　480 元
ISBN　978-986-99045-2-0
書　　號　History-123

Banner Publishibng, a division of Metropolitan Culture Enterprise Co., Ltd.
4F-9, Double Hero Bldg., 432, Keelung Rd., Sec. 1,
Taipei 11051,Taiwan

◎本書由武漢大學出版社授權繁體字版之出版發行。
◎本書如有缺頁、破損、裝訂錯誤，請寄回本公司更換

版權所有・翻印必究 Printed in Taiwan. All rights reserved.

國家圖書館出版品預行編目（CIP）資料

大清 八旗軍戰爭全史.（下）：
皇太極、順治與康熙的盛世霸業 / 李湖光著. --
初版. -- 臺北市：大旗出版：大都會文化發行,
2020.06；512 面；17x23 公分
ISBN 978-986-99045-2-0（平裝）

1. 軍事史 2. 清代

590.9207　　109006679

目錄

U0051162

大清

八旗軍戰爭全史（下）

皇太極、順治與康熙的盛世霸業

李湖光◎著